KB156240

파인만과 휠러의 만남,
양자미로

파인만과 휠러의 만남, 양자미로

1판 1쇄 인쇄 2019년 4월 12일
1판 1쇄 발행 2019년 4월 19일

지은이 폴 핼펀
옮긴이 노태복
펴낸이 황승기
마케팅 송선경
편집 이의섭, 박지혜
디자인 박지혜
펴낸곳 도서출판 승산
등록날짜 1998년 4월 2일
주소 서울시 강남구 테헤란로34길 17 혜성빌딩 402호
대표전화 02-568-6111
팩시밀리 02-568-6118
전자우편 books@seungsan.com

값 20,000원

ISBN 978-89-6139-073-6 03420

이 도서의 국립중앙도서관 출판예정도서목록(CIP)은
서지정보유통지원시스템 홈페이지(http://seoji.nl.go.kr)와
국가자료공동목록시스템(http://nl.go.kr/kolisnet)에서 이용하실 수 있습니다.
(CIP제어번호: CIP2019013627)

파인만과 휠러의 만남,
양자미로
폴 핼펀 지음 | 노태복 옮김
승산

나의 형제 리치, 앨런 그리고 켄에게 바친다

시간은 왜 존재할까? “시간이란 모든 일이 동시에 발생하지 않게 해주는 자연의 한 방법”이라는 우스갯소리만으로는 부족하다.

존 A. 휠러, 「오늘날의 시간」에서

나는 미로들로 이루어진 미로를 생각했다. 과거와 미래를 담고 있으며 어떤 식으로든 별들을 포함하는 구불구불하게 펼쳐진 미로를.

호르헤 루이스 보르헤스, 「갈림길의 정원」에서

❙추천사❙

고등과학원 물리학과_ 이기명 교수

이 책은 파인만과 휠러라는 미국의 이론물리학자의 삶과 이들과 관련된 지난 100년간의 기본물리학의 발전을 재미있고 쉽게 이야기하고 있다. 이들 두 물리학자들이 기여하고 영향을 주고받았던 물리학의 발전과 이들과 관련된 보어, 아인슈타인을 포함한 많은 학자들과의 이야기가 아주 이해하기 쉽게 놓여 있다. 이 책의 주인공인 파인만을 비롯하여, 영화 〈인터스텔라〉에 나오는 웜홀을 제안한 킵 손, 양자역학의 다세계 해석을 내놓은 휴 에버렛 등, 휠러 교수의 수많은 훌륭한 박사학생들의 삶과 물리가 이 책에 아름답게 섞여 있다.

1982년 가을 컬럼비아 물리학과에서 휠러 교수가 양자정보이론의 수업을 들었다. 40명의 학생들로 가득한 강의실에서 휠러 교수는 "소크라테스 방법"이라는 선생과 학생이 질문과 답을 주고받는 대화로 양자정보이론을 강의하였다. 책에서 묘사한 대로 휠러 교수의 온화함, 야성적인 상상력, 부드러운 지도력, 자유로움 그리고 엄격함이 느껴지는, 머나먼 지적 가능성을 열어주는 매우 영감적인 지도였다.

이 책은 연구가들이 대화, 상호 간의 좋은 의지, 호기심, 상상력, 미지에 대한 열망으로 얼마나 세상을 보는 눈(그림 또는 이론)을 끌고 갈 수 있는지 보여준다. 이러한 과정이 먼 곳에서 일어나는 듯하지만, 지금도 이러한 창조적이고 즐겁고 엄숙한 과정이 수많은 국내 학계의 연구실에서도 진행되고 있다. 자연의 근본 구조에 대한 깊은 그림과 창조적 과정을 즐길 수 있는 이 책을 추천한다.

연세대학교 물리학과_ 현승준 교수

양자전기역학을 완성한 공로로 노벨 물리학상을 받은 파인만은 대중적으로도 잘 알려진 스타 이론물리학자이다. 그의 스승인 휠러는 웜홀 등의 개념을 도입하고 노벨상을 받은 킵 손 등 다수의 중력이론 분야 대가들을 길러내어 미국물리학계의 중력분야의 중흥을 이끈 이론물리학자이다. 이 책은 1930년대 초반 파인만이 프린스턴 대학의 박사과정에 들어가 휠러의 고전역학 조교로 첫 인연을 맺고 그의 첫 제자가 된 시점으로부터 시작하여 그 둘의 일생을 따라가면서 파인만이 발견한 경로적분(휠러의 표현에 따르면 모든 역사의 총합)을 중심으로 후세에 큰 영향을 끼친 그들의 연구 업적과 인생을 조망한 책이다.

'두 점 사이의 운동 경로는 결과적으로 작용이라는 물리량을 최적화(최소화)하는 경로이다'라는 최소 작용의 원리는 고전역학을 따르는 거시세계에서의 운동을 가장 우아하게 표현한 방식이다. 이에 대응하여 미시세계에서의 운동을 지배하는 양자역학을 가장 우아하게 설명하는 방식이 바로 파인만이 발견한 경로적분이다. 이에 따르면 미시세계에서 두 점 사이의 운동은 시작점과 끝점 사이의 모든 가능한 경로를 따라 작용과 관련된 비중(확률)을 가지고 이루어지며(모든 역사의 총합), 이로부터 위치와 운동량에 대한 불확정성 관계 등이 자연스럽게 나타난다. 이는 개념적으로 거시세계의 고전물리학과 미시세계의 양자물리학을 가장 자연스럽게 연결해주는 방법론이며 향후 중력을 제외한 모든 힘을 묘사하는 게이지 이론을 완성하는 데 결정적인 역할을 하는 방법론이다. 휠러의 꿈이었던 이 방법론을 통한 중력의 양자화는 아직도 이루어지지 않아 현재 진행형인 연구과제이다.

저자는 이러한 이론물리학의 새로운 개념의 발견이 어떻게 이루어지는지 그 과정을 생생하게 묘사하고 있다. 예를 들어 파인만의 경로적분은 당시에 아직 이론적으로 확립되지 않았던 양자장론의 대안으로서 제시된, 그러나 지금은 사실상 사장된, 흡수체 이론을 양자역학적으로 만들어내고자 했던, 어떻게 보면 잘못된 목표를 추구하는 과정에서 발견된 이론임을 보여준다. 그 궤적을 따라가다 보면 자연은 가끔 그 심오한 진면목을 전혀 엉뚱한 계기로 드러내 보여주는가 싶어 재미있다. 또한 파인만의 또 다른 주요업적인 양자전기역학의 탄생과정도 매우 흥미롭게 묘사되고 있다. 당시 양자전기역학에 대한 새로운 실험 결과와 이를 설명하는 이론들이 모색되기 시작할 시점의 중요한 학회에서 논리정연한 설명으로 각광받은 슈윙거와 이에 대비되어 완전히 새로운 접근법으로 문제를 해결하였지만 준비부족으로 인해 다른 이론물리학자의 이해를 전혀 못 얻은 파인만의 대비되는 모습, 그리고 결국 이들이 모두 같은 이론을 다르게 묘사한 것임을 밝혀내는 다이슨의 모습 등이 생생하게 그려져 있다.

또한 저자는 파인만에게 큰 영향을 끼친 첫 번째 부인과의 만남과 사별, 그리고 2차대전 당시 원자폭탄 개발 프로젝트에서 이들이 수행했던 역할과 그 결과에 대한 입장에 대해서도 소상히 기술하고 있다. 그러나 무엇보다 이 책에서는 개별문제를 대함에 있어 늘 그 근원의 원리를 알고자 했던 이상주의자인 휠러의 모습과 사소해 보이는 개별 현상들을 설명하는 것을 즐겨하고 계산의 귀재로서 주어진 문제를 끝내 해결하는 능력을 갖춘 실용주의자인 파인만의 면모가 잘 드러나 있다. 그리고 제자들에게, 파인만의 표현에 따르면, 성자saint 같은 스승인 휠러의 모습, 노벨상을 수상한 최고의 물리학자로서 그리고 뛰어난 강의로 우상화될 정도로 칼텍의 학생들에게 사랑받은 파인만의 모습도 생생하게 그려져 있다. 연구자로서 그리고 교육자로서 이 책에서 그려진 이들의 행적은 독자들에게 많은 공감과 재미를 선사하며 스스로를 돌아보게 한다. 무엇보다도 이 책을 통해 다세계 해석 등 풍부한 상상력을 자극하는 SF장르의 다양한 아이디어들의 모체가 되는 이론물리학의 여러 개념들에 대한 이해를 얻을 수 있을 것이다.

국립과천과학관_ 정광훈 연구관(물리학 박사)

양자역학과 상대성이론. 물리학에서 핵심이 되는 개념들이다. 최근에 유튜브, 팟캐스트 등을 통해 어렵게만 느껴졌던 양자역학과 상대성이론을 쉽게 풀어 소개하는 과학 유튜버들이 늘어나면서 이들 물리학 개념들을 쉽게 이해하는 사람들이 늘었다. 또, 이 개념들을 좀 더 자세히 알고 싶어 하는 사람들이 많아지면서 물리학을 전공하지 않고도 이 개념들을 재미있게 풀어낸 콘텐츠를 접해 보고 특수상대성이론에 따라 시간여행이 어떻게 가능한지, "내가 물체를 보는 순간 그것은 그곳에 없다."라는 정도의 불확정성원리를 이해하는 사람들 역시 늘었다. 하지만, 유튜브의 화려한 그래픽영상 콘텐츠로 쉽게 풀어낸 양자역학 개념에 만족하지 않고, 좀 더 깊이 양자역학을 알고자 하는 사람들과 보어, 아인슈타인을 거쳐 파인만과 휠러에 이르기까지 양자역학을 중심으로 한 물리학자들의 다양한 관점과 그들의 삶을 엿보고자 하는 사람들이라면 이 책을 추천한다.

이 책은 두 물리학자, 파인만과 휠러, 그리고 두 사람과 교류했던 수많은 물리학자들을 통해 양자역학이 어떤 과정으로 발전해 왔는지 자세히 엿볼 수 있다. 이 부분은 대학에서 물리학을 전공해야 이해할 수 있거나 대학원 이상의 공부를 해야 이해할 수 있는 개념도 있다. 하지만, 이 책의 대부분은 그런 개념을 이해하지 못하더라도, 파인만과 휠러 등 이 책에 등장하는 물리학자들이 자연을 이해하는 방식과 태도를 관전하는 재미가 있다. 또, 과학자로서의 삶을 엿보는 재미가 있다. 물리학을 전공했거나 양자역학에 관심이 많은 독자들에게 더없이 좋은 책이다. 물리학을 전공한 나는 이 책을 읽으면서 두 가지 즐거움이 있었다. 하나는 대학, 대학원 과정을 거치면서 조교, 학회 참석, 지도교수와의 대화 등 파인만과 휠러의 경험을 내 경험에 반추해 보는 즐거움이다. 다른 하나는 물리학의 대가들이 양자역학을 이해하고, 풀어내는 과정을 자세히 알게 되는 즐거움이다. 특히, 7살 차이의 휠러와 파인만이 스승과 제자, 학문적 동반자 관계로 성장해 가는 모습뿐 아니라 두 사람의 가족사, 인생사를 그들의 물리학적 성과와 연계해 볼 수 있는 즐거움도 있다.

학교나 책에서 과학을 접할 때, 중력, 힘, 에너지, 전기 등 개념을 먼저 접하게 된다. 그 개념이 나오게 된 과학자의 관점과 역사적 배경에 대해서는 접하기 힘들다. 아마도, 수많은 과학 개념을 압축적으로 배워야 하기 때문인지도 모른다. 이 책에서는 2차 세계대전 등 시대적, 사회적 배경 속에서 과학자들이 양자역학을 어떻게 발전시켜 왔는지, 학문적 고뇌 과정뿐 아니라 정치적 고뇌 등에 대해서도 자세히 엿볼 수 있다. 또, 보어, 아인슈타인 등 물리학계 대부들을 파인만과 휠러를 통해 만나는 좋은 기회다. 리처드 파인만의 이야기는 여러 책에서 많이 소개되었지만, 이 책은 그의 지도교수 휠러와 얽힌 이야기를 중심으로 그가 학문적으로 성장해 가는 과정을 지켜보는 즐거움이 있다.

저자는 이 책을 쓰기 위해 파인만과 휠러 가족을 만나 이야기를 듣거나 파인만과 휠러뿐 아니라 그들 주변의 많은 기록을 찾아 인용하였다. 그 당시 상황을 독자들에게 정확하게 전달하기 위해 노력한 모습이 드러난다. 따로따로 알고 있던 물리학 업적들이 서로서로 연결되는 과정과 그들이 서로 어떻게 영향을 주었는지 잘 엮어냈다. 양자역학의 퍼즐이 맞춰지는 과정을 보는 즐거움이 있는 책이다.

| 차례 |

3 모든 길이 천국으로 통하지는 않는다 125

4 숨은 유령들의 길 169

7 시간의 화살과 불가사의한 미스터 X 281

8 마음, 기계 그리고 우주 321

들어가며 시간의 혁명

호랑이여, 밤의 숲에서
번쩍번쩍 빛나는 호랑이여
어떤 불멸의 손 아니면 눈이
너의 무서운 대칭성을 빚어냈느냐?

윌리엄 블레이크, 「호랑이The Tyger」

프린스턴의 밤이다. 우리는 귀신사냥을 나설 것이다. 모든 가게가 문을 닫은 타운에는 기이한 적막이 감돈다. 잎사귀들 치렁치렁한 대학 캠퍼스 위로 차디찬 보름달이 떠 있다.

칠십오 년도 더 이전, 이차세계대전이 막 시작될 무렵 여기서 조용한 혁명이 시작되었다. 시간의 속성에 관한 우리의 인식을 근본적으로 뒤바꿀 혁명이었다. 위대한 물리학자 리처드 필립스 "딕Dick" 파인만과 존 아치볼드 "조니Johnny" 휠러 사이의 대화가 양자물리학에서 시간의 개념을 근본적으로 재정립한 일련의 사건을 촉발시켰던 것이다.[*] 두 물리학자가 내놓은 발상들이 결국 시간의 개념을 변환시킨 덕분에, 시간이란 한 방향으로만 흐르는 단일한 흐름이 아니라 앞뒤로 펼쳐진 여러 가능성들의 미로로 인식되었다. 프린스턴의 과거사를 추적하여 우리가 밝혀내려는 내용이 바로 그것이다. 즉, 어떻게 이런 급진적인 변화가 일어났는지 그리고 그 변화가 물리적 실재를 완벽하게 설명하려는 현대물리학에 어떤 영향을 미쳤는지 밝히고자 한다.

우리는 과학사를 뒤쫓는 이 여정을 프린스턴의 전통적인 중심지인 나소 홀Nassau Hall에서 시작한다. 양 측면에 하나씩 청동 호랑이들이 경이로운 공간적 대칭성을 빛내며 나소 홀의 앞쪽 출입구를 지키고 있다. 북쪽으로 걸어 우리는 피츠랜돌프 게이트FitzRandolph Gate를 지난다. 화려하게 장식된 캠퍼스 정문인 이곳에는 쌍둥이 석조 독수리가 멋진 두 원기둥 위에 각각 내려앉아 있다. 우리는 이제 프린스턴의 주 통행로인 나소 스트리트Nassau Street에 다다른다. 타운town과 가운gown[**]의 경계가 바로 이곳이다.

이 길 건너편을 바라보면, 캠퍼스 건물들의 우아한 균형미와 대비되는 어떤 비대칭성이 확연히 눈에 들어온다. 오른편 동쪽에는 로우어 파인Lower Pyne이 있는데, 생강 쿠키 모양의 이 경이로운 튜더 양식 건물은 영국의 체스터에 있는 십육 세기 주택을 본떠서 지었다. 대단한 작품이다. 왼편 서쪽에는 아무 장식이 없는 은행이 보인다. 소박하고 수수한 사각형의 그 건물은 생뚱맞게도 오른쪽의 화사하고 정교한 건물과 짝을 이루고 있다.

길을 건너자 예기치 못했던 안개가 우리를 휘감는다. 청명하던 밤이 갑자기 희뿌옇게 변했다. 연무 속의 유령처럼 어퍼 파인Upper Pyne이 보인다. 오래전에 사라진 로우어 파인의 단짝 건물이다. 같은 시기에 비슷한 양식으로 지

---

* Dick과 Johnny는 각각 파인만과 휠러의 애칭. —옮긴이

** 대학 도시 주민들과 대학인들의 관계를 뜻한다. —편집자

은 그 건물의 가장 두드러진 특징은 해시계다. 해시계에는 라틴어로 이런 모토가 적혀 있었다. Vulnerant omnes: ultima necat(매 시각이 상처를 주고, 마지막 시각이 죽음을 안겨준다!) 그 건물은 1960년대 초반에 철거되었고 대신 은행이 세워졌다. 하지만 우리의 지친 눈에는 멀쩡하게 서 있는 듯 보인다. 대칭성은 회복되었다.

휠씬 더 서쪽에 있는 파머 스퀘어Palmer Square가 파릇파릇 참신해 보인다. 그곳의 가게들은 1930년대 후반의 젠트리피케이션* 기간 동안에 지어졌다. 희한하게도 가게들은 새로 문을 연 것처럼 보인다. 신문가판대에는 아돌프 히틀러의 폴란드 침공을 알리는 표제기사가 놓여 있다. 우리가 기억하기로 1939년 9월에 벌어졌던 일이다. 한 영화 포스터는 〈오즈의 마법사〉를 선전하고 있다. 이십일 세기가 아득히 사라져버렸음을 나는 실감한다.

대학원생

조금 더 걷다 보니 프린스턴 대학원이 나온다. 캠퍼스의 주요 부분에서 살짝 떨어진 고립된 성 같은 구역이다. 이 복합건물은 안뜰 내부에 안뜰이 있는 구조여서; 바쁜 대학원생들이 학업에 몰두하기에 안성맞춤이다. 여기에 대학원생들이 거주하는 기숙사 건물도 있다. 단순한 형태이지만 생활하기에 안락한 이 기숙사에서 대학원생들은 식사도 해결하고, 춤추기나 차 마시기와 같은 우아한 사교 생활에도 참여한다.

이 건물의 거주민들 대다수는 잠이 들었다. 그러나 화려하게 장식된 작은 열람실 한 곳에는 불이 켜져 있다. 큰 키에 갈색 머리카락의 스물한 살 남자

---

* 중하류층이 생활하는 도심 인근의 낙후 지역에 상류층의 주거 지역이나 고급 상업가가 새롭게 형성되는 현상.—편집자

가 의자에 구부정하게 앉아 있다. 입에는 희미한 미소를 머금은 채, 무릎에 놓인 고전역학에 관한 책 한 권을 가만히 응시하고 있다. 대학원 일 학년생인 이 남자는 어떤 학부 과목의 수업 준비를 하고 있다. 그가 조교로서 지도교수의 강의 보조 및 채점을 맡게 된 과목이었다. 익숙한 내용이지만, 그는 임박한 수업에 나올만한 내용을 훑어보기로 했다. 가득 쌓여 있는 과제물을 검토하여 학생들의 계산 과정을 확인하고 틀린 데를 고쳐주어야 했다. 학부생들이 문제 해결 능력을 갈고닦도록 돕기 위해서였다.

책상 위에 놓인 피라미드 모양의 스탠드가 젊은 대학원생이 읽는 대목을 비춰주고 있다. 마차 두 대가 마찰이 없는 길 위에서 정면충돌하는 내용이다. 그는 머릿속에서 문제를 이리저리 굴린다. 마차의 질량과 초기 속도가 주어질 경우, 물리법칙들은 그다음에 어떤 일이 벌어질지 정확하게 알려준다. 아이작 뉴턴의 세 번째 운동법칙에 따르면, 모든 작용에는 크기가 똑같고 방향이 정반대인 반작용이 따른다. 구체적으로 말해서, 두 마차는 각각 상대방 마차로 인해, 방향이 서로 반대인 동일한 힘을 경험한다. 뉴턴의 두 번째 운동법칙에 따르면, 힘은 운동량의 변화, 즉 질량 곱하기 가속도이다. 각각의 마차는 동일한 힘을 느끼므로, 동일한 양만큼 운동량도 변한다. 운동량의 변화를 서로 주고받는다. 이 보편적인 균형을 가리켜 "운동량 보존의 법칙"이라고 한다.

완벽한 대칭을 이루며 두 마차는 동일한 운동량 증가분에 의해 서로 반대 방향으로 운동한다. 속도는 어떻게 될까? 운동량은 질량 곱하기 속도이므로, 가벼운 마차는 무거운 마차보다 더 빠르게 이동할 것이다. 이것이 고전적인 뉴턴 물리학의 아름다움이다(이 문맥에서 "고전적"이라는 말은 아원자 "양자" 규모와 정반대인, 일상생활의 낯익은 규모를 가리킨다). 우리는 단순한 보존 법칙을 통해 정확한 예측을 내놓을 수 있다.

조금 지나 책에는 단순 조화 운동에 관한 대목이 나온다. 용수철이나 고

무줄 또는 추처럼 늘이거나 압축하거나 흔들면 평형지점(균형을 이루는 위치)으로 다시 되돌아오는 물체의 행동을 다루는 내용이다. 그런 탄성 물체를 나타내기 위해 용수철이 종종 사용된다. 충돌의 경우에서처럼 고전적인 원리들이 확실히 알려주는 바에 의하면, 용수철 운동은 완벽하게 예측 가능하다. 마찰을 무시할 때, 용수철을 늘였다가 놓으면 다시 원래의 늘이지 않은 위치로 되돌아간다. 그 늘이지 않은 지점, 이른바 "평형지점"에 도달하는 순간, 용수철은 최대 속력으로 운동한다. 왜냐하면 용수철의 에너지가 한 형태로부터 다른 형태로 재순환되기 때문이다. 처음의 위치와 관련된 에너지, 즉 "위치에너지"가 운동과 관련된 에너지, 즉 "운동에너지"로 변환되는 것이다. 하지만 드라마는 여기가 끝이 아니다. 용수철은 계속 운동하다가 압축되는 상태에 이른다. 최대 압축 지점에서 용수철은 잠시 멈춘 뒤 방향을 바꾼다. 이때 용수철이 최대한 수축되면서 운동에너지는 전부 다시 위치에너지로 바뀐다. 용수철은 평형지점으로 되돌아온 다음 계속 운동하여 또다시 늘어난다. 위치에너지에서 운동에너지로 다시 운동에너지에서 위치에너지로 다시 위치에너지에서 운동에너지로, 이처럼 에너지가 계속 재순환되는 것을 가리켜 "에너지 보존"이라고 한다.

단순한 추도 똑같은 일을 한다. 왼쪽에서 오른쪽으로, 오른쪽에서 왼쪽으로 추는 흔들린다. 위치에너지가 운동에너지로 다시 운동에너지가 위치에너지로 계속 변환된다. 마찰이 없다면, 추는 흔들림을 영원히 반복할 것이다. 그런 면에서 보자면, 손목시계나 벽시계도 그런 이상적 상황에서는 영원히 똑딱일 것이다. 보존 법칙이라는 메트로놈에 의해 유지되는 완전하고 영원한 리듬인 셈이다.

젊은 학자는 자기 옆에 있는 책상에다 간단한 박자를 두드리기 시작한다. 탁, 탁. 탁, 탁; 타닥, 탁, 탁, 탁. 모든 것이 리듬이다.

순환하는 시간, 즉 시간은 반복적이며 사건들의 어떤 패턴이 계속 다시 생긴다는 개념은 자연이 역학적 에너지를 재순환하는 과정에서 직접적으로 도출된다. 그런 에너지를 완벽하게 보존하는 닫힌계는 영원히 반복된다. 복잡한 계일 경우, 그런 사이클이 천문학적으로 길지도 모른다. 그렇기는 하지만, 에너지를 재순환하는 유한한 계는 결국에는 반복되기 마련이다. 가령, 틱택토 게임을 무한정 하다 보면 언젠가는 이전에 했던 것과 똑같은 판이 벌어진다. 자연은 순환 패턴을 좋아한다.

하지만 완벽하게 재사용될 수 없는 유형의 에너지도 있다. 가령 엔진에서 발생한 열은 마찰이나 공기 저항 때문에 소실된다. 낭비되는 에너지의 증가는 미래를 향해 비가역성의 화살, 즉 되돌아올 수 없는 화살을 날리는 셈이다. 결과적으로, 일부 이상적인 계들은 일종의 순환적 시간을 따르는 반면에, 현실의 많은 물리 과정들은 직선적인 시간 흐름을 따른다. 순환하는 화살 대 직선적인 화살의 문제는 수천 년 동안 논쟁의 핵심에 놓여 있었다.

대학원생은 하품을 한다. 책상을 두드리는 소리가 차츰 약해진다. 책이 바닥에 떨어진다. 갑자기 자신의 내부 시계가 작동했는지 졸음을 쫓아내고 벌떡 일어나 비틀비틀 걷는다. 기숙사에 도착하자마자 침대에 푹 꼬꾸라진다. 잠이 필요하다. 아침에 파인 홀Fine Hall에 가서 지도교수를 만나야 한다. 새벽 동이 트면, 진격명령을 받은 군인처럼 조교의 임무를 수행하러 출동할 것이다.

양자 프로파일

파인 홀(지금의 존스 홀Jones Hall)은 대학원에서 동쪽으로 약 일 마일 떨어져 있다. 기운 넘치는 젊은 대학원생이 쉽게 걸을 수 있는 거리다. 콕 집어서 수학과를 위해 지어진 건물이다 보니, 두꺼운 납빛 창들은 여러 가지 수학 기호로 멋들어지게 장식되어 있다. 1939년 가을 학기에 그 건물에는 여러 이론 물리학자들의 연구실이 들어서 있었는데, 거기에는 유진 위그너Eugene Wigner와 존 휠러의 연구실도 있었다. 그해 봄까지 그 건물은 부수적으로 프린스턴 고등과학연구소Institute for Advanced Study의 본거지 역할도 했다. 이 독립적인 싱크탱크에는 물리학자 알베르트 아인슈타인, 헝가리 수학자 존 폰 노이만, 오스트리아 수학자 쿠르트 괴델 및 다른 많은 저명한 인물들이 초기 구성원으로 속해 있었다.

연구소의 가장 유명한 과학자인 아인슈타인의 경우, 고등과학연구소는 중력과 전자기력의 통합 이론이라는 자신의 꿈을 마음껏 추구할 수 있는 일종의 수도원이었다. 아울러 그는 원자 및 아원자 입자들에 적용되는 물리학인 확률론적인 양자역학을 신랄하게 비판했다. 양자 "주사위 굴리기"에 대한 줄기찬 반대 그리고 순수한 결정론에 대한 믿음 때문에 아인슈타인은 주류 물리학계와 담을 쌓았다. 이 맥락에서 결정론이라 함은, 만약 한 물리계—가령, 추나 용수철—의 모든 초기 조건을 완벽하게 안다면, 아무리 먼 미래까지라도 벌어질 사건을 정확하게 예측할 수 있다는 뜻이다. 어떻게 보자면 아인슈타인은 측정 행위에서 비롯되는 우연적 측면을 제거함으로써 양자역학이 "완전해"지길 염원했다고 볼 수도 있다.

이와 달리 폰 노이만은 결정론과 우연이 상이한 단계에서 각자의 역할을 수행하는 미묘한 관점의 양자역학을 개발했다. 지금은 고전이 된 교재인 『양자역학의 수학적 기초』를 1932년에 출간했는데, 여기서 그는 양자 과정의 두 단계 해석을 내놓았다. 실험자가 한 양자계, 가령 어떤 원자 속의 전자를 측정하기 이전에는, 전자의 행동은 매끄럽고 예측 가능하게 진행된다. 하지만 일단 실험자가 측정 장치—가령, 강한 자석—를 가동시키고 눈금을 읽게 되면, 우연이 개입하면서 결과는 (동전 던지기에서 무작위로 한 결과가 선택되듯이) 수많은 것들 중 하나가 될지 모른다. 왜 관찰자가 그처럼 중대한 역할을 할까? 관찰한다는 것은 무슨 의미일까? 누구나 또는 무엇이든 관찰자가 될 수 있을까? 관찰자가 계 자체의 일부일 수 있을까? 이런 질문들이 이른바 "양자 측정 문제"의 범위에 포함된다.

양자 측정 문제는 까다롭기 그지없다. 고전역학과 달리 양자역학에서는 한 입자에 관한 모든 정보—가령, 입자의 위치나 속도 등—를 직접 알아낼 수 없다. 대신에 "파동함수"라는 실체를 고려해야만 하는데, 이것은 입자의 양자 상태에 관한 모든 데이터를 담고 있다. 정확한 값을 담고 있다기보다는 이 함수는 측정 시에 해당 입자가 특정한 방식으로 반응할 확률을 나타내는 확률적인 분포를 알려준다(전문적으로 말해, 파동함수의 제곱이 확률 분포를 내놓는다). 분포의 마루들은 높은 확률을 나타내고 골들은 낮은 확률을 나타낸다. 이 분포는 동전을 네 개 던질 때 앞면 둘과 뒷면 둘이 나올 확률이 제일 크고 전부 앞면이나 전부 뒷면이 나올 확률이 제일 낮은 결과를 보여주는 종 곡선bell curve과 비슷하다.

폰 노이만이 지적했듯이, 파동함수는 상이한 두 종류의 양자 과정을 겪는다. 하나는 슈뢰딩거 파동 방정식을 따르는 연속적인 변화이고 다른 하나는 관찰자가 측정을 실시할 때면 언제나 발생하는 불연속적인 "붕괴"이다. 가령 관찰자가 전자의 정확한 위치를 기록하도록 고안된 실험을 실시한다고 하자. 관찰 전에 전자의 파동함수는 전자가 어떻게 행동할지를 정확히 알려주는 에르빈 슈뢰딩거의 파동 방정식을 연속적으로 따른다. 우연에 맡겨진 것은 전혀 없다. 하지만 관찰이 실시되자마자 매끄러운 확률 분포를 따르던 파동함수는 무작위로 붕괴되어, 전자의 특정 위치를 나타내는 뾰족한 확률값이 된다.

첫 번째 과정은 완전히 결정론적이며 가역적인 반면에, 두 번째 과정은 무작위적이며 비가역적이다. 이것들은 상이한 시간 개념을 구현하는데, 첫 번째 메커니즘은 고전적인 추나 용수철의 순환적 시간과 부합하며, 두 번째는 엔진이 마모되어 결국에는 작동을 멈추는 직선적이고 비가역적인 시간과 부합한다.

1930년대 후반이 되자, 연속적이고 가역적인 변화에 이어 급작스럽고 비가역적인 붕괴가 나타난다는 폰 노이만의 이중적인 구도는 양자 측정에 관한 정통적인 견해로 자리 잡았다. 이 관점이 이른바 "코펜하겐 해석"이다. 하지만 어설프게도 이 견해는 서로 전혀 맞아떨어지지 않는 순환적 시간과 직선적 시간을 억지스레 합친 것이다. 마치 완벽하게 연속적으로 잘 가고 있는 시계가 하필 여러분이 볼 때마다 갑자기 망가져서 멈춘다는 식이다. 관찰이 메커니즘을 망가뜨린다는 이런 발상은 롤렉스 시계한테는 허용될 수 없지만 양자역학에서는 타당하다고 여겨진다. 실험 데이터가 이론과 딱 맞아떨어지기 때문에 대다수 과학자들은 그런 희한한 개념을 그냥 인정했다. 관찰 행위로 말미암아 양자계의 역학이 예측 가능한 연속성으로부터 무작위적인 도약으로 변화된다는 그런 희한한 발상을 말이다. 아인슈타인과 슈뢰딩거 그리고 루이 드 브로이(슈뢰딩거 파동 방정식을 낳게 된 물질파의 개념을 처음 내놓은 물리학자) 같은 몇몇 저명한 비판자들은 물리학계가 그런 관점을 재고해보아야 하지 않겠냐고 주장했다.

놀라운 운명의 장난

1939년 봄에 고등과학연구소는 파릇파릇한 새 캠퍼스로 자리를 옮겼다. 아인슈타인과 폰 노이만을 비롯한 그곳 학자들은 식민지 시대 양식의 펄드 홀Fuld Hall에 자리한 안락한 새 연구실로 옮겨 갔다. 연구소 구성원들이 빠져나간 파인 홀은 저명한 사상가들을 많이 잃었다. 하지만 담쟁이로 덮인 그 건물 벽 안에서는 순환적 시간과 직선적 시간을 넘어서 시간을 바라보는 세 번째 방식을 제공한 혁명이 시작된다. "모든 이력의 총합sum over histories"이라고 불리게 되는 이 새로운 접근법은 시간을 온갖 가능성들의 미로로 표현했다.

젊은 리처드 파인만이 프린스턴에 오게 된 것은 운명일까 우연일까? 프린스턴에서 그가 대학원을 다니면서 파인 홀의 연구실 그리고 맞붙은 파머 실험실Palmer Laboratory에서 존 휠러와 함께 일한 것이 과연 운명일까 우연일까? 어쨌거나 둘의 인연은 참신한 원리에 입각하여 양자물리학을 바닥에서부터 과감하게 재구성해낸 매우 독창적인 사상가들의 위대한 조합이었다.

프린스턴 대학원에 합격했을 때, 파인만은 원래 위그너의 조교로 배정받았다. 위그너는 헝가리 출신 물리학자인데, 폰 노이만과 마찬가지로 양자 측정 이론에 지대한 관심을 기울였고 노이만과 견해도 비슷했다. 마지막 순간에 어떤 계기로 파인만은 위그너 대신에 휠러의 조교가 되었다.

돌이켜보면, 둘은 그 교체를 자신의 경력에서 가장 상서로운 순간이라고 여겼다. "어떤 희한한 운명의 장난으로 나는 결국 파인만을 곁에 두게 되었습니다"라고 휠러는 나중에 회상했다. "나는 프린스턴에 가서… 아주 운 좋게도 휠러 교수님의 조교가 되었어요." 파인만도 말했다. "내 성공은 휠러 교수님한테서 배운 덕분이라고 할 수 있지요."

나중에 드러난 바에 의하면, 파인만과 휠러의 협력은 이 둘이 도입한 "모든 이력의 총합" 개념을 통해 양자물리학의 근본을 다시 생각하게 만든다. 그 혁명적인 접근법은 현실을 모든 가능성들의 조합이라고 본다. 마치 한 곡에 여러 개의 트랙들이 함께 섞여 있듯이 말이다. 전자는 길을 어떻게 건널까? 파인만과 휠러가 밝힌 바에 의하면, 올바른 양자역학적 해답은 이렇다. 전자는 물리적으로 가능한 모든 경로를 택할 수 있지만, 실제로 발생하는 일은 그러한 모든 경로들 중에서 (발생 확률이 제일 높은) 단 하나의 경로이다.

두 물리학자는 완벽하게 죽이 맞았다. 파인만은 계산에 신중하고 철저해서 대단한 결과를 내놓았으며, 휠러는 광범위한 개념적 발상에서 대담하고 창의적이었다. 특이한 가설들을 갈고닦아서 실행 가능한 해답을 찾는 일이 둘의 특기다. 평생에 걸친 과감무쌍한 탐험의 길이 프린스턴에 있는 휠러의 연구실에서 시작된다.

아웃사이더

리처드 파인만은 단연코 프린스턴의 아웃사이더였다. 마치 외계행성에서 날아온 사람 같았다. 1918년 5월 11일에 뉴욕 시의 한 평범한 유대인 가정에서 태어나 퀸스 자치구에서 자란 파인만은 (브루클린 출신들과 비슷하게) 세련되지 않은 노동계층 억양을 지녔고 행동도 투박했다. 그런 까닭에, 당시 대학을 가득 채우고 있던 백인 남성 개신교도인 부유한 예비학교 출신 학생들(적어도 학부생들)하고는 완전 딴판이었다. 그런 사람이라면 보통 잘 나서지 않고 조용히 지내기 마련이다. 하지만 파인만은 전혀 그렇지 않았다. 그는 어렸을 때부터 잘 알고 있었다. 남들 눈치나 보기에는 인생이 너무 짧으며 시간이 너무 소중하다는 사실을. 자신이 눈에 띄는 편임을 알았지만, 파인만은 그런 점을 불편하게 여기기보다는 유머와 장점의 원천으로 삼았다.

"프린스턴에는 어떤 우아함이 있어요." 파인만은 나중에 회상했다. "그런데 저는 우아한 사람이 아니었죠. 공식적인 사교 모임에서 언제나 저는 정말로 투박한 사람이었습니다… 사교 모임에서 저는 좀 거칠고, 좀 단순한 캐릭터였어요. 하지만 저는 신경 쓰지 않았습니다. 반쯤은 자부심도 느꼈지요."

입학 첫날부터 파인만은 교정에 세련된 어투와 젠체하는 매너가 가득함을 알아차렸다. 사교 모임에서 학생들이 입어야 했던 학구적인 가운에 파인만은 움찔했다. 아버지 멜빌 파인만이 그를 차에서 내려놓고 떠난 지 한 시간도 안 돼서 "기숙사의 주인"이라는 사람이 나타났다. 꾸민 듯한 상류층 영어 억양으로 거들먹거리며 파인만에게 인사를 건넸다. 이 사람의 안내로 파인만은 대학원 원장인 루터 아이젠하트Luther Eisenhardt와 함께하는 오후 다과회에 참여했다. 파인만은 코니아일랜드에서 열리는 핫도그 먹기 대회에 참여하는 편이 훨씬 더 마음 편했을 것이다. 하지만 공식적인 다과회에 가본 적이 없었는지라 무척 궁금하기는 했다.

원장의 아내는 코미디 영화 속의 격식 차리는 여배우처럼 예의로 온몸을 감쌌다. 그녀는 성심껏 들어오는 학생들마다 인사를 건넸고, 우유나 레몬을 곁들여 차를 대접했다. 파인만이 어디에 앉을지 갈팡질팡하고 있는데, 그녀가 다가가서 둘 중 어느 것이냐고 물었다. 경황없이 파인만은 대답했다. "둘 다요. 고맙습니다." 그 말에 어이없다는 듯 그녀가 말했다. "파인만 씨, 농담도 잘하시네!" 이어서 어색한 웃음을 킥킥댔다. 이 말은 그 후로도 꾸준히 소문으로 퍼져나갔고, 나중에는 파인만에 관한 가장 유명한 책의 제목이 되었다. 파인만의 억양과 우스꽝스러운 몸짓에 깊은 인상을 받은 작가 C. P. 스노우는 이런 짧은 말을 남겼다. "마치 희극 배우 그루초 막스Groucho Marx* 가 갑자기 위대한 과학자 역을 하는 듯하다."

파인만은 마치 아이비리그 엘리트의 행동양식과 정서—또는 누구인지를 막론하고 사람들의 기대—를 따르지 않기로 작정한 사람 같았다. 대신에 그는 세계에 대한 호기심이 대단했으며, 프린스턴이 이 세계의 비밀을 풀어줄 도구를 줄지 모른다고 여겼다. 특히 엄청나게 큰 사이클로트론에 대한 소식을 들었다. 파머 랩의 지하실에 있는 그 기계는 강력한 자석을 이용해 입

* 20세기 초중반에 활동한 미국의 희극배우.—옮긴이

자들을 회전시킨다. 높은 전압을 가하여 입자가 한 번 돌 때마다 계속 속력을 증가시켜, 충분히 큰 에너지를 갖게 되면 과녁을 향해 발사하여 명중시킨다. 이미 풍부한 결과를 내놓은 기계였던지라, 파인만은 그걸 보고 싶어서 안달이 나 있었다.

호기심의 아이

파인만의 아버지는 의류 사업가이긴 했지만, 아마추어로서 과학에 매우 흥미가 많았다. 아버지 덕분에 파인만은 사물의 근본적인 작동 원리를 늘 궁금해하는 아이가 되었다. 파인만이 어렸을 때, (그 시절에는 별명이 "리티Ritty" 였다) 아버지가 아리송한 문제들을 계속 내줬다. 예를 들어, 색깔 타일들을 특정한 형태로 모으라는 문제였다. 아버지와 아들은 가령 해변의 따개비와 같은 경이로운 자연현상을 자주 살펴보았으며, 다양한 주제에 걸쳐 백과사전 읽기를 좋아했다.

아버지의 격려에 힘입어 파인만은 불과 열세 살 때 적분학을 공부하기 시작했다. 그 무렵 파인만 가족은 퀸스 자치구 내의 파라커웨이Far Rockaway에 있는 안락한 집으로 이사했다. 인기 있는 해변에서 가까운 곳이었다. 한때 유치원 교사를 꿈꾸었던 어머니 루실Lucille은 과학과 수학에 열중하는 남편을 뒷바라지했고, 아울러 아들에게 재미난 이야기들을 들려주며 문학적 소양을 길러주었다.

중등학교인 파라커웨이 고등학교에서 파인만은 성적이 매우 우수했다. 담임교사는 파인만이 수업 시간에 지겨워하는 걸 알아차리고서 미적분 책을 읽으라고 주었다. 그 무렵 파인만은 페르마의 최소 시간의 원리를 배웠다. 왜 빛이 직선으로 이동하는지를 설명해주는 원리다. 또한 네 번째 차원인 시간의 개념과 더불어 물리학의 다른 고난도 주제들에도 익숙해졌다. 1935년에는 뉴욕 대학교에서 개최된 학교 간 수학 경시대회에서 일등을 하여, 금메달 수상과 더불어 『뉴욕 타임스』 지에 소개되기도 했다.

파인만은 아버지한테 과학을 잘 설명하는 방법을 늘 궁리했다. 아버지는 아들이 대학에 간 이후에도 기초물리학에 관한 심오한 질문들을 수시로 던지곤 했다. "왜 그런 거냐?" 아버지는 자연 현상을 놓고서 종종 아들에게 묻곤 했다. 가령, MIT에서 학부 과정을 밟고 있던 파인만이 여름 방학을 맞아 집에 내려갔을 때, 아버지는 전자가 광자(빛 입자)를 방출하여 낮은 에너지 준위로 떨어지는 과정을 설명해달라고 했다. "원자 속의 광자는 이미 존재하는 거니? 그래서 밖으로 나올 수 있는 거냐?" 아버지는 물었다. "아니면 원자 속에 처음에 광자가 없는 거냐?"

파인만은 말을 배울 때 단어 하나하나를 계속 발음하는 어린아이처럼 아버지에게 씩씩하게 설명하려고 노력했다. 아무리 단어를 발음해도 단어들이 다 소진되지 않듯이, 광자는 무한히 많다. 한 사람이 말할 수 있는 명사의 최대 개수가 정해져 있지 않듯이, 시간이 지나면서 소진될 원자 내부의 광자들의 개수도 정해져 있지 않다. 아버지는 전자가 광자를 방출할 때 실제로 어떤 일이 벌어지는지 계속 아리송해 했다. 파인만으로서는 적잖이 안타까웠다. 하지만 역설적이게도 아버지와 주고받은 대화는 나중에 노벨상을 받게 될 파인만의 연구에 어떻게든 반영된다.

아버지의 영향으로 파인만은 세계에 대한 어린아이와도 같은 경외감을 평생 간직했다. 친구 랠프 레이턴은 나중에 이렇게 말했다. "파인만은 뭔가를 바라볼 때 언제나 아이 같았습니다. 호기심과 경이로움을 갖고서 바라보았죠. 새로운 것을 찾아내고선, 그걸 조그만 수수께끼 삼아서 답을 궁리했어요."

과학과 기술 면에서 세계 정상급 대학들의 기준으로 보아도 파인만은 뛰어난 학생이었다. 그는 암산에 특출했는데, 특히 적분의 귀재였고 미적분의 다른 기법에도 능통했다. MIT 4학년이었던 1939년 봄에는 다섯 명으로 구성된 대학의 출전 팀의 일원으로서 권위 있는 퍼트넘 수학 경시대회에 참여해달라는 제안을 받았다. 처음엔 자신은 수학 전공이 아니라면서 머뭇거렸다. 하지만 팀을 구성할 적절한 4학년생이 부족하다는 사실을 알고서, 제안에 응했다. 스스로도 놀랍게 파인만이 그해에 전국에서 사상 최고 점수를 기록했다. 그의 우승 소식은 전국에 알려졌고 자동으로 하버드에 입학 허가를 받았으며, 아울러 대학원 과정 동안 전액 장학금도 약속받았다.

파인만은 처음에는 MIT에서 대학원 과정을 계속할 생각이었다. 하지만 물리학과 학과장이자 뛰어난 양자 이론가인 존 슬레이터John Slater가 다른 곳을 알아보라고 파인만에게 권했다. 파인만이 MIT야말로 과학을 하기에 최상의 곳이니 다른 데는 볼 일이 없다고 우기자, 슬레이터는 다른 연구소들도 우수하며 새로운 기회를 열어줄 것이라고 반박했다. 슬레이터가 단호한 태도를 취하자, 더 이상 파인만은 거절할 수가 없었다.

하버드도 우수한 선택지가 될 수 있었지만 파인만은 프린스턴을 택했다. 프린스턴에 있는 사이클로트론과 더불어 파인만은 위그너의 양자물리학 연구 소식을 잘 알고 있었기에 그와 함께 연구하길 바랐다. 하지만 프린스턴에 도착하자마자 적잖은 충격을 받았다. 프린스턴의 행정 당국이 파인만과 함께할 교수를 위그너 대신에 휠러로 갑자기 바꾸어 버렸던 것이다. 나중에 알고 보니, 그 결정은 파인만과 휠러의 경력에 중대한 분수령이 되었다.

사내아이의 익살

1911년 7월 9일 플로리다 주의 잭슨빌에서 태어난 휠러는 파인만보다 나이가 고작 일곱 살밖에 많지 않았다. 파인만처럼 휠러도 학식 있고 적극적인 부모들한테서 큰 영향을 받았다. 휠러의 아버지 조지프 휠러Joseph Wheeler는 볼티모어에 있는 유명한 이넉 프랫 프리 도서관Enoch Pratt Free Library을 포함해 전국에 걸쳐 여러 도서관을 관리한 존경받는 사서였다. 아울러 많은 도서관 분소를 세우는 일을 사회에 촉구하고 관련 업무를 감독했다. 아버지가 직업을 자주 바꾸었기 때문에 가족은 (캘리포니아, 오하이오, 버몬트 및 메릴랜드 등) 이곳저곳으로 이사를 다녔는데, 그래도 집 안에 늘 책이 가득하다는 사실만큼은 달라지지 않았다. 어머니 마블Marble(별명은 "아치Archie") 또한 사서였기에 책 읽기를 좋아했다. 이런 부모 덕분에 아들은 인쇄된 낱말을 평생 좋아했다. 아이였을 때 휠러는 종종 우주에 관한 질문을 어머니에게 쏟아부었다. 가령 이런 질문. "우주 속으로 계속 가면, 끝이 나오나요?"

이론가가 되긴 했지만, 파인만과 휠러는 어린아이처럼 직접 해보는 실험과학을 좋아했다. 둘 다 사물이 어떻게 작동하는지가 무척이나 궁금했다. 그래서 화학 실험 세트, 라디오, 모터 및 전기 키트를 무척 좋아했다. 전기화학의 중요성을 아버지한테 들은 까닭에 파인만은 무슨 일이 벌어지나 보려고 건조한 화학물질 더미에 전류를 흘려보기도 했다. 집 안 물품들을 만지작거릴 방법을 수없이 알아냈는데, 한번은 집의 급조한 인터콤 시스템을 개발하여 여동생 조안의 아기 침대가 자동으로 진동하게 만들었다.

어렸을 때 휠러도 즉석에서 무언가를 만드는 데 능했다. 광석 라디오 세트, 휠러의 집과 친구의 집 사이에 작동하는 전신기, 덧셈 기계 그리고 번호 자물쇠를 직접 만들었다. 화약으로 실험을 하다가, 돼지 축사 근처에서 다이너마이트 뚜껑에 불이 붙어 하마터면 손가락 하나를 날릴 뻔했다.

만약에 파인만과 휠러가 함께 자랐다면, 불을 내거나 화학물질을 폭발시키는 온갖 창의적인 방법을 찾아내는 등 짓궂은 짓을 하느라 시간 가는 줄 몰랐을 것이다. 성인이 되어 만났을 때, 둘의 내면에 흐르던 어린아이 같은 열정이 둘을 하나로 결합시켰다. 둘은 기계 장치에서부터 공간과 시간 자체의 구조에 이르기까지 모든 것을 함께 만지작거리기 시작했다.

놀라운 대칭

박사과정 지도교수와 제자의 관계는 기울어져 있을 때가 종종 있다. 어쨌거나 지도교수는 제자의 경력에 막강한 힘을 행사한다. 무능하거나 악의적인 지도교수는 제자에게 나쁜 조언을 하거나, 제자의 논문 심사를 질질 끌거나, 학위를 못 받게 방해하거나, 사실상 제자가 학자로서의 경력을 추구하지 못하게 가로막을지도 모른다.

파인만과 휠러의 경우는 스승과 제자 사이가 평등하고 참된 우정으로 꽃핀 아주 드문 예이다. 서로가 서로의 성장을 촉진시켜주면서 두 물리학자 간의 친근감은 세월이 갈수록 더해져만 갔다. 둘은 아무리 엉뚱한 아이디어라도 반기는 대담하면서도 개방적인 성향의 사상가였다. 희한한 개념들이 둘의 창의적인 마음으로부터 흘러나왔다. 시간을 거슬러 운동하는 입자에서부터 실재의 평행한 가닥들까지, 순수한 기하학으로 만들어진 우주에서부터 디지털 정보에 기반한 우주에 이르기까지 둘의 아이디어는 광범위했다. 장담하건대 이십 세기 후반과 이십일 세기 초반의 이론물리학의 통찰력 있는 연구 중 상당수는 둘의 대담한 논의로부터 나왔다. 입자물리학의 표준 모형의 기본적 내용 그리고 블랙홀과 웜홀의 속성과 같은 온갖 천체물리학 개념들이 그런 예다.

두 사람 모두 '이 세계란 탐험하기에 멋진 곳이다'라는 청년다운 전망을 가슴에 품고 있었다. 조각을 함께 맞춰볼 퍼즐들, 해독할 암호들, 찾아낼 숨은 장소들 그리고 해결할 수수께끼들이 가득한 곳이었다. 톰 소여와 허클베리 핀처럼 둘은 흔해 빠진 것에 만족하지 않았고 모험을 갈망했다.

어떤 대칭성은 직접적으로 명백히 드러나지 않는다. 외적인 성격으로만 판단하면, 파인만과 휠러에 공통적인 관점을 알아내기가 처음에는 어렵다. 파인만은 느끼함을 싫어했고, 세련되지 않은 언어를 즉흥적으로 내뱉을 때가 많았으며 "진지한 과학자"에 대한 세간의 기대를 대놓고 거부했다. 반면에 휠러는 조용하고 침착했으며 언행이 공손했다. 분명 파인만이 둘 중에서 훨씬 더 논쟁적인 인물이었다. 하지만 휠러는 주류와는 다소 거리가 먼 주제를 과학에서 탐구했다. 순응성의 겉치장 이면에 반항아의 기질이 꿈틀대고 있었다. 둘 다 낡은 교과서의 설명을 과감하게 내던지고 새로운 것을 시작했다. 아마도 둘의 성향을 가장 잘 나타내는 두 단어는 "미친 발상"일 것이다.

파인만이 뜻밖에도 휠러의 조교로 역학 수업을 맡게 되면서부터 둘의 탐험은 첫걸음을 뗐다. 물리학의 비범한 가능성들을 탐구하는 일에 서로 박자가 척척 맞자, 금세 둘은 허물없는 사이가 되었다. 결국 둘은 대안적인 실재와 시간 역행을 허용함으로써, 시간 자체의 개념을 재정립한다.

1
휠러의 시계

MIT에서 온 이 친구: 수학과 물리학의 적성검사 점수를 보십시오. 환상적입니다! 여기 프린스턴에 지원한 사람 중에 이런 절대적으로 높은 점수 근처에 오는 사람도 없습니다… 진흙 속의 진주가 틀림없어요. 우리는 역사와 영어 점수가 저렇게나 낮은 학생을 받아들인 적이 없습니다. 하지만 화학이나 거친 실험에서 이 친구가 숙달한 실제적인 경험을 보십시오.

존 A. 휠러, 파인만의 프린스턴 지원서를 심사하는 대학원 위원회에 던진 말

존 휠러가 주머니에서 시계를 꺼내 책상 위에 놓는다. 새로 오는 조교 리처드 파인만과 만날 시간이 되었나 해서다. 강의와 연구를 열정적으로 병행하려는 젊은 조교수한테 시간은 대단히 중요하다. 강의에는 시간이 든다. 물리학의 근본적인 질문들을 공략하기 위해 연구에 몰두하는 데에도 시간이 든다. 채점하는 데는 시간이 든다. 학생들과 면담을 하는 데도 시간이 든다.

또한 시계는 전 세계 어디서나 똑딱거린다. 행진하고 있는 나치를 멈추어야 했다. 만약 그들이 유럽을 계속 정복해 나간다면, 미국의 참전은 시간문제였다. 나치가 아마도 개발하고 있을 가공할 무기를 물리치기 위해서는 과학적 돌파구가 필요하다. 1939년 1월에 휠러가 자신의 스승인 닐스 보어와 보어의 조수 레온 로젠펠트Leon Rosenfeld한테서 듣기로, 무거운 우라늄 핵이 어떤 상황하에서 "핵분열"이라는 과정을 통해 엄청난 에너지를 방출할 수 있다는 사실을 독일 과학자들이 발견했다고 한다.

그 놀라운 소식을 전한 "연쇄반응"은 신속했다. 독일 화학자 오토 한Otto Hahn과 프리츠 슈트라스만Fritz Strassmann과 함께 핵분열 연구를 한 적이 있던 오스트리아 물리학자 리제 마이트너Lise Meitner가 조카 오토 프리시Frisch에게 그 소식을 전했다. 그 시기에 덴마크 코펜하겐에 있는 이론물리학연구소에서 연구하던 프리시는 그 소식을 연구소장인 보어에게 전했다. 대단히 중요한 소식임을 즉시 알아차린 보어는 로젠펠트에게 알린 후에, 다가오는 이론물리학 국제회의에서 공식적으로 발표하기로 마음먹었다. 마침 1월 26일에 워싱턴 DC의 조지 워싱턴 대학교에서 회의가 열릴 예정이었던 것이다. 그런데 보어와 로젠펠트가 미국에 도착한 날인 1월 16일에 프린스턴 물리학과의 저널 클럽Journal Club 회의에서 로젠펠트가 비밀을 누설하고 말았다. 그래서 휠러를 포함한 프린스턴의 일부 학자들은 핵분열 발견 소식을 미리 알게 되었다. 어쨌거나 보어가 워싱턴 회의에서 그 소식을 암울하게 발표하자, 물리학계 전체로 사태가 일파만파 퍼져나갔다.

그 소식을 알게 된 많은 물리학자들—특히 최근에 유럽의 파시즘 정권을 탈출한 이들—은 나치가 원자핵을 쪼개서 그 속에 갇힌 에너지를 방출하는 폭탄을 개발할지 모른다는 생각에 몸서리를 쳤다. 독일의 핵무기 개발을 특히 우려했던 이들 중에는 (베니토 무솔리니 치하의 이탈리아를 떠나 미국으로 망명한) 엔리코 페르미를 포함하여 (전부 헝가리 이민자인) 유진 위그너, 레오 실라르드Leo Szilard 및 에드워드 텔러Edward Teller 등이 있었다. 보어의 발표 후 두 달이 지나서 페르미가 워싱턴 DC의 해군 장교들과 만났다. 그해 여

1930년대 중반에 존 아치볼드 휠러가 코펜하겐의 닐스 보어 고등물리학이론연구소에서 연구에 몰두하고 있는 모습. (출처: AIP Emilio Segre Visual Archives, Wheeler Collection)

름에 실라르드는 위그너 및 텔러와 교대로 동행하여 알베르트 아인슈타인에게 경각심을 일깨웠고, 잘 알려졌듯이 아인슈타인은 결국 프랭클린 루스벨트 대통령에게 경고 서한을 보냈다. 나치의 위협과 미국의 참전 가능성이 있던 상황에서, 미국 정부가 핵 이론가들을 시켜서 이론적인 연구 대신에 군사 목적의 연구를 언제 추진하게 될지 누가 알았겠는가?

보어와 함께 연구한 덕분에 당시 휠러는 핵분열에 관한 세계적인 전문가였다. 따라서 미국의 핵무기 개발에 큰 역할을 하게 될 인물이었다. 둘의 공동 연구는 휠러가 보어의 연구소를 찾았던 5년 전인 1934년 가을에 이미 시작되었다. 존스 홉킨스 대학에서 오스트리아 출신의 미국 물리학자 카를 헤르츠펠트Karl Herzfeld의 지도하에 박사학위를 받은 뒤, 그레고리 브라이트Gregory Breit를 은사로 모시고 뉴욕대학교에서 박사후 과정을 밟은 휠러는 원자핵의 수수께끼를 푸는 데 몰두하고 있었다. 그런 연구 활동의 일환으로 휠러는 보어 연구소에 견습 연구원으로 참여했다. 당시 양자물리학의 존경받던 스승이었던 보어는 그 분야의 지식을 늘리기 위한 이상적인 방법으로써 전 세계의 과학자들을 불러들였다. 휠러는 1935년 6월까지 코펜하겐에서 일했는데, 원자핵과 우주선(우주에서 날아오는 고에너지 입자) 간의 상호작용이 중심 연구 주제였다.

보어의 연구 스타일은 휠러에게 막대한 영향을 끼쳤다. 말을 소곤소곤 중얼거리듯 하는 것으로 악명 높긴 했지만, 보어는 핵심을 꿰뚫는 질문을 던지는 재주가 있었는데, 이는 한 주제에 관한 참신한 사고방식을 이끌어내는 데 효과적이었다. 휠러는 이렇게 회상했다. "보어 박사님은 뭐든 그런 식으로 캐물었는데, 요점을 파고들고 가능한 한 극한까지 한 주제를 검증하길 원했습니다."

유럽에서 돌아오고 나서 휠러는 채플 힐Chapel Hill에 있는 노스캐롤라이나 대학에서 삼 년 동안 일한 다음, 1938년 가을 프린스턴에 조교수로 임명되었다. 보어가 독일의 핵분열 프로그램을 발표하기 전에도 그 지역의 상황은 흉흉했다. 한 라디오 뉴스에 의하면, 그해 할로윈에 뉴저지 주의 그로버스 밀Grover's Mill 근처에 화성인이 침공했다고 한다. 이 가짜 뉴스가 미국의 영화감독 오슨 웰스Orson Welles의 권위적인 목소리로 다시 흘러나오면서 공포를 촉발시켰다. 대중의 겁에 질린 반응은 끔찍한 신무기에 대한 만연한 두려움을 고스란히 드러냈다. 여러 달 후에 보어가 워싱턴 회의에서 독일의 핵분열 발견 및 이에 따른 나치의 원자폭탄 제조 가능성을 물리학자들에게 경고하자, 미국이 잿더미가 될지 모른다는 두려움이 모든 이의 가슴에 내려앉았다.

보어는 1939년 1월부터 5월까지 프린스턴에 머물렀다. 당시 파인 홀로 불리던 건물(지금의 존스 홀)에서 휠러와 같은 층에 있는 연구실을 사용했으며, 숙소는 나소 클럽에 있었다. 둘은 핵분열에 대한 정확한 메커니즘을 알아내려고 보어의 "액체 방울 모형"을 이용했다. 이것은 핵에 관한 유동적인 모형으로서, 비유하자면 충분히 늘이면 나누어질 수 있는 계란 노른자 같은 것이었다. 둘은 1939년 봄 내내 함께 연구하면서, 우라늄 시료에 고속(고에너지) 또는 저속(저에너지) 중성자들을 쬘 때 분열이 발생할 수 있는 조건들을 차근차근 알아냈다.

휠러는 우라늄의 다양한 동위원소들(핵 형태들)이 중성자들의 연쇄반응에 의해 핵분열을 하려면 넘어야 하는 에너지 장벽들을 그림으로 그렸다. 그는 이런 장벽들을 마치 스키어가 정상에 도착하여 활강을 시작하기 전에 올라가는 것처럼 모형화했다. 가장 흔한 동위원소인 우라늄-238은 최초 (에너지) 언덕이 매우 가팔라서 장벽을 건너뛰려면 빠른 중성자들(비유하자면, 올림픽에 출전하는 스키 선수들)이 필요했다. 반면에, 드문 동위원소인 우라늄-235는 장벽이 낮아서 느린 중성자들(비유하자면, 초보 스키어들)로도 넘을 수 있었다. 따라서 보어와 휠러는 우라늄-235가 우라늄-238보다 분열시키기 훨씬 쉽다고 결론 내렸다. 게다가 둘이 알아낸 바에 의하면, 그때까지는 제조되지 않았던 플루토늄-239라는 인공적인 동위원소 또한 느린 중성자들을 이용하여 쪼갤 수 있었다.

핵분열 과정에서 많은 중성자들이 연쇄적으로 방출된다. 만약 중성자들이 방출되는 속도를 늦춘다면 다른 핵들이 붕괴되도록 유도할 수 있는데, 어떤 상황하에서 연쇄반응이 급격히 일어나 핵폭탄이 될 수도 있고 또 어떤 상황하에서는 에너지 발생을 제어해서 다른 용도로 사용할 수도 있다. 보어와 휠러는 이 연구 결과를 기념비적인 논문을 통해 발표했다. 「핵분열의 메커니즘」이라는 제목의 이 논문은 1939년 9월 1일에 발간되었는데, 아돌프 히틀러가 폴란드를 침공함으로써 유럽에서 이차세계대전이 발발한 바로 그날이었다. 나중에 둘의 연구 결과는 핵폭탄 개발을 위한 미국의 전시 프로그램이었던 맨해튼 프로젝트에서 필수 불가결한 것으로 입증되었다.

그해 가을에 휠러는 이 공동 연구를 제쳐두고, 이론물리학에서 독자적인 업적을 내려고 열심이었다. 또한 그는 보어가 자신에게 그랬듯이 누군가에게 믿음직한 멘토가 되고 싶었다. 휠러는 교수로서 이상적인 두 가지 면이 조화를 이루었다. 사적인 면에서 보자면 생각이 깊고 계산을 차분하게 했으며, 공적인 면에서 보자면 정확하게 균형 잡힌 교육자의 자세를 지니고 있었다. 대칭을 유지하는 데는 정확한 타이밍이 필수였다. 그래서 책상 위에 늘 시계가 놓여 있었던 것.

이때 스물여덟 살이던 휠러는 자신이 "왜 존재하는가?"—생의 후반기에 종종 던졌던 질문—와 같은 난해하기 그지없는 질문을 이 지상에서 거의 칠십 년이나 더 심사숙고하게 되리라고는 아마도 몰랐을 테다. 늙은 휠러는 젊은 휠러에게 조금 여유를 갖고 학생들과 잘 어울려 지내라고 충고해주었을지 모른다. 하지만 초침이 자꾸 돌면서 분침을 앞으로 움직이게끔 밀어붙이듯이, 젊은 휠러는 자신이 맡은 두 가지 임무를 균형을 맞춰가며 열정적으로 추진했다.

훌륭한 바보짓

당시 휠러의 연구실인 214호실은 파인 홀의 2층에 있었다. 프린스턴 수학과의 창시자인 헨리 버처드 파인Henry Burchard Fine(1928년에 자전거를 타다가 자동차에 치여 비극적으로 사망한 인물)의 이름을 딴 그 건물은 파인의 친구인 토마스 D. 존스에 의해 수학 연구의 화려한 성지로 치켜세워졌다. 그러다가 건물의 역할이 이론물리학에까지 확장되었다. 각 연구실에는 참나무

프린스턴 대학원 건물. (출처: 사진 촬영 폴 핼펀)

장식 판자, 칠판, 내장된 서류 캐비닛 그리고 이파리 무성한 프린스턴 캠퍼스가 내다보이는 창들이 있었다. 교수들이 휘갈기는 기호들로 바깥의 자연계를 파악하려고 애쓸 때면, 가을의 상큼한 향기가 분필 가루 휙 날리는 냄새와 섞여들었다. 기초과학을 연구하기에는 더할 나위 없이 멋진 장소였다.

존스와 수학자 오즈월드 베블런Oswald Veblen을 포함한 다른 여러 사람들의 의견에 따라, 파인 홀은 최대한 협력 작업에 친화적으로 설계되었다. 그런 목적에 맞게끔, 교수진들이 모여서 아이디어를 논의하는 아늑한 찻집이 연구실들이 사각형으로 배열된 2층에 놓여 있었다. 찻집의 벽난로 위에는 아인슈타인의 강연에서 따온 다음의 독일어 구절이 새겨져 있었다. "Raffiniert ist der Herrgott, aber boshaft ist er nicht" (신은 영리할 뿐, 악의적이진 않다).

이 말은 아인슈타인의 믿음을 고스란히 드러낸다. 즉, 이론물리학의 적절한 방정식을 찾는 일에는 온갖 역경과 반전 그리고 막다른 길이 있을지 모르지만, 자연은 모질지 않기에 궁극적인 해답을 내놓을 것이라는 믿음 말이다.

건물 내의 구석 계단 및 서로 연결된 복도들은 사람들이 자주 찾는 곳이었다. 교수와 학생 들은 종종 3층을 찾았는데, 거기의 널찍한 도서관에는 수학과 물리학 관련 서적들이 수천 권 소장되어 있었다. 때때로 그들은 1층으로 내려가서 중앙 강의실에서 세미나에 참여했다. 또는 보어와 휠러가 함께 연구할 때 그랬듯이, 진지한 토론을 하면서 2층의 원형 복도를 빙빙 돌았다. 의도한 대로 그 건물은 연구자들이 위아래로 그리고 주변을 돌며 만드는 순환적 흐름으로 고동쳤다.

수학과 물리학 간의 협력을 촉진하기 위해, 파인 홀은 다리를 통해 물리학과 건물인 파머 연구소로 연결되었다. 이 파머 연구소가 수업 및 연구의 중심지가 되었다. 물리학을 연구하려면 장비를 놓기 위한 널찍한 공간이 필요한 법인데, 파머 연구소는 매우 넓었다. 그리고 실험을 장려하기 위해 미국 물리학의 두 거장—벤저민 프랭클린과 조지프 헨리—의 조각상이 건물의 정문 양옆에 세워졌다.

첫 대면의 순간에 파인만은 휠러가 아주 젊다는 걸 단박에 알아차렸다. 전성기를 한참 지난 교수들처럼 대학 간판을 위해 앉혀놓은 구닥다리가 결코 아니었다. 아주 젊고 정력적이었다. 파인만은 대단히 마음이 놓였다. 그리고 휠러가 시계를 꺼내 책상 위에 놓으면서 둘이 만나는 시각을 확인하는 모습이 파인만의 눈에 들어왔다. 둘은 파인만의 담당 업무에 관해 이야기한 다음에 다시 만나기로 약속했다.

시계로 뭘 할까 이리저리 궁리한 끝에 파인만도 똑같은 게임을 하기로 결심했다. 싼 시계를 하나 사서 다음 만남을 준비했던 것이다. 두 번째로 둘이 만났을 때, 휠러가 주머니에 손을 가져가자마자 파인만도 똑같이 했다. 휠러의 시계가 책상에 놓인 직후에, 마치 체스 게임에서 응수를 하듯이 파인만의 시계가 놓였다.

파인만의 능글맞은 모방이 둘 사이의 무거운 분위기를 깨트렸다. 휠러가 발을 동동 구르며 웃기 시작했다. 파인만도 똑같이 했다. 웃음의 발작이 계속되었고, 각자 서로를 웃기려고 발악을 했다. 이제 만남은 순전한 바보짓으로 발전해 있었다.

마침내 휠러가 일 이야기를 해야 할 때라고 결심했다. "저기, 이제 좀 진지하게 이야기해보자고." 그가 말했다.

"지당하신 말씀." 파인만이 입을 빙긋거리며 대답했고, 둘은 한참을 더 폭소를 터뜨렸다. 시간이 갈수록, 만남이 거듭될수록 둘의 논의는 농담으로, 배꼽을 잡는 폭소로, 숨을 헐떡이며 진지하게 이야기 좀 하자는 간청으로 변했다가 다시 창조적인 토론으로 되돌아갔다. 파인만은 상반되는 두 가지를 함께 다루는 데 능했다. 어머니 루실은 자주 농담을 했으며, 아버지 멜빌은 과학적이고 진지했기 때문이다. 휠러와 함께 있을 때, 파인만은 자신의 두 가지 성격을 함께 표현할 수 있었다. 덕분에 둘 사이의 장기간의 생산적인—종종 우스꽝스럽기도 한—우정이 지속되었다.

역학 가르치기의 역학

휠러는 강의를 잘한다는 자부심이 대단했으며, 그의 고전역학 수업은 특히 잘 짜여 있었다. 학생들에게 만만찮은 과제를 내주었고, 그러면 학생들이 과제를 완성해서 제출했다. 그 후 파인만이 학생들의 패기를 검증할 차례였다. 그는 제출된 과제를 꼼꼼히 읽으면서 논리적 결함이나 계산 실수의 징후를 살핀 후에 여백에 자세한 평가를 적었다. 이처럼 각고의 노력이 들어간 과제 더미가 지도교수한테 넘겨졌다. 학생들은 실수나 개념의 오해를 저지르면 좀체 피해 나가지 못했다.

조교가 그처럼 모범적으로 맡은 일을 잘하자, 휠러는 파인만에게 역학 강의들 중 적어도 하나를 맡겼다. 이는 파인만에게 더할 나위 없는 강의 경험이 되었다. 그런 제안에 감격하여 파인만은 밤을 새워가며 강의 준비를 했다. 어머니에게 보낸 편지에서 파인만은 강의를 맡게 되어 뿌듯하며, 강의는 "매끄럽게 잘" 진행된다고 그리고 언젠가는 강의를 많이 맡게 될 거라고 적었다. 휠러의 지원을 등에 업고 그리고 나중에는 스스로의 재능으로 파인만은 물리학 개념들을 풀어내는 유명한 해설가로 발전하게 된다.

강의할 때 휠러의 특기는 다이어그램을 재치 있게 사용하는 것이었는데, 이에 파인만은 큰 영향을 받았다. 한 개념을 제시할 때 휠러는 거의 언제나 스케치에서 시작했다. 마치 축구 전략을 짜듯이 선수들 및 그들의 상호작용을 그림으로 그렸다. 나중에 휠러는 이렇게 회상했다. "그림 없이는 생각을 전개해나갈 수가 없습니다."

두 물리학자 모두 강의를 그 과목을 배우기 위한 최상의 방법이라고 여겼다. 어쩌면 역설적일지 모른다. 전문가가 아니고서 어떻게 설명할 수 있단 말인가? 맞는 말이다. 라틴어나 고대 그리스어처럼 비교적 확정된 학문의 경우에는, 제대로 된 강의를 하려면 먼저 그 언어에 능통해야 한다. 하지만 물리학은 여러 가지 방식으로 설명하거나 해석할 수 있는 근본적인 원리들을 바탕으로 기초에서부터 쌓아 가는 학문이다. 심지어 물리학 입문 강좌의 첫 주에 대체로 나오는 내용인 힘 및 관성과 같은 개념조차도 미묘하기 그지없다.

관성은 정지한 물체는 계속 정지하지만, 운동하는 물체는 외부의 힘이 가해지지 않는 한 동일한 속력과 동일한 방향으로 계속 운동한다는 개념이다. 그래서 평평하고 마찰이 없는 바닥에서 구르는 볼링공은 핀을 치기 전에 직선으로 나아간다. 이상하게도, 공이 목표를 향해 일정하게 나아가도록 만드는 것은 힘이 아니라 힘의 결여이다. 직관적으로 우리는 힘이 그런 일을 해야 한다고 여기지만, 사실은 그 반대인 것이다. 그 차이를 학생들이 이해해야만, 물리계의 다른 측면들까지 지적으로 공략할 수 있다. 그런 개념을 설명해내면, 자연의 근본적인 작동 방식을 명쾌히 밝혀내는 새로운 연관성이 드러날지 모른다.

가령, 역학 강의를 준비하면서 휠러와 파인만은 마흐의 원리를 논의하게 되었는데, 이는 멀리 있는 별들이 어떻게든 관성을 일으킨다는 생각이다. 아이작 뉴턴이 관성을 "절대 공간"(눈금이 고정된 자)과 "절대 시간"(언제나 어디에서나 동일한 속도로 똑딱거리는 추상적인 시계)이라고 하는 추상 개념을 통해 설명한 것과 달리, 물리학자 에른스트 마흐Ernst Mach는 관성이 생기는 데에는 어떤 물리적 원인이 반드시 존재한다고 제안했다. 그의 추측에 의하면, 멀리 있는 물체들의 인력의 합으로 인해, 정지한 물체는 계속 정지해 있고 운동하는 물체는 운동 속도를 계속 유지한다.

아인슈타인의 우주적 전망

휠러가 잘 알고 있었듯이, 아인슈타인의 일반상대성이론—중력을 기술하는 그의 장엄한 방정식 집합—은 마흐의 원리를 구현하고, 뉴턴이 상정했던 관성 측정을 위한 절대적 시공간 개념을 폐기하려고 했다. 뉴턴은 공간의 거리와 시간적 지속 기간이, 마치 수학자들이 사용하는 고정된 좌표축처럼, 모든 장소와 모든 시간에 불변이라고 상상했다. 어떠한 것도 그런 관성자에 영향을 미칠 수 없다고 말이다. 뉴턴의 고정된 영원한 눈금자 개념과 정반대로, 일반상대성이론에서 물질과 에너지는 (공간과 시간이 합쳐진 개념인) 시공간의 구조를 왜곡시킨다. 휘는 나뭇가지에 무거운 새둥지가 얹혀 있는 경우처럼 말이다.

절대적인 공간과 시간을 내팽개쳤을 뿐 아니라, 중력을 설명하기 위해 아인슈타인이 사용한 기하학은 뉴턴 물리학의 또 하나의 난제, 즉 "원거리 작용"이 필요 없도록 만들었다. 원거리 작용이란 중력과 같은 힘들이 순식간에 멀리까지 미치는 것을 뜻한다. 무거운 임의의 두 물체가 있을 때, 뉴턴은 일종의 추상적인 "실"이 공통의 중력을 통해 서로를 연결시킨다고 상상했다. 공간 속에 있는 어떤 유형적인 무언가가 중력 전달의 매개자 역할을 하지 않는다고 보았다.

뉴턴의 접근법에서는, 먼 거리에까지 미치는 순식간의 인력이 행성들로 하여금 태양 주위를 돌도록 조정한다. 만약 태양이 갑자기 사라지면 "끈"이 사라지기에, 행성들은 즉시 자신의 관성에 따라서 직선 운동을 시작할 것이다. 그런 운동 상태의 변화는 태양의 마지막 햇빛이 각 행성에 도착하기도 전에 발생할 것이다. 왜냐하면 빛이 이동하는 데는 시간이 걸리기 때문이다.

그러한 순식간의 원거리 작용은 텔레파시와 마찬가지로 타당한 물리 현상이 아니라고 생각하고서, 아인슈타인은 시공간의 구부러진 구조가 매개자 역할을 하는 일반상대성이론을 구성했다. 질량이 큰 태양의 존재는 주위의 시공간을 왜곡시킴으로써 일종의 중력 우물을 창조하는데, 마치 사람이 욕조에 들어가면 물의 분포가 달라지는 것과 조금 비슷하다. 그러한 교란은 원천으로부터 물결처럼 퍼져나가서, 다른 물체들의 운동에 영향을 미친다. 욕조를 예로 들면, 고무 오리 인형, 작은 배 그리고 다른 둥둥 떠다니는 장난감들이 오르락내리락하기 시작한다는 뜻이다. 태양계의 경우, 태양의 중력 교란은 시공간 전체에 걸쳐 바깥쪽으로 빛의 속력으로 퍼져나가서, 행성들이 휘어진 궤도를 따라 움직이도록 만드는 움푹한 시공간 구조를 창조한다. 행성들은 직선으로 움직이려고 애쓰지만, 주위의 왜곡된 기하구조로 인해 어쩔 수 없이 곡선 운동을 하게 된다.

1915년에 일반상대성이론을 완성한 후, 아인슈타인은 그 이론을 이용하여 전체적으로 정적인 우주에 관한 모형을 만들었다. 확실한 결정론과 영원한 우주적 법칙들을 믿었기에, 질량이 국소적인 동요를 일으키더라도 우주의 전체 상태는 시간이 흘러도 변하지 않기를 아인슈타인은 바랐다. 달리 말해서 별들이 하늘에서 움직이긴 하지만, 별들의 전체적인 행동을 평균적으로 보자면, 우주는 화강암 덩어리처럼 불변이라는 것이다. 뉴턴의 체계에서처럼 그런 영원성은 미리 운명 지어진 것이 아니라, 일반상대성이론의 자연스러운 물리적 귀결이었다.

하지만 아인슈타인이 구성한 방정식들은 그런 엄밀성과 부합하지 않았다. 아인슈타인 자신으로서도 상당히 실망스러운 결과가 나왔던 것이다. 그 방정식의 해들은 시간에 따라 팽창하거나 수축하는 우주를 내놓았다. 물리학에서 방정식의 해는 마치 특정한 자물쇠를 여는 열쇠처럼 정확히 들어맞는 수학적인 서술이다. 아인슈타인은 정적인 우주와 딱 들어맞는 해를 찾으려고 애썼지만 자신의 원래 방정식들을 땜질해야지만 그럴 수 있었다. 마치 열쇠수리공을 불러서 주인이 오랫동안 써온 아끼던 열쇠에 맞게끔 자물쇠를 고치게 하는 식이었다. 아인슈타인이 고친 것을 가리켜 "우주상수항"이라고 하는데, 이것은 중력의 불안정화 효과를 상쇄하여 그가 바라던 답을 내놓도록 원래의 방정식에 추가한 여분의 "급조된 요소"였다. 정말로 그 항 덕분에 정적인 해가 나오긴 했지만, 그 대가로 이론이 더욱 복잡해지고 말았다. 게다가 천문학자 에드윈 허블이 1929년에 (베스토 슬라이퍼Vesto

Slipher 등의 다른 천문학자들의 도움을 받아서) 발견한 바에 의하면, 먼 은하들은 전부 서로에 대해 (그리고 우리 지구로부터) 멀어지고 있었다. 우주가 정말로 시간에 따라 팽창하고 있다는 뜻이었다. 그래서 급기야 아인슈타인은 우주가 팽창하고 있음을 인정하고 그 추가 항을 삭제했다. 그러므로 아인슈타인은 관성에 대한 마흐의 아이디어를 입증하겠다는 목표를 실현하지 못한 셈이다.

그런 발전에도 불구하고 마흐의 원리가 여전히 의미가 있을지 그리고 만약 그렇다면 그 원리의 물리적 근거가 무엇일지에 관하여 휠러는 파인만과 논의했다. 휠러는 파인만(그리고 다른 사람들)에게 난해한 철학적 질문들을 즐겨 던졌고 관련 내용을 검증할 방법을 생각했다. 파인만은 추상적인 질문을 싫어했지만 검증 부분은 좋아했다. 그런 면에서 둘은 죽이 잘 맞았다.

1950년대에 휠러 밑에서 연구하게 되는 물리학자 찰스 마이스너Charles Misner는 이렇게 말했다. "휠러 교수님은 닐스 보어 박사님한테서 지대한 영향을 받았는데, 보어 박사님을 자신의 두 번째 스승으로 대했습니다. 보어 박사님은 확실히 유럽의 사고 학파에 속했지요. 물리학의 기술적 측면과 더불어 철학적 측면도 강조했지요. 파인만과 같은 대다수의 미국 물리학자들은 양자물리학의 추상적, 철학적 해석에 관한 주장들은 모조리 자신들의 연구와는 무관하다고 여겼고요."

입자 핑퐁

인간의 대화는 탁구와 비슷하다. 전형적인 상호작용에는 생각의 전달, 농담의 교환, 사적인 문제에 관한 흥겨운 이야기 또는 이외의 무수히 많은 대화 양식이 포함될지 모른다. 마치 탁구 경기처럼 한 선수가 서브를 넣으면 상대방이 공을 받아넘긴다. 그러면 첫 번째 선수가 다시 두 번째 선수의 공에 반응하고, 두 번째 선수는 다시 그 공을 넘기고, 이렇게 주제가 소진될 때까지 계속된다. 휠러와 파인만은 둘의 대화 내용을 그날의 분위기에 적절히 잘 맞추었으며, 필요할 경우 재치 있는 농담에서부터 통찰력 깊은 주제까지 이리저리 바꾸면서 이야기했다. 계속 그렇게 주고받다가 다른 종류의 대화 주제로 넘어가곤 했다.

기본 입자들도 일종의 교환을 통해 짝을 지어 상호작용한다. 하지만 인간의 거래와 달리, 입자들의 상호작용은 오직 몇 가지의 기본적인 유형으로만 발생한다. 오늘날 우리가 알고 있기로, 자연에는 네 가지의 기본적인 유형의 힘이 존재한다. 즉, 중력, 전자기력, 강한 상호작용(강력) 및 약한 상호작용(약력)이 있다. 파인만의 대학원 시절에는 나머지 둘—핵이 결합되거나 붕괴되는 방식과 관련된 힘들—은 제대로 파악되어 있지 않았다. 나중에 파인만은 그 힘들의 비밀을 밝히는 데 톡톡히 이바지한다. 당시 물리학자들은 두 힘이 별도의 힘인지 아니면 동일한 힘인지조차 몰랐다. 대신에 그들은 양성자들과 중성자들—핵 입자들 또는 "핵자"들—이 "메손 힘meson force"에 의해 결합되며, 이 결합은 메손 입자의 교환에 의해 일어난다고 여겼다. (오늘날 알려지기로, "글루온"이라는 다른 입자가 그런 결합 역할을 하며, W^+, W^- 및 Z^0라고 불리는 입자들은 붕괴를 유도하는 약력을 매개한다.) 휠러는 보어와 오랜 시간을 들여서, 왜 핵이 때로는 단단히 결합하다가 또 어떨 때는 쪼개지는지를 이해하려고 했다. 둘의 모형은 실증적으로는 통했지만 여전히 완벽하지가 않았다.

휠러는 마음이 유연하고 상상력이 풍부했다. 원자력으로 작동하는 불타는 화로처럼 아이디어를 계속 쏟아냈다. 한 가지 주제에 천착하는 성향이 결코 아니었다. 심지어 한 가지 근본적인 힘만 연구하고 싶지도 않았다. 평생 그의 관심사는 핵, 전자기력 및 중력 상호작용 사이를 오간다.

다른 시대에 살았더라면, 모든 힘에 관한 통합 이론을 개발하자는 발상이 휠러의 마음을 사로잡았을지 모른다. 하지만 휠러가 본 바에 의하면, 고등과학연구소에서 바로 건너편 연구실에 있는 아인슈타인이 그런 시도를 했는데, 걸핏하면 벽에 머리를 박으면서 오랫동안 학계의 조롱을 받고 있었다. 아인슈타인은 일반상대성이론을 어떻게든 확장하여 만물의 이론을 만들 수 있기를 간절히 바랐다. 확률에 기대는 양자론을 도입할 필요 없이 모든 힘을 기하학적으로 기술해주는 단 하나의 이론을 말이다.

휠러와 아인슈타인은 같은 동네에서 살았으며, 원래 자리로 옮겨지기 전의 파인 홀 2층을 잠시 함께 쓰기도 했다. 그러니 서로 잘 알았다. 1920년대 중반 이후로 그런 통합을 위해 헛되이 애쓰면서 아인슈타인은 핵물리학 및 입자물리학에서 이루어진 현대의 발전을 거의 무시했다. 물리학자들 대다수는 그를 과거의 유물 정도로 취급했기에, 중력 이론이라는 기이한 영역—1910년대에는 대단한 성공을 거두었지만 그 후로는 아인슈타인이 실패를 거듭했던 분야—에 발을 디딘 사람은 매우 적었다.

그 시기 중력 이론의 가장 위대한 성과는 대체로 무시되었다. 버클리에 있는 캘리포니아 대학 물리학자 J. 로버트 오펜하이머와 그의 제자 하트랜드 스나이더Hartland Snyder가 1939년 9월 1일에 발간한 논문「지속된 중력 수축」이 그랬다. 이 논문에서 밝힌 바에 따르면, 충분히 무거운 별은 핵연료를 다 태우고 나면 작은 물체로 붕괴되는데, 너무 조밀하고 중력이 강해서 빛조차도 이 물체를 빠져나갈 수 없다. 1960년대에 휠러는 이 시나리오를 받아들여, "블랙홀"이라는 용어를 써서 그 개념을 널리 알리고 그것의 특이한 의미에 각별한 관심을 쏟았다. 하지만 1930년대에는 마음이 다른 데 가 있었다.

우연히도 그 논문이 발표되었던 바로 그날에 보어와 휠러는 큰 영향을 끼치게 되는 논문 「핵분열의 메커니즘」—왜 어떤 유형의 핵들이 분열되기 쉬운지를 설명하는 내용—을 (오펜하이머 논문 발표와) 똑같은 학술지인 『피지컬 리뷰Physical Review』에 발표했다. 바로 그날에 이차세계대전도 발발했다. 그리고 똑같은 날에 휠러 가족이 프린스턴에 있는 배틀 로드Battle Road 95번지—집을 지으려고 연구소에서 매도한 땅—의 멋진 새집으로 이사했다. 이제 휠러가 새로운 이론의 영역들을 탐험할 때가 되었다. 파인만은 이 탐험의 완벽한 동행자가 된다.

흩어지는 소나기

핵분열 연구에 주목하기 한참 전에 휠러는 산란에 관심이 컸다. 산란은 입자들이 서로 상호작용하여 튕겨 나갈 때 발생한다. 마치 라켓으로 테니스공을 쳤더니 아무렇게나 튀어 나갈 때처럼 말이다. 이 현상은 고전적인 (일상적인) 규모와 양자 규모 모두에서 생긴다. 물리학은 예측하기를 좋아한다. 테니스공의 움직임의 경우, 똑똑한 이론가라면 라켓에 접근하는 공에 관한 데이터를 이용하여 공의 예상 방향을 계산할 수 있다. 이러한 고전적인 문제는 뉴턴의 위대한 운동 법칙이 잘 다룬다.

휠러는 콤프턴 산란에 특히 관심이 컸다. 아원자 수준에서 발생하는 이 양자 현상은 뉴턴 물리학으로는 쉽게 설명되지 않으며, 미국 물리학자 아서 콤프턴이 이 현상을 발견한 공로로 노벨상을 받았다. 콤프턴 효과는 빛이 전자에 의해 산란됨으로써 생긴다. 전자에 빛을 쬐면, 전자는 에너지와 운동량(질량 곱하기 속도)이 증가하면서, 던진 창처럼 어떤 방향으로 튕겨진다. 이 과정에서 원래 것보다 더 긴 파장(빛의 마루와 마루 사이의 거리)의 빛이 방출되는데, 이 빛의 이동 방향은 광자의 이동 방향과 특정한 각도를 이룬다. 가

시광선이라면 파장은 색깔에 대응하므로, 방출된 빛은 원래 것과 다른 색깔을 갖는데, 스펙트럼에서 더 붉은 쪽으로 치우친 색깔이다. 하지만 대체로 콤프턴 산란은 비가시적인 X선을 사용하여 생기는데, 이 경우 방출되는 빛은 파장이 더 긴 X선이다.

콤프턴 효과의 중요성은 양자론이 초기 파장과 최종 파장 사이의 차이는 물론이고 전자와 방출되는 빛의 산란 각도까지 정확하게 예측해낸다는 것이다. 어떻게 그런 대단한 일을 해내는지가 양자론의 핵심을 드러내 준다. 1900년에 막스 플랑크가 처음 제안했으며 1905년에 아인슈타인이 더 세련되게 가다듬은 이른바 "광전 효과"가 바로 그것이다. "꾸러미"를 뜻하는 "양자quantum"라는 용어는 빛이 에너지의 다발로 나온다는 개념을 가리킨다. 빛의 이 가장 작은 양—덩어리로 있다가 술술 풀렸다 하는 슬링키Slinky처럼 파동으로 행동하다가 입자로도 행동하는 실체—은 "광자"라고 불리게 되었다. 빛 스펙트럼의 대부분은 빨간색부터 보라색까지의 좁은 광학 영역을 제외하면 비가시적이기에, 자연의 광자 대다수도 우리 눈에 보이지 않는다.

광자는 전자기 상호작용의 매개 입자로 활약한다. 전자와 같은 대전 입자 하나가 다른 대전 입자를 전기력 및 자기력을 통해 끌어당기거나 밀어낼 때마다, 광자 하나가 두 전자 사이에서 교환된다. 그런 교환이 없다면 전자들은 그냥 서로를 무시할 테니 인력도 척력도 존재하지 않을 것이다. 그러므로 여러분의 자랑스러운 냉장고 자석이 단단히 붙어 있다면, (보이는 것보다는 안 보이는) 광자들이 전자기력 매개자로서 활약하고 있다고 보면 된다.

플랑크와 아인슈타인이 이론화했듯이, 광자 하나당 에너지의 양은 빛의 진동수(진동의 비율)에 의존한다. 그리고 진동수는 파장에 반비례한다(파장이 길수록 진동수는 낮고, 그 반대도 마찬가지다). 그러므로 전파와 같은 긴 파장은 낮은 진동수와 낮은 에너지에 대응한다. 이와 달리 X선과 같은 짧은 파장은 높은 진동수와 높은 에너지에 대응한다. 콤프턴 산란에서, 전자는 들어오는 광자로부터 에너지와 운동량을 먹어치운 다음 더 긴 파장의 약한 광자를 뱉어낸다. 과학자들이 콤프턴 파장 이동의 값을 수없이 측정했더니, 언제나 전자의 에너지 이득으로부터 예측한 값과 일치했다.

파인만의 신기에 가까운 수학 실력—가령, 어려운 적분 문제들을 푸는 신비한 재주—과 물리학에 관한 예리한 직관력을 알아본 휠러는 양자 산란 과정을 둘이 공동으로 연구하자고 제안했다. "모든 것은 산란이다!" 휠러가 둘의 슬로건으로 삼은 말이다. 휠러가 파인만에게 맡기고자 했던 문제들은 자신이 참가했던 한 국제 물리학회로 거슬러 올라간다. 1934년 10월에 런던과 케임브리지에서 열린 이 회의에서 연구자들은 다음 주제를 논의했다. 즉, 감마선(가장 에너지가 큰 종류의 광자들)을 납에 쬐면 산란된 입자들로 이루어진 일종의 "작은 소나기"가 왜 내리는가? 휠러가 짐작하기로, 산란하는 부산물을 분석하면 양자 툴 키트가 정교해질 터였다.

이미 1937년에 휠러는 산란의 결과들을 목록화하는 일종의 셈하기 방법을 최초로 내놓았는데, 나중에 이는 "S-행렬"(또는 산란 행렬) 방법이라고 불리게 되었다. 다트 게임을 할 때, 과녁의 중심뿐 아니라 각각의 동심원에 다트가 몇 번 맞았는지 세어서 결과를 정하는 방식과 비슷했다. 다트의 경우, 그런 데이터를 사용하여 선수의 장점과 목표를 알아낼 수 있다. 마찬가지로 산란 과정에서는 S-행렬을 사용하여 발생한 상호작용을 재구성할 수 있다. 물리학자들은 수집한 데이터를 바탕으로 한 그러한 분석을, 추상적이고 이론적인 사고방식과 대비하여, "현상학적"인 분석이라고 부른다.

휠러와 파인만은 산란 사건들의 다양한 유형들과 관련된 엄청나게 많은 질문들을 논의하느라 수많은 시간을 보냈다. 대가의 지도하에 파인만은 S-행렬 방식이 아주 좋다는 것을 알게 되었다. 아울러 입자들이 어떻게 상호작용하는지 기술하기 위해 다이어그램을 이용하는 데 능숙해졌다. 납에 감마선 쬐기를 잠시 연구하고 나서, 둘은 어떻게 전자들과 광자들이 핀볼이 튕기듯이 복잡한 구조를 지닌 물질 속에서 돌아다니는지 집중적으로 연구하기로 했다. 그 대화가 직접적으로 논문 발표로 이어지지는 않았지만, 나중에 드러난 바에 의하면 그것은 전자의 상호작용 방식에 관한 더욱 근본적인 탐구의 출발점이었다.

빙글빙글 도는 장치

당시 실험 입자물리학은 두 가지 방법으로 연구가 진행되었다. 하나는 방사능 물질에 의해 생기는 입자들이나 우주에서 쏟아져 내리는 우주선cosmic ray 처럼, 붕괴의 자연적 부산물을 관찰하는 것이었다. 가령, 양전자—양의 전하를 지닌 전자—는 우주선에서 처음으로 확인되었다.

자연적인 방법의 대안으로 떠오른 것은 입자를 가속하여 목표물에 충돌시켜서 그 잔해를 관찰하는 인공적인 방법이었다. 이 개념의 대표적인 사례는 뉴질랜드 물리학자 어니스트 러더퍼드가 고안한 유명한 실험인데, 금박지에 알파 입자(나중에 밝혀지기로, 헬륨 핵)를 쏘는 실험이었다. 대다수의 입자들은 금박지를 그대로 통과했지만, 아주 소수는 다시 튕겨 나왔다. 예리한 각도로 산란되면서 그 입자들은 금 원자 내에 양으로 대전된 조밀한 내부 알맹이—금 원자의 핵—가 존재한다는 사실을 알려주었다. 그 발견이 있기 전에 물리학자들은 원자의 내부가 초콜릿 씌운 체리의 빽빽한 속처럼 균일하다고 짐작했다. 하지만 금박 실험에서 밝혀진 바에 의하면, 원자들은 대부분 빈 공간이었으며 핵은 전체의 극히 작은 부분에 지나지 않았다. 속이 가득 찬 과자 대신에 소형 비행선 크기의 봉봉 오 쇼콜라가 있는데, 속이 거의 다 비었고 다만 한가운데에 아주 작은 체리 하나만 달랑 있다고 상상해보자. 그러면 원자와 비교해서 핵의 크기가 얼마쯤인지 감이 잡힐 것이다. 원자가 그처럼 놀라운 구조를 지니고 있기에, 산란 과정의 이해가 그토록 중요한 것이다. 당연히 휠러는 그 중요성을 파인만에게 강조했다.

1932년에 영국 과학자 존 콕크로프트John Cockcroft와 어니스트 월튼Ernest Walton은 영국 케임브리지의 캐번디시 연구소에서 러더퍼드의 지도하에 최초의 선형 가속기를 제작했다. 전압 상승기boost를 이용해 대전 입자 발사체를 가속시켜 원하는 에너지로 끌어올린 다음에 목표물에 명중시키는 장치였다. 과학자들이 알아낸 바에 의하면, 여러 상승기를 직렬로 연결하여 긴 선형 가속기를 만들면 그런 시스템의 위력이 더욱 세졌다. 이를 이용하여 핵을 쪼개서 그 성질을 탐구했는데, 이 실험적 연구가 보어와 휠러의 이론적 연구의 바탕이 되었다.

콕크로프트-월튼 메커니즘과 동일한 시기에 개발된 가속기 설계의 또 하나의 중요한 업적은 미국 물리학자 어니스트 로렌스Ernest Lawrence의 사이클로트론, 즉 원형 가속기였다. 직렬 연결된 선형 상승기들 대신에 사이클로트론은 하나의 상승기를 여러 번 사용한다. 아원자 발사체를 자석을 이용해서 계속 돌리면서 전압 상승기에 거듭 노출되게 함으로써, 발사에 충분한 정도까지 에너지를 높인다. 그런 다음에 발사체를 목표물을 향해 발사해 충돌을 일으키고, 충돌 잔해를 분석하여 소중한 데이터를 얻는다. 선형 가속기보다 훨씬 더 조밀한 사이클로트론은 1930년대 후반에 점점 더 인기가 높아졌다. MIT와 프린스턴을 포함한 여러 최정상급 대학들은 그 기계를 갖고 있었다.

파머 연구소에 도착하자마자 파인만은 막무가내로 프린스턴의 사이클로트론을 보여 달라고 우겼다. 연구소의 허락을 받아 사이클로트론이 설치되어 있는 지하실로 내려갔다. 잡동사니가 모인 저장 구역을 지나자 드디어 그 장치가 보였다. 하지만 막상 보니까 예상 밖의 모습이었다.

파인만은 프린스턴의 사이클로트론이 MIT의 것보다 훨씬 더 크고 호화찬란할 줄 알았다. 듣기로는, 아주 효과적으로 번듯한 결과를 내놓는다고 했다. 하지만 어이없게도 실상은 정반대였다. 프린스턴의 입자 충돌 장치는 엉망이었다. 파인만은 이렇게 회상했다.

> 사이클로트론은 지하실 한가운데 있었습니다. 전선이 온 사방 공중에 매달려 있었는데, 꼭 누가 목매달아 죽은 데 같았어요. 물 관련된 것들도 있었는데, 자동 수랭식 냉각기들과 조그만 스위치들이 있어야 하거든요. 그래서 물이 공급되면 장치는 자동으로 작동하지요. 그리고 파이프들이 있었는데 글쎄… 물이 뚝뚝 떨어지더라니까요. 물이 새는 데마다 막으려고 왁스가 발라져 있었고요. 실내에는 책상에 아무렇게나 필름 통들이 가득 했어요… 금방 이해가 된 게, 왜냐면… 그건 내 어릴 적 실험실 같았거든요. 거기에 온갖 것들을 여기저기 놓아두었었죠… 아주 아끼던 곳이었습니다. 그러니 제대로 찾아왔다 싶었어요… 만지작거리는 게 답이죠. 실험은 이것저것 만지작거리는 거니까요. 그건 … 전혀 우아하지 않지만, 그게 비밀이죠. 그래서 저는 금방 프린스턴을 사랑하게 되었습니다.

사이클로트론을 보자마자 파인만은 MIT의 존 슬레이터John Slater가 왜 프린스턴에서 대학원을 마치라고 조언했는지 퍼뜩 이해가 되었다. 프린스턴의 입자물리학 연구실은 여러 상황에 잘 대응하는 임기응변식이어서 결과를 얻기에 훨씬 더 적합했던 것이다. 파인만이 보기에 물리학은 다양한 방식으로 해보아야 했다. 이런저런 구성을 짜맞추어보고 온갖 시행착오를 겪어야지만, 실험을 통해 결정적이고 재현 가능한 결과가 나온다고 파인만은 보았다. 그러려면 대체로 유동적인 설정이 알맞다. 정교한 모형조립 세트에 둘러싸인 사내아이처럼 파인만은 올바른 결정을 했다고 뿌듯함을 느꼈다.

야심만만한 이론가—휠러의 지도 아래서 자신이 나아갈 방향—로서 파인만은 사이클로트론을 활용해 데이터를 수집하기를 기대하지 않았다. 대신에, 파이프와 전선의 미로가 자신만의 놀이터처럼 보였다. 휠러처럼 추상적인 계산에 푹 빠져 있는 중에도 그는 아이일 때 그랬듯이 실제 사물을 갖고 만지작거리는 꿈을 꾸었다.

어느 날, 마흐의 원리를 논의하고 있다가 어느새 휠러와 파인만은 빙글빙글 도는 X자 모양의 잔디밭 스프링클러에 관해 열띤 토론을 벌였다. 분명 그런 흔한 정원용 장치는 뉴턴의 세 번째 운동법칙인 작용·반작용의 법칙에 따라 작동했다. 네 개의 수도꼭지 각각에서 뿌려지는 물은 "반동"이라고 하는 동일한 힘의 반작용을 정반대 방향으로 일으킨다. 그러므로 시계 방향으로 분사되는 네 줄기 물은 자동적으로 반시계 방향으로 향하는 네 번의 반동을 발생시키는데, 그것이 장치 전체를 빙글빙글 도는 춤처럼 반복적으로 돌게 만든다. 그리하여 동서남북 잔디밭 전체가 물에 젖는다.

그 무렵 휠러와 파인만의 공동연구에서 중요한 주제는 시간 역전이었다. 물 뿜기의 반대는 빨아들이기다. 스프링클러 밸브들이 물을 밖으로 뿜어내는 대신에 물을 빨아들인다고 가정해보자. 그러면 다른 종류의 반동이 생길 것이다. 이로 인한 반동들의 조합도 스프링클러를 마찬가지로 돌게 만들까? 즉, 물 내뿜기의 시간 역전 행위가 시간 역전된 결과를 발생시킬까? 즉, 스프링클러가 반대 방향으로 회전할까? 아니면 물을 빨아들이는 방향과 똑같은 방향으로 회전할까? 그것도 아니면 스프링클러가 망가지고 말까?

둘은 한동안 그 문제를 논의했는데, 예상되는 결과를 놓고서 머뭇거렸다. 말솜씨 좋은 변호사처럼 파인만은 각각의 가능성별로 타당한 주장을 내놓았는데, 휠러는 약간 미심쩍어했다. 그래서 휠러는 다른 프린스턴 교수들에게 의견을 물었는데, 전부 제각각이었다. 그도 그럴 것이, 정원 관련 문제의 해법이 로켓 과학 같을 리가 없지 않는가.

이런저런 가설에 신물이 난 파인만은 유리 파이프와 고무 배관을 이용해 소형 장치를 제작하여 그 문제를 직접 검증하기로 마음먹었다. 물이 바깥으로 뿜어지는 대신에 안쪽으로 빨아들여지는 데 필요한 압력을 얻기 위해서 그는 배관을 사이클로트론의 압축공기 배출구에 연결시켰다. 그가 점점 공기 압력을 높였지만 별다른 일이 생기지 않았다. 마침내 최대로 압력을 높이자, 펑! 장치가 폭발하고 말았다. 물에 젖은 깨진 유리 조각들이 사이클로트론을 가득 덮는 바람에, 한참 동안 청소를 해야 했다. 파인만은 물리학과 차원의 공식적인 꾸중을 들었고, 실험실 출입도 할 수 없게 되었다. (거꾸로 작동하는 스프링클러에 대한 올바른 해법은 오랜 세월 동안 상당한 논쟁의 주제가 되었다. 유체 난류와 같은 다양한 환경적 요인들로 인해 실제 상황에서는 시간의 두 방향은 상당히 다른 결과를 내놓을 것이다.)

시간에 관한 실험

파인만은 늘 호기심이 많았다. 물리계뿐만 아니라 그것이 인간 경험의 영역과 어떻게 맞닿는지도 궁금했다. 하지만 순수한 추론이나 직관 또는 느낌을 바탕으로 한 추측에는 별로 너그럽지 않았다. 의미심장한 것이라면 무엇이든 검증이 가능해야 한다고 파인만은 생각했다. 그렇지 않다면 왜 시간을 내서 궁리한단 말인가?

꽤 수줍은 편이던 고등학교 시절부터 드러난 반엘리트주의와 남성다운 성격이 합쳐져서, 파인만은 비과학적인 박학다식함을 경멸했다. 그는 다른 이들이 자신을 여자 같고 야리야리하다고—"계집애"라고—여기는 것에 진저리를 쳤다. 책 읽기를 좋아했지만 책벌레—오늘날의 어법으로 말하자면 과학 괴짜 내지 과학광狂—처럼 보이는 건 싫어했다. 야구와 같은 경쟁적인 운동을 상대적으로 잘 못하는 것이 상황을 더 악화시켰다. 수학 경시대회 우승은 남성적인 능력을 입증하는 것과는 거리가 멀었다. 그러던 중, 알린 그린바움Arline Greenbaum—뉴욕 주 씨더허스트 출신의 어여쁘지만 적극적이고 야심만만한 화가—과 사귀게 되면서 마음이 놓였고, 자신이 "진짜 남자"임을 증명할 수 있었다. 알린은 파인만을 "리치Rich"라고 불렀고(다른 이들은 파인만을 "딕Dick"이라고 불렀다), 파인만은 알린에게 "퍼치Putzie"라는 별명을 붙여주었다. 둘은 파인만이 MIT에 다니던 내내 장거리 연애를 용케도 이어갔다.

파인만은 그곳에서 철학 수업—인문 교양 이수 학점을 채우기 위해 그가 과학과 가장 가깝다고 여긴 과목—을 들은 적이 있는데, 알고 보니 완전 헛소리였다. 교수의 중얼거리는 소리는 딱 라디오 잡음만큼의 의미가 있을 뿐이었다. 파인만은 지루한 수업 동안 마음을 딴 데 돌리려고, 소형 휴대용 드릴로 신발 바닥에 작은 구멍을 뚫었다.

어느 날 한 학우가 그에게 전해준 말에 의하면, 수업 주제인 의식에 관한 에세이를 써서 제출해야 했다. 교수가 내뱉는 쓸데없는 소리들의 흐름 중에 "의식의 흐름"이란 말을 들은 게 어렴풋이 기억났다. 머릿속에서 번쩍 과학소설 시나리오 하나가 떠올랐다. 예전에 아버지한테서 들은 내용인데, 결코 잠을 자지 않는지라 잠이 뭔지 궁금해하지도 않는 외계인의 이야기였다. 에세이를 쓰기 위해 파인만은 사람이 잠이 들 때 어떻게 의식이 끊기는지 실험하기로 했다. 하루에 두 번, 낮잠이 들 때와 밤에 잠잘 때, 잠들기 직전의 순간에 의식의 각성이 어떻게 변하는지 알아보려고 한 것이다.

파인만은 자신의 의식을 살피는 어느 시점에서 정말 놀라운 현상을 관찰했다. 잠들기 전 졸리는 예비단계에서 그의 의식은 두 갈래로 나뉘는 듯했다. 하나의 단일한 흐름이 아니라 의식은 두 줄기가 되었다. 의식의 한 줄기에서 그는 한 원통 주위에 감겨 있고 한 벌의 도르래와 연결된 끈들이 떠올랐다. 이 끈들은 휠러 대신에 자기가 채점하는 몇몇 역학 문제들과 관련 있는 형태였다. 파인만은 시각적인 사고를 하는 사람답게 그런 모습을 의외로 여기지는 않았다. 그 모습을 자세히 살펴보고 있자니, 끈들이 얽혀서 그 장치가 엉켜버리지 않을지 슬슬 걱정이 되었다. 하지만 두 번째 생각의 흐름에서는 그 시스템이 잘 작동될 정도로 장력이 튼튼하다는 확신이 들었다. 흥미롭게도 두 가지 평행한 생각의 흐름에서 파인만은 걱정 많은 학생이기도 했고 동시에 확신에 찬 선생이기도 했다. 하지만 두 가지 관점 모두 어쨌든 도르래 시스템의 끈들처럼 함께 이어져 있었다.

심리학자 윌리엄 제임스가 고안한 용어인 "의식의 흐름"은 생각이 단일한 흐름으로 이어진다는 착각을 반영한다. 아일랜드 작가 제임스 조이스 그리고 T. S. 엘리엇과 거트루드 스타인Gertrude Stein 같은 이십 세기 초반의 저명인사들은 그것을 일종의 문학 양식으로 받아들였다. 『율리시즈Ulysses』(1922년)와 『피네간의 경야Finnegan's Wake』(1939년)와 같은 조이스의 지독히 난해한 소설들은 마음의 방랑을 묘사한 문학적 항해일지다. 조이스는 아르헨티나 작가 호르헤 루이스 보르헤스에게 영향을 미쳤는데, 그는 1940년대 초반에 우연, 시간 및 마음을 주제로 한 놀라운 단편소설들을 발표했다(원래는 스페인어로 쓰였는데, 나중에 영어 번역본이 나왔다). 파인만이 그런 문학 작품들을 읽었거나 영향을 받지는 않았다. 오히려 그의 통찰은 대체로 자신의 깊은 사고와 실험정신에서 나왔다.

파인만은 철학 과목의 에세이를 제출한 후 자신의 사고 패턴을 더 잘 이해하게 되자, 요즘에 "자각몽lucid dream"이라고 불리는 것을 실험해보기로 했다. 자각몽이란 꿈꾸는 도중에도 의식을 제어할 수 있는 꿈을 말한다. 꿈꾸는 시간은 보통의 시간과는 완전히 분리되어 있는 것처럼 보일 수 있다. 꿈이라는 희한한 영역에서는, 일정하게 앞으로 진행하는 시간이라는 개념은 더 이상 타당하지 않는 듯하다. 그 무렵의 인기 서적인 J. W. 던Dunne의 『시간에 대한 한 실험An Experiment with Time』은 꿈속에서 벌어지는 일종의 시간여행을 그려냈다. 파인만은 자신을 상대로 한 실험을 통해 꿈도 원하는 대로 통제할 수 있다는 놀라운 사실을 알아냈다.

파인만의 마음 실험은 프린스턴에서도 계속되었는데, 이번에는 시간 인식이라는 주제를 더욱 구체적으로 파고들었다. 한 저명한 심리학자의 이론을 읽어보니, 철Fe 대사 작용에 관여하는 화학적 과정들이 시간 인식을 지배한다고 나와 있었다. 파인만은 그렇게 생각하지 않았던지라, 어떤 요소들이 시간 지각에 영향을 주는지 직접 조사해보기로 했다.

혹시 심장박동 수와 관련이 있지는 않을까? 이런 의문이 든 파인만은 대학원 건물 계단을 뛰어서 오르내리고 복도를 달리면서 마음속으로 초를 세었다. 기숙사 급우들은 파인만이 건물을 왜 그렇게 야단스레 뛰어다니는지 알 길이 없었다. 숨이 가빠서 급우들에게 바로 말해주진 못했고 나중에 저녁에 식당에서 함께 있을 때에야 실토했다. 하지만 할 말은 많지 않았다. 왜냐하면 달려도 시간 인식에 별 차이가 없었으니까.

최면술사

이 모든 사태에서 휠러가 한 일이라고는 대체로 파인만의 이야기를 듣고 낄낄대는 것뿐이었다. 하지만 몇 번은 의욕 넘치는 제자의 권유로 대학원 건물에 가서 현장을 본 적도 있었다. 거기서 휠러는 파인만의 남다른 탐구정신을 직접 목격했다.

프린스턴 대학의 파머 물리연구소(지금의 프리스트 센터Frist Center)의 정문. 벤저민 프랭클린과 조지프 헨리의 조각상이 양옆에 서 있다. (출처: 사진 촬영 폴 핼펀)

가령, 어느 날 최면술사가 캠퍼스에 와서는 대학원생들을 많이 모아놓고 쇼를 펼쳤다. 파인만이 휠러한테 자신의 게스트가 되어달라고 부탁했다. 휠러로서는 대단히 놀랍게도 최면술사가 쇼에 참여할 지원자를 찾자, 파인만이 곧장 무대로 나갔다. 최면술사가 몇 차례 지시를 내리자 파인만은 최면에 깊이 빠졌다. 그 상태에서 최면술사는 파인만에게 다시 근엄하게 지시를 내렸다. 실내의 다른 쪽으로 걸어가서, 책 한 권을 집어 들고 그걸 머리 위에 올려놓은 다음에 다시 돌아오라고. 마치 프로그래밍된 로봇처럼 파인만은 아무런 의심 없이 그대로 했다. 그 모습이 재미있었던지라 청중들은 배를 잡고 웃었다.

최면을 의심스럽게 여긴 휠러는 파인만이 그냥 연기를 했다고 짐작했다.

하지만 파인만은 (실제 연기 작품을 하는 경우가 아니라면) 남들을 위해 무언가를 보여주는 성향이 아니었다. 오히려 그는 자신이 정말로 명령에 따를 수밖에 없었노라고 확실히 말했다. 파인만이 깨달은 바에 의하면, 뇌가 늘 진리를 따르지는 않으며 가령 어떤 지시를 꼭 따라야만 한다고 판단할 수도 있었다. 지속적인 자기분석과 실험을 통해 파인만은 심리학을 요령 있게 터득했다. 단언하건대, 변화된 지각 상태를 줄곧 관찰한 덕분에 그는 다양한 시간표들이 혼합되어 있는 양자 실재를 깊이 파헤칠 준비가 되어 있었다. 마음의 선입견과 한계로 인해 사물은 언제나 겉으로 보이는 것이 전부는 아니다.

토요일 저녁에 가끔씩 대학원에는 춤추는 시간이 마련되었다. 파인만이 한창 좋은 시절이었을 때, 알린은 미술학교 수업 및 피아노 교습 아르바이트를 쉬고서 주말에 파인만을 만나러 왔다. 그 무렵 둘은 결혼에 대해 이야기하기 시작했고 자신들이 약혼한 상태라고 여겼다.

알린이 보여준 다정함과 사랑스러운 미소와 쾌활한 낙천성 덕분에 파인만은 학교수업도 기나긴 계산도 모두 잊고 즐거운 시간을 보냈다. 알린 덕분에 파인만은 예술적이고 표현적인 취미를 갖게 되어 삶을 균형 있게 살 수 있었다. 남들이 원하는 대로 살지 말아야 한다고 그녀는 늘 강조했다. 자신의 삶을 살기!

어느 정도 알린 덕분에, 파인만은 이후 스케치 그리기와 봉고 연주와 같은 창조적인 취미를 갖게 되었다. 북 치기의 리듬에 이끌려 그는 마침내 다양한 아프리카 및 라틴 아메리카 국가들의 음악 양식의 마니아가 되었다. 파인만의 인생에서 부모님을 제외하면 어느 누구보다도 알린이 그에게 소중한 흔적을 남긴 셈이다.

프린스턴의 춤 파티가 열리는 동안 알린은 휠러의 집에서 묵었다. 휠러와 그의 아내 재닛, 어린 두 아이 레티티아(별명이 "티타")와 제임스(별명이 "제이미")가 그녀을 맞았다. 배틀 로드에 새로 지어진 휠러의 집은 대학원에서 고작 몇 블록 거리였다. 휠러 부부는 1935년에 결혼했는데, 그해에 둘은 노스캐롤라이나에 살았다. 레티티아는 1936년에 제이미는 1939년에(파인만이 프린스턴에 오기 전에) 태어났다. 나중에 이 부부는 1942년생인 셋째 앨리슨을 갖게 된다.

재닛은 알린을 무척 좋아했는데, 그녀를 심지가 굳고 독립적인 젊은 여성이라고 여겼다. 파인만처럼 꽉 막힌 사람에게는 그런 균형이 필요했다. 젊은 커플의 깊어만 가는 사랑을 보고 있자니, 휠러 부부도 오랜 사랑의 추억들이 새록새록 떠올랐다. 하지만 알린이 일을 너무 많이 떠맡고 열심히 하는 것이 못내 걱정되어, 휠러 부부는 알린을 자기들 집에서 돌보면서 휴식을 취하게 해주었다. 그런 호의에 대한 감사로 알린은 자신이 그린 수채화 여러 점을 선물로 주었다.

수프 이야기

계산하느라 바쁠 때조차 파인만은 연구실이나 도서관 또는 실험실에 혼자 갇혀 시간을 몽땅 보내고 싶지는 않았다. 대신에 다른 이들과 어울리는 게 건강에 좋다고 여겼다. 특히 머리가 일시적으로 콱 막혀서 안 돌아갈 때 더욱 그랬다. 이론물리학을 너무 심각하게 대하지 않으려고 했다. 그래야만 이론만 파다가 인생이 속절없이 지나가버리지 않을 테니까. 과학은 즐거움이어야지 허드렛일이 아니어야 했다. 사람이 방정식보다 훨씬 더 중요했다.

어릴 때 아버지가 자신에게 그랬듯이, 파인만은 아이들에게 과학의 즐겁고도 알쏭달쏭한 면들을 알려줄 때 아이들이 눈을 동그랗게 뜨는 모습을 무척 좋아했다. 그는 학창 시절 퀸스에서 살 때, 아이였던 여동생 조안에게 과학적 호기심 거리를 즐겨 알려주었다. 조안은 파인만보다 아홉 살이나 어렸다. (파인만한테는 남동생 헨리도 있었는데, 1924년 2월 고작 생후 4주 만에 소아 질병으로 죽었다. 파인만 가족에게는 끔찍한 비극이 아닐 수 없었다.)

어린 조안은 오빠가 전자 실험을 할 때 조수 역할을 하여 주당 4센트의 "임금"을 받았다. 물 한 잔을 가져다 달라고 하는 부탁도 조안에게는 원형 운동을 배울 기회였다. 파인만이 여동생의 눈앞에서 물 잔을 빙글빙글 위아래로 돌려도 잔을 떨어뜨리기 전까지는 "기적적으로" 물이 흐르지 않았던 것이다. 또한 오로라의 환상적인 초록빛에 대해 알려주어 여동생이 천문학에 관심을 갖도록 북돋웠다. 결국 조안은 그 분야에서 훌륭한 학자의 길을 가게 되었다. 파인만이 프린스턴에 있을 때 둘은 밤하늘의 경이로움에 대해 지속적으로 편지를 주고받았다.

조안이 과학에 관심이 싹텄지만, 파인만은 자신이 휠러와 하는 연구를 여동생한테 설명해주려 하지 않았다. 아마도 너무 전문적인 내용이라고 여겼던 듯하다. 아니면 천문학과는 너무 거리가 멀다고 여겼는지도 모른다. 게다가 조안이 성인이 되어서도 프린스턴의 지도교수를 소개시켜주지 않았다. 조안은 이렇게 회상했다. "저는 휠러 교수와 만난 적이 없고 오빠도 자기 연구를 내게 말해주지 않았어요."

휠러의 집에 자주 갔기 때문에 파인만은 그 집 아이들도 잘 알았다. 과학을 이용한 속임수를 써서 아이들을 놀래키길 좋아했다. 그래서 나중에 파인만은 일종의 "과학 마법사"라는 이미지를 얻게 되었다. 종종 사람들을 깜짝 놀라게 만드는 현상을 보여주고는 그 이유를 어디 한번 알아내 보라고 했기 때문이다.

레티티아와 제이미는 자신들이 아주 어렸을 때를 기억했다. 파인만이 집에 와서는 재미있는 실험을 했다고 한다. 파인만은 재닛이 저녁 식사를 준비하고 있는 조리대에서 수프 한 캔을 낚아챘다. 그러고 나서, 제이미가 기억하기에 파인만은 이렇게 말했다. "문제를 하나 낼게. 똑같은 수프가 두 캔이 있는데, 그중 하나는 꽁꽁 얼어 있어. 그렇다면, 만약 두 캔을 경사진 데에 나란히 놓고서 동시에 손을 떼면, 어느 캔이 바닥에 먼저 닿지?"

아이들에게 답을 말로 설명하지는 않았지만, 파인만은 액체가 고체와는 다른 역학에 따라 움직인다는 사실을 바탕으로 답을 내놓았다. 꽁꽁 언 수프 캔과 같은 고체 내용물은 용기와 나란히 회전하므로 회전 에너지가 커져서 공간을 앞으로 나아가는 운동이 약해진다. 반면에 액체 수프와 같은 유체는 용기와 함께 회전하지 않고 대부분의 에너지를 여기서 저기로 이동하는 데 마음껏 쓴다. 그래서 액체가 차 있는 캔이 더 빨리 갈 수 있다. 따라서 캔을 열거나 흔들지 않고서도 그 안의 내용물이 액체인지 고체인지 우리는 알 수 있다.

캔의 내용물의 상태를 추측하는 방법을 알려준 후에, 파인만은 수프 캔을 공중에 던졌다. 그리고 고체가 들어 있는 또 하나의 캔을 공중에 던졌다. 그런 다음 아이들에게 어느 것이 더 빨리 떨어지는지 물었다. 관찰을 바탕으로 아이들은 어느 것에 액체가 들었는지 짐작했다. 파인만이 그 캔을 땄더니, 과연 액체가 쏟아졌다. 이런 식으로 그는 물리학적으로 생각하기가 얼마나 멋진지를 아이들에게 보여주었다.

수프 캔 사건과 더불어 레티티아는 파인만이 집에 찾아온 또 다른 일화를 기억했다. 그때 젊은이의 매너에 대한 재닛의 보수적인 견해와 파인만의 격식 없는 태도가 충돌을 일으켰다고 한다. 의자에 늘어져 앉아 있는 파인만에게 재닛이 다가갔을 때 파인만은 일어나서 인사하지 않았다. 그러자 재닛은 무례하다고 여겼다. "파인만 아저씨가 어떤 분이냐면요." 레티티아가 말했다. "제 어머니가 파인만 아저씨와 이야기를 나누고 있었는데, 숙녀가 말을 걸 때는 일어나야 하는 법이라고 어머니가 말했던 기억이 나요."

대학원생들 및 다른 젊은 학자들을 가정에 들이는 것은 당시로서는 흔했는데, 특히 사적인 주거 공간이 연구 센터 역할을 겸하는 유럽 전통에 익숙한 교수들이 그랬다. 가령, 닐스 보어와 그의 아내 마르그레테는 자신들의 집에 젊은 과학자들을 반갑게 맞아들여서는, 덴마크 특유의 호의를 베풀며 화기애애한 대화를 나누었다.

휠러 부부는 여러 차례에 걸쳐 자신들의 집에 보어 부부를 묵게 해주어 그 은혜에 보답했다. 아이들로서는 그처럼 유명한 물리학자 부부가 자기들 집에 와 있다는 게 무척 흥미로웠다. 레티티아는 보어 여사와 만난 즐거운 기억을 지니고 있었다. 앨리슨도 보어 부부의 방문을 기억하고 있었다. 그녀는 이렇게 회상했다. "닐스 보어 박사님은 엄마가 아끼는 붉은 벨벳 안락의자에 앉으셨어요. 말투가 무척 부드러웠지만, 뭐라고 하시는지 한 낱말도 알아듣기 어려웠어요."

연쇄반응

말투는 부드러웠지만 보어의 훈계는 물리학계에 상당한 영향력을 미쳤다. 젊은 과학자들의 세미나에서 그가 나직이 한 평가들은 말투에 따라 세미나 진행자의 앞길을 밝게도 어둡게도 만들 수 있었다. 평소 그런 말투였기에, 독일의 핵분열 소식을 알릴 때의 동요하는 표정을 동료 물리학자들은 확실히 알아차렸다.

여러 물리학자들이 나치의 무기 개발의 가능성을 경고했지만, 곧바로 나온 답이라고는 침묵뿐이었다. 워싱턴 정가는 움직임이 매우 느린 법이다. 비록 페르미가 1939년 3월에 미 해군과 접촉했고 아인슈타인도 같은 해 8월에 루스벨트 대통령에게 서한을 보냈지만, 대통령은 그다지 위기상황이라고 보지 않았다. 실라르드가 다시 재촉하자 아인슈타인은 1940년에 두 통의 편지를 더 보냈다. 그해에 미국 정부는 핵분열 연구를 위해 6,000달러(물가상승분을 반영하면 오늘날의 약 100,000달러)를 할당했다. 겨우 1941년 12월 6일, 그러니까 일본의 진주만 기습으로 미국이 참전하기 바로 전날에야, 미국의 원자폭탄 프로그램이 막대한 자금을 바탕으로 본격적으로 시작되었다. 나중에 이 프로그램은 맨해튼 프로젝트라는 암호명으로 불렸다.

보어와 휠러의 논문은 연쇄반응을 일으키는 두 가지 핵분열 물질을 소개했는데, 바로 우라늄-235와 플루토늄-239이다. 이 각각을 충분한 양만큼 얻으려면 엄청난 기술 발전이 이루어져야 했다. 우라늄 광석에서 극소량만 포함된 우라늄-235는 훨씬 더 풍부하게 포함된 우라늄-238로부터 추출해야 했다. 과학자들이 밝혀낸 바에 의하면, 성분을 분리하는 기존의 화학적 과정들 및 다른 흔한 방법들은 전혀 통하지 않았다. 플루토늄-239는 전적으로 다른 도전과제였다. 인공적인 원소이다 보니, 그것을 얻으려면 원자로 안에서 우라늄을 변화시켜야 했다.

갈수록 골칫거리들이 드러났다. 가령 연쇄반응을 일으키는 데 필요한 연료의 임계 질량을 결정하기도 만만치 않았고 그런 물질을 농축하고 보관하는 문제도 여간 녹록지 않았다. 맨해튼 프로젝트는 전무후무한 과학적이고 기술적인 업적으로서, 미국(그리고 가까운 동맹국인 캐나다와 영국)의 가장 총명한 인재들 다수를 참여시켜 이루어졌다. 맡은 역할도 근무지도 달랐지만 휠러와 파인만은 이 프로젝트에 뽑혔다.

나중에 휠러는 연합군이 원자폭탄 프로그램을 더 열심히 추진했어야 하지 않았을까라는 생각이 들었다. 미적대는 바람에 아인슈타인이 루스벨트 대통령에게 첫 편지를 보낸 날로부터 프로젝트 시작까지 벌써 2년 이상 걸렸고, 원자폭탄의 제작과 시험 및 투하까지는 거의 4년이 더 걸렸다. 동료 과학자들 상당수는 핵무기가 일으킨 끔찍한 사태에 가책을 느꼈지만, 휠러는 연합군이 나치보다 훨씬 더 일찍 원자폭탄을 만든 대안적인 역사 시나리오를 생각해보았다. 핵무기를 더 일찍 만들어서 사용했더라면 수백만 명의 목숨을 더 살리지 않았을까?

그러나 휠러에게 전쟁은 대서양 너머의 일이었기에, 1940년과 1941년에는 파인만과 함께 이론적인 프로젝트에 깊이 몰두했다. 그 시점에 휠러는 그 충돌을 유럽의 문제라고 여겼고, 명석한 젊은 제자와 손잡고 이론적 문제들을 붙들고 씨름했다. 핵분열의 실행계획을 고민하기보다 둘은 입자들이 근본적인 수준에서 어떻게 상호작용하는지를 연구하고 있었다. 파인만은 휠러를 자신의 공식적인 박사학위 지도교수로 선택했고 휠러는 이를 기꺼이 받아들였다. 이로써 공식적으로 둘은 함께 연구하는 가까운 사이가 되었다. 파인 홀, 파머 연구실 그리고 휠러의 집에서 만나고 전화통화를 하고 서로 상대방의 상상력을 온갖 방법으로 자극하면서, 둘은 기초물리학의 혁명을 위한 기반 작업을 시작했다. 전쟁은 한순간이었고, 과학적 진리는 영원했다.

2
우주에서 유일한 입자

파인만, 왜 모든 전자들이 똑같은 전하와 질량을 갖는지 나는 아네 … 전부 똑같은 전자거든.

리처드 P. 파인만이 전한 존 A. 휠러의 말

그의 총명함, 발상의 자유분방함, 불가능할 듯한 아이디어를 내놓는 과감성이 비옥한 토양 위에 떨어졌다. 왜냐하면 다른 사람들이라면 곧바로 반대할 일에 나는 결코 반대하지 않았으니까.

리처드 P. 파인만이 휠러에 관해 한 말.
함께 연구하면서 깊어진 존 A. 휠러와의 관계를 드러내 준다.

소금기 그득한 대서양 바닷물이 로커웨이 비치로 자꾸만 밀려와 끝없는 리듬을 두드려댄다. 파인만이 어렸을 때와 똑같이 그 리듬에 파도와 모래가 하염없이 출렁인다. 수백 마일 북쪽의 바위투성이 메인 주에서는 파도가 철썩철썩 종일 하이 아일랜드High Island를 때렸고, 그곳은 휠러 가족이 휴가를 간 적이 있다. 위대한 물리학자들은 잠시 오고갈 뿐이지만, 너울대는 바닷물은 아득한 시간부터 뭍을 쓸고 또 쓸었다.

전등불을 밝힌 등대들이 해안선을 따라 드문드문 섰다. 등대들은 저마다 칠흑 같은 대양의 어둠 속으로 빛나는 원뿔을 뻗는다. 재빠르게 운동하는 물

분자들이 물의 파동을 만들 듯이, 재빠르게 운동하는 전자들은 빛의 파동을 만든다. 어느 경우든 입자의 흔들림이 진동의 폭포를 발생시키고, 이 진동이 공간으로 퍼져나간다. 하지만 유사성은 거기서 끝난다.

물의 파동은 물질 매질이 필요한 역학적인 현상인데 반해, 가시광선을 포함한 전자기복사는 물질뿐만이 아니라 빈 공간 속을 이동할 수 있다. 표준적인 해설에 의하면, 전자기파는 서로 수직 방향으로 빛의 속력으로 진동하는 전기장과 자기장의 쌍을 형성하여 그렇게 이동한다.

"장field"은 한 선택된 속성(가령, 전기적 세기)이 펼쳐진 일종의 풍경으로서, 그 속성이 공간 내의 위치에 따라 어떻게 변하는지를 나타낸다. 각각의 위치에 결부된 데이터(가령, GPS 좌표, 해발고도, 인구밀도)를 모든 위치에 대하여 모아놓은 지도인 셈이다. 각 점에서 하나의 값만 갖는 장을 가리켜 "스칼라장scalar field"이라고 한다. 반면에 각 점에서 여러 값을 갖는 장, 즉 어느 특정한 속성의 크기(양)와 방향이 위치별로 어떻게 변하는지를 자세히 알려주는 장을 특별히 "벡터장vector field"이라고 한다.

스칼라장과 벡터장의 차이를 이해하기 위해 기상도를 살펴보자. 어느 특정한 시간에 기상도의 각 점은 하나의 온도값을 가리킨다. 그러므로 각 위치에 대한 온도 눈금들이 하나의 스칼라장을 형성한다. 또한 각 점은 풍속의 값을 나타내는데, 이것은 온도와 달리 크기(속력)와 방향을 둘 다 갖는다. 따라서 풍속의 지도는 벡터장을 구성한다.

고전적인 전자기 이론에서 벡터장은 전기력과 자기력 둘 다를 전달한다. 이런 장은 에너지의 무한한 바다처럼 공간을 가득 채운다. 전기장은 공간 내의 각 점에서 단위 전하당 전기력의 크기와 방향을 나타낸다. 자기장은 각 점에서 움직이는 단위 전하당 자기력의 크기와 방향을 나타낸다(고전물리학에 의하면, 움직이는 전하만이 자기력을 행사한다).

장은 전하에 작용할 뿐만 아니라 전하에 의해 생성되기도 한다. 하나의 전하 또는 한 벌의 전하는 자동적으로 전기장을 생성한다. 만약 한 전하 또는 한 벌의 전하가 움직인다면, 자기장이 아울러 생성된다. 움직이는 전하에 의해 생성되는 전기장과 자기장의 방향은 일반적으로 서로 수직이다.

제임스 클러크 맥스웰이 정식화한 방정식들은 이 장들의 운동이 일종의 도미노 효과를 통해 어떻게 전파되는지 알려준다. 변화하는 전기장은 이에 수직 방향으로 변화하는 자기장을 생성한다. 그러면 이번에는 변화하는 자기장이 변화하는 전기장을 유도하며, 이렇게 생성된 전기장과 자기장의 파동들의 기차가 저절로 공간 속으로 전파된다. 이 현상은 물질 속에서는 물론이고 진공에서도 생길 수 있다.

이 열차에 시동을 걸려면, 안테나 속에서 이리저리 떠밀리는 전자와 같은 가속하는 전하가 필요하다. 그 운동으로 인해 전기장이 위아래로 출렁이고, 이와 함께 자기장이 (전기장과 수직 방향으로) 좌우로 흔들린다. 이런 출렁임과 흔들림은 더 많은 출렁임과 흔들림을 촉발시켜서 하나의 전자기파를 형성한다. 그 파동은 빛의 속력으로 완전한 진공 속을 이동하는데, 매질을 지날 때는 조금 느려진다.

그 파동이 다른 안테나로 쏟아져 들어가면, 그 속의 느슨하게 결합된 전자들 또한 위아래로 운동하도록 만든다. 그런 방식으로, 송신 안테나의 파동 패턴이 수신 안테나에서 재생될 수 있다. 라디오 신호는 그런 복제를 통해 전파된다. 그래서 라디오 방송국에서 송신된 전파 패턴이 자동차의 라디오에 수신될 수 있는 것이다.

등대의 경우, 전송되는 파동은 파장이 더 짧고 진동수가 더 크다. 가시광선 영역에 해당되는 전자기파이기 때문이다. 등대가 흰빛이나 흰색에 가까운 빛을 발하면, 눈 밝은 밤배의 선원들은 두 빛의 차이를 구별해낸다.

오늘날 전자기장—전자기파의 형태로 공간 속으로 전파되는 장—의 개념은 거의 보편적으로 인정된다. 이 맥스웰적 개념은 양자론의 예측에 부합하도록 성공적으로 수정되었다. 그러나 1940년대 초반에 존 휠러와 리처드 파인만이 공동 연구를 수행하고 있을 때까지만 해도, 전자기 현상을 양자역학적으로 완전하게 설명하는 구도는 아직 개발되지 않았다. 그런 까닭에 둘은 자신들의 모형에 장 개념을 포함시킬 생각을 하지 못했다. 대신에 "원거리 작용", 즉 멀리 떨어진 입자들 사이의 상호작용이라는 오래된 뉴턴식 개념에 다시 주목하게 된다.

전자의 양자 도약

휠러와 파인만은 양자역학의 위대함은 물론이고 결점까지 잘 알고 있었다. 어떤 종류의 측정에서는 굉장히 잘 맞는 예측을 내놓았지만 다른 종류의 측정에서는 기대에 못 미쳤다. 이런 실패의 한 예로, 양자역학 문제에 대한 계산치가 무한대로 발산해버리는 상황을 들 수 있다. 전자계산기에서 어떤 값을 영으로 나누었더니 "정의되지 않은 값"이라는 결과가 나오는 상황과 비슷하다. 양자물리학을 더욱 견고한 기반 위에 올려놓기 위해 둘은 이미 확립된 요소들에서 취사선택하여, 어느 것이 절대적으로 필요한지 그리고 어느 것이 수정하거나 폐기해도 좋은지 판단했다.

우리의 주인공들이 한 연구를 이해하려면 양자역학의 초기 역사를 되짚어 보아야 한다. 우리는 비상대론적(저속) 버전과 상대론적(고속) 버전을 함께 살펴볼 것이다. 그런 다음에 우리의 용감무쌍한 연구자들이 양자물리학을 개혁하려는 협동 연구에서 어떤 양자 요소들을 지켜냈고 또 어떤 요소들을 바꾸거나 제거했는지 살펴보고자 한다.

1905년, 알베르트 아인슈타인의 광전효과 이론은 전자기 현상의 파동 측면이 이야기의 전부가 아닐 수 있음을 보여주었다. 광자 "파동 묶음"을 통해 전달되는 빛은 파동적 속성과 입자적 속성의 혼합으로 이루어져 있다. 이것의 대표적인 사례가 콤프턴 산란인데, 광자가 지니는 에너지와 운동량(입자적 특징)은 진동수 및 파장(파동적 특징)과 관련되기 때문이다.

대체로 닐스 보어가 처음 명성을 얻게 된 계기는 태양계와 비슷한 구조의 원자 모형을 내놓은 덕분이다. "태양"과 같은 핵 주위를 "행성" 격인 전자들이 도는 구조였다. 하지만 가능한 여러 궤도들의 연속적인 범위 대신에, 보어는 불연속적인 고리의 패턴에 대한 규칙들을 유도했는데, 각각의 고리는 저마다 고유한 에너지 준위를 지닌다. 그 모형은 전자 에너지 준위를 마치 원형의 좌석 열들을 갖춘 둥근 스포츠 경기장으로 환원시킨다. 좌석이 정해진 콘서트에 가면 표를 바꾸지 않는 한 정해진 열의 좌석에 앉아야 하듯이, 전자들은 핵에서 더 멀거나 가까이 가도록 허용해주는 양자 "표"를 얻지 않는 한 정해진 에너지 준위에 머물러야 한다. 안쪽이나 바깥쪽으로 가려면, 각각 광자를 방출하거나 흡수해야 한다. 각각의 광자는 특정한 에너지 교환과 결부된 진동수로 빛난다. 놀랍게도 보어의 수소 원자 모형에서 예측한 진동수들은 수소의 스펙트럼에서 보이는 색깔들의 무지개와 딱 들어맞았다. 이론의 예측치가 실제 결과와 일치하다니, 놀라운 성과가 아닐 수 없다.

보어는 전자들이 도약할 때를 제외하고는 특정한 궤도에 갇혀 있게 만드는 양자 규칙의 이유를 적절히 설명할 수가 없었다. 그 조건들은 아무 이유 없이 그냥 그런 듯했다. 이 현상을 설명하기 위해 루이 드 브로이가 물질파의 개념을 도입했다. 아인슈타인과 보어의 연구를 바탕으로 그는 전자를 포함해 모든 물질이 파동적 속성과 입자적 속성을 함께 갖는다고 제안했다. 광자처럼 전자도 물결치듯 퍼져나가면서도, 또한 공간 속에 갇혀 있으며 운동량과 관련된 파장을 갖는다고 보았다. 이 대담한 발상은 전자와 같은 물질 그리고 광자와 같은 힘의 매개체를 전부 거의 동일한 발판에 올려놓았다. 거의 동일한 발판이지만, 한 가지 중요한 차이가 있다.

"페르미온"(엔리코 페르미와 폴 디랙이 개발한 양자 통계 방법의 명칭을 딴 이름)이라고 불리는 물질 성분과 "보손"(아인슈타인과 더불어 인도 물리학자 사티엔드라 보스Satyendra Bose의 통계를 따라서 지은 이름)이라고 불리는 힘의 매개체 사이의 핵심적인 차이는 "스핀spin"이라고 하는 양자 요소와 관련이 있다. 스핀은 조금은 잘못된 용어이다. 왜냐하면 사이클로트론에 장착된 미친 스프링클러와 달리, 스핀은 실제 회전과는 아무런 관계가 없기 때문이다. 대신에 스핀은 한 입자가 같은 종류의 다른 입자와 맺는 사교성과 관련이 있다. 페르미온 입자들은 단연코 비사교적인 존재이다. 각각의 페르미온 입자는 저마다의 고유한 양자 상태를 갖는다. 오스트리아 이론물리학자 볼프강 파울리가 밝혀낸 그 규칙을 가리켜 "배타 원리"라고 한다. 이와 반대로 보손 입자들은 외향적이어서 양자 상태를 공유한다.

양자 상태를 미니밴의 좌석이라고 비유해보자. 몇 개의 입자들이 뒷좌석 한 개에 앉을 수 있는지 묻는다면, 그 답은 페르미온의 경우는 "하나"이고 보손의 경우에는 "원하는 대로 많이"이다. 페르미온과 달리 두 개 이상의 보손은 동일한 양자수quantum number(정확한 양자 상태를 특정해주는 한 벌의 파라미터들)를 가질 수 있다. 택시 운전사가 동시에 두 페르미온을 태운다면, 적어도 자리가 두 개는 있어야 한다. 한 입자에 자리 하나씩이지, 둘이 한 자리를 차지할 순 없다. 그렇지 않으면 둘은 각각 따로 택시를 잡아야 한다. 한편 보손은 함께 모여서 똑같은 양자 구성을 이루길 좋아한다. 택시 승객들이 자리를 함께 쓰는 성향이라면, 택시를 타려고 오래 기다리지 않아도 된다.

전자 두 개를 원자의 가장 낮은 에너지 준위—즉, 핵에 가장 가까운 준위—

에 강제로 놓이게 만들려 한다고 가정하자. 전자는 페르미온이므로, 두 전자는 결코 동일한 양자 상태에 놓일 수 없기에 서로 떨어져야 한다. 둘 중 하나는 "스핀 업up"이라는 양자 상태를 차지하고 다른 하나는 "스핀 다운down"이라는 다른 양자 상태를 차지해야 한다. 이러한 명명법은 원자를 자기장 속에 넣을 때 발생하는 "제만 효과Zeeman effect"와 관련이 있다. 스핀 업 전자는 자기장과 나란하지만, 다른 스핀 상태의 전자는 자기장과 어긋나면서 조금 다른 값의 에너지 준위로 쪼개진다.

원래 스핀 개념의 제안자였던 네덜란드계 미국인 물리학자 조지 울렌벡George Uhlenbeck과 사무엘 구드스미트Samuel Goudsmit가 그런 이름을 붙인 까닭은 전자가 실제로 대전된 회전하는 팽이 같다고 여겼기 때문이다. 자기장을 가했을 때 전자의 반응은 둘이 짐작했던 회전의 방향—축이 위로 향할 때는 반시계 방향 그리고 축이 아래로 향할 때는 시계 방향—에서 비롯된다고 보았다. 나중에 그것이 물리적으로 불가능함이 드러났는데도(회전이 발생하려면 빛의 속력보다 더 빨라야 했다), 스핀이라는 이름은 살아남았다. 이후로 물리학자들은 실제 회전과는 아무 상관이 없는 스핀 양자수라는 용어를 계속 사용하고 있다.

1920년대 중반에 독일 물리학자 베르너 하이젠베르크와 오스트리아 물리학자 에르빈 슈뢰딩거가 보어 모형보다 더욱 만족스러운 방식으로 원자의 성질을 설명하는 이론을 개발해냈다. 하이젠베르크의 방안은 좀 더 추상적이었는데, "행렬"이라는 수학적인 목록을 이용하여 한 에너지 준위에서 다른 준위로 변할 확률을 알아내는 것이었다. 슈뢰딩거의 방식은 시각화하기가 훨씬 더 쉬웠다. 그 방식은 에너지가 주어져 있을 때, 드 브로이의 물질파가 한 특정 영역에서 어떻게 형성되는지—주조 틀에 맞게 젤리가 모양을 갖추듯이—를 알려주는 하나의 방정식으로 구성되었다. 두 방안 모두 실험 데이터와 잘 들어맞았기에, 독일 이론물리학자 막스 보른이 그 둘을 하나의 단일 체계로 결합시킨 방안을 내놓았다.

보른의 방안에 의하면, 슈뢰딩거의 파동 방정식의 해는 물질의 실제 덩어리라기보다는 "파동함수"라고 불리는 확률 파동이다. 확률 파동은 입자가 실제로 어디에 있는지를 알려주기보다는 어느 특정한 위치에 존재할 확률의 분포를 나타낸다(전문적으로 말하자면, 그 확률을 얻으려면 파동함수를 제곱해야 한다). 이 확률 분포는 주사위를 굴릴 때 눈의 합들의 발생 확률을 보여주는 종 모양의 곡선과 비슷하다. 파동함수의 마루와 골은 각각 전자가 발견될 가능성이 높은 곳과 낮은 곳을 가리킨다.

파동함수는 결코 일정한 값으로 영원히 유지되지 않는다. 때때로 환경적 요인으로 인해 파동함수는 차츰 시간에 따라 변한다. 느리게 변하는 자기장을 한 전자에 가하는 경우가 그런 예다. 그러면 전자의 파동함수는 자기장의 변화에 따라 달라진다. 다른 경우를 들자면, 파동함수는 갑자기 한 형태에서 다른 형태로 변하기도 한다. 하이젠베르크의 행렬 역학에서 그렇듯이, 이런 갑작스러운 변화는 완전히 예측할 수는 없고 어떤 특정한 확률을 갖는다. 마치 동전 던지기나 룰렛 바퀴를 돌릴 때처럼 말이다.

슈뢰딩거 방정식은 유용하고 아름답긴 하지만 전자의 여러 핵심 속성들을 배제하고 있다. 전자의 스핀을 고려하지도 않고, 아인슈타인의 특수상대성이론의 효과들도 다루지 않는다. 참고로, 아인슈타인이 특수상대성이론을 내놓은 때는 1905년이었는데, 이 "기적의 해"에 그는 광전 효과에 대한 이론도 아울러 내놓았다. 일반상대성이론은 중력 현상에 적용되는 데 반해, 이보다 앞서 나온 특수상대성이론이 적용될 수 있는 대상은 고속이지만 일정한 속력으로 운동하는 입자들이다. 매우 활동적인 전자들을 다루고자 할 경우, 아인슈타인의 기념비적인 업적을 무시하고서는 아무런 소득도 얻을 수 없다.

상대성이론이 말한다

아인슈타인이 특수상대성이론을 연구하게 된 동기는, 빛의 속력이 일정할 때 고전역학과 전자기 이론 간에 생기는 모순을 해결하기 위해서였다. 젊었을 때 그는 달리기 하는 사람이 빛 파동을 따라잡으려고 시도하는 상황을 사고실험으로 고찰해보았다. 만약 그 사람이 매우 빠르다면, 뉴턴의 고전역학에 따라 그는 파동을 따라잡을 것이다. 하지만 맥스웰의 전자기 이론은 그런 상황이 생기지 못하게 한다. 왜냐하면 맥스웰 이론에서 빛의 속도는 모든 관찰자, 심지어 엄청나게 빠른 속력으로 운동하는 관찰자에게 동일한 듯했기 때문이다. 자꾸만 멀어지는 사막의 신기루를 좇듯이, 그 사람은 결코 파동을 따라잡을 수 없다.

이 난제에 대한 아인슈타인의 해결책이 바로 특수상대성이론이다. 이 이론에 의하면, 공간과 시간에 대한 측정은 관찰자들의 상대속력에 의존한다. 빠르게 달리는 사람과 제자리에 가만히 있는 구경꾼은 빛 광선이 이동한 거리 및 그 이동의 지속 시간에 대한 서로 다른 측정치를 기록할지 모른다는 것이다. 정지한 관찰자가 보기에, 이동하는 관찰자의 공간(거리)은 수축되고 시간은 팽창한다.* 하지만 속력을 얻기 위해 거리를 시간으로 나누면, 각 관찰자는 동일한 빛의 속력을 재게 된다. 그러므로 자와 시계의 눈금이 아니라 빛의 속력이 보편적인 기준 역할을 하는 셈이다.

아인슈타인이 특수상대성이론을 내놓은 직후, 수학자 헤르만 민코프스키는 공간과 시간을 동일한 기반 위에 두면 그 이론을 가장 아름답게 표현할

---

* 시간이 팽창한다는 것은 시간이 느리게 간다는 뜻. —옮긴이

수 있음을 알아냈다. 민코프스키는 이 두 가지의 결합을 표현하기 위해 시공간이라는 개념을 고안했다. 이것은 나중에 알고 보니, 특수상대성이론뿐 아니라 일반상대성이론을 기술하는 하나의 보편적 수단이었다.

민코프스키가 보기에, 공간과 시간은 독립적인 것이 아니라 시공간의 이중적 측면이었다. 시공간은 삼차원 공간과 일차원 시간을 사차원의 통합된 실체로 바꾸었다. 민코프스키는 이처럼 바뀐 사차원 개념을 1908년의 한 과학 회의에서 극적으로 발표했다. "그 자체로서의 공간 및 그 자체로서의 시간은 그림자 속으로 사라져버릴 운명"이라고 선언하면서 민코프스키는 그 둘의 융합 개념인 시공간이 우주를 기술하는 불변의 객관적인 방식임을 보여주었다.

민코프스키의 혁신적인 방안에서 보면, 모든 사건은 저마다 삼차원인 위치 좌표와 일차원인 시간 좌표를 합쳐서 네 개의 좌표를 갖는다. 공간만으로는 아무 일도 생기지 않으며, 반드시 시간 도장이 찍혀야 무슨 일이든 생긴다. 순수한 거리와 지속시간 개념은 사라지고 대신 시공간 간격이라는 개념이 등장했다. 시공간 간격이란 공간과 시간을 함께 보았을 때 사건들 사이의 떨어진 정도이다.

가장 짧은 시공간 간격, 즉 영의 값을 지닌 "빛꼴light-like" 간격은 한 사건으로부터 다음 사건까지 빛의 직선 경로이다. 이것은 마치 두 사건을 느슨한 데 없이 잇는 노끈과 비슷하다. 가령, 에펠탑의 꼭대기 층에 서서 그 아래 센강의 배를 향해 빛을 쏜다면, 번쩍이는 광선은 상이한 두 시공간 사건을 가장 효율적으로 연결할 것이다. 첫 번째 사건은 에펠탑 위치의 세 공간 차원 및 빛을 쏠 때의 시간에 대응하는 시공간 좌표들을 갖는다. 두 번째 사건은 조금 다른 공간 좌표들 및 광선이 배에 닿는 데 걸리는 미미한 시간 증가분이 더해진 시간에 대응하는 시공간 좌표들을 갖는다. 어떠한 것도 그 광선보다 더 빠르거나 더 곧게 이동할 수 없다. 따라서 빛꼴 간격은 통신을 위한 황금 표준이자 원인이 결과를 낳는 가장 효과적인 방법이다.

광선을 다른 방향, 가령 다른 배로 향하게 할 수도 있다. 정말이지 가능성들의 범위는 매우 크다. 시간을 한 축으로 삼고 공간 차원들을 다른 축으로 삼아 "시공간 다이어그램"을 그리면, 빛이 한 점에서 출현하여 직선을 따라 나아가는 각도들의 방대한 영역을 시각화할 수 있다. 만약 그 다이어그램에서 공간을 (한 차원을 줄여) 이차원으로 표현한다면, 시공간을 지나는 빛 경로의 가능성들의 범위는 아이스크림콘 모양과 비슷하다. 따라서 과학자들은 가능성들이 다양하게 펼쳐진 배열을 가리켜 "빛원뿔lightcone"이라고 부른다. 시공간 다이어그램에 그려져 있듯이, 빛의 속력으로 이동하는 물체라면 무엇이든지 빛원뿔을 따른다. 보통, 빛원뿔의 아래에 또 하나의 뒤집힌 빛원뿔이 위치하는데, 이것은 들어오는 빛이 어떻게 도착하는지를 보여준다. 달리 말해서, 그것은 과거에서 온 광선의 영역을 나타낸다. 똑바로 선 원뿔과 뒤집힌 원뿔을 합치면 모래시계와 같은 형태를 이루는데, 이는 광속 여행의 과거 및 미래 한계를 보여준다.

광학 이론은 빛이 진공 또는 균일한 매질을 지날 때 왜 직선으로 이동하는지 알려준다. 십칠 세기에 수학자 피에르 드 페르마가 내놓은 "최소 시간의 원리"에 의하면, 언제나 빛은 공간 속을 이동할 때 가능한 한 가장 빠른 경로를 택한다. 속력이 일정하므로, 이동 시간을 최소화하려면 가장 짧은 길을 선택해야 한다. 기하학을 아는 사람이면 누구나 알듯이, 두 점 사이의 가장 짧은 거리는 직선이다.

특수상대성이론에 의하면, 질량을 지닌 모든 것은 빛보다 느리게 움직여야 한다. 그러므로 질량이 있는 것들은 빛보다 통신 속도가 (많은 경우, 매우) 느리다. 이를 경험할 수 있는 좋은 기회가 번개가 칠 때인데, 번갯불이 천둥소리보다 더 일찍 우리에게 도착한다. (질량을 가진 공기 분자들을 통해 전달되는) 천둥소리가 들리길 기다렸다가 피신처를 찾는다면, 번갯불을 보고 나서 그렇게 하는 것과 달리 우리의 결정은 조금 늦어진다. 이웃들이 폭풍을 피해 달아나는 모습을 보기까지 기다리면 결정이 훨씬 더 늦어진다. 그런 까닭에 최소 시간 경로를 택하는 빛이야말로 이상적인 통신 수단이다. 여기서 유의할 점으로, 빛은 전파처럼 우리 눈에 보이지 않는 복사들을 포함해 온갖 형태를 두루 갖는다.

시공간 다이어그램에 그려 보면, 빛보다 느리게 운동하는 것들은 빛원뿔의 내부("아이스크림" 내용물이 있는 영역)에 놓이는 경로들을 틀림없이 따른다. 왜냐하면 한 주어진 시간 간격 내에서 빛보다 느린 물체는 빛이 횡단할 수 있는 만큼의 공간적 거리를 주파할 수 없기 때문이다. 가령, 음파가 택하는 경로들은 빛원뿔의 표면이 아니라 내부에 위치한다.

당연히 우리 인간도 빛보다 느리게 운동하는 그런 물체들에 속한다. 시공간 다이어그램에서 우리의 일생은 시간의 흐름에 따라 공간상의 한 점에서 다른 점으로 나아가는, 꾸불꾸불한 끈처럼 보인다. 그런 패턴을 가리켜 "세계선world line"이라고 한다. 출생에서부터 아동기, 성년기 및 노년기를 거쳐 죽음까지 나아갈 때, 이 꾸불꾸불한 패턴은 다른 사람의 패턴과 교차하면서, 가까워지기도 하고 멀어지기도 하는 숱한 관계들을 이루어낸다. 죽는 순간에 인간의 세계선은 끝나지만, 몸속의 구성 분자의 세계선은 계속 진행한다. 양성자(단순한 수소 원자의 양으로 대전된 핵)의 경우에서와 같은 아원자 수준에서 보면, 세계선은 수십억 년까지 이어질 수 있다.

어떤 지적인 존재가 우리가 상상할 수 없을 정도로 문명을 발전시켜서, 우주의 완전한 시공간 다이어그램을 어찌어찌하여 알아냈다고 하자. 이미 존재했거나 앞으로 존재하게 될 만물의 세계선들—즉, 우주의 과거와 현재와 미래의—은 그러한 우주적인 "수정 공" 속에 기록될 것이다. 그 경우 창조물의 관점에서 보자면, 시간은 얼음 덩어리block of ice처럼 굳어 있는 듯 보일 것이다. 이런 우주는 모든 것이 미리 예견된다는 의미에서, 아무것도 변할 수가 없다. 그런 불변의 우주를 가리켜 종종 "블록 우주block universe"라고 한다.

철학적으로 보자면, 아인슈타인은 그런 불변의 세계관을 받아들이게 되었다. 그는 이렇게 적었다. "확고한 믿음을 지닌 우리 물리학자들이 보기에, 과거와 현재와 미래의 차이는 떨쳐내기 어려운 환영일 뿐이다."

어떠한 물리 이론이든 특수상대성이론에 부합하려면, 독립된 파라미터로서의 공간과 시간에 관한 임의의 기준들을 하나의 통합된 시공간으로 대체해야 한다. 예를 들어, 슈뢰딩거 방정식을 살펴보자. 이 방정식은 파동함수가 공간에서 어떻게 행동하는지 그리고 시간에 따라 어떻게 변화하는지 보여준다. 그러므로 특수상대성이론을 따르지 않는다. 시간에 따른 변화라는 관념이 없는 블록 우주에 사는 외계인이 있다면, 그 방정식이 무슨 뜻인지 모를 것이다. 슈뢰딩거는 전자의 행동을 예측하는 상대론적 방정식을 내놓으려고 애썼지만 실패했다. 올바른 방정식이 나오기까지는 그와 노벨상을 공동으로 수상하게 되는 한 영국인 물리학자가 필요했다.

구멍들로 이루어진 바다

브리스틀 출신의 물리학자 폴 디랙은 지독하게 과묵했다. 그에게 복잡한 질문을 던지면, 아무리 복잡하게 얽힌 질문이라도, 십중팔구 예나 아니오라는 답만 내놓을 것이다. 말을 아끼고 사람들을 대할 때 서투른 그의 성향에 주목하여 여러 이야기들이 흘러나왔다. 한 가지 유명한 예로 아내 맨시Manci에 관한 이야기가 있는데, 그녀는 공교롭게도 유진 위그너의 누이였다. 소문에 의하면, 자기 아내를 소개해달라는 부탁을 받고서 그냥 "위그너의 누이"라고만 말했다고 한다. 더 이상은 모른다는 뜻이었다.

다행스럽게도 방정식을 세울 때에는 간결성과 단순성이 이상적이다. 1920년대 후반에 디랙은 양자역학에 관한 정밀한 새 어휘를 개발해냈다. 양자 상태와 그 변화에 대해 그가 제시한 명쾌한 표기법은 오늘날에도 사용되고 있다. 비상대론적 양자역학을 체계화하기와 더불어 그는 전자 스핀을 포함한 상대론적 버전도 서술하기 시작했다. 표준적인 양자물리학 및 스핀의 개념이 등장하고 채 몇 년이 지나지 않은 1928년에, 그는 대단한 성공을 거두었다.

이론상으로 볼 때, 전자에 관한 상대론적 서술인 디랙 방정식은 물리학의 역사상 가장 간결한 축에 속한다. 하지만 깊은 의미들을 담고 있다. 그 방정식은 전자를 (분명한 수학적 규칙에 따라 변환되는) "스피너spinor"라는 특수한 파동함수의 관점에서 다룬다. 그 방정식은 공간과 시간만이 아니라 에너지와 운동량도 특수상대성이론에 부합하게 결합시킨다. 그러므로 스피너는 시간에 따라 결코 변화하지 않으며 불변의 블록 우주에서 지속된다.

하지만 기이하게도 디랙은 그 방정식의 해로 얻은 음으로 대전된 전자마다 동일한 질량의 양으로 대전된 짝이 존재함을 알아차렸다. 그 방정식이 전자와 비슷하지만 전하가 정반대인 어떤 것을 예측해낸 셈이다. 양성자는 후보가 아니었다. 전자보다 질량이 훨씬 컸으니까.

당혹감 속에서도 그 특별한 해를 설명하기 위해 디랙은 혁신적인 "항해상의" 가설을 고안해냈다. 에너지의 무한한 바닷속에 구멍들이 가득 차 있다는 가설이었다. 그의 추측에 의하면, 우주는 에너지 유체(전자 상태들이 채워진 저장고)로 가득 차 있으며, 거기서 전자들이 이따금 출현한다. 전자들이 그 바다에서 뛰어오르면, 잠수함이 부상할 때 거품들이 생기듯이, 동일한 질량과 반대 전하를 갖는 구멍을 남긴다. 따라서 전자는 언제나 구멍과 짝을 이룬다.

1932년, 실험물리학자 칼 앤더슨Carl Anderson이 디랙의 가설을 뒷받침하는 증거를 발견했다. 지구에 쏟아져 들어오는 우주선의 흔적을 찾다가 이룬 업적이었다. "구름 상자"라는 장치 속에서 입자들의 흔적을 조사하여 앤더슨은 전자와 질량 및 전하값은 같지만 전하의 부호가 반대인 새로운 아원자 입자를 발견했다. 양의 대전 입자와 음의 대전 입자는 자석 속에 놓으면 반대 방향으로 휘는데, 이 성질을 이용해 두 입자의 차이를 알아낼 수 있다.

앤더슨이 그 새로운 입자에게 붙인 명칭인 "양전자"는 디랙의 이론과 완벽하게 들어맞았다. 즉각 물리학계는 반입자—원래 입자와 반대로 대전된 짝—라는 개념을 수용했다. 숱한 실험을 통해, 양전자는 비록 매우 드물긴 하지만 전자처럼 실재하는 입자임이 확인되었다. 하지만 "구멍"이라는 개념은 그 현상의 기술에 본질적인 내용이 아닌지라 이후로는 무시되었다.

가설을 실험이 그처럼 빨리 뒷받침한 사례는 정말 이례적이었다. 양전자의 발견은 음으로 대전된 반양성자를 포함하여 반입자의 광대한 세계로 향한 문을 열어젖혔다. 오늘날 과학자들이 믿는 바에 의하면, 물질 입자와 반물질 입자는 초기 우주에 동등하게 분포했지만 어떤 비대칭적 상호작용으로 인해 현재와 같은 불균형이 초래되었다고 한다.

독창적인 이론을 내놓은 덕분에 디랙은 상당한 칭송을 받았으며 수학 천재로 평판이 자자했다. 1930년대의 물리학도들이 디랙을 잘 알게 된 계기는 그가 쓴 인기 교재인 『양자역학의 원리』 때문이었다. 그 주제에 대한 그의 체계적인 접근법을 소개해놓은 책이다. 그 책은 당시의 다른 어떠한 논문들보다 훨씬 설득력 있게 양자역학이 얼마나 논리적이며 매우 예측력이 뛰어난지를 알려주었다. 그렇지만 중대한 단점이 있다는 사실도 적시했는데, 가령 계산 결과가 무한대 값으로 발산해버리는 사태가 그런 예다. 덕분에 젊은 물리학자들은 그런 허점을 메우겠다는 의욕을 불태울 수 있게 되었다.

나만의 방식을 찾아서

MIT에서 파인만은 디랙의 교재를 면밀히 독파하고서 그 속의 도전과제들을 떠안았다. 특히 책의 마지막 장인 "양자전기역학"이 무척이나 흥미로웠다. 디랙은 상대론적 양자역학이 전자들 사이의 전자기 상호작용에 어떻게 적용되는지에 관한 수식들을 꼼꼼하게 유도해냈다. 수학은 흠잡을 데 없었건만 그 결과는 불가능한 것이었다.

디랙이 알아낸 바에 의하면, 총에너지를 계산할 때는 무한개의 항들을 합쳐야 했다. 그게 꼭 문젯거리는 아니었다. 때로는 무한개의 항들을 합쳐서 유한한 수로 수렴되기 때문이다. 하지만 디랙의 계산치는 발산했다. 무한대 값으로 날아가 버렸는데, 가령 전자계산기에 일 더하기 이 더하기 삼 더하기 이런 식으로 무한히 계속 더할 때와 같았다. 임의적인 어떤 한계를 정해야만 현실적이고 유한한 답을 얻을 수 있었다. 그 명석한 물리학자조차도 이 수렁에서 빠져나갈 확실한 방법을 찾을 수 없었다.

파인만은 디랙의 계산을 주의 깊게 살펴서 더 나은 방법을 하나 찾아냈다. 우리도 그 방법이 무엇인지 알아보자. 디랙이 지적했듯이, 두 전자가 빛의 속력으로 상호작용한다면, 둘 사이의 신호는 반드시 빛원뿔 표면의 직선 경로를 따른다. 그런 인과적 연결은 보통 시간상 앞쪽으로 일어나지만, 수학적으로 볼 때 시간상 뒤쪽으로 일어나는 상황도 고려할 수 있다. 파인만 당시의 언어로 말하자면, 미래 방향의 신호는 "뒤처진retarded" 신호라고 불렸고 과거 방향의 신호는 "앞선advanced" 신호라고 불렸다.

전자기파는 빛의 속력으로 이동하므로, 한 전자가 형성하는 빛원뿔은 그것과 다양한 시간에서 상호작용할지 모르는 다른 전자들의 범위를 나타낸다. 그런 전자들은 그 빛원뿔의 "레이더"상에 놓여 있는 셈이다. 이와 반대로, 만약 한 전자가 한 특정한 시간에 다른 전자의 빛원뿔의 일부가 아니라면, 두 전자는 서로의 "레이더"상에 있지 않아서 서로 영향을 미칠 수 없다.

상호작용하는 두 전자를, 빛원뿔의 한 가닥을 나타내는 빨랫줄에 의해 연결된, 두 개의 큰 흔들의자라고 상상해보자. 빛원뿔은 빛의 속력과 관련한 시간 간격과 공간적 거리를 나타내는 순전히 수학적인 실체이긴 하지만, 여기서 우리는 좀 더 유형적인 것을 이용하여 빛원뿔을 표현하고자 한다. 이러한 상상에서 빨랫줄은 원인과 결과가 어떻게 연결되는지 보여준다. 한 의자를 앞뒤로 흔들면, 빨랫줄을 통해 보내진 신호가 다른 의자에 조금 후에 도착하여 그 의자 또한 앞뒤로 흔들리게 만들 것이다. 전자의 경우, 그 시간 간격은 빛의 속력과 일치한다.

하지만 맥스웰의 전자기 이론이 절대적으로 옳다면, 이런 식의 유비적 설명에는 한 가지 중요한 요소가 빠져있다. 전자기파, 즉 양자적 용어로는 광자가 그것이다. 빛원뿔의 한 가닥은 시간 지연을 나타내지만, 그렇다고 해서 그 경로를 따르는 전자기파 전송을 자동적으로 포함하지는 않는다. 논리적으로 볼 때, 전자기파가 둘 사이에서 이동할 수 있게끔 두 사건이 떨어져 있다고 해서, 실제로 전자기파가 꼭 이동한다는 의미는 아니기 때문이다. 그렇기는 해도, 맥스웰의 표준적인 설명—지금과 마찬가지로 당시에도 물리학계 전체가 인정했던 설명—을 따라, 디랙은 전자기파를 전자들의 상호작용의 매개체로 포함시켰다. 그렇지 않고서야 어떻게 전자들이 서로 "이야기할" 수 있을까? 한 전자가 다른 전자에게 어떻게 하라고 "알려줄" 수 있겠는가 말이다.

디랙은 그 파동—진동하는 전자기파—을 상이한 진동수를 지닌 조화 진동자harmonic oscillator들, 즉 본질적으로 용수철들의 배열이라고 보았다. 왜 용수철일까? 용수철은 진동하는 물체에 대한 가장 단순한 표현이기에, 그 작동방식이 이미 잘 알려져 있었다. 양자역학은 용수철의 에너지를 그 진동수들의 특정한 방식의 합으로 예측한다.

디랙으로서는 대단히 실망스럽게도, 진동 모드들(전문적인 용어로는 "자유도")의 무한한 배열이 에너지 분포의 발산 합을 내놓았다. 따라서 계산된 총에너지는 무한대였고, 이는 물리적으로 결코 타당한 값이 아니었다. 현실적인 답을 얻으려면, 임의의 지점에서 계산을 멈추어야만 했다.

빨랫줄 비유에서 보자면, 용수철 매달기는 적절하지 않을 것이므로 다양한 리듬으로 펄럭이는 종이들의 배열을 매단다고 상상해보자. 이때 종이를 하나씩 매다는데, 각각은 서로 다르게 진동한다. 그런데 가능한 배열들의 경우의 수가 무한함을 우리는 곧 알게 된다. 그렇기는 하지만, 우리는 포괄적으로 모든 유형의 진동을 포함시키길 원한다. 미친 듯이 우리는 지쳐서 꼼짝 못 하게 될 때까지 종이들을 매달고 또 매단다. 빨랫줄에는 종이들이 계속 매달려 점점 더 두꺼워지는데, 이 과정은 결코 끝나지 않을 것 같다!

디랙의 설명을 읽고 나서, 파인만은 빛원뿔 가닥 자체로 충분하지 않겠냐는 생각이 들기 시작했다. 전자기파가 없고 단지 전자들 사이에 순전히 인과적인 연결만이 존재한다면 어떨까? 그 결과는 지연된 원거리 작용일 것이다. 전통적인 뉴턴식의 원거리 작용에는 시간 지연이 존재하지 않았지만, 일반상대성이론과 같은 장 이론들이 발전하면서는 시간 지연이 기꺼이 포함될 수 있었다. 그러면 전자들은 빛원뿔로 인해 생기는 내재적인 시간 지연을 겪으면서 원거리에서 소통하게 된다. 덕분에, 전자들 사이에 실제로 아무것도 오가지 않더라도 원인과 결과가 올바른 빠르기—빛의 속력—로 틀림

없이 발생하게 된다.

파인만의 대담한 생각에 의하면, 장을 배제하는 것이야말로 무한대 합을 피하는 묘책일지 몰랐다. 유일한 신호는 전자들 사이의 직접적인 상호작용일 것이다. 그저 한 전자를 흔들면 다른 전자도 흔들릴 텐데, 마치 굳이 종이들을 매달 것 없이 빨랫줄에 두 흔들의자를 연결해놓은 경우처럼 말이다.

원거리 작용을—맥스웰과 아인슈타인을 포함해 다른 모든 이들이 오랫동안 내팽개쳤던 개념을—부활시키자는 발상은 어리석게 보일지 몰랐다. 힘을 한 장소에서 다른 장소로 전달하는 매개체—즉, 사이에 끼인 장—를 배제한다는 것은 직관에 반하는 것처럼 보일지 몰랐다. 하지만 그때는 과학에서 특이한 혁명의 시기였다. 따라서 아원자 물리학의 많은 측면들은 처음에는 기이해 보였다. 전자가 한 에너지 준위에서 다른 에너지 준위로 갑자기 도약하는 현상이 대표적인 예다.

파인만은 시간 지연이 포함된 원거리 작용을 재고려할 가치가 있다고 믿었다. 특히 계산 과정에서 허용될 수 없는 무한대 합을 해결할 하나의 대안으로서 말이다. 아마도 양자세계—아직 직접적으로 관찰되지 않은 지극히 작은 거리—에서는 맥스웰의 법칙에 수정이 필요했다. 스스로 증명할 수 있는 것만을 믿었던 파인만은 급진적인 대안들을 검증할 만큼 열린 마음의 소유자였다. 그렇기에 아원자 규모에서 표준적인 전자기 이론을 버리고 새로운 시도를 할 수 있었던 것이다.

전기역학에 관한 또 하나의 사실도 잘 알려져 있었는데, 이것 역시 파인만이 전자기장을 버릴 것을 고려하는 계기가 되었다. 고전적인 전기역학이나 (당시에 알려져 있는 수준의) 양자전기역학으로 계산을 할 때, 전자는 무한대의 자체에너지self-energy를 갖는 듯 보였다. 자체에너지는 무無로부터 한 입자를 구성해내는 데 드는 에너지다. 비유하자면, 재료와 노동력을 포함하여

한 건물을 짓는 데 드는 모든 자원인 셈이다.

표준적인 정의에 의하면, 자체에너지는 입자의 (아인슈타인의 유명한 등가 공식에 의한 질량과 관련이 있는) 정지 에너지와 더불어 그 입자가 생성하는 전자기장과의 상호작용을 포함한다. 유한한 크기의 입자의 경우에는 그런 계산이 적합한데, 왜냐하면 장의 세기가 중심으로부터의 거리가 멀어질수록 감소하기 때문이다. 유한한 크기의 구형 전하를 만드는 데 얼마만큼의 에너지가 드는지는, 그 전하가 생성하는 장을 통해 전하 자체에 가해지는 힘의 크기가 주어지면 알아낼 수 있다. 건물의 지붕이 그 아래에 있는(그리고 지붕을 떠받치는) 마루에 가하는 힘을 알아내는 것과 비슷하다.

하지만 전자가 무한소의 크기를 가진 점입자라고 가정하면, 그 중심 위치에서 전자의 장은 무한히 세다. 그러므로 한 전자와 그 자신의 장 사이의 상호작용에 대응하는 에너지 항도 마찬가지로 무한대이다. 그렇기에 한 전자의 자체에너지를 계산하면 무한대 값이 나온다. 결코 현실에 맞는 물리적 결과가 아니다.

파인만이 곰곰이 생각해낸 단순한 해결책은 전자가 자신의 장과 상호작용하지 못하도록 하자는 것이었다. 그래서 장을 배제시켰다. 그러면 전자는 다른 전자와만 상호작용할 뿐 자신과는 결코 상호작용하지 않는다. 따라서 전자의 자체에너지는 아인슈타인의 질량-에너지 변환 공식을 단순하게 적용하여 전자의 질량으로부터 유도해낸 값과 일치하게 된다. 그 값은 유한하며 합리적이다.

저항에 직면하다

이렇듯 파인만은 MIT에서 지연된 원거리 작용 가설에서 장을 배제하는 방안을 연구했는데, 프린스턴에서 다시 휠러와 함께 이 문제를 연구하면서 한 가지 중대한 문제점을 발견했다. 당시 잘 알려진 "복사 저항radiation resistance"이라는 현상에서 드러난 바에 의하면, 전자를 비롯한 대전 입자들이 전기적으로 중성인(대전되지 않은) 입자들보다 가속하기가 더 어렵다. 가령, 양성자를 가속시키기는 질량이 엇비슷한 중성자를 가속시키기보다 더 어렵다. 논리적 설명은 대전 입자들은 복사를—전자기파의 형태로—발생시키는데, 이것이 자신에게 작용하여 운동을 방해하기 때문이라는 것이다. 흔들의자와 빨랫줄의 비유에서 보자면, 매달린 종이들이 흔들의자의 운동을 방해하기 때문에 의자를 밀기가 더 어려운 셈이다. 중성적인 물체는 그런 방해 요소가 없기 때문에 비교적 빨리 운동할 수 있다. 파인만은 곰곰이 생각에 잠겼다. 관찰된 복사 저항을 설명하려면 어쨌거나 전자기파 상호작용이 필요하지 않을까? 아니면 다른 방법이 있을까?

휠러와 함께 진행한 파인만의 산란 연구가 소강상태에 접어들자, 그는 이 문제로 인해 골치를 썩고 있다고 휠러에게 터놓기로 했다. 둘이 만난 자리에서 파인만은 이전에 머릿속에 떠올랐던 한 가지 해법을 제시했다. 복사 저항이 전자기파 때문이 아니라 공간 내의 다른 모든 대전 입자들로 인해 한 전자에 가해지는 직접적인 효과라고 가정해보자. 한 전자를 흔들면 다른 모든 대전 입자들이 반응하여 원래 전하에 다시 신호를 보낼 것이고, 이 신호는 장 없이도 어떤 식으로든 멀리 전달될 것이다. 그렇게 보자면 다른 대전 입자들의 반응들의 총합이 원래의 전자에 힘을 가하게 되며, 그런 까닭에 전자를 가속하기 어려운 것이다.

빨랫줄 비유를 조금 수정해서, 임의의 특정한 의자가 수많은 빨랫줄들에 의해 다른 여러 의자들과 연결되어 있다고 해보자. 그 의자를 흔들면 다른 모든 의자들도 흔들리게 되는데, 이로 인해 다시 원래 의자를 당겨서 그 의자의 움직임을 방해한다. 따라서 매달린 종이들이 없어도 그러한 저항이 설명된다.

아주 유심히 듣고 나서 휠러는 몇 가지 애매한 문제점을 지적했다. 만약 복사 저항이 다른 대전 입자들이 한 전자에게 가하는 영향에 의존한다면, 그 입자들의 구체적인 속성들—질량, 전하, 거리 등—이 중요해질 것이다. 그러므로 이론적으로 각각의 전자는 그 주변의 특정한 환경에 따라 고유한 복사 저항의 값을 가질 것이다. 하지만 자연에서는 그런 현상이 관찰되지 않는다. 대신에 모든 전자의 복사 저항은, 전자의 공간 속에서의 운동을 고려할 때, 전부 동일하다.

또한 신호가 그 전자에서 다른 대전 입자들로 이동했다가 다시 돌아오는 데는 시간이 걸린다. 하지만 실험에서 드러나기로는, 복사 저항은 시간 지연 없이 즉시 발생했다. 마지막으로, 우주에 있는 다른 모든 전하들의 반응을 합치면 시간 지연 값은 무한대가 될 것이다. 이런 상황 역시 수학적으로 불가능하기는 매한가지다.

파인만은 자신의 방법이 지닌 핵심적인 결점들을 휠러가 즉시 짚어내자 깜짝 놀랐다. 마치 이 지도교수는 이미 수많은 시간을 들여 그 방법을 검사해보고서, 삐거덕거림과 덜컹거림 그리고 결함을 알아낸 것만 같았다. 파인만이 방금 꺼낸 방법인데 말이다. 파인만은 완전히 바보 취급을 받는 느낌이었다.

사실, 휠러도 전자기파에 대한 장 접근법을 원거리 작용이라는 더욱 직접적인 개념으로 대체하는 발상을 오랫동안 궁리해왔다. 구성요소들을 줄여서 물리학을 단순화시키고자 그는 힘에 관한 원래의 뉴턴식 개념을 되살리기로 했다. 즉, 물리적 중재자가 관여하기보다는 "보이지 않는 실"이 먼 물체들을 서로 연결함으로써 힘이 전달된다는 개념을 부활시키기로 했다. 마이클 패러데이와 제임스 클러크 맥스웰은 장 개념을 개발하여 전자기력이 국소적이고 유형적이 되게끔 했지만, 아마도 양자 수준에서는 그 둘의 생각은 틀린 듯했다.

휠러의 생각에 의하면, 원거리 작용은 전자들이 자기 운명의 유일한 주인공이 되게 함으로써 입자물리학을 더 단순화시킬 수 있는 개념이었다. 전자들이 매개자 없이도 자신들의 상호작용을 관장할 수 있기 때문이다. 그는 "모든 것을 전자처럼"이라는 발상을 심사숙고했다. 전자기력만이 아니라 다른 입자들과 힘들도 이런 식으로 생각하자는 발상이었다. 그러면 우주는 아름다운 통합과 단순성을 얻게 될 것이다.

양자전기역학에서 원거리 작용을 부활시키자는 동기의 일부는 많은 양자 현상들이 원거리에서 속성을 조정한다는 사실이 점점 더 이해되어가던 사정에서 비롯되었다. "얽힘"이라고 하는 그런 원거리 상호작용은 스핀처럼 상보적인 양자수(구체적인 양자 상태를 가리키는 파라미터) 값을 갖는 두 입자가 물리적으로 아무리 떨어져 있더라도 동일한 계에서 서로 연결되어 있을 때 발생한다.

가령, 한 수소 원자의 가장 낮은 에너지 준위에 머물러 있는 전자 한 쌍을 살펴보자. 파울리의 배타 원리에 따라 두 전자는 똑같은 양자수를 가질 수 없다. 따라서 둘은 정반대의 스핀 상태를 가져야 한다. 만약 한 전자가 스핀 업이면 다른 전자는 스핀 다운이다. 하지만 과학자들이 스핀 상태를 측정하기 전까지는 어떤 것이 어떤 스핀 상태를 가질지 모른다. 그러므로 그런 측정이 있기 전에 각 전자는 두 가지 스핀 가능성이 중첩(양자 상태의 혼합)된 상태에 놓여 있다.

이제 과학자들이 그런 전자 쌍을 멀리 떼어놓은 다음에 그중 하나의 스핀을 측정한다고 하자. 가령, 하나는 달에 보내고 다른 하나는 지구에 놓아둔다. 엄청난 거리에도 불구하고 만약 달의 우주비행사가 달에 간 전자의 스핀을 "업"이라고 기록하면, 지구에 남은 전자는 필연적으로 그 즉시 "다운"으로 바뀌고, 그 역의 경우도 마찬가지다. 일종의 양자 시소 타기가 펼쳐지는 셈이다.

그런 즉각적인 조정은 물리적으로 불가능하다고—텔레파시와 같은 유사과학적 주장이라고—믿고서 아인슈타인은 그것을 "유령 같은 원거리 작용"이라고 불렀다. 한 전자가 어떻게 실험자가 다른 전자에게 행하는 일을 미리 알 수 있을까? 아인슈타인Einstein이 보리스 포돌스키Boris Podolsky와 네이선 로젠Nathan Rosen과 함께 쓴(하지만 대부분의 내용을 포돌스키가 쓴) 1935년 논문에서는 "EPR 역설"을 기술하면서 얽힘이 야기하는 모순을 부각했다. 가령 입자들이 자신들의 속성들 중 어느 것이 측정될지 미리 아는 것은 물리적으로 불가능하다는 논지를 집중적으로 폈다.

대다수의 양자물리학자들은 아인슈타인의 비판을 무시하거나 배척했다. 보어—단 한 명만 꼽으라면 단연 물리학계의 "철학 왕"—가 기꺼이 인정했듯이, 장은 파동적 속성과 입자적 속성과 같은 모순적 측면들을 함께 품고 있었다. 보어는 상반되는 것들의 이런 혼합을 가리켜 "상보성"이라고 불렀다. 이 개념의 상징으로서 그는 가족 문양에다 어둠(음)과 빛(양)이 휘돌고 있는 태극 기호를 넣었다.

철학적인 면에서 보자면, 휠러는 확실히 보어의 진영에서 학문의 길을 시작했기에, 양자 불확정성과 상보성을 사실로서 받아들였다. 하지만 휠러는 아인슈타인도 잘 알게 되면서 그의 추론 양식도 깊이 이해하게 되었다. 아인슈타인의 집은 불과 몇 블록 근처에 있었다. 때때로 휠러는 아인슈타인이 당시의 두 조수인 피터 버그만Peter Bergmann과 발렌틴 버그만Valentine Bergmann을 데리고 거리에서 산책하는 모습을 보기도 했다. 셋은 자연의 힘들에 관한 통합 이론을 개발할 시도를 하고 있었다. 그런 이론을 통해 양자물리학의 비국소적이고 확률론적인 측면들을 쓰레기통에 던져버리고, 대신에 일반상대성을 양자 영역에까지 확장시킨 국소적이고 결정론적인 이론을 내놓기 바랐다. 그런 노력이 잘못이라는 보어의 생각에 동의하면서도 휠러는 아인슈타인의 사고의 독립성을 존중했다. 이론물리학의 발전으로 인해 결국에는 아인슈타인과 보어가 둘 다 받아들일 정도로 설득력 있는 설명이 나오기를 휠러는 희망했다.

그렇기는 해도 아인슈타인과 달리 휠러는 원거리 작용을 금기라고 여기지 않았다. 오히려 휠러가 보기에, 얽힘은 양자물리학이 비국소적임을 알려주는 확실한 사례였다. 전자들이 스핀 상태를 원거리에서 조정한다는 사실이 증명된다면, 휠러는 기꺼이 전자들의 전자기 상호작용이 비국소적인 현상임을 받아들일 참이었다. 한 전자를 흔들면, 다른 전자도 일종의 기나긴 기차놀이 행렬에 연결된 것처럼 흔들릴지 모른다. 중요한 차이라면, 전자기력의 경우에는 시간 지연이 반드시 존재한다는 것이었다. 특수상대성 원리에 의해, 그 기차놀이 행렬이 빛의 속력보다 더 빠르게 진행할 수 없기 때문이다.

시간 속을 지그재그로

휠러가 전자에 대한 복사 저항 문제에 매달리게 되면서, 그와 파인만은 전자기장 없이 그 효과를 모형화하기 위해 협심했다. 둘은 특정한 비율로 가속하는 임의의 전자가, 우주의 다른 전하들의 배열이 어떠하든 간에, 시간 지연 없이 동일한 저항을 경험하는 방식을 찾아야 했다. 마치 도로 상태나 다른 차량들의 행동과 무관하게, 자동차의 브레이크가 언제나 매번 똑같이 작동하도록 만드는 방법을 찾는 일과 같았다.

좀 더 현실적인 모형을 만들려고 휠러는 이런 상상을 했다. 만약 한 전자가 가속하다가 이웃 대전 입자들 때문에 저항을 겪게 된다면 어떻게 될까? 가속하는 전자는 먼저 일종의 신호를 보낼 것이다. 그러면 거울 반사처럼 주위 환경 내의 어떤 것이 응답 신호를 보낼 테다. 이 두 번째 신호는 전자의 운동을 방해할 것이다. 그 효과는 즉시 발생하기에, 첫 신호가 출발하고 두 번째 신호가 방출되는 사이에 시간 지연이 있을 수 없었다. 두 번째 신호는 첫 번째 신호가 방출되는 바로 그때 도착해야 한다. 논리적으로 볼 때, 휠러가 알아차린 바에 의하면, 그런 일이 생길 수 있으려면 오로지 두 번째 신호가 시간을 거슬러 흘러가서 그 순간에 닿아야 했다.

맥스웰 방정식은 시간에 완전히 대칭임을 휠러는 알고 있었다. 미래를 향해 운동하는 모든 파동 해마다, 과거를 향해 운동하는 파동 해가 존재한다. "앞선 해"라고 불리는 후자의 해는 전통적으로 무시되었다. 시계는 뒤가 아니라 앞으로 간다는 걸 누구나 다 알기 때문이었다. 하지만 휠러는 굉장히 열린 마음의 소유자였기에 그 앞선 해가 포함되면 어떻게 될지 알고 싶었다. 전자가 매질(주위 환경, 본질적으로 우주의 다른 모든 것이 그 전자에 미치는 전체 영향)에 자신의 존재를 알리는 신호를 방출하는 즉시 매질도 첫 번째 신호가 떠나는 바로 그때 도착하는 신호를 방출하게 된다. 기술적인 측면에서 볼 때, 매질은 모든 신호를 낚아채는 완벽한 흡수체여야 했다. 그러므로 시간 역전된 해의 관점에서 보자면 그 매질은 또한 완벽한 방출기 역할을 하게 되어, 매질의 어떠한 재료상의 효과에 의해서도 불순해지지 않는 깨끗한 신호를 내보내게 된다. 그 결과, 다른 입자들의 속성과 무관하게 전자의 가속에 즉각적인 방해가 생기는 것이다.

빨랫줄 비유에서 보면, 마치 흔들의자를 줄의 한쪽 끝에 매달고 줄의 다른 쪽 끝은 (매질을 나타내는) 벽에 매다는 것과 비슷하다. 의자를 흔들면 출렁거림이 퍼져나간다. 벽에 반사하여 그 신호는 되돌아가는데, 반대 방향으로 줄을 따라 구불구불 나아가서 의자를 때려 의자의 흔들림을 방해한다. 이제 이렇게 상상해보자. 어떤 식으로든 벽이 시간을 거슬러 출렁임을 반사시켜, 의자가 흔들리기 시작하는 바로 그 순간에 의자를 때린다고 말이다. "앞선" 신호가 기이한 효과를 초래하는 셈이다.

휠러의 아이디어에 파인만도 흥미가 돋았다. 즉시 그 효과들을 계산하기 시작하면서 파인만은 복사 저항을 일으키는 순 효과를 내놓는 방출 펄스와 반사 펄스의 여러 상이한 조합들을 시도했다. 곧 올바른 혼합 비율을 찾아냈다. 바로 미래 방향의 신호와 과거 방향의 신호가 절반씩 섞인, 즉 시간에 대해 완전히 대칭인 경우였다. 복사 저항을 전자기장의 도움 없이 기술해내므로, 그 이론은 디랙을 포함한 많은 물리학자들에게 참담한 슬픔을 안겼던 발산 에너지 문제를 피할 수 있었다. 광자가 사라지자 빛은 전자들과 순수하고 단순하게 직접 상호작용하게 되었다. 이러한 이론 구성은 "휠러-파인만 흡수체 이론"이라고 알려지게 된다.

심문

파인만의 계산 결과를 손에 넣고서 휠러는 빙긋 웃었다. 자신들이 개척하는 새로운 접근법의 혁신적인 잠재력을 간파한 휠러는 그 개념을 주제로 세미나를 열 때가 되었다고 파인만에게 알렸다. 아직 미완성 프로젝트임은 둘 다 알고 있었다. 양자 방법이 아닌 고전적인 방법을 사용했으니 말이다. 전자의 자체에너지 문제 및 다른 긴급한 사안들을 전면적으로 다루려면 완벽한 양자전기역학이 필요했는데, 그건 당시로서는 어느 누구도 제대로 내놓지 못했다. 고전적인 사례에서처럼 전기역학을 양자화하려는(양자 형식으로 변환하려는) 기존의 시도에서는, 자체에너지 및 다른 양들에 대해 수학적으로 고약하기 그지없는 무한대 항들이 나오고 말았다.

양자론이라면 고전적 이론의 정확한 결정론적 역학을 "연산자"라고 불리는 수학 함수에 바탕을 둔 확률론적인 서술로 대체해야 마땅하다. 어떤 모호함과 비결정성이 포함되어야 하는데, 이는 아원자 규모에서 양자 실재의 흐릿함을 반영한다. 순진한 낙관론에 젖어서 휠러는 양자 부분을 추후에 곧 다루겠다고 말했고, 파인만은 우선 고전적인 내용의 발표를 준비했다. 휠러는 일단 지금의 연구 단계가 끝나고 나면 자신이 후속으로 양자 부분을 발표하겠다고 파인만을 설득했다.

당연히 파인만은 자신의 첫 연구 세미나 진행이 걱정스러웠지만, 휠러는 파인만을 안심시키면서 아주 소중한 발표 경험이 될 거라고 조언해주었다. 파인만이 해보겠다고 하자, 휠러는 세미나 관리자인 위그너에게 부탁해서 물리학과의 행사 일정에 그 세미나를 올려달라고 했다.

세미나가 열리기 며칠 전에 파인만은 파인 홀 복도를 걸어가다가 위그너와 마주쳤다. 대단한 주제라며 칭찬하고 나서 위그너는 그 세미나에 초청받은 교수들 몇몇을 언급했다. 존 폰 노이만—천재이자 양자 측정 이론 분야의 세계적인 전문가로 널리 인정받은 인물—이 올 것이라고 했다. 저명한 천문학자 헨리 노리스 러셀Henry Norris Russell도 올 거라고 했다. 업적이 많지만 무엇보다도 별의 분류법으로 가장 유명한 인물이었다. 게다가 파울리도 확실히 참가한다고 했다. 파울리는 마침 휴가차 취리히를 떠나 프린스턴 고등과학연구소에 들를 예정이었다. 마지막으로 물리학과 세미나에는 좀체 오지 않는 아인슈타인이 그 주제에 구미가 당겨 참가할 예정이라고 했다. "기라성 같은 거물들"이 죄다 세미나를 들으러 온다는 말에 파인만은 더더욱 걱정이 태산이었다. 사이클로트론의 배선들처럼 속이 마구 뒤틀리는 느낌이었다.

휠러가 나서서 안심을 시켰다. 만약 너무 어려운 질문이 나온다면, 자신이 맡아서 처리하겠다고 했다. 그제야 파인만은 마음을 진정시키고 세미나를 위한 발표 자료를 체계적으로 준비해나갔다.

세미나 시작 조금 전에 파인만은 칠판에다 방정식들을 적어나가기 시작했다. 갑자기 환갑이 넘어 보이는 백발의 사내가 심한 남부 독일 억양으로 이런 말을 던졌다. "안녕하세요, 세미나 들으러 왔습니다만." 아인슈타인이었다. "그런데, 마실 차는 어디에 있습니까?"

다과 탁자를 가리키며 파인만은 안도의 한숨을 내쉬었다. 아인슈타인의 질문 가운데 적어도 하나에는 대답했으니까. 세미나가 시작되고 보니, 어쨌거나 상황이 그다지 나쁘지는 않았다. 계산 과정에 흠뻑 빠진 나머지 파인만은 청중이 자신을 지켜보는지도 몰랐다. 마치 최면술에 걸린 듯, 일종의 나른한 황홀경에 빠져 있었다.

파울리가 내뱉은 예리한 말을 듣고 파인만은 부리나케 현실로 돌아왔다. 그 이론의 수학적 한계에 관한 발언이었는데, 파울리는 그 이론이 타당하지 않다고 여겼던 것이다. 이 비엔나 물리학자는 냉철하고 비판적인 성격으로 유명했다. 그는 무엇이든 간에 이론 구성에 깃든 구조적 결함들을 집어내어 최대한 냉정하고 직접적인 방식으로 알리는 재주를 타고났다. 즉시 그는 파인만이 제시한 모형이 수학적 오류들로 가득 차 있다고 보았다. 그 모형은 모순적이어서 양자론의 타당한 기반이 될 수 없을 터였다. 그래서 단도직입적으로 그 모형이 통하지 않을 것이라고 했다.

나중에 파울리는 그 이론을 양자화하려는 휠러의 바람은 한낱 공상이라고 파인만에게 따로 말하게 된다. 제자한테 양자화의 수학적 과제들을 솔직히 터놓지 않았다며 휠러를 탓하기까지 했다. 휠러가 예정된 후속 세미나를 정말로 한다면, 자기 손을 지지겠다고 파울리는 장담했다.

이와 달리, 파인만의 세미나에 대한 아인슈타인의 반응은 우호적이지만 중립적이었다. 그 무렵 아인슈타인은 통일장 이론unified field theory 개발에 집중하느라 양자물리학에 관심이 적었기에 덧보탤 말이 별로 없었다. 단지 휠러-파인만 흡수체 이론을 일반상대성이론과 연결시키기는 어렵겠다는 사실에만 주목했을 뿐이다. 그런 연결 작업은 그 이론을 전자기력과 중력의 통합 이론에 포함시키기 위한 선결 요건이 될 것이었다. 하지만 파울리와 달리 아인슈타인은 그 이론을 굳이 배척하지는 않았고, 그런대로 괜찮아 보인다고 여겼다.

세미나가 끝나고 얼마 후 휠러가 파인만을 아인슈타인의 집에 데려갔을 때, 아인슈타인은 더 큰 도움이 되었다. 1936년 이후 아인슈타인은 홀아비로 지냈다. 누이와 의붓딸 그리고 비서와 함께 살았는데, 이들 셋은 아인슈타인의 시간을 빼앗는 법이 없었다. 자신만의 생각에 잠겨 혼자 지내는 시간을 즐겼지만, 아인슈타인은 물리학의 철학에 관해 다른 이들과 깊은 대화를 나누기도 좋아했다. 특히 자신의 비정통적인 발상을 잘 수용할 듯한 휠러와 파인만 같은 젊은이들을 좋아했다.

휠러는 시간 역전된 신호의 개념이 타당하겠느냐고 아인슈타인에게 단도직입적으로 물었다. 아인슈타인은 타당할 수 있다고 답했다. 물리학자 발터 리츠Walter Ritz와 함께 쓴 한 논문을 가리키면서 아인슈타인은 기초물리학은 시간의 앞으로도 뒤로도 똑같이 작동해야 한다는 견해를 내비쳤다.

아인슈타인의 맞장구에 한껏 으쓱해진 휠러는 파울리의 어깃장을 무시하고 그 이론을 양자화할 방법을 모색하기 시작했다. 하지만 막상 진행을 해보니, 가면 갈수록 문젯거리가 쌓여갔다. 곧 진퇴양난의 처지에 빠지고 말았다.

설상가상으로 휠러는 미국물리학회의 연례 회의에 자신이 원거리 작용의 양자론에 관해 강연을 하겠노라는 공지문을 이미 보내버렸다. 무슨 말을 해야 할지 난감했지만 적어도 진행 과정을 알려줄 수는 있으리라고 생각했다. 휠러는 회의에 파인만을 초청했는데, 파인만은 휠러가 그 문제를 어떻게 풀었는지(적어도 어떻게 풀려고 시도했는지) 들으려고 귀를 쫑긋 세웠다.

파인만이 기다리고 또 기다려도 휠러는 고전 이론의 세부사항들만 늘어놓을 뿐 양자화에 대해서는 입도 벙긋하지 않더니, 갑자기 전혀 다른 주제로 넘어가버렸다. 파인만은 손을 번쩍 들고 일어나서 휠러의 말을 가로막았다. 강연이 주제와 아무 관련이 없지 않느냐고 파인만이 이의를 제기했다. 아직도 양자론이 나오지 않았다는 불평이었다.

파인만은 무례하게 굴려는 의도는 없었다. 과학에 관한 한, 정직이야말로 발전을 위한 유일하게 확실한 방법이라고 여겼을 뿐이다. 강연 주제에 관한 오해만으로도 기존의 과학 지식을 부정확하게 이해할 소지가 있었다.

휠러는 파인만의 판단에 동의했다. 회의를 마치고 떠날 때 그는 강연이 대실수였노라고 파인만에게 터놓았다. 답이 나오지 않았는데도 마치 나온 듯이 굴었다고 실토했다.

아니나 다를까 파울리의 말이 뼈저리게 옳았다. 다시금 휠러는 깨달았다. 자신에게는 수학의 걸림돌을 제거하고 프로젝트를 진척시킬 수 있는 파인만의 예리한 지성이 필요하다는 사실을. 하지만 아마도 너무 당혹스러웠던 나머지 굳이 그걸 입 밖에 내지는 않았다. 그래서 실제로 자신은 아무런 진전이 없었다고 파인만에게 말하지는 않았고, 대신에 자기 제자가 혼자 고생스럽게 그 프로젝트를 발전시켜나가는 모습을 지켜만 보았다. 파인만의 뛰어난 계산 능력은 휠러의 통찰력 가득한 철학적 사색을 완벽하게 보완했는데, 그런 궁합이 없었다면 결과가 완전히 실현되지 못했을 것이다. 휠러가 (스케치로 남아 있듯이) 영리한 구상 면에서 뛰어난 레오나르도 다빈치라면, 파인만은 놀라운 실현 능력을 지닌 미켈란젤로였다. 군소리 없이 휠러는 그 과학의 조각가가 자신의 작품을 빚어내도록 길을 터주었다.

애틋한 상호작용

파인만은 화가인 여자친구를 통해 예술에 눈을 떠 이전부터 예술의 진가를 이해하고 있었다. 세계는 생명 없는 방정식들보다 훨씬 더 큰 무엇이었다. 그림은 사물의 꾸밈없는 진리를 보여주었다. 수학에도 즐거움과 흥미로움이 가득하긴 했지만, 근본적으로 수학은 겉으로는 드러나지 않는 숨겨진 메커니즘을 모형화하기 위한 도구일 뿐이었다. 자연의 책상에는 방정식들로 가득 찬 은밀한 서랍들이 빼곡하지만, 햇빛 속에서 빛나는 자연의 실제 얼굴이야말로 훨씬 더 경이롭고 신비롭다.

예술은 시간을 벗어나 있다. 사랑도 그렇다. 젊은 연인들은 로맨틱한 순간들이 영원히 이어지길 바란다. 아름다운 현재에 머무는 사람에게 과거와 미래는 비현실적인 듯 느껴질지 모른다.

안타깝게도 폭우가 수채화 꿈들을 말끔히 씻어버릴 수 있다. 알린이 화가로서 성공하기를 간절히 바랐지만, 파인만은 그 길이 쉽지 않을 것임을 알아차리기 시작했다. 그녀는 눈코 뜰 새 없이 바쁘게 일했지만 먹고 살기에도 벅찼다. 게다가 몸에 병의 징후가 나타나기 시작했다.

어느 날 알린에게 찾아갔더니 목에 뭔가가 불룩 솟아 있었다. 그녀는 거기에다 연고를 발랐지만, 여러 주가 지났는데도 사라지지 않았고, 급기야 발열이 시작되었다. 장티푸스일지 모른다고 여긴 주치의가 병원에 가서 검사를 받아보라고 해서, 그녀는 병원에 잠시 격리되었다. 하지만 장티푸스 검사에서 음성 반응이 나와서 퇴원했다.

하지만 곧 림프절 부위에서 혹이 더 많이 생겼다. 다시 발열이 시작되었고, 다시 이런저런 검사를 받았다. 의사가 병의 원인을 찾고 있을 때, 파인만은 프린스턴의 도서관에 있는 의학서적들을 샅샅이 뒤졌다. 미친 듯이 알린의 병명을 알아내려고 했다. 증상들을 면밀히 살펴본 후 그는 악성 종양의 일종인 호지킨 림프종일 가능성이 크다고 결론 내렸다. 만약 그렇다면, 함께 오랫동안 행복하게 지내자던 둘의 꿈은 물거품이 되고 말 터였다.

알린에게 최대한 솔직하게 대하려고 그는 자신의 검토 결과를 알려주었다. 단, 일반인들이 의학서적을 읽고서 때로는 상당히 그릇된 결론을 내릴 경우도 있다는 말도 덧붙였다. 알린은 그의 정직한 태도에 고마워하면서 언제나 진실을 알려달라고 부탁했다. 그녀가 주치의에게 호지킨 림프종 이야기를 했더니 의사는 근심스러운 표정으로 하나의 가능성이 될 수 있다고 차트에 적어 넣었다. 확실한 진단이 나오려면 몇 가지 검사가 더 필요했다.

방학을 맞아 파인만은 그녀를 카운티 병원에 데려갔다. 몇 가지 결과가 나온 후 의사가 침울한 표정으로 파인만을 한쪽으로 데려가서는 호지킨 림프종이 맞는 것 같다고 말했다. 정말로 그 병에 걸렸다면, 알린은 길어야 몇 년밖에 살지 못할 터였다. 의사는 비밀에 부쳐달라고 파인만에게 부탁했다. 환자가 여린 성격이어서, 그런 끔찍한 진단을 들으면 큰 충격을 받을 것이라고 덧붙였다.

알린에게 언제나 진실하기로 약속한 데다 그녀가 얼마나 굳센지 잘 알았기에 파인만은 진실을 알려주고 싶었다. 알린이 심한 충격에 빠질까 두려워한 가족들은 파인만에게 그녀의 상태를 조금 장밋빛으로 윤색하라고 설득했다. 처음에는 파인만도 마지못해 그런 조언을 따랐다. 하지만 알린이 단지 선열(오늘날에는 단핵증mononucleosis, 또는 "모노mono"라고 흔히 불리는 병) 증세만 있던 기간 동안 그는 마침내 솔직히 터놓았다. 예상대로 알린은 끔찍한 소식을 담담히 받아들였다.

확연히 알린의 몸 상태가 스스로 돌볼 수 없게 되어 많은 도움이 필요해지자, 파인만은 신중히 생각한 끝에 결혼을 해야 그녀 곁을 지킬 수 있으리라고 보았다. 하지만 물론 만약 그렇게 하면 학자의 길을 버리고 대학원 과정을 그만두어야 했다. 또한 벨 연구소 같은 민간 기업에서 일자리를 구해서 아내를 부양해야 했다. 게다가 휠러와 함께 진행 중인 프로젝트도 마무리 짓고 싶었는데, 그 프로젝트 덕분에 알린의 건강에 대한 걱정을 잠시나마 잊을 수 있기도 했다.

병에도 아랑곳하지 않고 알린은 변함없이 낙천적이었다. 파인만에 대한 애정도 전혀 식지 않아서 온갖 방법으로 그에게 힘이 되어주길 바랐다. 그가 낙담해 있을 때마다 그녀가 기운을 북돋워 주었다. 파인만이 연구에 성과가 있을 때면 늘 그녀도 뿌듯했다. 가령, 파인만이 휠러와 함께 진행하던 연구를 마침내 발표할 수 있게 되었다고 알리자, 그녀는 이런 답장을 보냈다. "정말 기뻐요… 뭔가를 발표할 것이라니 말이에요. 연구의 진가를 인정받는다니 특별히 더 설레네요. 계속 노력해서 그 결실을 온 세상과 과학계에 나눠주면 좋겠어요."

파인만은 박사과정 연구를 꿋꿋이 진척시켰다. 전자들 간의 상호작용 연구를 계속하던 중에, 수평축으로 공간을 나타내고 수직축으로 시간을 표현하여 그런 상호작용들을 시공간 다이어그램으로 쉽게 그릴 수 있음을 알게 되었다. 대각선—빛원뿔의 이차원적 묘사—은 시간의 순방향이든 역방향이든 빛의 속력으로 발생하는 상호작용을 나타냈다.

그러한 구도에서는 역방향 신호들도 순방향 시간과 마찬가지로 논리적인 듯했다. 파인만은 인과성의 결여를 우려하거나 철학적 고민을 할 필요를 전혀 느끼지 못했다. 파인만이 보기에, 아인슈타인의 우주에는 원인이 결과보다 언제나 앞서야만 할 이유가 전혀 없었다. 왼쪽과 오른쪽이 바뀔 수 있듯, 미래와 과거도 마찬가지일지 몰랐다. 분명 (인간이 매일 경험하듯이) 인과성이 실재이긴 하지만, 그런 인과성은 입자 상호작용과는 아무런 관계가 없었다. 게다가 휠러가 지적했듯이 우주의 대다수의 역방향 신호들은 순방향 신호들에 의해 상쇄될지 모르기에, 인과성의 위반은, 설령 있다 한들, 직접적으로는 좀체 관찰되지 않을지 모른다.

디랙의 방법을 따라서 파인만은 신호를 다양한 진동수(진동 비율)와 진폭(정점 값)의 조화 진동들의 조합으로 표현했다. 용수철과 비슷한 그런 단순한 진동 시스템은 명확한 물리적이고 수학적인 구조를 지녔기에 더 복잡한 패턴을 위한 이상적인 구성요소로 기능했다. 그러나 디랙의 방법과 차이 나는 점은 전자들 간의 상호작용을 광자를 통해서가 아니라 직접 일어나는 것으로 간주했으며, 한 전자가 자신과 상호작용할 가능성도 배제했다.

고전 역학의 결정론을 아주 좋아하긴 했지만, 그만큼이나 파인만은 양자 과정에는 어떤 애매성이 관여한다는 것을 잘 알고 있었다. 하이젠베르크의 불확정성 원리에 의해, 위치와 운동량은 동시에 정확히 알아낼 수 없었다. 그런 흐릿함은 다이어그램을 그리는 것 자체가 가망 없는 짓일지 모른다는 암시를 주었다. 하이젠베르크도 시각화는 불필요하고 때로는 그릇된 행위라고 여겼다. 그럼에도 불구하고 파인만은 뜻을 굽히지 않았다. 시각적인 사고에 강했기에, 단지 추상적 개념만이 아니라 그림을 그리며 생각해야 했다.

알린의 병에 관한 조금 희망적인 소식—적어도 이전의 암담한 진단과 비교할 때—이 파인만의 기운을 북돋웠다. 알린 목의 혹을 조직검사 했더니 병명이 호지킨 림프종이 아니라고 밝혀졌기 때문이다. 대신에 림프절이 결핵에 걸렸다고 판명 났는데, 심각한 질병이긴 하지만 기대수명은 훨씬 더 늘어났다. 당시에는 이른바 흰 흑사병이라고 불린 결핵은 치료법이 없었지만, 운이 좋은 환자의 경우 증상을 완화하기 위한 방법이 가끔 완치로 이어지기도 했다. 알린은 온갖 치료를 받아야 했고, 특히 요양원에서 회복 시간을 가져야 했지만, 여러 해 동안 살 수 있을지 몰랐다. 알린이 임박한 죽음에서 벗어나자 파인만은 결혼 전에 자신의 학위를 마칠 기회가 생겼다. 결혼을 할 수 있게 된 상황에 힘을 얻어, 파인만은 최대한 빨리 박사학위 프로젝트를 마칠 수 있었다.

빛을 따르라

그때, 즉 파인만이 양자 이력의 혁신적인 총합 방법을 완성하기 이전에는, 고전적인 것을 양자적인 것으로 변환하는 표준적인 방법은 "연산자"라고 불리는 수학 함수를 이용하여 위치와 운동량과 같은 변수들을 대체시키는 것이었다. 보통 그런 연산자들은 입자 상태를 표현하는 파동함수에서 공간과 시간에 대한 순간적인 변화—각각, 공간 도함수 및 시간 도함수라고 알려진 것—를 포함한다. "해밀토니안Hamiltonian"이라고 하는 가장 중요한 연산자는 운동 에너지와 포텐셜(위치) 에너지를 표현하는 연산자들의 조합을 구성한다. 그 연산자는 도함수 및 기타 수학적 연산들을 한 입자의 파동함수에 적용하여 특정한 상황하에서 그 입자의 총에너지 값을 내놓는다.

미적분학에서 도함수는 어떤 양이 공간이나 시간의 무한소 간격 동안 어떻게 변하는지를 추적한다. 가령, 아이의 성장 과정을 도표에 기록한다면, 키 곡선의 도함수는 아이가 각 순간에 얼마만큼 자라는지를 알려준다. 그러므로 도함수는 국소성(어떤 현상이 공간과 시간의 특정한 점에서 발생하는 것)의 값과 연속성(어떤 양이 한 값에서 다른 값으로 갑자기 도약하지 않는 것)의 값을 필요로 한다.

슈뢰딩거 방정식도 해밀토니안 연산자를 이용해 구성된 것으로서, 공간에서 한 파동함수의 변환이 시간에서 그 함수의 변환과 어떻게 관련되는지 명쾌하게 보여준다. 그 방정식에는 각 점과 순간에서 취해진 도함수가 들어 있는데, 이 도함수가 다음 점과 순간에서 어떤 일이 벌어질지 알려준다. 그렇다 보니, 한 점에서 다른 점으로의 연속성을 필요로 하는 국소적으로 정의된 절차로서 슈뢰딩거 방정식은 휠러와 파인만이 개발한 원거리 작용 이론과 양립할 수 없었다.

디랙의 방정식도 도함수가 들어 있었기에 파인만과 휠러의 목적에는 딱히 쓸모가 없었다. 별도의 공간 연산자와 시간 연산자를 사용하는 대신에 디랙의 방정식은 그것들을 시공간 버전으로 통합했으며, 표준적인 파동함수를 더욱 복잡한 개념인 스피너spinor로 대체했다. 그렇기는 해도 시공간에서의 국소성을 필요로 하므로, 원거리 작용 이론에는 마찬가지로 적합하지 않았다.

파인만이 알아차린 바에 의하면, 그 이론을 양자화하려면 사실상 밑바닥에서부터 시작해야 했다. 시공간에서 굉장히 멀리 떨어져 있는 사건들을 연결시키는 방법을 새로 개발해내야 했다. 고전 형식이든 양자 형식이든 전자기력의 원거리 작용 표현에서, 두 전자는 무언가가 둘 사이에 물리적으로 전달되기보다는 먼 거리에서의 상호작용을 통해 서로 연결되어야 한다. 해밀토니안이 포함된 것은 뭐든 그렇지 않다.

광자를 이론에서 제외하면서도 그는 광속 지연을 포함시켜야 한다는 것을 알았다. 아인슈타인이 밝혀냈듯이 정보는 빛의 속력으로 이동한다. 그걸 피할 방법은 없다. 시공간 다이어그램에서, 상호작용하는 두 전자를 나타내는 점들은 동일한 빛원뿔상에 머물러야 한다. 전자들은 시간의 앞으로든 뒤로든 빛의 속력으로 서로에게 신호를 보낸다. 그러므로 빛의 경로는 앞으로 어떻게 나아갈지에 관한 굉장한 단서인 셈이었다.

고등학교 시절부터 광학과 역학에 관한 책들을 읽어왔기에 파인만은 페르마의 최소 시간의 원리를 오래전부터 잘 알고 있었다. 그 원리는 빛이 어떻게 행동하는지를 예측하고 아울러 빛이 특정 물질을 통해 이동하기 위한 가장 빠른 경로가 어째서 직선—광선이 진행하는 길—인지를 설명해준다. 또한 어째서 한 물질에서 다른 물질로 건너갈 때 빛이 특정한 각도로 휘는지도 알려준다. 이 현상은 이른바 "굴절의 법칙"을 따른다.

페르마의 원리가 어떻게 작동하는지 이해하려면, 한 광원에서 나온 빛이 특정한 목적지를 향해 가능한 모든 경로로 이동하는 과정을 상상하면 된다. 각각의 빛 파동은 특정한 위상을 갖는다. 물리학에서 "위상phase"이라는 용어는 파동 사이클에서 뒤처짐의 정도를 가리킨다. 만약 두 파동이 동일한 위상이라면, 마루와 골이 완전히 일치한다. 만약 위상이 180도 어긋나 있다면, 한 파동의 마루가 다른 파동의 골과 일치한다. 만약 또 다른 어떤 양만큼 위상이 어긋나 있다면, 마루와 골은 서로 일치하지도 반대되지도 않고, 마치 이빨이 어그러진 지퍼를 닮은 모습이다.

거의 동일한 경로를 따르는 빛 파동들은 위상 차이가 거의 없다. 그런데 두 빛 파동이 서로 다른 경로를 따르면, 시간 지연은 상당한 위상 차이를 종종 낳는다. 따라서 경로의 근접성이야말로 최소한의 위상 차이를 보장하는 가장 쉬운 방법이다.

유사한 경로와 상이한 경로의 구분은 간섭 현상에서도 드러난다. 두 파동을 합쳐서 하나의 대표적인 파동이 만들어지는 과정이 간섭이다. 위상 차이가 전혀 또는 거의 없는 파동들은 보강간섭을 하는데, 마루와 골이 서로 합쳐져서 더 큰 파동이 된다는 의미다. 위상 차이가 180도에 가까운 파동들은 상쇄간섭을 하는데, 마루와 골이 서로 상쇄되어서 더 평평해진 파동이 된다는 뜻이다. 요약하자면 비슷한 경로를 따르는 두 파동은 보강간섭을 하는 반면에, 경로가 매우 상이해서 다양한 위상 차이를 갖는 두 파동은 다양한 간섭 패턴을 나타내며 일반적으로 보강간섭을 하지 않는다.

이제 페르마의 원리가 끼어들 때다. 광원에서 목적지까지 가능한 모든 경로들을 표현하는 파동들의 전체 간섭을 생각해보자. 마침 최소 시간을 갖는 경로들을 따르는 파동들—거의 동일한 궤적들—은 대략 위상이 일치한다. 그러므로 이런 파동들은 보강간섭을 하여 큰 진폭(마루 크기) 합을 내놓는다. 이와 대조적으로, 서로 차이가 많이 나는 경로들은 서로 상쇄되어 더 평평한 윤곽을 남긴다. 그러므로 최소 시간의 경로는 빛이 이동하는 가장 두드러진 방법을 제공하고, 이 경로를 따르는 빛들이 우리 눈에 광선으로 보이게 된다.

고전 역학에서 물체는 늘 최소 시간/최단 경로를 따라서 한 점에서 다른 점으로 이동하지는 않는다. 농구공을 골대 쪽으로 던졌을 때 번갯불처럼 대각선 경로를 따른다면 우리는 깜짝 놀랄 것이다. 실제로는 그렇지 않아서 농구공은 어떤 곡선 경로, 즉 포물선을 따른다. 그렇기는 하지만, 농구공의 경로는 물리학의 또 하나의 원리인 "최소 작용least action"의 원리를 통해 예측할 수 있다.

작용이란 에너지 곱하기 시간의 단위로 구성되는 특별한 양이다. 공간상의 한 점에서 다른 점으로 시간상의 한 순간에서 다른 순간으로 향하면서 변하는 위치 및 속도와 같은 변수들과 달리, 작용은 공간과 시간의 한 사건에서 다른 사건으로 향하는 전체 경로에 대해 정의된다. 작용은 "라그랑지안Lagrangian"이라는 또 하나의 양과 관련 있는데, 이 양이 한 물체(또는 물체의 집합)에 대한 운동 에너지와 포텐셜(위치) 에너지 사이의 차이를 구성한다. 간단히 말해서, 작용은 한 특정한 경로를 따라 시간상의 각 점에 대한 라그랑지안 값들의 적분(합)이다.

가령 농구공을 공중에 던지면, 위로 올라가면서 운동 에너지가 위치 에너지로 변환되고 라그랑지안은 시간의 흐름에 따라 더욱 작아진다. 공이 골대를 향해 떨어질 때는 위치 에너지가 다시 운동 에너지로 바뀌면서 라그랑지안이 커진다. 각 순간에서의 라그랑지안 값을 무한소 시간 간격으로 곱하여서, 그 곱해진 값들을 적분을 이용하여 더하면, 그 경로에 대한 작용이 얻어진다.

아일랜드 수학자 윌리엄 해밀턴이 내놓은 최소 작용의 원리에 따르면, 한 물체는 작용을 최적화(최소화 또는 최대화)하는 경로를 택한다. 전형적으로 이는 최소 작용에 대응한다. 그러므로 한 농구공이 취하는 각각의 가능한 경로에 대한 작용을 계산하면, 그 최솟값이 진짜 궤적과 일치한다. 그렇다면 수학적으로 볼 때, 모든 가능한 경로들에 대한 작용을 계산하여 그 값을 최소화하면, 그 결과는 해당 물체의 실제 운동을 기술하는 한 벌의 관계식이다. 이 관계식을 라그랑주 방정식이라고 한다. 농구공의 경우에서 보자면 그것은 손에서 농구 골대에까지 이르는 포물선이다.

최소 작용 원리는 고전 물리학을 직관적인 기반 위에 올려놓는다는 점에서 경이롭기 그지없다. 우주의 모든 것은 시작부터 끝까지 최적의 경로를 찾으려고 시도한다. 일종의 적자생존의 법칙처럼 가장 적절한 경로가 이긴다. 품행이 바르다 그르다를 적어놓는 학교 생활기록부의 표시처럼, 작용은 각 경로의 효율성을 정량화하여 특별히 최상의 경로를 골라낸다. 고전적인 영역에서 사물이 실제로 취하는 경로가 바로 그것이다.

헌주獻酒와 영감

파인만은 흡수체 이론에 양자 방법을 적용하는 문제에 관해 깊은 통찰을 얻긴 했지만, 실제로 그렇게 하기 위한 정확한 수학적 기법을 찾는 일에는 진땀을 흘리고 있었다. 기존의 기법들은 멀리 떨어져 있어서 서로 원거리에서 작용하는 것들에 모조리 적합하지 않았다. 지쳐가는 그의 뇌에서는 전혀 새로운 접근법에 대한 필요성이 간절히 솟아났다. 완전히 밑바닥에서부터 시작하여 최소 작용의 원리를 이용하여 양자물리학을 어떻게든 재정립해야 했다. 하지만 어떻게?

캠퍼스의 나소 거리 건너편의 화려한 파머 스퀘어에는 프린스턴의 가장 유명한 술집 가운데 하나인 나소 태번Nassau Tavern(지금은 나소 인Nassau Inn)이 있었다. 연구를 내려놓고 좀 쉬려고 파인만은 거기에서 열리는 맥주 파티에 참여하기로 했다. 행운이 따랐는지, 마침 누군가를 파티에서 만났다. 양자 퍼즐에 빠진 한 조각을 채워줄 사람이었다.

망명한 독일 물리학자 헤르베르트 옐레Herbert Jehle가 자기소개를 한 다음, 파인만에게 무슨 연구를 하냐고 별 뜻 없이 물었다. 옐레는 반전 및 반파시즘 죄목으로 나치에 의해 남부 프랑스의 악명 높은 귀르Gurs 수용소에 갇혀 있다가 막 탈출하여 미국에 건너온 사람이었다. 미국에 도착하자마자 그는 잠시 프린스턴에 와 있던 참이었다.

파인만이 무엇을 하고 있는지 설명하자, 옐레는 골똘히 생각하더니 디랙이 쓴 중요한 논문 한 편을 기억해냈다. 1933년에 발간된 「양자역학의 라그랑지안」이라는 논문이었다. 논문은 당시에는 (적어도 미국 이론가들한테는) 널리 알려져 있지 않았는데, 왜냐하면 비교적 저명하지 않은 학술지인 소련 물리학회지에 실렸기 때문이었다. 거기서 디랙은 임의의 두 양자 상태 간의 전환이 특수한 수학 인자factor들, 이른바 "일반화된 변환 함수들"의 곱으로 표현될 수 있음을 증명했다. 이 함수들은 한 점에서부터 다른 점으로의 작용—라그랑지안과 관련이 있는—에 의존한다. 앞서 보았듯이, 라그랑지안은 각각의 순간에서 운동 에너지와 포텐셜 에너지 사이의 차이에 의해 구체적으로 결정된다. 이 에너지들은 해당 역학 변수들(위치와 운동량)에 의존한다. 일반화된 변환 함수들은 작용을 인자들로 변환시키며, 이 인자들을 곱해나가면 차츰차츰 초기의 한 양자 상태가 연쇄적인 중간 단계들을 거치면서 최종적인 양자 상태로 변환된다. 그러한 곱을 얻는 과정은 임의의 양자 상태를 잘라내어 무한소의 변환들을 얻어가는 과정에 해당한다. 이는 마치 한 편의 연속적인 영화를 일련의 정지 화면들로 계속 나누는 것과 흡사하다.

이 방법은 꽤 전문적이긴 하지만, 그 핵심 개념은 다음과 같은 비유로 설명할 수 있다. 한 양자 과정을 똑바로 선 도미노들의 열로 표현하는데, 도미노는 울퉁불퉁한 지형에 흩어져 있으며 역학 변수에 의해 표시되는 양자 상태를 나타낸다. 역학 변수는 일반화된 변환 함수를 통해 양자 상태를 한 특정한 경로를 따라 한 상태에서 다음 상태로 차츰 변환시키는데, 이는 마치 울퉁불퉁한 지형 조건으로 인해 타일들이 폭포처럼 무너지는—하나씩 연속적으로 어떤 특정한 과정을 거쳐 넘어지는—상황과 비슷하다. 각 타일이 특정한 방식으로 넘어지는 확률은 그 점에서의 구체적인 풍경과 관련이 있다. 마찬가지로 시간상의 한 주어진 점에서 한 양자 상태의 역학 변수는 그 상태가 한 상태에서 다음 상태로 "넘어지는"—계속 그런 식으로 시작부터 끝까지 양자 변환들의 전체적인 출렁임이 일어나게 되는—확률을 정한다.

작용action으로 가득 찬 모험

파인만은 옐레의 제안에 힘입어, 오랫동안 기다려왔던 목표를 향해 질주해

나갔다. 디랙의 논문을 꼼꼼히 읽어보니, 라그랑지안 방법이 휠러-파인만 흡수체 이론을 양자화하는 데 가장 이상적이었다. 그 이론을 작용 원리의 관점에서 구성하고 고전적인 궤적을 최소 작용 경로라고 정의함으로써, 그 이론을 일정 범위의 양자 가능성들로서 구성할 수 있었다. 앞서 나온 비유로 말하자면, 그것은 (가장 가능성이 높은 고전적인 경로에 해당되는) 무너지는 타일들의 가장 조밀한 자취가 (가능성이 덜한 경로들에 해당되는) 덜 조밀한 다른 여러 도미노 자취들에 어떻게 둘러싸여 있는지 밝혀내는 이론인 셈이다. 달리 말해서, 역학적 풍경이 도미노들을 어떤 특정 방향으로 조정하여 (도미노들이 넘어질 때) 선호되는 한 경로를 따르게 하면서도, 가능성이 낮은 다른 경로들도 허용된다. 마찬가지로 고전적인 궤적이 선호되긴 하지만, 파인만은 고전적 궤적이란 것도 다만 다른 양자 가능성들의 올망졸망한 언덕에 우뚝 솟은 하나의 정점일 뿐임을 보여주는 방법을 알아냈다. 그렇게 함으로써 양자물리학의 근본적인 불확정성을 흡수체 이론 속에 포함시킬 수 있었다.

파인만이 알아차렸듯이, 양자 모호성으로 인해 상호작용은 하나의 특정한 길에 국한될 수 없다. 그렇게 하려는 것은 먹구름을 하나의 통로를 통해 이동시키려는 시도와 비슷할 테다. 먹구름과 마찬가지로 양자 위치는 무정형amorphous이다. 하지만 때때로 번개가 치면서 전하들이 이동할 가장 효과적인 길을 비춰준다. 하지만 그것은 유일한 길이 아니라 가장 가능성이 높은 길일 뿐이다. 이와 비슷하게, 양자 과정이라는 "구름" 내에서 하나의 최적의 경로를 찾아낼 수 있을지 모른다. 그 가장 효과적인 경로—먹구름 내의 번갯불—가 고전적인 궤적을 나타낸다.

그처럼 모호한 상태를 휘젓기 위해, 파인만은 임의의 상호작용하는 입자쌍에 대하여, 입자들을 연결하는 상상 가능한 일련의 상호작용들을 일일이 찾아냈다. 이 상호작용들 목록에는 고전적인 궤적 및 기타 다른 비교적 가능성이 높은 궤적들뿐만 아니라 매우 간접적이고 가능성이 거의 없을 듯한 궤적들도 포함되었다. 가능성들은 무한했다. 액면 가치로만 보면 모두 평등했다. 하지만, 조지 오웰의 『동물 농장』에 나오듯이, 누군가는 다른 이들보다 "더 평등"하기 마련이다.

고전적인 궤적이 결국에 가장 가능성이 높은 것이 되도록 하기 위해, 파인만은 자신의 이론적인 방법에서 각각의 경로를 그 가능성에 따라 가중치를 두었다. 이 방법은 그가 디랙의 논문에서 알아낸 일반화된 변환 함수에 의해 이루어졌다. 각각의 궤적에 대해 디랙의 기법에 따라 그는 시간상의 모든 점에 대해 역학 변수를 설정했고, 각 변수에 대응하는 라그랑지안을 계산했으며, 이 라그랑지안을 변환 함수로 바꾼 후에 그것들을 함께 곱하여 사건들의 전체 연쇄를 표현했다. 이어서 이 가능성들을 더하고 최소 작용 원리를 적용하여, 어떻게 고전적인 경로가 가장 가능성이 높은 경로로 선택되는지를 밝혀냈다. 파인만은 이 특수한 양자 덧셈을 "경로적분"이라고 명명했다.

파인만의 방법은 최소 작용 원리를 페르마의 원리—빛 신호가 최소 시간이 들도록 직선을 따라 이동한다는 원리—와 절묘하게 결합시켰다. 따라서 그 방법은 전자들 간의 고전적인 신호가 어째서 빛원뿔의 경로를 따르는지를 자연스레 밝혀냈다. 각 경로에 대한 변환 함수는 위상 지연 요소로 작용하면서, 신호가 해당 경로를 따라 이동할 때 얼마만큼 지연되는지를 알려준다. 복수의 경로들이 존재하는 까닭에 지연 시간도 일정 범위에 걸쳐 생긴다. 빛 파동의 간섭에서와 마찬가지로 다양한 신호들이 합쳐져서 하나의 전체 파동을 생성한다. 경로들의 가중치 합에서, 가장 효과적인 경로를 따르는 그런 신호들은 비슷한 위상을 가져 보강간섭을 하므로, 전체 경로에 가장 크게 기여하게 된다. 페르마의 원리에 의해 그러한 최적의 궤적은 빛이 취하는 직선 경로를 따를 것이다. 이런 식으로 파인만은 어떻게 그의 양자 기법이 휠러와 함께 개발한 고전적인 방법들을 가장 큰 가능성의 한계 내에서 재현할 수 있는지, 그러면서도 가능성이 덜한 온갖 경로들도 양자 가능성들의 전체 집합을 구성하도록 허용되는지를 명석하게 밝혀냈다. 달리 말해서, 그 방법은 좁은 고전적인 상호작용을 안개처럼 퍼진 더 넓은 범위의 양자 상호작용들 속에 포함시켰다.

휠러는 파인만의 경로적분 방법이 실로 대단함을 알아차렸다. 양자역학의 난해한 메커니즘을 기본 광학만큼이나 단순화시키는 방법이었기 때문이다. 휠러가 보기에, 그 방법은 하이젠베르크 형식론이나 슈뢰딩거 형식론보다도 훨씬 더 자연스러운 방식으로 고전적인 이론과 양자론을 연결시켰다. 휠러는 그런 비범하게 독창적인 사고방식의 소유자를 다행히 제자로 둔 것에 감격스러워했다. 자신이 보기에 혁신적인 새로운 개념을 널리 알리기 위해 그는 그 방법에 "모든 이력의 총합"이라는 별명을 붙였다. 휠러의 제자이자 휠러 자서전의 공저자이기도 한 물리학자 케네스 포드Kenneth Ford는 이렇게 회상했다. "휠러 교수님은—인상적인 이름과 문구를 줄곧 찾다가—파인만이 경로적분 방법이라고 부르던 것에 그 이름을 붙이셨다고 했다."

파인만의 방법이 보면 볼수록 대단하다고 여긴 휠러는 아인슈타인에게 그 위대함을 알리고 싶었다. 다시 한번 아인슈타인의 집에 들러서 2층 서재에서 심도 깊은 대화를 나누었다. 휠러가 물었다. 파인만의 참신한 기법을 보니까 양자론을 반대하던 태도를 바꿀 의향이 생기지 않냐고. 하지만 아인슈타인은 그 이론의 확률적 요소를 간파하고서 꿈쩍도 하지 않았다. "신이 주사위 놀이를 한다고 믿을 수는 없네." 아인슈타인은 말했다. "하지만 어쩌면 내가 실수할 권리를 얻은 건지도 모르지."

전자의 단독자적 생애

경로적분 방법을 개발하던 어느 날 파인만은 프린스턴 대학원 기숙사에서 푹 쉬고 있었다. 그때 전화기가 울리기 시작했다. 전화를 받아보니 들뜬 목소리가 전화선을 타고 흘러나왔다. 자신의 기발한 아이디어를 잘 알고 있는 열정적인 지도교수의 목소리였다.

들어보니, 휠러 교수는 지금껏 측정한 모든 전자들의 전하와 질량 및 기타 다른 성질들이 모두 똑같은 이유를 알아냈다고 했다. 바로, 우주에는 단 하나의 전자만이 존재하기 때문이라는 것. 우리가 보는 모든 전자는 시간상 앞쪽으로도 뒤쪽으로도 질주하는 동일한 하나일 뿐이다. 코트 내에서 영원히 튕겨 다니는 라켓볼인 셈이다. 그래서 모든 전자가 똑같아 보이는 것이라고 한다.

우리가 한 전자 대신에 수많은 전자가 있으리라고 여기는 까닭은 시간의 오직 한 순간—실재의 지극히 미약한 한 조각—만을 목격하기 때문이다. 그 찰나의 영상에서 우리는 동일한 전자의 분신들이 수많은 장소에서 이리저리 옮겨 다니는 모습을 보는 것이다. 이런 분신들은 마치 하나의 실처럼 서로 상호작용을 할지 모른다. 하나의 실이 단추를 통해 거듭거듭 기워져서 꽁꽁 묶이듯이 말이다.

그런 상황을 영화를 통해 유추해볼 수 있다. 바로 〈백 투 더 퓨처〉의 주인공 마티 맥플라이가 1편에서 1955년에 찾아갔던 힐 밸리로 어째서 2편에서 되돌아가야 하는지를 생각해보면 된다. 결론적으로 그 장소에서는 두 가지 버전의 마티가 있는데, 각각은 자신의 시간선이라는 실에서 서로 다른 고리를 구성한다. 마티가 무수히 이어지는 속편에서 그곳을 거듭거듭 찾아간다고 상상해보자. 결국 그 장소에는 무수한 버전의 마티가 존재하게 될 것이다.

선견지명이 있는 작가인 로버트 하인라인은 소설 『당신들은 모두 좀비들 All You Zombies』에서 이와 관련된 상황을 심사숙고했다. 거기서 한 등장인물은 자신의 어머니도 되었다가 아버지도 되었다가 친구도 되었다. 거듭되는 과거로의 시간여행을 하면서 성전환도 하고 자기 자신과 상호작용도 하면서 말이다. 만약 과거로 가는 시간여행이 가능하다면, 그런 기이한 상황을 충분히 상상할 수 있다.

휠러는 시간여행 대하드라마에서 주역(그리고 오직 혼자 출연)을 맡는 전자 하나를 상상했다. 그가 가정한 바에 따르면, 임의의 특정한 시간과 장소에서 우리는 그처럼 시간여행 하는 전자의 모험 여정의 여러 속편(분신)들을 관람할 수 있을지 모른다. 거듭하여 전자가 우리가 존재하는 현실의 조각 속으로 들어오게 되면, 결국에는 우주는 그런 입자들로 가득 찬 듯 보일 테다. 하지만 사실은 홀로 날고 있는 전자일 뿐이다.

휠러가 보기에 그 단독의 전자가 과거로 향할 때마다, 우리의 인식은 미래 방향으로 향하기 때문에 전하가 반전될 것 같았다. 그 결과 우리는 전자가 시간의 앞으로 움직인다고 지각하게 되는 것이다. 수학적으로 볼 때, 디랙 방정식에 따르면 과거로 향해 움직이는 음의 전하는 미래를 향해 움직이는 양의 전하처럼 보인다. 전하와 시간 방향(아울러 만약 전자가 공간 속을 이동한다면 공간 방향)이 모두 바뀌어서 결과적으로 동일한 해가 나오게 되는 것이다. 만약 그 단계에서 검출한다면, 우리는 그것을 양전자라고 부르게 된다. 그것을 과거로 향하는 음으로 대전된 전자라고 여길지 아니면 미래로 향하는 양으로 대전된 양전자라고 여길지는 단지 의미론의 문제일 뿐이다.

이런 견해에 파인만은 의심부터 들었다. 만약 휠러가 옳다면, 모든 양전자들은 어디에 있단 말인가? 만약 전자가 시간의 앞뒤로 왔다 갔다 하면서 양전자로도 바뀌었다가 다시 음의 입자로도 바뀐다면, 과학자들은 동일한 개수의 전자와 양전자를 검출해야만 한다. 그러나 실제로는 양전자가 훨씬 드물었다.

그런 불균형을 심사숙고한 끝에 휠러는 답을 하나 내놓았다. 그의 이론에 따르면, 우주의 대다수 양전자들은 양성자들 속에 끼워져 있다. 어떤 의미에서 쿼크의 개념을 내다보면서 그는 양성자가 혼합물로서 그 내부에 양전자를 숨기고 있을지 모른다고 제안했다.

그러자 파인만도 과거로 시간여행 하는 전자를 양전자로 보는 발상에 차츰 매력을 느꼈다. 그 발상은 양전자를 방정식에 잘 들어맞게 할 간단한 방법을 제공했으며 계산을 쉽게 만들었다. 당시에 그는 양성자를 혼합물로 여기는 개념에는 그다지 주목하지 않았다. 하지만 한참 지나서는 양성자의 구성요소라는 주제를 탐구하게 된다. 하지만 그것은 양전자가 아니라 자신이 "파톤parton"이라고 명명한 것이었다.

파인만도 휠러도 그 전화 통화 이후엔 모든 전자가 동일한 입자라는 개념을 심사숙고하는 데 시간을 많이 쓰지는 않았다. 그런 거친 발상을 검증할 명백한 방법도 없었다. 게다가 더 현실적인 문제가 곧 전면에 등장했다.

꿈과 악몽

"모든 것은 산란한다"에서부터 "모든 것이 전자다" 그리고 나아가 "한 전자가 모든 것이다"에 이르기까지 휠러의 활발한 정신은 감미로운 개념이라는 꽃꿀들을 찾아 여기저기 나비처럼 날아다녔다. 정신을 살찌우기 위해 그 나비는 한 꽃꿀을 한껏 마신 다음에 다른 맛있는 개념으로 옮겨갔다. 너무 분주하다 보니 실험을 통한 검증을 기다리기 어려울 때가 종종 있었다.

파인만은 스승의 스타일을 잘 알았기에 그런 면에 조금도 개의치 않았다.

어쨌거나 막스 플랑크의 양자 개념, 아인슈타인의 상대성이론, 보어의 파동/입자 이중성 그리고 하이젠베르크의 불확정성 원리도 전부—주류가 되기 전까지는—어처구니없을 만큼 희한해 보였기는 매한가지였다. 파인만이 보기에, 휠러는 조심스러운 면도 있었고 언제나 물리학 법칙의 범위를 벗어나지 않았다. 보통 휠러는 꼼꼼한 계산과 정교한 추론으로 옹호할 수 있는 방법을 찾기 전까지는 지극히 추측성인 발상들을 공식적으로 드러내지는 않았다. 두 물리학자 모두 과학 연구는 신중한 근거가 필요한 진지한 활동이라고 보았다. 하지만 때때로 어떤 분야의 발전이 정체되어 있을 때는 대담한 생각이 필요하기도 했다. 휠러는 물리학의 "큰 그림"을 좋아했다.

"한 번도 꿈을 꾸지 못할 정도로 바쁜 적은 없었다." 휠러는 이렇게 회상했다. "진실이 무엇인지—세계는 어떻게 이루어졌고 그 부분들이 어떻게 상호작용하는지에 관한—를 알고자 *꿈꾸는* 일은 계산만큼이나 내 두뇌를 활기차게 유지하는 데 꼭 필요하다."

이후로도 휠러의 연구 인생은 이상적인 꿈들과 현실적인 고려들 사이를 오가며 이어지게 된다. 앞서 나온 시계 일화에서처럼 그는 언제나 시간을 최대한 잘 이용하려고 애썼다. 화려한 상상의 세계와 음울한 현실의 세계 사이에서 적절한 균형을 찾아가면서.

그러던 중 1941년 12월 7일의 참담한 소식은 분명 저울을 후자 쪽으로 기울게 했다. 일본 폭격기들이 하와이의 진주만 해군기지에 엄청난 규모의 기습공격을 감행했다. 역사상 미국 영토에 대한 최초의 대규모 공격이었다. 이튿날 미국은 일본에 선전포고를 했다. 며칠 후 일본의 동맹국인 독일과 이탈리아가 미국에 선전포고를 했고, 미국도 즉각 이 나라들에 같은 조치로 응답했다. 갑자기 이차세계대전의 격랑 속으로 빠져들게 되자 미국인들은 유럽과 태평양에서 벌어지게 될 치열한 전투에 만반의 대비를 했다.

휠러는 삼 년 전쯤 보어가 사색이 되어 전한 독일의 핵분열 발견 소식을 다시 떠올렸다. 유럽 출신의 동료 과학자들과 친구들, 가령 아인슈타인, 위그너, 페르미, 레오 실라르드 및 에드워드 텔러 등은 이 문제를 자신보다 훨씬 더 심각하게 우려하고 있었다. 당시 휠러는 어떠한 전쟁도 발생 지역에 국한되리라고 믿고 있었다. 그리고 역사적으로 유럽은 끊임없이 온갖 정치적 투쟁과 충돌에 휩싸여 있는 듯했다.

하지만 미국의 참전으로 모든 것이 달라졌다. 미국은 최대한 신속히 전쟁에서 이겨야 했다. 그러려면 월등히 강력한 무기를 개발해야 했다. 결단코 연합군은 추축국들이 핵에너지의 봉인을 푸는 일을 무슨 수를 써서라도 막아야 했다.

얼마 후 알고 보니, 프랭클린 루스벨트 대통령이 이미 그렇게 하기로 결심했다고 한다. 12월 6일, 그러니까 진주만 공습 하루 전날, 미과학연구개발국이 원자력에 대해 검토할 프로젝트를 시작했다. 이 프로젝트를 이끈 팀을 가리켜 S-1 우라늄 위원회라고 하는데, 이 위원회는 곧이어 미국 전쟁부와 함께 프로젝트를 진행했다. 나중에 맨해튼 프로젝트라고 불리게 된 이 프로젝트는 1942년과 1943년에 어느 정도 진척을 보였다. 이후 원자력 무기 개발을 검토하고 핵분열 물질을 생산하며 가능하다면 원자폭탄을 제조하는 활동으로 급성장했다. 휠러와 파인만 둘 다 이 프로젝트에 중대한 역할을 맡았다.

휠러와 파인만이 함께 연구한 지 이 년도 지나지 않은 시점에, 둘이 프린스턴에서 이론물리학을 논의하며 보냈던 시간은 과거의 짧은 한순간처럼 보였다. 전문지식을 전쟁에 이바지하라는 요청을 받았기에 둘은 나라를 위한 군수 프로젝트에서 활동해야 했다. 다른 현실이 존재했다면, 둘은 파인 홀과 파머 연구실의 아늑한 분위기에서 느긋이 "미친 아이디어들"을 탐구했을지 모른다. 하지만 운명의 가혹한 채찍질이 둘을 천국으로부터 아득히 먼 곳으로 데려가 버렸다.

3
모든 길이 천국으로 통하지는 않는다

시간은 무수히 많은 미래를 향해 영원히 갈라진다.

호르헤 루이스 보르헤스,

「갈림길의 정원 The Garden of Forking Paths」*

역사에 관해 대단히 흥미진진한 몇몇 대화들은 다음과 같은 가장 단순한 질문들에서 시작한다. 만약 그랬다면 어땠을까? 만약 노르만족의 잉글랜드 정복이 일어나지 않았다면 어떻게 되었을까? 만약 미국 남북전쟁에서 남군이 이겼다면 어떻게 되었을까? 만약 1930년대에 레온 트로츠키가 이오시프 스탈린 대신에 소련의 지도자가 되었다면 어떻게 되었을까? 와인과 치즈가 가득 차려진 실내에서 상상력이 풍부한 손님들이 북적북적 모여 이

* 국내에는 보르헤스의 소설집 『픽션들』에 「두 갈래로 갈라지는 오솔길들의 정원」이라는 제목으로 수록. — 편집자

런 식의 수많은 시나리오들을 토론하다 보면 시간 가는 줄을 모를 것이다.

물론 그런 가상 역사에서 무슨 일이 벌어질지는 아무도 모른다. 그러므로 어떤 가설이 옳고 그른지 검증할 수가 없으니 그런 논쟁은 승자도 패자도 없기 마련이다. 그런 논쟁은 순전히 지적인 게임일 뿐이다.

현시대에 그런 많은 가상 역사 논의가 이차세계대전을 중심으로 펼쳐진다. 양측에서 내려진 숱한 중대한 결정들은 온갖 추측 거리를 던져준다. 예를 들자면, 아돌프 히틀러는 스탈린과의 협정을 깨고 소련을 침공했다. 이로 인해 그는 잠자는 공룡을 깨웠는지도 모른다. 만약 그런 배신을 하지 않았더라면 아마도 히틀러는 전체 전황에서 득을 보았을지 모른다.

연합군 측에서 보자면, 단연 가장 논란을 불러일으킬 결정은 일본의 도시 히로시마와 나가사키에 원자폭탄을 떨어뜨린 것이었다. 핵 공격이 수십만의 목숨을 앗아갔다. 일부 비평가들의 주장에 의하면, 무방비 상태의 시민들을 그처럼 대규모로 절멸시킨 사태는 잔혹하고 불필요했다. 어쩌면 군사 목표물을 선택할 수도 있었고, 경고나 무력시위 정도만 행할 수도 있었다. 반박하는 이들에 의하면, 그 행위는 태평양 무대에서 피비린내 나는 전쟁의 지속을 막아냈다고 한다. 지상군이 일본 본토를 침공했을 경우 무수한 사상자가 나왔으리라는 것이다. 이 전문가들에 의하면, 그 두 도시에서 죽은 사람들의 수는 이후로 지속되었을지 모를 전쟁에서 스러져갔을 숱한 목숨들에 비하면 미미한 수치라고 한다.

처음 시작할 때만 해도 맨해튼 프로젝트는 분명 나치 독일의 잠정적인 핵무기 개발에 대처하기 위한 노력이었다. 성공 여부는 아무도 몰랐고, 더군다나 그런 대량 인명살상 사태가 생길지는 더더욱 몰랐다. 나중에 밝혀진 바에 의하면, 나치 독일은 전쟁 내내 원자폭탄 개발에 거의 아무런 진전이 없었다. 미국이 미리 알았더라면 아마도 다른 프로젝트에 상당한 자금과 인력을 투입했을 것이다. 만약 그랬다면 어땠을까?

인간 사회의 수준에서 보자면, 어느 중대한 갈림길에서 내려진 선택이 미래의 과정을 결정한다. 당시 상황이 달랐더라면 어떻게 되었을지는 아무도 알 수 없다. 하지만 한 외계 종족이 어떤 식으로든 모든 가능한 시나리오를 내다볼 능력을 지녔다고 상상해보자. 우주 전역을 중계하는 텔레비전 방송에서 여러 채널을 살펴보듯이, 그 가상의 종족은 히틀러가 있는 세계와 없는 세계를 그리고 프랭클린 루스벨트가 있는 세계와 없는 세계를 볼 수 있을 것이다. 그 가상 역사들이 실제로 존재하지만 우리로서는 알 수 없다고 가정해보자. 우리의 "시청 권한"은 단지 무수히 많은 가능성들 중에서 오직 한 채널만 볼 수 있게 해준다. 일어날지 모를 일이 시간의 어떤 평행한 가닥에서 실제로 일어난다는 발상은 역사의 필연성을 해치는 것일까?

리처드 파인만이 제안한 모든 이력의 총합은 양자 수준에서 시간에 대한 그런 갈림길 견해를 도입했다. 입자들 간의 상호작용은 어떤 것이든 간에, 물리학의 법칙들이 지켜지는 한, 단 하나가 아니라 상상 가능한 모든 방법으로 일어난다. 전체 결과를 계산하려면 "양자 텔레비전"이 모든 가능한 채널을 전부 수신할 수 있어야만 한다. 가능한 모든 경로를 추적하고 포함시켜야지만 실재의 완벽한 그림을 얻을 수 있을지 모른다.

생명의 리듬

역사적으로 볼 때, 시간에 관해 서로 다른 모형들이 많이 존재했다. 고대 세계의 경우, 가장 널리 퍼진 견해는 순환 개념이었다. 어쩌면 그리 놀랄 일이 아니다. 24시간 주기의 인체 리듬, 천체들의 반복되는 운행 패턴 그리고 끝없이 돌고 도는 계절의 순환을 보면, 왠지 시간은 순환적일 것 같다. 점성술의 지속된 인기와 환생 개념이 그런 개념을 떠받쳐준다.

자연의 리듬은 온갖 측면에서 드러난다. 우주는 순환 속의 순환에 따라 작동한다. 지구는 매일 자전을 하고 일 년을 주기로 태양 주위를 꾸준히 돌며, 태양 주위를 도는 행성 가족들은 또한 전부 우리은하의 중심 주위로 돈다. 밤이 지나고 낮이 오고 서리가 내리는 철이 지나고 해빙의 계절이 온다. 달의 강력한 인력이 조석 패턴을 낳는다. 각각의 천체는 자신의 에너지 균형에 의해 만들어진 리듬에 따라 행진한다.

생명체도 저마다의 주기적 행동으로 이런 순환적인 패턴에 응답한다. 새는 계절에 따라 이주비행을 하고, 곰은 동면을 하고 연어는 매년 알을 낳으려고 고향으로 돌아간다. 마찬가지로 인간도 보조를 맞춘다. 우리는 규칙적인 간격에 따라 일어나서 먹고 잠든다. 비록 햇빛이 닿지 않는 곳에서 지내거나 일하더라도 말이다. 그런 일일 생체리듬을 아무리 무시하려고 해도 우리의 몸은 알아서 깨어나고 배고픔을 느끼고 피로해진다.

하루 및 계절의 순환을 감안할 때, 대다수의 고대문화들이 시간을 근본적으로 순환적이라고 믿은 것은 어쩌면 당연한 일이다. 마야 달력의 둥근 돌에서부터 중국의 음양 도형에 이르기까지, 이집트의 우로보로스(자신의 꼬리를 물고 있는 뱀의 이미지)에서부터 인도 아소카왕의 수레바퀴에 이르기까지 순환을 상징하는 것들은 세계 도처에 널려 있다. 대다수 힘없는 백성들은 일, 월 및 년뿐만 아니라 우주의 파괴에서 재생에 이르기까지의 훨씬 더 긴 순환주기까지 포함된 달력을 따랐다.

가령 서기 4세기부터 산스크리트어로 적기 시작한 힌두교 경전에 따르면, 세계는 지속 기간이 상이한 순환들 속의 순환 위에 세워져 있다. 역사는 유가yuga라고 하는 반복하는 일련의 대사건을 통해 나아가는데, 각각의 유가는 수천 년의 기간이다. 어떤 이야기에 의하면 이 유가는 마하유가mahayuga

라고 하는 더 긴 기간 속에 포함되어 있는데, 마하유가는 수백만 년 동안 지속된다. 이들 기간 각각은 다시 훨씬 더 긴 기간인 칼파kalpa를 이루는데, 이것은 수십억 년 동안 지속된다. 행성들의 나란한 배치와 같은 천체 현상 그리고 대홍수 및 대화재와 같은 지상의 대재앙이 한 순환에서 다음 순환으로 넘어간다는 표시이다.

분명 순환적 시간은 반복 가능하고 되돌릴 수 있으며 결정론적이다. 전도서에서 시적으로 표현하고 있듯이 "모든 것에는 시기가 있다." 오래 기다리면 순환의 각 단계는 다시 돌아온다.

그러나 순환적인 시간이 전부일 수만은 없다. 자연계에는 한 방향으로 날아가는 직선적인 시간의 화살을 보여주는 특징들도 수없이 많다. 그런 화살의 한 예가 열과 에너지에 관한 학문인 열역학에서 나타난다. 십구 세기 중반에 독일 물리학자 루돌프 클라우시우스Rudolf Clausius가 정립한 열역학 제2법칙에 따르면, 임의의 닫힌계에서 "엔트로피"라는 양은 반드시 일정하거나 증가할 뿐 결코 감소하지 않는다. 엔트로피는 한 계에서 얼마만큼의 에너지가 일에 쓰일 수 없는지를 나타내준다. 엔트로피가 클수록 낭비되는 에너지의 양이 더 크다.

엔트로피는 또한 한 계의 고유성uniqueness의 결여를 나타내는 척도이기도 하다. 즉, 계가 특이할수록 엔트로피가 낮고, 그 반대의 경우는 엔트로피가 높다. 일반적으로, 질서정연한 계가 무질서한 계보다 엔트로피가 낮다. 이 맥락에서 "질서정연한"이란 해당 계에 들어 있는 입자들의 배열의 고유성을 뜻한다.

예를 들어 설명하자면, 물 분자들의 집합으로부터 눈송이를 특정한 패턴으로 조합해내기는 물웅덩이를 만들기보다 훨씬 더 어렵다. 눈송이의 구성요소들의 복잡한 배열은 웅덩이의 질척한 액체 상태보다 훨씬 더 드물다. 그러므로 전자는 후자보다 엔트로피가 낮다. 열역학 제2법칙에 따라 지상의 눈송이는 쉽게 녹아서 무형의 액체로 바뀔 수 있지만, 지상의 물은 저절로 다양한 눈송이들로 변화하지 않는다.

켈빈 경(윌리엄 톰슨)은 우주의 엔트로피는 시간에 따라 점점 증가하여 사용 가능한 에너지는 점점 더 줄어들어 마침내 우주는 "열적 죽음"이라는 완전히 비활성 상태에 이르리라고 상정했다. 그때가 되면 별의 중심부를 데우는 화로(오늘날 우리는 이것이 핵 화로임을 알고 있다)는 작동을 멈출 것이다. 별 중심부 바깥의 껍질이 증발하거나 폭발하면서 비활성 상태의 내부만 남게 된다. 그런 차가운 잔해들(별의 질량에 따라 백색왜성이나 중성자별 아니면 블랙홀)은 차츰 시간의 흐름에 따라 에너지를 공간에 내어주고 결국에 전체 우주는 꽁꽁 얼어붙어 죽어버린다. 그러한 암울한 미래를 향하는 안내판을 가리켜 "시간의 열역학적 화살"이라고 한다.

이 화살과 대조되는 것이 진화의 방향이다. 생물학이 알려준 바에 의하면, 적어도 우리가 사는 지극히 작은 행성에서는 복잡성이 감소하지 않고 증가되는 과정들이 발생한다. 수십억 년의 시간에 걸친 생명의 발전은 변이와 자연선택의 메커니즘을 통해 어떻게 단순한 유기체가 돌고래, 침팬지, 개 및 이들을 돌보는 이족보행 종이 매우 복잡한 존재들로 진화하는지를 알려준다. 아무리 냉소적인 사람이라도 인간이 아메바보다 훨씬 더 복잡하다는 사실에는 동의한다. 인간은 뛰어난 능력을 지니고 있는데, 특히 자기 자신을 인식하는 능력, 미래를 내다보는 능력, 환경을 바꾸는 능력 그리고 우주의 지도를 작성하는 능력이 대표적이다. 마찬가지로 인간의 창의성의 소산인 기술도 한 시대에서 다음 시대로 지나면서 더욱 발전한다. 그러므로 진화의 측면에서 볼 때 시간의 화살은 진보한다.

어떤 시간의 화살이 결국에 승리할까? 열역학적 화살일까 아니면 진화론적 화살일까? 상황이 바뀌지 않으면 전자가 승리할 것이다. 생명은 (태양이나 다른 사용 가능한 연료 공급원으로부터 오는) 질서정연한 에너지의 지속적인 유입을 필요로 한다. 결국에 모든 생명체는 평형을 유지하는 능력을 잃고 죽을 것이다. 지구상의 생명체는 연약하지만, 우주는 아마도 훨씬 더 오래 지속될 것이다. 하지만 어떤 가상의 시나리오들—특히 아이작 아시모프의 걸작 과학소설 「최후의 질문The Last Question」—에 따르면, 고도로 발전한 문명이 마침내 제2법칙을 뒤집는 방법을 알아내어 생명의 조직화 능력이 멸망으로 향하는 경향을 물리칠 것이라고 한다.

그런데 우주의 팽창은 또 다른 화살, 즉 우주론적 시간을 제시한다. 에드윈 허블 등은 은하들이 우리로부터 멀어지고 있다는 사실을 발견했다. 그리고 우주가 시간이 지남에 따라 엄청나게 커진다는 증거는 아주 많다. 오늘날에는 누구도 수많은 별들과 은하들이 수십억 광년에 걸쳐 퍼져 있는 우주를 조밀하고 원시적인 최초의 우주와 혼동하지 않는다. 우주가 확장해온 과정은 우주론적 화살을 분명히 드러내준다.

우리 모두, 설령 시간의 과학적 화살을 모르는 이들조차도 시간이 앞으로 나아가고 있음을 강하게 느낀다. 우리의 의식은 출생에서 죽음에 이르기까지 우리가 앞으로 나아간다고 여기는 듯하다. 늘 경험하듯이 원인은 언제나 결과보다 먼저 일어나는 듯 보인다.

시간이 무형의 것이긴 하지만, 우리는 시간의 끝없는 흐름에서 벗어날 수 없는 듯하다. 왜 시간은 끝없이 흐르는 것 같을까? 앞으로의 시간 진행이라는 우리의 인식은 정지 영상들을 연속적으로 보여주면 동영상처럼 느껴지는 것처럼 일종의 환영이 아닐까? 아니면 그것은 한 가지 이상의 다른 화살들과 관련된 참된 현상일까? 기원이 어찌 되었든 환영이든 진짜든, 의식은 직선적 시간이라는 화살을 우리에게 제공한다.

그러나 드러난 바에 의하면, 직선적 시간은 근본적인 수준에서 자연을 기술하기에 불충분하다. 존 휠러와 리처드 파인만의 공동 연구에서 밝혀졌듯이, 양자 세계의 어떤 과정들은 인과성에 반하는 듯하다. 맥스웰 방정식은 시간의 앞으로뿐 아니라 뒤로도 진행하는 신호를 내놓는다. 휠러-파인만 흡수체 이론은 그 두 방향의 시간을 혼합한다. 파인만이 맞장구를 친 휠러의 제안, 즉 양전자가 시간의 반대 방향으로 움직이는 전자라는 제안은 기존 입자물리학의 어떠한 시간의 화살과도 달랐다.

시간은 미로

순환적 시간 내지 화살의 시간 대신에 모든 이력의 총합 기법은 시간을 바라보는 제3의 특별한 방법을 제시했다. 무수히 분기하는 가능성들의 미로가 시간이라고 보는 시각이다. 시간상의 각 점은 미래로 향하는 많은 분기점들 및 과거로 향하는 뿌리들을 갖고 있다. 이런 길들은 비틀리고 되돌아오고 다른 길들과 합쳐지다가 다시금 나누어진다. 양자 세계에서는 이런 가지들 중 단 하나만을 따라가서는 전체를 제대로 볼 수 없다. 마디가 많이 나 있는 나무를 전체로서 파악해야 한다.

"미로labyrinth"라는 말은 모든 그리스 신화들 중 가장 흥미진진한 이야기 중 하나에서 비롯되었다. 바로 벗어날 수 없는 미로에 갇힌 반인반수인 미노타우로스 이야기이다. 그 이야기에서 미노스 왕은 다이달로스에게 그 혐오스러운 괴물을 가둘 집을 설계하라고 지시한다. 다이달로스는 아테네 출신이지만 크레타에 살고 있던 매우 똑똑한 과학자이자 건축가 겸 발명가였다. 다이달로스는 구불구불한 복도, 나선형의 계단, 높은 탑 그리고 부정형의 방들로 이루어진 엄청나게 복잡한 건물을 지었다. 이 건물을 미로 또는 미궁이라고 불렀는데, 이 명칭은 크레타의 신성한 두 날 도끼 형상을 가리키는 말이다. 이 석조 건물을 완성하자마자 다이달로스는 미노타우로스를 미로 한가운데에 넣었다. 그리하여 미노스 왕도 확신했듯이, 괴물은 미로를 탈출할 가망이 영영 없어졌다.

그런데 아테네로 가는 길에 미노스 왕의 아들이 사나운 황소한테 죽임을 당했다. 복수를 하고자 왕은 아테네인들에게 벌을 주기로 했다. 바로 매 구년마다 일곱 명의 사내와 일곱 명의 여자를 크레타 섬에 공물로 바치라는 것이었다. 이 젊은 남녀들은 크레타에 도착하고 나면 미로에 갇혔다. 탈출이 불가능한 그곳에서 그들은 미노타우로스에게 잡아먹히는 끔찍한 운명을 기다려야 했다.

미로는 매우 정교하게 설계되었기에 그들은 도망칠 수가 없었다. 그래서 고불고불한 복도와 복잡한 통로 그리고 수없이 많은 방들을 하염없이 헤맸다. 언제 어디서 괴물이 덮칠지 모른 채로. 기나긴 절망의 시간을 견뎌내고 있는 그들을 어느 순간 덥석 괴물이 집어삼킬 것이다.

이 가엾은 동료 아테네인들의 운명을 불쌍히 여긴 힘센 청년이 한 명 있었다. 테세우스라는 이 청년은 미로를 풀어서 미노타우로스를 죽이기로 결심했다. 미노스 왕의 젊은 딸 아리아드네가 테세우스의 활약을 도왔다. 아리아드네는 다이달로스의 조언대로 테세우스에게 실을 주어 미로의 대문에 묶게 했다. 그 실의 반대편 끝을 손가락에 묶은 채 테세우스는 미로에 들어가서 미노타우로스를 찾아다녔다. 마침내 잠들어 있는 괴물을 발견하고서 테세우스는 괴물을 바닥에 찍어 누르고 맨손으로 죽을 때까지 때렸다. 그러고 나서 그 실을 따라 힘겹게 다시 대문으로 나와 미로를 탈출하여 승리를 알렸다. 영웅으로 아테네로 돌아온 그는 나중에 그곳의 왕이 되었다.

많은 학자들—가령, 고인이 된 기호학자 움베르토 에코—은 미로 이야기를 우주의 복잡성을 파악하고 재현하기 위한 인간의 노력을 빗대는 은유라고 본다. 이런 해석에 따르면 다이달로스는 초기 형태의 과학자인 셈이다. 에코는 『장미의 이름 작가노트』에서 지적하기를, 미로는 복잡성의 다양한 정도일지 모른다고 했다. 하나의 탈출 경로가 있는 미로도 있는 반면에, 여러 개의 탈출 경로가 있는 미로도 있다. 가장 복잡한 유형인 리좀rhizome 구조의 미로는 무한한 범위의 가능한 경로들이 있다.

양자 미로에서라면 테세우스는 중심부로 가는 경로를 하나만이 아니라 여러 개 택할 것이다. 단 하나의 실이 아니라 복잡한 실의 그물망을 펼쳐서 여러 가능한 경로들을 탐험할 것이다. 이들 경로 중 일부를 따라 대단한 열정으로 중심부에 도달해 끔찍한 괴물을 죽일지 모른다. 훨씬 더 꼬여 있는 다른 경로들을 따랐다가는 너무 지친 나머지 임무를 완수할 수 없을지 모른다. 그러면 테세우스의 이야기를 전할 때 아테네인들은 이런 가능성들을 일일이 언급하게 될 텐데, 그렇기는 해도 테세우스가 따라갔을 가능성이 높은 길들을 더욱 비중 있게 다루게 될 것이다. 어쩌면 그들은 테세우스가 가장 현명한 가장 곧바로 가는 길을 선택했다고 이야기할지도 모르지만, 또 한편으로는 어리석게도 가능성이 낮은 결정을 해서 참담한 운명을 맞이했다고 이야기할지도 모른다. 하나의 대표적인 역사 대신에 모든 역사의 양자 합이 존재하게 될 테니, 그리스 신화를 배우는 학생들은 영원히 혼란에 휩싸일 것이다.

「갈림길의 정원」

그야말로 우연의 일치로, 파인만이 모든 이력의 총합 기법을 개발 중이던 1941년에 아르헨티나 작가 호르헤 루이스 보르헤스가 「갈림길의 정원」을 발표했다. 시간은 미로라는 주제로 쓰인 놀라운 단편소설이다. 1차 세계대전 동안 펼쳐지는 그 이야기는 살인 미스터리를 다루고 있다. 등장인물인 중국 스파이 유춘은 저명한 영국인 중국학자 스티븐 앨버트와 친밀한 사이로 지내다가 그를 암살한다. 느닷없는 뜻밖의 이야기 전환은 시간 흐름의 변덕성을 드러내준다. 그 소설이 암시하는 바에 따르면, 시간은 무수히 많은 갈림길을 가지므로 한 가지 우연한 사건이 누군가의 일생을 흥하는 길에서 망하는 길로 바꾸어 버릴지도 모른다.

유춘이 앨버트를 만난 표면적인 이유는 자신의 조상이자 학식 있는 중국인 성주 취팽에 관해 이야기를 나누기 위해서였다. 천문학, 신비주의 및 수학의 대가인 취팽은 웬일인지 성주 자리에서 물러났는데, 사실 소설 한 권과 미로 하나를 짓기 위해서였다. 이상하게도 책은 실제로 쓰였지만 미로는 전혀 지어지지 않았다.

알고 보니, 미로는 바로 그 책이었다. 중대한 갈림길에서 수많은 상반되는 결과들이 발생하는 연대기가 바로 미로였다. 한 장에서 한 인물이 죽는다. 다음 장에서 그는 불가사의하게도 살아 있다. 동일한 전투에 대한 두 가지 이야기는 어떻게 사기가 꺾인 군대가 승리를 위해 자신들을 희생하는지 그리고 어떻게 사기가 충천한 군대가 쉽게 승리하는지를 묘사한다. 소설의 마지막 페이지는 첫 페이지와 똑같은데, 이는 계속 다시 읽고 다시 해석하라는 암시이다. 정말이지 소설은 어떤 어지러운 미로보다도 훨씬 더 복잡하다.

유춘에게 책을 보여주고 나서 앨버트는 책이 쓰이게 된 동기를 설명한다.

「갈림길의 정원」은 취팽이 파악한 우주에 대한 하나의 이미지입니다. 그것은 불완전하기는 하지만 그렇다고 거짓된 이미지는 아닙니다. 당신의 조상은 뉴턴이나 쇼펜하우어와 달리 획일적이고 절대적인 시간을 믿지 않았습니다. 시간의 무한한 연쇄들, 분산되고 수렴되고 평형을 이루기도 하면서 현기증을 일으킬 정도로 증식되는 시간들의 그물을 믿으셨지요. 이 시간들의 그물은 서로 접근하기도 하고 서로 갈라지기도 하고 서로 단절되기도 하고 또는 수백 년 동안 서로에 대해 알지 못하기도 하면서, 시간의 모든 가능성을 포괄합니다. 우리는 이 시간의 일부분 속에서만 존재하지요. 어떤 시간 속에서는 당신이 존재하고 나는 존재하지 않고, 다른 어떤 시간 속에는 내가 존재하지만 당신은 존재하지 않고, 또 다른 어떤 시간의 경우 우리 둘이 함께 존재합니다.

우주가 무작위적인 가능성들의 그물이라는 조상의 명제를 증명이라도 하듯이 유춘은 갑자기 앨버트를 살해한다. 언뜻 보기에 살인은 터무니없는 짓 같다. 하지만 알고 보니 유춘은 독일의 스파이로서 베를린의 지휘관에게 독일의 다음 공습 목표가 될 도시인 앨버트를 알려주고자 한 것이었다. 유춘 생각에, 뉴스에 그 이름을 퍼뜨릴 유일한 방법은 똑같은 명칭을 지닌 누군가를 암살하는 것뿐이다. 그 결정은 시간의 무계획적이고 미로 같은 속성을 드러내 준다. 다른 갈림길에서 유춘은 앨버트와 평생 친한 사이로 지냈을지 모르지만, 이번 갈림길에서는 어쩔 수 없이 앨버트를 죽여야 한다.

오늘날에는 수많은 가능성들을 담고 있는 소설을 하이퍼텍스트의 한 예라고 여긴다. 웹 덕분에 우리는 하이퍼텍스트를 매일 접한다. 뉴스 기사에서 다른 사이트로 연결된 링크를 클릭하기로 결심할 때, 우리는 무수한 텍스트들로 이루어진 미로를 지나는 여행을 시작한다. 그러다 보면, 처음에는 이차 세계대전의 영향을 알아봐야겠다고 웹 서핑을 시작했다가 결국에는 왜 투바족의 목구멍창법 가수나 봉고에 관한 기사를 읽게 되었는지 의아해질지 모른다. 각 개인은 자신이 내리는 결정들에 따라 정보를 습득하는 고유한 경로를 따르게 된다. 링크들의 배열마다 가능성들의 한 분기가 이루어지는 웹상을 매일 돌아다님으로써, 우리는 일상생활에서 시간의 미로에 동참한다.

균열과 분열

보르헤스의 소설에서도 잘 드러나듯이, 전쟁의 비극 중 하나는 친구가 적으로 바뀔 수 있다는 것이다. 이차세계대전은 국제 물리학계를 추축국의 반대자들과 옹호자들로 양분시켰다. 전자는 상당히 실체를 갖춘 집단이었으며, 후자에는 베르너 하이젠베르크와 같은 핵심 인물들이 포함되어 있었다. 하이젠베르크는 나치에 완강히 반대했지만, 독일에 남아서 과학 연구를 계속하기로 했다. 그리하여 핵에너지와 핵무기의 전망을 조사하는 연구팀을 이끌게 되었다. 하지만 앞서 말했듯이 연구팀은 거의 지원을 받지 못했으며 그다지 진척을 이루지 못했다.

하이젠베르크의 행동은 닐스 보어를 포함하여 이전의 다른 동료들에게 큰 위협을 안겨주었다. 이전에는 하이젠베르크를 존경했던 많은 이들도 이제는 그를 경멸하게 되었다. 또 어떤 이들은 하이젠베르크가 독일의 핵무기 개발을 의도적으로 지연시켰다고 믿었다(전후에 하이젠베르크 자신도 그렇게 주장했다).

이와 달리 맨해튼 프로젝트는 전례가 없을 만큼 대규모로 자원과 기술 그리고 미 전역에서 모은 인력을 통해 진행되었다. 처음에 프로젝트 중심지는 시카고 대학과 뉴욕의 컬럼비아 대학의 연구소들이었다(컬럼비아 대학의 이름을 따서 이 프로젝트의 암호명이 지어졌다). 사이클로트론이 개발되었던 버클리의 어니스트 로렌스의 방사선 연구소와 MIT에 있는 동명의 연구소가 선봉을 맡았다. 나중에 수천 명의 연구원과 스태프를 거느린 주요한 비밀 연구소들이 뉴멕시코 주의 로스앨러모스, 테네시 주의 오크리지, 워싱턴 주의 핸퍼드 등에 세워졌다.

보어와 휠러의 핵분열에 관한 논문 발표와 미국의 참전 사이에 글렌 시보그Glenn Seaborg라는 미국인 화학자가 사이클로트론을 이용해 최초의 인공

방사능 물질인 플루토늄을 제조했다. 보어와 휠러가 계산한 대로 플루토늄-239와 우라늄-235가 원자폭탄의 재료로 주목받았다. 논문 발표 후에도 휠러는 프린스턴의 오랜 동료인 루돌프 라덴부르크Rudolf Ladenburg 및 라덴부르크의 박사과정 학생인 헨리 바샬Henry Barschall과 함께 핵의 구조를 계속 연구했다. 하지만 휠러의 주 관심사는 산란에 관한 연구 그리고 특히 파인만과 함께 하는 협동연구였다. 그러다가 미국의 참전으로 모든 상황이 바뀌었다. 핵분열에 관한 휠러의 전문지식이 매우 요긴해진 것이다.

1942년 1월, 휠러는 시카고 대학에 초대를 받아서 상당량의 플루토늄 제작을 위한 핵반응로 건설 방안을 검토했다. 아서 콤프턴의 지휘하에 시카고 대학은 전쟁을 지원하기 위한 플루토늄 연구 센터로 급성장했다. 캘리포니아 대학의 핵반응로에서 연쇄 반응을 성공시켰던 엔리코 페르미도 그곳으로 자리를 옮겼다. 유진 위그너 또한 그곳에서 시간을 보냈다. 메탈러지컬 프로젝트Metallurgical Project라는 암호명으로 활동했던 시카고 연구팀은 훌륭한 인재들이 더 많이 필요했다. 우라늄 반응로에서 플루토늄을 생산하여 원자폭탄 제조를 위한 상당량의 플루토늄을 추출하기 위해 가장 효과적인 방법을 찾기 위해서였다.

그래서 시카고 프로젝트에 참여하기 위해, 휠러는 파인만과 함께 진행하던 연구를 중단해야 했다. 자신의 이론 연구를 한동안 제쳐두고 군사 목적의 연구에 집중해야 하는 상황이 안타까웠다. 그렇기는 해도 전시 지원 활동에 최선을 다해야 한다는 의무감을 던져 버릴 수는 없었다.

한편 프린스턴의 젊은 연구자이자 한때 로렌스의 제자였던 로버트 R. "밥" 윌슨Robert R. "Bob" Wilson이 파인만에게 접근해 은밀히 물었다. 당시 프린스턴에서는 비밀 군사 프로젝트가 진행 중이었는데, 바로 원자폭탄 제조를 위한 우라늄 동위원소 분리 프로젝트였다. 윌슨은 파인만에게 관련 기술을 배우는 데 관심이 있냐고 묻고서, 만약 그렇다면 그날 오후 3시에 열리는 회의에 참석해보라고 했다.

그 무렵 파인만은 논문 작성 및 박사학위 취득을 준비하고 있었다. 구두시험은 이미 합격해놓은 터였다. 여담이지만 이 시험에는 무지개의 색깔 순서에 대한 질문이 들어 있었는데, 파인만은 정답이 기억나지 않자 주의 깊은 추론을 통해 답을 도출해냈다. 또한 그는 원거리 작용 이론에 관한 스물일곱 쪽짜리 해설 글도 썼다. 고전적인 형식과 양자적 형식의 두 측면에서 쓰인 이 글은 아마도 논문으로 발간되어 학위논문의 뼈대를 이루게 될 참이었다. 파인만은 박사학위를 취득하고 나서 마침내 알린과 결혼도 하고 일자리도 얻는 순간을 고대하고 있었다. 일자리는 강의를 할 수 있는 학계에 남는 게 이상적인 목표였지만, 여의치 않으면 벨 연구소와 같은 민간 연구소도 하나의 대안이었다.

그랬기에 파인만은 윌슨의 제안을 듣고 나서 처음에는 무관심한 반응을 보였다. 논문 완성이 최고 우선순위라고 해명하면서 말이다. 졸업이 우선이고, 다른 일은 그다음에 생각해도 될 일이었다. 게다가 이 세상에서 가장 하고 싶지 않은 일이 바로 무기 개발이었다. 그런 짓이나 하자고 물리학에 입문한 게 아니었다.

파인만은 연구실로 돌아가서 논문 작성을 다시 시작했다. 그러다가 추축국이 승리할 때의 파멸적인 상황을 곰곰이 생각해보았다. 만약 나치가 핵폭탄을 만들어 연합군을 공격하면 어떻게 될까? 나치가 가공할 핵폭발로 도시들을 쑥대밭으로 만들어 버리면 자기 혼자 어떻게 산단 말인가? 그런 무시무시한 상황이 마음속에 떠오르자 그는 논문을 서랍 속에 넣어버렸다.

회의는 짧았지만 유익했다. 윌슨을 포함한 다른 과학자들이 동위원소 분리기인 아이소트론을 이용하여 우라늄 동위원소들을 분리하는 목표에 관해 이야기했다. 회의가 끝난 후, 뚜껑을 접어 넣는 식의 롤탑 책상과 수많은 문서들이 가득한 건물 내의 한 연구실에서 파인만은 즉시 계산에 들어갔다. 곧이어 그 프로젝트를 우선순위에 올리기로 결심했다.

얼마 후 파인만의 계산에 어느 정도 도움을 받아 윌슨의 연구팀은 상당량의 우라늄-235를 제조해냈다. 시료를 컬럼비아 대학 및 다른 곳들에 보내 검사를 맡겼다. 과학자들이 쉴 새 없이 프린스턴에 몰려와서 그곳의 핵연료 분리 시설을 살펴보았다. 새로운 방문객이 올 때마다 윌슨은 파인만을 불러 분리 과정의 전문적인 세부사항을 설명하도록 맡겼다.

학위를 얻는 데 집중하다

1942년 봄 학기에 휠러와 파인만은 둘 다 굉장히 바빴다. 둘 다 여러 가지 핵분열 물질들을 분리해내는 일에 가담했기 때문이다. 하지만 핵심적인 차이가 있다면, 휠러는 학계에서 안정적인 자리를 차지하고 있는 데 반해 파인만은 그렇지 않았다는 것이다. 핵물리학 전문가인 물리학과장 헨리 "해리" 스마이스Henry "Harry" Smyth는 미국 S-1 우라늄 위원회의 회원이었기에 휠러의 핵분열 연구를 전폭적으로 지원했다. 스마이스는 휠러가 강의와 다른 임무들을 함께 조화롭게 할 수 있도록 대단한 편의를 봐주었기에, 휠러는 시카고와 프린스턴을 자유롭게 오갔다.

핵무기 연구 때문에 파인만의 박사논문 작성이 지연될까 염려스러웠던 휠러는 시카고에서 논문 작성을 설득하는 편지를 썼다. "위그너 박사와 라덴부르크 박사도 내 생각과 마찬가지로 자네가 논문 준비를 충분히 했다고 여기네… 자네가 남은 몇 주 동안 논문 작성에 박차를 가해주길 간절히 바라네. 자네가 나처럼 우리의 원거리 작용 이론에 투자할 시간이 절대적으로 부족한 상황에 빠지기 전에 말일세." 휠러는 편지 말미에 사적인 내용을 덧붙였다. "부디 알린의 상태가 나아지길 바라네."

안타깝게도 알린은 전혀 나아지지 않았다. 알린의 병세는 파인만에게 큰 부담이었다. 병이 더욱 심해져서 자꾸만 피를 토했다. 결핵이 너무 심해졌는지라 의사들도 요양원에 격리시키는 것 말고는 달리 손을 쓸 수가 없었다.

파인만은 사랑하는 퍼치와 아직도 결혼을 꿈꾸었다. 그렇게라도 해야 그녀를 돌보고, 병이 나아질 때까지 마음을 추스르게 할 수 있다고 여겼다. 하지만 파인만의 부모는 자식이 큰 실수를 할까 봐 노심초사였다. 가령 아버지는 자식의 앞날에 기대가 아주 컸던지라 만성의 감염성 질병을 앓는 여자와 결혼하면 좋은 일자리를 얻을 기회를 놓칠까 염려했다. 어머니는 신경과민에 빠져서 모든 게 잘못된다는 쪽으로만 생각했다.

아버지의 조언이 자꾸 마음에 쓰였던 파인만은 물리학과장 스마이스와 상담을 했다. 스마이스는 일자리를 얻는 데는 아무 문제가 없으리라고 보았다. 만전을 기하는 차원에서 스마이스는 파인만에게 대학병원 의사인 윌버 요크 박사Dr. Wilbur York를 만나보게 했다.

요크 박사는 감염성 질병인 결핵에 걸린 여성과 결혼하면 생기는 문제들을 자세히 알려주었다. 박사의 차분하고 이성적인 조언에 파인만은 마음이 놓였다. 박사의 말로는 결혼을 하게 되면 알린은 정서적으로 안정감이 커져서 병의 회복에 도움이 될 거라고 했다. 또한 박사는 요양원에서 여러 가지 안전 조치들을 취하기 때문에 파인만이 그녀의 병에 감염될 확률은 거의 없다고 안심시켰다. 확실히 파인만이 안전하게 학계에서 일자리를 얻고 학생들을 가르칠 수 있다는 것이다.

한편 의사는 그녀가 절대로 임신을 해서는 안 된다고 강조했다. 파인만은 그럴 일은 아예 없었다고 의사에게 확답했다. 마지막으로 의사는 파인만을 한쪽 구석으로 데려가 결핵은 치료가 불가능할 때가 왕왕 있다고 주의를 주었다. 파인만은 자기도 그런 위험을 잘 알고 있지만 어떻게든 알린과 결혼하고 싶다고 대답했다.

논문 작성을 끝내라는 휠러의 권고에 힘입어 파인만은 논문 쓰기에 박차를 가했다. 자신이 이미 해낸 연구—고전적인 원거리 작용 결과들 그리고 양자화에 관한 일부 연구 결과들—로도 휠러가 아마 통과시켜줄 것을 알았지만, 파인만은 연구의 전체적 일관성을 이룰 정도로 양자화 관련 연구를 완성해야 한다고 느꼈다. 그렇지 않으면, 설령 그 주제로 다시 돌아가고 싶더라도 여기저기 흩어진 노트들은 앞뒤가 맞지 않을지 모르고, 자신이 이미 얻었던 결과를 다시 재현할 수 없을지 몰랐다.

논문 작성을 완료하기 위해 파인만은 한 달간 휴가를 얻어 우라늄 추출 프로젝트에서 잠시 벗어났다. 핵무기 연구를 위한 계산에 지쳤던지라, 휴가의 처음 며칠 동안은 그냥 잔디밭에 누워 하늘만 바라보았다. 그 휴식만으로도 파인만은 양자역학 계산을 마무리하고 논문을 완성하는 데 필요한 에너지를 충전했다. 휠러가 다시 프린스턴에 와 있었기에 시기도 안성맞춤이었다. 파인만이 완성된 논문의 사본을 휠러와 위그너에게 전달하자, 둘은 흔쾌히 논문을 통과시키고 파인만에게 박사학위를 수여했다.

검은 머리가 파뿌리가 되도록…

6월 16일 파인만은 전통적인 학사모와 가운을 입고 프린스턴의 학위수여식에 참석했다. 부모님은 환하게 웃고 있었다. 부모님은 수학 경시대회의 메달을 포함해 아들이 줄곧 칭찬받을 일을 많이 해온 걸 익히 알고 있었지만, 프린스턴에서 3년 만에 받는 박사학위는 정말로 칭찬받을 일이었다.

핵무기 개발 연구 때문에 파인만은 여름 내내 어쩌면 그 이상 프린스턴에 머물러야 했다. 또한 좋은 일자리 제안도 받았다. 위스콘신 대학에서 객원 부교수 자리를 맡겨왔던 것이다. 핵무기 개발 연구가 끝나면(아니면 기적적으로 전쟁이 끝나면) 그 자리를 그해 9월부터 맡게 될 터였다. 그렇지 않아도 일 년 동안은 연기할 수 있었다. 그런 유동적인 조건을 걸고서 제안을 받아들였다. 하지만 연기할 수 있는 기간이 지나는 바람에 결국 그 자리에 앉지 못했다.

여러 가지 책임들 중에서도 가장 중요한 것은 알린 그린바움과 맹세한 일이었다. 약혼한 지도 여러 해가 지났으니 이제 매듭을 지어야 할 때가 되었다. 알린의 가족은 둘의 결정을 지지했지만 파인만 부모는 알린의 병세 때문에 계속 신경이 곤두서 있었다.

아들이 단지 책임감 때문에 결혼한다고 여긴 어머니는 다시 생각해보라고 파인만을 설득했다. 아들의 굳은 결심을 알아차리자 어머니는 아들 인생의 중대 실수를 막으려고 난리였다. 결혼이란 떡 한 조각 먹는 일이 아니라는 내용의 편지를 아들에게 보냈다. 인생의 짐이 되어서는 안 된다는 뜻이었다. 치료비와 감정 손상 면에서 이루 말할 수 없는 대가를 치를 테며, 잠재적으로 과학자로서의 목표 달성에도 차질이 빚어질 수 있다는 것이었다. 알린이 완전히 나을 때까지 계속 약혼 상태로 남으라고 설득했다.

파인만은 이미 결심이 섰다고 답장을 보냈다. 알린을 사랑하기에 그녀를 돌보고 싶으며, 결혼이 물리학자의 길을 가는 데 방해가 되지 않는다고 밝혔다. 사실 그녀의 사랑과 뒷받침 덕분에 연구에 더욱 집중할 수도 있으리라고 파인만은 생각했다. 결국 파인만은 어떠한 일이 생겨도 자신은 괜찮을 거라고 어머니를 안심시켰다.

파인만과 알린은 그해 6월 29일 뉴욕의 한 법원 청사에서 결혼식을 올렸

리처드 파인만과 알린 그린바움 부부가 뉴저지 주 애틀랜틱 시티에 휴가를 가서 찍은 사진. (출처: AIP Emilio Segre Visual Archives, Physics Today Collection, gift of Gweneth Feynman)

다. 가족은 참석하지 않고 치러진 조촐한 예식이었다. 신혼여행으로 둘은 스태튼 아일랜드Staten Island로 페리 여행을 떠났다. 많은 통근자들이 값싼 요금으로 매일 다니는 길이었다. 신혼여행을 마치고 그는 아내를 뉴저지 주의 브라운스 밀스에 있는 드보라 병원에 곧장 데려갔다. 프린스턴에서 남동쪽으로 오십여 킬로미터 떨어진 곳에 있는 유명한 요양원에 아내를 맡긴 것이다. 숲이 우거진 파인 배런스Pine Barrens에 깃들어 있는 그곳은 안락했고 싱그러운 소나무 향기가 풍겼다. 가까운 곳에 있으니, 알린이 부부가 함께 살 수 있을 정도로 회복될 때까지 파인만이 최대한 자주 들르기 좋았다.

공교롭게도 알린의 병을 치료할 무언가가 지리적으로 가까이 있었다. 그녀가 있는 곳으로부터 약 팔십 킬로미터쯤 떨어진 러트거스 대학 농업대 캠퍼스에 퇴비가 가득 쌓여 있다. 흔한 두엄 더미가 아닌 그 퇴비에는 결핵 치료에 쓰일 비밀스러운 성분이 들어 있었다.

거기에서 1943년 8월 23일, 그러니까 알린이 요양원에 들어간 지 일 년 후쯤에 셀먼 웩스먼 박사의 감독하에 연구하는 대학원생 앨버트 샤츠Albert Schatz가 토양 시료를 분석하여 항생물질인 스트렙토마이신을 발견한다. 이것은 나중에 대단히 효과적인 결핵 치료제로 밝혀진다. 1940년대 후반에 이르면, 그것은 결핵 증상을 몇 달 만에 없애서 요양원에서 지낼 필요가 없게 만드는 기적의 약으로 시중에 나온다. 가령 그 약 때문에 나중에 드보라 병원은 결핵 전문병원에서 심장 및 폐 질환 전문으로 업종을 바꾼다.

할리우드 영화의 엔딩이나 자비로운 평행 우주에서라면 파인만은 뉴저지 주 어디에선가 샤츠를 만났을 것이다. 그러면 알린은 기적의 치료제 덕분에 기침이 멈추고 폐가 낫고 신랑신부는 계속 행복하게 살았을 것이다. 안타깝게도 그런 일은 일어나지 않았다. 샤츠가 그 물질을 발견할 무렵 알린과 파인만은 뉴멕시코 주에 있었다. 로스앨러모스의 비밀 핵무기 연구 시설에서 파인만이 일하고 있었기 때문이다. 역시 가장 뼈아픈 질문은 바로 이것이다. "만약 그랬다면 어땠을까?"

비밀과 확신

1942년 후반이 되자, 맨해튼 프로젝트는 거대한 규모의 사업으로 커졌고, 버클리, MIT, 프린스턴 및 시카고 대학과 같은 주요 대학들에서 여전히 비밀리에 진행되고 있었다. 과학적인 면은 "오피Oppy"(또는 "Oppie")라고 널리 알려진 J. 로버트 오펜하이머가 그리고 군사적인 면은 레슬리 그로브스Leslie Groves 장군이 감독했다. 그 후로 미국 정부는 하나의 고립된 위치에서 연구를 집중하기 위해 로스앨러모스 랜치 스쿨이란 학교를 사들여 그곳을 극비 핵무기 연구소로 바꾸기로 했다. 1943년 초반에 정부는 그 부지를 매입하여 군사적인 용도로 개조하기 시작했다.

파인만은 자기가 속한 연구팀이 프린스턴에서 로스앨러모스로 옮긴다는 계획을 알았을 때, 알린이 가장 걱정되었다. 3월에 그는 오피 및 버클리의 동료인 J. H. 스티븐슨에게 편지를 보내 비밀 기지(암호명 "프로젝트 Y")와 비교적 가까운 병원이나 요양원에 관해 물었다. 오피와 스티븐슨은 파인만에게 여러 가지 선택지를 알려주었다. 파인만이 선택한 곳은 결핵 치료로 유명한 앨버커키 장로교병원Presbyterian Hospital이었다.

알린은 병세에 아랑곳없이 놀랍도록 활기차고 낙천적이었다. 남편과 함께하는 프린스턴에서 시카고로, 이어서 뉴멕시코 주 산타페까지 이어지는 기차여행을 고대했다. 곧 남편과 번듯한 살림을 꾸릴 것을—적어도 함께 더 많은 시간을 보내기를—꿈꾸며 알린은 이번에 거처를 옮기면 둘의 생활이 더 나아지길 바랐다. 메마른 사막 기후의 뉴멕시코는 많은 결핵 환자들이 치료를 위해 찾는 곳으로 유명했다. 진심으로 그녀는 병이 나아서 남편을 잘 내조하는 아내가 되길 원했다. 어쩌면 때가 되면 아이도 가질 수 있으리라고 여겼다.

대중의 의심을 피하기 위해 프린스턴 연구팀의 대다수 구성원들은 여러 군데의 기차역에서 뉴멕시코로 출발했다. 하지만 짐은 미리 프린스턴에서 부쳐놓았다. 파인만 부부는 남들과 다르게 하자는 뜻에서 프린스턴 역에서 출발했다. 뉴멕시코 주로 떠나는 유일한 부부였기에, 둘은 철도 직원들이 프린스턴에서 부친 모든 수하물이 이 부부의 것이라고 여기겠거니 싶어 신이 났다.

비교적 고급 객차로 여러 주를 넘는 여행이었기에, 파인만 부부는 마침내 진짜 신혼여행을 가는 느낌이었다. 알린은 파인만이 무슨 일을 하는지 몰랐고, 다만 그 프로젝트가 비밀이라는 것만 알았다. 로스앨러모스로 보내는 모든 우편에는 주소가 Post Office Box 1663, Santa Fe, New Mexico라고만 쓰여 있었는데, 그곳에서 우편물이 취합되어 검열을 거친 후 연구자들 및 다른 노동자들에게 분배되었다.

파인만은 연구소의 이론 분과에 배정되었다. 그곳 책임자는 코넬 대학 교수이자 핵 전문가인 한스 베테Hans Bethe였다. 베테는 핵 이론의 바이블을 썼던 인물이다. 그 분야에 관해 알려진 지식의 핵심을 설명하는 3부 분량 논문의 저자였다. 우연의 일치로 파인만이 도착할 때쯤 다른 이론가들 상당수는 다른 데 가 있었다. 번듯한 연구진을 꾸리려고 베테는 파인만의 작업실에 여러 번 들렀는데, 뭐가 통하고 뭐가 통하지 않는지를 재빠르게 간파하는 파인만의 직감에 큰 인상을 받았다. "대단한 인물임을 나는 금세 알아차렸다." 베테는 회상했다. "파인만은 아마도 전체 분과에서 가장 독창적이었기에, 우리는 자주 함께 연구했다."

베테와 파인만은 원자폭탄과 관련한 여러 전문적인 문제들의 해법을 두고서 언성을 높였지만, 서로에 대한 친밀함을 잃지 않은 일화들은 연구실의 전설로 남았다. 베테는 매우 체계적이어서 자신의 주장을 매 사안마다 수학적인 증거를 대면서 조목조목 설명했다. 마치 소송 사건을 대하는 능숙한 변호사 같았다. 베테가 틀렸다는 생각이 들 때마다 파인만은 이런 말들을 갑자기 내뱉었다. "아니, 아니, 박사님 생각은 말도 안 돼요!" 또는 "그건 터무니없어요!" 그래도 아랑곳하지 않고 베테가 계속 말하면, 파인만은 번번이 언성을 높이며 말을 끊었다. 근처의 다른 연구자들은 파인만의 반박을 엿들을 수밖에 없었는데, 아주 흥미진진한 사건이었기 때문이다. 특히 물리학계에서 대단히 존경받는 베테의 위상을 감안한다면 말이다.

베테와 파인만은 똑같은 습관이 하나 있었다. 계산할 때 구리나 플라스틱 조각들을 만지작거리는 습관이었는데, 그것들을 "생각 가다듬기 장난감"이라고 불렀다. 어느 날 파인만은 장난으로 자기 장난감을 베테의 것과 맞바꾸었다. 결과는 놀라웠다. 파인만은 이전보다 신중하고 체계적인 사람이 되어, 생각과 행동이 느려졌다. 반면에 베테는 더욱 활기차고 거친 몸짓을 하기 시작했다. 동료들은 파인만과 베테의 성격이 갑자기 딴판이 된 것을 알고서 웃음을 금할 수 없었다.

베테와 계속 함께 일하면서 파인만은 오피와도 아주 잘 알게 되었다. 오펜하이머도 파인만이 대단한 인물이라고 여겼다. 1943년 말, 베테와 오피 모두 이미 전쟁이 끝난 후 파인만을 각자의 대학에 데려가려고 물밑에서 각축을 벌이고 있었다. 둘 다 파인만이 재능 있는 교수가 되어 전도유망한 길을 걸어갈 잠재력이 있다고 보았다.

버클리 대학 물리학과를 추천하면서 오펜하이머는 그 대학 총장인 레이먼드 버지Raymond Birge에게 이런 편지를 보냈다.

> 이 친구는 어느 모로 보나 여기서 가장 뛰어난 물리학자이고, 누구나 그 사실을 인정합니다. 철저하게 몰두하는 성격인 데다, 모든 면에서 지극히 명석하며 흠잡을 데가 없으며, 물리학의 모든 면에 애정을 느끼는 훌륭한 교사이기도 합니다…
>
> 베테 박사의 말에 의하면, 파인만이 현재 맡은 일에서 빠지느니 다른 두 명을 잃는 게 낫다고 합니다. 그리고 위그너 박사도 이렇게 말하더군요. "파인만은 인간의 능력을 초월한 듯한 디랙에 버금간다."

알고 보니, 버지 총장은 사전 임명을 꺼렸다. 버클리는 교수직을 제안할 준비가 되어 있지 않았다. 코넬 대학에 있는 베테의 물리학과가 훨씬 더 재빠르게 나서, 파인만을 전후에 임용하기로 약속했고 파인만도 수락했다.

그런데 파인만은 로스앨러모스에서 이 년 동안 구체적으로 뭘 했을까? 뭘 하지 않았는지가 더 나은 질문이겠다. 그의 손길은 장비의 거의 모든 부분에 닿았으며, 그의 총명함은 대다수의 중요한 계산들에 발휘되었다. 보통 미조립 상태로 새로운 컴퓨터나 다른 장치들이 도착할 때면, 어김없이 파인만이 첫 번째로 상자를 열고 부품들을 꺼내고 조립했다. 그는 장치 안팎의 메커니즘—배선에서부터 눈금 해석—을 훤히 꿰뚫었고, 뭐든 잘못되면 제일 먼저 나서는 사람이었다.

파인만이 초기에 기여한 중요한 업적들 중 하나는 우라늄-235가 방출하는 고속 중성자의 행동에 관한 연구였다. 중성자는 보통의 경우 정밀하게 계산하기가 불가능한 방식으로 확산했다(퍼졌다). 그 과제를 해결하려고 나선 파인만은 단계적인 절차—어떤 면에서 보자면 프린스턴에서 그가 개발했던 총합 방법과 유사한 절차—를 고안하여, 그것을 원시적인 IBM 컴퓨터에 프로그래밍했다. 당시의 프로그래밍은 진공관과 배선을 이용하는 어수선한 과정이었지만, 파인만이 좋아했던 실제적인 종류의 일이었다.

나중에 플루토늄 폭탄을 조립할 때 파인만은 자신의 계산 능력을 거듭 유감없이 발휘했다. 폭탄의 폭발 메커니즘에서부터 폭발력의 크기에 이르기까지 폭탄 작동의 매 단계에서 일어날 세부사항들을 계산을 통해 알아냈다. 이처럼 수학, 컴퓨터 및 입자물리학에 대한 전문적인 지식을 활용해 세상이 일찍이 보지 못했던 가장 강력한 무기를 개발하는 데 일조했다.

대량살상용 무기 개발에 몰두해 있었지만, 그런 강력한 장치의 제작에 따르는 도덕적 의미는 별로 생각해보지 않았다. 오히려 기술적인 과제들과 독일을 물리쳐야 한다는 책임감에만 집중했다. 심오한 윤리적 사안들을 성찰하게 된 것은 한참 시간이 지나서였다.

장난스러운 부부

파인만은 병든 아내에게 능력이 닿는 한 좋은 남편이 되려고도 애썼다. 둘 사이의 떨어진 거리와 그의 일 및 아내의 건강 상태로 인한 제약에도 굴하지 않았다. 친구와 광대 역할을 함께하면서 그는 아내의 기운을 북돋우려고 최선을 다했다. 아내도 넘치는 사랑과 애교로 남편에게 화답했다.

뉴욕의 친구들 및 가족과 수천 킬로미터 떨어져 있던 그 젊은 부부는 바보스럽고 짓궂은 성향을 거침없이 드러냈다. 파인만이 대체로 주말에 앨버커키 병원을 찾아갈 때, 알린은 파인만을 즐겁게 해주려고 장난과 속임수를 벌였다. 가령, 둘은 병실에 있는 "스너글Snuggle"이라는 봉제 코끼리가 살아 있다고 여기는 척했다. 자신의 처지에 관심이 쏠리도록 하지 않기 위해 알린은 스너글이 어떻게 지내는지 알려주었다. 둘은 언젠가 번듯한 가정을 꾸릴 꿈을 꾸었는데, 스너글은 그때를 위한 연습인 셈이었다.

앨버커키로 향할 때 종종 파인만은 가까운 친구이자 동료 연구원인 클라우스 푹스Klaus Fuchs의 차를 빌렸다. 푹스가 비밀스러운 삶을 산다는 사실은 전혀 몰랐다. 전후 5년이 지나 푹스는 소련 스파이 혐의가 드러났다. 푹스는 감옥에 한동안 갇혀 있다가 출소 후 동독으로 이민을 갔다.

파인만의 스물일곱 살 생일에 알린은 "전 국민이 리처드 파인만의 생일을 축하함"이라는 가짜 헤드라인을 붙인 특별한 신문을 준비했다. 그녀는 신문 여러 부를 로스앨러모스에 있는 파인만의 연구팀으로 배달했다. 어디서나 가짜 신문이 있는 걸 보고서 파인만은 팀원들 중 누구보다도 더 큰 웃음을 터뜨렸다.

사랑스럽고 똑똑한 아내를 진정한 친구이자 "공범"이라고 여긴 파인만은 자신의 엉뚱한 행동에 대해서도 아내에게 즐겨 알려주었다. 비밀 정보는 감춘 채 파인만은 보안이 철저한 연구실에서 자신이 무슨 짓을 할 수 있는지

뽐냈다. 가령, 그는 출입 장부에 흔적을 남기지 않은 채로 담장의 개구멍으로 빠져나가 보안 허점을 알아냈다고 낄낄대곤 했다. 안타깝게도 알린은 건강이 계속 악화되었고, 파인만의 격려가 더더욱 필요했다.

파인만은 자물쇠 따기 능력에 대단한 자부심을 갖고 있었는데, 그건 프린스턴의 한 동료 대학원생한테서 배운 기술이었다. 종이 클립 하나만 있으면 열쇠를 사용하는 거의 모든 자물쇠를 열 수 있었다. 걸핏하면 자물쇠를 따서 서류 캐비닛 안의 내용물들을 회의에 가져와서는, 세상에 안전한 게 없다고 투덜대곤 했다. 에드워드 텔러가 비밀 서류가 든 자기 책상서랍만큼은 난공불락이라고 우기자, 파인만은 옳거니 하며 책상 뒷면의 틈을 통해 그 안의 내용물을 빼냈다. "파인만은 물리학자와 코미디언이 절반씩 섞인 인물 같았다"고 텔러는 회상했다.

열쇠 자물쇠가 번호 자물쇠로 바뀐 후에도 파인만은 기존의 명성을 지켜야 한다고 느꼈다. 번호 자물쇠를 붙들고 여러 달을 씨름했다. 잠금 패턴을 살피고 각각의 자물쇠의 특성을 파악하고 그 주제에 관한 책을 읽으면서 파인만은 번호 자물쇠 열기 기술을 터득했다. 어려운 자물쇠들을 열었을 때 짓는 동료들의 표정을 보고 파인만은 흡족해했다. 파인만은 최정상의 마술사 같은 자신의 실력에 사람들이 감탄할 때가 무척 즐거웠다.

그러면서도 파인만은 사람들이 자신을 완전히 정상적인 사내라고 여길 때 가장 기뻐했다. 보통 사람인데도 우연히 금고 열기라든가 난해한 퍼즐 풀기 또는 굉장히 어려운 계산 수행하기와 같은 굉장한 기술을 갖춘 사람 말이다. 동료들에게 그는 전혀 젠체하지 않는 평범한 "딕"이었다. 철부지처럼 굴고 싶어서 그는 술과 담배를 즐기고 살짝 저속한 언어를 사용했다. 하지만 어느 날 밤에는 너무 취해서 알린에게 과거를 청산하고 더 이상 술과 담배를 하지 않겠다고 약속한 적도 있었다.

파인만은 봉고 연주와 같은 더욱 창의적인 취미를 분명 자랑스러워했다. 로스앨러모스에서 시작한 이 취미를 그는 평생 동안 즐겼다. 텔러의 회상에 의하면, 그는 "밤마다 몇 시간씩 봉고를 연주했다." "로스앨러모스에서 처음 지내던 시기를 떠올리자면 파인만의 봉고 치는 소리가 늘 떠오른다"고 텔러는 말했다.

콤프턴 산란 족family

맨해튼 프로젝트 동안 휠러의 삶은 파인만과 매우 달랐다. 한 가지를 들자면, 그에게는 아이가 셋 있었다. 안정된 프린스턴 생활에서 벗어났다고 해서 자유가 찾아오지도 않았다. 오히려 그는 가족을 멀리 데려와서 어렵게 지내게 만든 것에 부담을 느꼈다.

대체로 휠러는 자유분방하다거나 엉뚱한 성향이 아니었다. 파인만의 거친 성격과 달리 그는 주일학교 교사처럼 굴었다. 구사하는 유머는 터무니없기보다는 건조하고 미묘했으며, 재치와 유쾌한 농담이 주였다. 요약하자면, 맨해튼 프로젝트 기간에 파인만은 조금 야성적인 면모를 발휘한 반면에 휠러는 그럴 기회도 마음도 없었다. 거처를 자주 옮겨 다니는 가족들이 행복하게 지내도록 만드는 일이 우선이었다.

휠러 가족의 떠도는 삶은 큰애인 앨리슨이 태어난 직후인 1942년 여름부터 시작되었다. 휠러는 대학에 가까운 시카고에 셋집을 구했고, 거기서 가족이 당분간 머물렀다. 아들 제이미가 류머티즘성 고열을 앓았고 아내가 산후 합병증을 앓았으니 그리 즐거운 시기는 아니었다.

1943년 3월, 콤프턴이 휠러를 델라웨어 주 윌밍턴에 보냈다. 거기서 휠러는 듀퐁 연구소와 연락 담당 업무를 맡았다. 가족은 다시 이사를 해야 했다.

거기서 한 달 조금 넘게 지내다가, 마치 콤프턴 산란 효과의 전자처럼 그곳에서 정반대 편으로 또 이사를 했다. 1944년 여름부터 전쟁이 끝난 1945년 여름까지는 워싱턴 주의 리치랜드에 살았다. 휠러는 그곳에서 가까운 핸퍼드에서 플루토늄 생산 반응로의 건설과 운용을 감독하는 일을 맡았다. 여전히 가끔씩은 윌밍턴으로 "통근"을 해야 했는데, 여러 번 갈아타면서 다니는 힘겨운 기찻길이었다.

핸퍼드에서 맡은 임무 중 하나로서, 휠러는 로스앨러모스에 여러 번 들러서 플루토늄 안전성을 포함한 여러 사안들에 관해 전문가들과 상의했다. 얼마만큼 플루토늄을 안전하게 모을 수 있을지 아무도 몰랐다. 생산된 플루토늄이 임계점에 도달해 핵 멜트다운을 초래하지 못하게 분리해서 담는 새로운 고가의 저장 시설을 지어야 할 것인가? 아니면 단일한 용기에 담아놓아도 안전할 것인가?

휠러의 질문을 받고서 파인만은 이번에도 자신의 계산 능력을 뽐냈다. 이번에는 추상적인 이론이 아니라 생사가 걸린 문제였다. 그는 방대한 숫자들을 처리하여 휠러에게 데이터를 건넸고, 휠러는 이 데이터를 핸퍼드에 보냈다. 그 결과를 설비 책임자인 빌 맥키Bill Mackey와 상의한 후 휠러와 핸퍼드 동료들은 사고 위험성을 최소화하는 방법을 고안했다.

그 무렵 파인만은 알린의 절박한 상황으로 깊은 상심에 젖어 있었다. 휠러도 같이 마음 아파했다. 휠러는 로스앨러모스에 가는 중에 병문안을 가서 쾌유를 빌고 격려를 보냈다. 파인만은 휠러의 그런 마음 씀씀이에 고마움을 느꼈다. 평소 파인만은 휠러를 성자에 가까운 사람이라고 여겼는데, 정말 그랬다. 성자는 엉뚱해도 성자인 법이다.

핵무기 개발에 온통 몰두해 있었던지라 휠러와 파인만 둘 다 이전에 했던 연구를 논의할 시간이 거의 없었다. 하지만 그 무렵에 아마도 휠러가 파인만보다는 그 연구에 관해 더 많이 생각했을 것이다. 파인만은 계산을 했고 휠러는 꿈을 꾸었다. 설령 실제적인 문제에 집중하려고 했더라도 휠러는 슬그머니 자연의 숨은 진리를 궁리하는 쪽으로 기울고 말았다.

무기 연구로 스트레스를 받는 와중에도 휠러는 미래를 꿈꾸었다. 다시금 파머 연구소 창문 밖으로 프린스턴의 봄 교정을 내다보면서 실재의 본질을 궁리하게 될 날을. 전자를 통해 모든 것을 설명할 수 있을까? 전자들—또는 어쩌면 단일한 전자—이 실재의 구성요소일까? 아니면 훨씬 더 근본적인 것이 존재할 수 있을까? 자기 삶에 가장 큰 영향을 미친 두 사람—스승인 닐스 보어와 그의 벗 알베르트 아인슈타인—이 최종적으로 동의할 만큼 설득력 있는 설명이 가능할까?

망명한 그리고 추앙받은

그즈음 보어는 양자론을 놓고서 아인슈타인과 벌인 논쟁보다 훨씬 더 심각한 문제를 안고 있었다. 1940년 4월 이후 나치가 덴마크를 점령했다. 덴마크 과학계를 이끌고 자신의 연구소를 지키기 위해 보어는 최대한 오랫동안 코펜하겐에 머물렀다.

1943년 9월 덴마크 레지스탕스가 전한 정보에 의하면, 나치가 보어를 곧 체포하러 올 것이라고 했다. 이유인즉, 그의 어머니가 유대인이라는 것. 탈출하라고 경고하면서 레지스탕스는 그가 가족과 함께 중립국인 스웨덴으로 넘어갈 탈출 루트를 마련해놓았다. 한밤중에 중수重水*가 든(들은 줄 알았던) 녹색 병을 움켜쥐고서, 보어는 가족과 함께 고기잡이배로 덴마크 해협을 건너 도망쳤다.

---

* 핵반응을 조절하는 데 유용한 물질.—옮긴이

나치로부터 더 멀리 벗어나려고 보어는 비행기로 영국으로 데려주겠다는 제안을 받아들였다. 독일 점령지 노르웨이에서 검문에 걸려 사살당하지 않기 위해 그는 모스퀴토Mosquito를 통해 이동했다. 이것은 매우 높은 고도로 비행할 수 있는 군용 항공기의 한 종류이다. 비행기에 탑승하자 산소마스크를 착용하라는 지시가 내려왔다. 핵물리학을 공부하고 있던 보어의 아들 오게는 다른 비행기를 탔다.

어떤 이유에선지—아마도 머리가 너무 컸던지 아니면 그냥 깜빡했던지—보어는 산소마스크를 쓰지 않았고 비행 도중에 기절하고 말았다. 다행히도 영국에 착륙하자마자 정신을 되찾았다. 하지만 단단히 붙들고 있던 녹색 병은 맥주로 변하고 말았다. 알고 보니 엉뚱한 병을 가져 왔던 것이다. 그래서 덴마크 레지스탕스는 그 소중한 중수를 꺼내려고 보어의 집에 다시 잠입해야 했다.

1943년 12월 보어와 아들 오게는 맨해튼 프로젝트를 돕기 위해 미국을 방문해달라는 초대를 받았다. 워싱턴 DC에 도착하니 그로브스 장군이 지금껏 진척된 상황을 알려주었다. 외국 첩자로 오인될 위험을 줄이기 위해 둘은 암호명 니콜라스와 제임스 베이커를 부여받았다. 프로젝트가 최종 단계에 이르렀을 때 둘은 여러 차례 로스앨러모스에 갔는데, 원자폭탄 설계에 관해 조언하자는 목적도 있었지만 주로 사기 진작을 위해서였다.

파인만은 "베이커와 아들"이 연구실에 처음 왔을 때의 흥분을 생생히 기억하고 있었다. 최고위직에서부터 말단에 이르기까지 모두들 잔뜩 긴장한 채로 덴마크 물리학자의 평가에 촉각을 곤두세웠다. "심지어 거물에게조차도 보어는 위대한 신이었다"고 파인만은 술회했다.

깜짝 놀랍게도, 언젠가 파인만은 보어 부자의 방문 직전에 오게의 전화를 받은 적이 있었다. 원자폭탄 설계 수정을 논의하기 위한 이른 아침 회의를 요청하는 전화였다. 파인만은 보어 부자가 실력이 더 출중한 많은 사람들 중에서 왜 하필 자기를 선택했는지 이해가 되지 않았다. 물론 흔쾌히 수락하긴 했지만.

외부와 격리된 공간에서 세 사람이 앉았다. 보어가 파인만에게 아주 차분히 말하기 시작했다. "소곤 소곤 소곤" 보어는 말했다. 아무튼 그런 느낌이었다. 그는 파이프 담배를 한 모금 빨고는 다시 소곤소곤 말했다. 파인만은 지독히도 부드러운 말투의 보어가 무슨 말을 하는지 알 수가 없었다. 다행히도 오게가 "통역자"로 나서서 아버지의 방안을 설명해주었다.

보어처럼 유명한 사람 앞에서도 파인만은 솔직한 반응을 숨길 수 없었다. 보어가 제안한 기술적인 세부사항이 실현 불가능하다고 파인만은 설명했다. 보어는 파인만의 솔직함을 높이 샀다. 비록 반대 의견을 내긴 했지만 파인만의 솔직한 평가에 대해서는 보어도 고맙게 여겼다.

1944년 중반 무렵 프로젝트는 절정에 다다르고 있었다. 동시에 국제적인 상황도 급변하기 시작했다. 6월 6일 서부 전선의 연합군이 영국 해협을 건너 프랑스 노르망디에 상륙했다. 전쟁의 분수령이 된 그날은 유럽의 전황에 결정적인 전환점이 되었다. 이후 몇 달 동안 더 많은 연합군이 그 거점을 발판 삼아 베를린으로 진격해 들어갔다. 한편 소련군도 서쪽을 향해 동일한 목적지로 나아갔다. 유럽 전승 기념일인 1945년 5월 5일 베를린이 연합군에 넘어갔고 유럽에서의 전쟁은 종료되었다. 그러나 일본 지휘부가 연합군이 요구한 무조건적인 항복을 거부했기에 전쟁은 태평양에서 계속되었다.

보어는 코펜하겐으로 돌아가서 이론물리학 연구소를 다시 이끌어 나갈 때를 조바심 내며 기다렸다. 한 가지 중요한 기념일이 다가오고 있었는데, 바로 1945년 10월 7일이 그의 육십 세 생일이었다. 현대 물리학에 기여한 중대한 역할을 감안할 때 엄청난 찬양과 축하가 뒤따를 테니 행사 준비는 아주 일찍 시작될 터였다.

물리학계의 유서 깊은 전통은 물리학에 중대한 기여를 한 사람 중에 육십 세가 된 사람한테 페스트슈리프트Festschrift, 즉 기념논문집—본질적으로 동료 과학자와 제자들이 쓴 논문 모음집—을 바치는 행사이다. 통상적으로 그런 논문집은 대상자가 그 분야에 기여한 업적을 바탕으로 이루어진 새로운 결과와 통찰을 알림으로써 존경을 표하는 수단이다. 보어의 연구가 수많은 분야에 영향을 주었으니, 그에게 바치는 그런 논문집을 모으기는 어렵지 않았다.

1945년 봄, 권위 있는 학술지 『리뷰 오브 모던 피직스Review of Modern Physics』가 한 호 전체를 보어에게 헌정했는데, 그것이 실질적으로 페스트슈리프트인 셈이었다. 기고자들은 양자물리학 및 핵물리학 분야의 내로라하는 인물들이었다. 가령, 막스 보른, 폴 디랙, 조지 가모프 등이었는데, 심지어 아인슈타인도 조수인 에른스트 슈트라우스와 함께 중력과 팽창 우주에 관한 논문을 썼다.

보어의 유산에 관해 볼프강 파울리가 쓴 첫 논문이 전체 기조의 바탕이 되었다. 종종 시건방지다는 소리를 듣는 그 이론가조차도 원자론의 아버지에게 찬사를 퍼부었다. 파울리의 최고의 찬사에 뒤이어 나머지 모든 논문들도 보어를 찬양하고 그의 업적이 현대 물리학에 미친 영향에 주의를 환기시켰다.

맨해튼 프로젝트 때문에 겨를이 없긴 했지만 휠러도 보어 기념논문집에 한 편을 제출하기를 진심으로 원했다. 파인만과 함께한 연구 결과가 안성맞춤인 것 같았다. 그 연구를 너무 오래 제쳐둔 것이 내심 불편하기도 했다. 이론물리학 분야에서, 발견 내용의 발표를 지연하다가는 다른 누군가가 똑같은 발상을 최초로 발표하게 될 우려가 있었다. 논문집에 참여하는 것은, 휠러가 보기에, 원거리 작용에 관한 결과들 중 적어도 일부를 물리학계에 알리는 이상적인 기회였다. 서둘러 그는 둘의 발견 내용의 상당 부분이 포함된 논문 한 편을 완성했다(대부분 휠러가 작성하면서 파인만을 공저자로 올렸다).

미래가 과거를 만들어낼 때

(회의 보고록은 제외하고) 휠러와 파인만이 함께 처음 발표한 논문, 「복사 메커니즘으로서의 흡수체와의 상호작용」은 특이하게도 제목에 달린 방대한 주석들로 시작한다. 주석에서 휠러는 둘이 여러 해 전부터 다년간 논문에 기술된 연구를 해왔지만 전쟁으로 인해 완성이 늦어졌노라고 밝힌다. 따라서 독자들은 논문을 진행 중인 연구로, 그러니까 기대되는 다층 건물의 한 층으로 봐주십사 부탁한다.

파인만은 논문의 구성과 내용에 관해 휠러의 판단에 따랐다. 하지만 그는 내심 "다층 건물" 관점이 무모하고 장황하다고 여겼다. 결과적으로 둘은 그 주제에 관해 함께 논문을 한 편 더 쓰게 되며, 두 논문 사이에는 사 년의 세월이 끼어들었다.

보어의 업적을 축하하려는 뜻에 걸맞게, 그 위대한 덴마크 물리학자의 수수께끼 같은 문구가 논문의 제일 앞에 나온다. 그가 1934년에 쓴 한 책에서 인용한 다음 문구다. "그러므로 우리가 반드시 알아야 할 것은, 이 분야를 더욱 발전시키려면 시간과 공간에 대해 우리가 알고자 하는 특징들을 더욱 광범위하게 부정해야 한다는 사실입니다."

휠러는, 아무리 숭고하든 영원하든 간에, 자신의 가설을 자신이 존경하는 선임자들과 스승들—특히 보어와 아인슈타인—이 세운 굳건한 토대 위에 세우고자 했다. 휠러로서는 그 둘을 언급함으로써 독자들에게 자신의 "미친 발상"이 느닷없이 나타난 것이 아니라, 주류의 연구를 확장시키기 위한 심사숙고에서 태어났음을 확신시키고자 했다. 이를 위해 휠러는 그 덴마크 사상가가 양자물리학을 이전과는 다른 토대—공간과 시간에 대한 새로운 관점을 지닌 토대—위에 새로 세우고자 하는 열린 마음을 칭송하려고 그 문구를 넣었던 것이다. 의미적으로 볼 때, 시간의 앞으로 향하는 운동과 뒤로 향하는 운동 사이의 대칭성이 핵심 내용인 흡수체 이론은 양자론의 발전을 위한 다음 단계였다.

논문의 서문은 아이작 뉴턴과 독일 수학자 카를 가우스 등이 정식화해낸 물리학의 원거리 작용 전통을 "목청을 한껏" 돋워 강조했다. 그 개념은 공간 전체를 채우는 에너지 장 개념에 밀려났지만, 아마도 이제야말로 복사와 관련된 어떤 난제들을 풀기 위해 그 개념을 부활시켜야 할 때였다. 특히 원거리 작용을 부활시키면 복사 저항 현상을 훨씬 더 잘 설명할 수 있을 터였다.

이어서 휠러는 존경하는 또 한 명의 스승인 아인슈타인을 끌어들여 흡수체 개념을 정당화한다. 휠러는 자신이 아인슈타인을 통해 무명의 네덜란드 물리학자 휘호 테트로더Hugo Tetrode의 연구를 알게 된 경위를 언급한다. 테트로더는 1922년에 복사에는 발생원뿐만 아니라 그것을 흡수하는 무언가도 반드시 존재한다고 추측했다. 테트로더의 말에 의하면, "태양은 우주에 혼자뿐이고 다른 천체가 자신의 복사를 흡수해주지 않는다면 복사를 하지 않을 것이다."

파인만이 직접 논문을 썼더라면 그런 배경 상황, 추측 그리고 참고자료 대부분을 생략했을 것이다. 심지어 그는 테트로더의 연구를 읽어보지도 않았고 그럴 관심도 별로 없었다. 오히려 그는 본론으로 바로 들어가서, 복사 저항의 물리적 문제점을 설명한 다음에 자신의 결과를 제시했을 것이다. 그의 논문은 자신의 박사학위 논문과 비슷하게 간명하고 직접적이었을 것이다.

하지만 휠러에게 논문 작성 대부분을 맡겼기에, 파인만의 방식과는 전혀 다른 논문이 나왔다.

휠러-파인만 흡수체 이론에서 복사의 작동 메커니즘에 대한 자세한 계산 결과—파인만의 연구의 결정체—를 내놓고 나서, 휠러는 추정상의 여러 개념들을 열정적으로 설명한다. 결론으로 논문은 다소 철학적인 내용, 즉 시간의 화살에 관한 논의를 제시한다. 만약 미래에 흡수체의 작용이 복사하는 입자의 과거 행동을 결정할 수 있다면, 인과성은 어떻게 되는 것인가? 휠러는 이렇게 적고 있다.

> 선행가속pre-acceleration 및 이것을 발생시키는 복사 반응의 힘은 둘 다 우리가 이전에 예상했던 자연에 관한 견해, 즉 한 주어진 순간에 입자의 운동은 이전 순간들의 다른 모든 입자들의 운동에 의해 완전히 결정된다는 견해에서 벗어나 있다… 여태껏 과거는 미래와 완전히 독립적인 것으로 여겨졌다. 이런 이상적 상황은 한 입자가 주위의 전하들로부터 발생하여 아직 도달하지 않은 지연된 장들을 예상하면서 움직이기 시작할 때는 더 이상 타당하지 않다.

결론적으로 휠러와 파인만의 논문은 혁명적인 주장을 제기한다. 즉, 미래가 과거에 영향을 미치고 과거도 미래에 영향을 미치는 세계를 상상해보라는 것이다. 과거에서 미래 방향으로의 인과성과 미래에서 과거 방향으로의 인과성 사이의 구별을 없앰으로써, 논문은 입자의 운동이 시간상으로 거꾸로 일어날 수 있는 것처럼 보인다는 주장을 훌쩍 뛰어넘었다. 대신에 논문은 미래와 과거가 동등하게 미래에 관련되도록 만들었다.

겉보기 시간 역전과 실제 시간 역전의 차이는 중요하다. 많은 현상들은 실제로는 그렇지 않으면서, 겉으로는 시간 역전인 듯 보인다. 만약 당신이 "아이쿠"라고 외치고서 벽으로 달려가 부딪혀 뒤로 튕겨 나면서 다시 한 번 "아이쿠"라고 외치면, 이 익살맞은 행동을 찍은 동영상은 시간상으로 대칭인 듯 보일지 모른다. 그렇다고 해서 첫 번째 "아이쿠"가, 그 시점으로서는 실제로 일어나지 않은, 당신이 벽에 부딪친 행동 때문이었다고는 주장할 수는 없다. 이와 정반대로 휠러-파인만 흡수체 이론에서는 입자들이 미래에 일어날 사건—복사의 흡수에 의해 생성되는 앞선 신호advanced signal—의 영향을 느낀다.

휠러와 파인만의 앞선 신호 개념이 씨앗이 되어 전기역학에 대한 완전히 새로운 접근법이 출현했다. 이 새로운 접근법과 더불어 시간에 관한 혁명적인 사상이 탄생했다. 둘이 제시한 방안은 입자물리학을 시간의 순방향 운동이라는 족쇄에서 해방시켜, 과거와 현재와 미래가 서로 얽히게 했다.

악마를 풀어놓다

원자폭탄의 폭발 메커니즘은 핵반응의 연쇄에 바탕을 두고 있는데, 각각의 핵반응은 원리상으로 시간 역전이 가능할지 모른다. 만약 휠러-파인만 흡수체 이론이 암시하듯이 복사 메커니즘이 시간 대칭적이라면, 입자 상호작용 각각을 녹화하여 그 필름을 거꾸로 돌리는 것을 상상할 수 있다. 그러면 버섯구름이 뒤로 물러나고 우라늄과 다른 물질들이 해체되고 원자폭탄은 원래의 순수한 상태로 되돌아가게 될 것이다.

그러나 시간의 화살 관점에서, 거시규모의 실재는 입자 세계와 다르다. 우선, 열역학 제2법칙으로 인해, 많은 과정들의 경우 대량의 사용 가능한 에너지가 쓰레기 에너지로 변환된다. 원자 폭발로 인해 생긴 엄청난 굉음과 열 그리고 광범위한 파괴가 그런 비가역성의 으뜸 사례들이다. 시간을 거꾸로 돌려, 한 도시에 떨어진 원자폭탄의 괴멸적인 영향을 되돌리는 방법은 아무도 상상할 수 없다.

1945년 8월 히로시마와 나가사키에 원자폭탄이 투하되자 일본은 곧바로 항복했다. 이차세계대전은 끝났고, 연합군은 오랫동안 기다렸던 승전의 기쁨을 만끽했다. 원자폭탄 투하를 결정한 사람은 프랭클린 루스벨트의 사망 후 미국 대통령 자리에 오른 해리 트루먼이었다. 전쟁이 완전히 끝났다고 안도하면서도 사람들은 대량 민간인 학살의 윤리—더 많은 사상자 발생을 피한다는 표면적인 목적이 있긴 했지만—에 관하여 숱한 질문들을 쏟아냈다. 아인슈타인과 레오 실라르드처럼 나치의 핵무기 개발 노력을 루스벨트에게 경고했던 사람들이나 윌슨처럼 맨해튼 프로젝트에 직접 참여했던 사람들 다수도 미국이 일본 민간인들을 대상으로 원자폭탄을 투하하자 경악을 금치 못했다. 과학자들이 핵무기를 개발한 의도는 오로지 잠재적인 독일의 핵무기 개발을 저지하기 위해서였기 때문이었다. 독일의 핵 프로그램이 사실은 지지부진했다는 사실까지 드러나자, 핵무기를 실제로 사용한 행위는 더욱 사악한 짓으로 여겨졌다.

악마를 다시 병 속에 집어넣고 장래의 대참사를 막을 방법이 있지 않을까? 일단 알려지자, 핵무기 제작의 비밀은 결코 "다시 봉인할" 수 없었다. 과학의 개방성을 확고히 지지했던 보어는 모든 정보는 공공의 것이 되어야 한다고 역설했다. 아인슈타인, 윌슨, 실라르드 등과 함께 그는 핵무기의 국제적인 통제를 주창했다. 원자폭탄 개발에 참여했던 많은 이들을 포함하여 물리학계의 대다수는 무기 통제 기구들의 후원자나 설립자가 되었다.

한편 텔러로 대표되는 일부 인사들은 소련과의 군비 경쟁을 경고하면서 서구 세력이 핵무기에 관한 비밀 정보들을 계속 봉인해야 한다고 설득했다. 텔러는 민주주의의 적들로부터 민주주의를 지키자며 "슈퍼폭탄"의 개발을 촉구했다. 이는 나중에 수소폭탄으로 불리게 된다. 맨해튼 프로젝트가 끝난

지 한참 후에도 그는 고성능 무기 연구를 계속했으며 "수소폭탄의 아버지"로 불렸다. 텔러를 포함해 그처럼 강경한 입장을 취한 이들을 풍자하는 취지에서, 〈닥터 스트레인지러브: 어떻게 나는 걱정을 멈추고 폭탄을 사랑하게 되었는가〉라는 유명한 영화가 나오기도 했다.

조를 구출하기

텔러보다 덜 우렁차고 덜 과격하긴 했지만, 놀랍게도 휠러 또한 마찬가지로 추가적인 핵 개발 노선을 따랐다. 1953년까지 핵무기 연구를 계속하여, 휠러는 수소폭탄 개발의 중요한 공헌자 겸 옹호자가 되었다.

국제주의자인 보어와 아인슈타인의 차분하고 평온한 사도인 휠러가 왜 그런 강경한 길을 추구했을까? 한 비극—남동생 조가 당시 고작 서른의 나이에 전사한 사건—이 휠러를 더 많은 핵무기 연구와 개발을 지지하는 쪽으로 이끌었기 때문일지도 모른다.

조는 브라운 대학에서 박사학위를 받은 유능하고 젊은 역사학자였다. 전도유망한 학자로서의 길이 예정되어 있었지만, 미 육군 일병으로 징집되었다. 그리하여 이탈리아에서 독일군과 싸웠다. 1944년 어느 날 그는 형에게 엽서 한 장을 보냈다. 엽서에는 짧지만 힘 있는 문구 하나가 적혀 있었다. "서둘러!"

나중에 휠러가 생각해보니, 자신의 핵분열 연구를 알고 있던 동생은 전쟁을 끝낼 잠재력을 지닌 슈퍼무기를 형이 개발 중이라고 추측했을 것이다. 연합군이 히틀러를 턱밑까지 추격할 무렵, 강력한 무력시위는 히틀러의 몰락을 가속화시킬 터였다.

슬프게도, 엽서를 보낸 직후 조는 군사작전 중 실종되었다. 그의 부패한 시체는 1946년까지는 발견되지 않았다. 휠러와 가족은 참담한 소식을 듣고 절망에 빠졌다.

그 시점부터 동생의 엽서 내용을 거듭 생각한 후 휠러는 자기가 핵분열 연구를 밀쳐놓지 않았더라면 벌어졌을 대체역사에 사로잡혔다. 상상으로 그려낸 평행세계의 1940년대 초반에 그는 장비들을 작동시키고 파인만과 함께한 전기역학 연구에 전적으로 집중하기보다 핵무기 개발을 강력하게 추진했다. 자신이 확보한 상당한 연구 결과와 제작 관련 기술을 당시 이미 진행 중이던 맨해튼 프로젝트에 제공함으로써, 루스벨트 행정부가 그 임무에 충분한 인력과 자원을 공급하는 데 일조했다. 미국이 참전할 무렵 원자폭탄은 이미 개발이 한창 진행 중이었다. 휠러가 상상하기에 만약 1944년 중반까지 완성되었다면, 아마도 나치 독일은 일 년 일찍 항복했을 테고 수백만 명—전쟁의 막바지 단계에서 스러진 수많은 군인과 민간인들 그리고 홀로코스트로 살육당한 숱한 목숨들이—이 목숨을 잃지 않았을 것이다.

"확신하건대, 미국은 영국과 캐나다 연합군의 도움으로 원자폭탄을 더 일찍 만들 수 있었을 것이다. 만약 과학계와 정치계의 지도자들이 그 과제를 더 일찍 시행했더라면 말이다"라고 나중에 휠러는 비망록에 썼다. "누구도 부인할 수 없듯이, 원자폭탄 프로그램이 일 년 일찍 시작되어 일 년 일찍 종결되었다면, 1,500만 명이 살아남았을 테고, 그중에는 내 동생 조도 포함되었을 것이다."

동생의 사망 후 수십 년이 지나서도 휠러는 그 시대에 대한 대중 강연에서 원자폭탄을 더 일찍 더 열심히 개발하지 않은 자신의 잘못을 언급하곤 했다. 연합군이 나치를 더 일찍 무찌르고 동생이 살아남았다면 어땠을까라며 눈물을 글썽이기도 했다. 다시 한 번 다음 문구가 가슴을 저민다. "만약 그랬다면 어땠을까?"

지구종말시계

원자폭탄 시대의 섬뜩한 상징은 "지구종말시계Doomsday Clock"이다. 1947년에 『불러틴 오브 더 아토믹 사이언티스츠Bulletin of the Atomic Scientists』—핵무기 통제를 지지하는 맨해튼 프로젝트 전문가들이 발행한 잡지—의 표지에 처음 등장한 용어다. 이 시계는 핵 재앙의 임박한 위협을 경고했다. 처음에 자정 7분 전으로 설정된 그 시계의 바늘은 핵 위협의 증대와 감소를 표현하기 위해 이후로 앞으로 갔다 뒤로 갔다 하며 움직였다. 자정은 핵 재앙을 상징한다. 핵폭탄이 더욱 강력해지면서, 핵 재앙은 문명의 종말 그리고 어쩌면 지구상의 생명 자체의 종말을 더더욱 의미하게 되었다.

묵시록의 두려움은 오피가 "트리니티 테스트Trinity Test"라고 명명했던 원자폭탄의 첫 번째 테스트에서도 만연했다. 테스트는 1945년 7월 16일 새벽에 로스앨러모스에서 남쪽으로 360킬로미터쯤 떨어진 호르다니 델 무에르토Jornada del Muerto(죽은 자의 여행이라는 뜻)라는 사막 지역에서 실시되었다. 플루토늄 폭탄 하나가 폭발 카운트다운 며칠 전에 폭탄 설치용 탑 위에 놓였다. 이미 베테와 파인만은 폭탄이 방출할 것으로 예상되는 에너지 양을—"베테-파인만 공식"이라고 알려진 공식을 이용하여—세밀하게 계산해 놓았다. 이 계산치 그리고 폭발로 인해 예상되는 다른 측면들이 정확한지 확인하기 위해 테스트 장소 주위에 장치들이 설치되었다. 과학적인 관측을 할 사람들과 주요 관리들은 탑에서 십 킬로미터쯤 떨어진 벙커에 위치해 있었다. 파인만을 포함한 사건의 다른 목격자들은 삼십육 킬로미터쯤 되는 곳에 있었다. 전원이 눈 보호를 위한 특수하고 어두운 고글을 착용했다. 카운트다운이 가까워지자 다들 폭탄의 파괴력을 예감하면서 긴장감이 감돌았다. 그로브스 장군 같은 몇몇은 폭탄이 아예 작동하지 않을까 우려했고, 또 어떤 이들은 너무 파괴적이어서 가공할 연쇄반응이 일어나 어쩌면 대기가 몽땅 불붙지 않을까 두려워했다. 교수대 유머Gallows humor를 한답시고 페르미는 그런 대기 연소가 발생한다면 뉴멕시코만 쓸어버릴지 아니면 전 세계를 쓸어버릴지 내기를 걸었다.

호기심이 넘치는 성격의 파인만은 어두운 고글이 시야를 가린다고 여겨 벗어버리고서는, 무기 수송용 트럭 안에서 폭발 장면을 육안으로 지켜보기로 결심했다. 파인만의 생각에, 트럭의 창유리가 핵폭발로 인해 방출되는 자외선을 차단하고 가시광선만 통과시켜 자기 눈을 보호해줄 터였다. 자신의 계산이 정확한지 그리고 폭탄이 실제로 작동할지 간절히 보고 싶었다.

갑자기 파인만의 눈에 번쩍거리는 흰색 섬광이 보였다. 성공! 본능적으로 고개를 돌렸지만 눈에 자줏빛 반점이 어른거렸다. 아무리 트럭 안에서 보더라도 자줏빛 반점이 보였던 것이다. 심지어 눈을 감아도 반점이 보였다. 하지만 공포에 질리기는커녕 일시적인 잔상일 뿐이라며 스스로를 다독였다. 그래서 다시 눈을 뜨고 멀리서 부풀어 오르는 노란 공을 힐끔 바라보았다. 마치 두 번째 태양이 떠오르는 듯했다. 점점 커지면서 공은 조금 어두워져 주황빛이 되었다. 공은 두꺼운 연기 기둥 위에 떠 있었는데, 버섯 모양을 닮았다. 그러는 내내 파인만 내면의 차분한 "해설가"는 폭발 과정의 각 단계를 지배하는 물리법칙들을 시시각각 보고했다. 마침내 굉음이 들려왔는데, 그가 익히 알고 있던 대로 이 소리는 도달하는 데 빛보다 훨씬 오래 걸렸다. 삼십육 킬로미터 거리에서 그 차이는 일 분 삼십 초였다.

몇 주 후, 두 개의 원자폭탄이 일본에 떨어졌을 때 휠러는 전혀 공포를 느끼지도 후회를 하지도 않았다. 전쟁이 끝났다는, 누구나 느낄 법한 안도감을 느꼈을 뿐이다. 죄책감도 우려하는 마음도 생기지 않았다. 연구소에서 휠러에게 그 프로젝트에 참여하라고 설득했던 윌슨이 이제 자신들이 세상을 구렁텅이로 몰아넣었다고 경악하자, 휠러는 깜짝 놀랐다. 왜 윌슨이 자기 자식을 거부한단 말인가? 휠러는 의아하기만 했다. 파인만의 경우, 자신이 개발에 엄청난 역할을 했던 기술의 의미는 한참 지나서야 의식되기 시작했다.

파인만처럼 민감한 사람이 왜 처음에는 핵폭발의 파괴적인 힘에 대해 그처럼 무관심했을까? 아마도 몇 주 전에 그의 세계가 이미 끝나버렸기 때문이었을지 모른다. 파인만의 소중한 사랑이 영원히 끝나버렸기에, 마음이 트리니티 테스트 장소만큼이나 황폐해져 있었다.

핵실험 한 달 전쯤인 6월 중순에 파인만은 장인어른한테서 절망적인 전화를 받았다. 병원에 들른 장인한테서 알린이 위독하다는 소식을 전해 들었다. 푹스의 차를 빌려 앨버커키로 전속력으로 차를 몰았다. 도중에 두 번이나 펑크 난 타이어를 갈아 끼운다고 끙끙대면서 말이다. 도착해 보니 아내는 의식이 오락가락한 채로 제대로 숨을 쉬지도 못했다. 결국 6월 16일에 세상을 떠났다.

그동안 파인만은 놀랍도록 침착했다. 그의 뇌는 죽음이란 자연스러운 생리학적 과정이라고 말해주었다. 알린이 아플 때조차도 둘은 함께 모험을 많이 즐겼다. 함께 수십 년을 살든 몇 년 동안만 결혼 생활을 즐기든, 결국에는 똑같았다.

파인만의 말에 의하면, 알린의 병실 시계가 이상하게도 사망 시각인 오후 9시 21분에 멈춰 있었다고 한다. 아내가 세상을 떠나자 정말로 시간이 멈추었을까? 터무니없는 소리다. 쉴 새 없이 작동하는 그의 정신은 훨씬 더 합리적인 설명을 내놓았다. 간호사가 알린의 사망 시각에 시계를 잘못 건드리는 바람에, 고장이 났던 것이다.

어쨌든 파인만의 마음속 시계는 멈추어 버렸다. 비록 그때는 제대로 알아차리지 못했지만 말이다. 다시 로스앨러모스에 돌아가서는 이전과 마찬가지로 아무렇지 않다는 태도를 친구들에게 보였다. 무심히 트리니티 테스트를 지켜보았고 일본의 원자폭탄 투하 소식을 들었다. 사람들과 어울려 승전을 축하했다. 하지만 차츰 무언가가 대단히 잘못되었음을 깨닫기 시작했다. 본질적인 무언가가 사라지고 있었다. 몸과 마음이 아무 생각 없이 뭔가에 끌려다녔다. 중앙처리장치는 망가졌고 출력은 무의미했다. 어떤 정비사가 파인만의 망가진 내면의 삶을 수리하여 다시 정상적으로 작동할 수 있게 할 것인가?

4
숨은 유령들의 길

"삶의 갈림길마다 우리는 더 나쁜 상태의 길을 택했다. 그게 더 흥미로워 보였으니까."

미셸 파인만이 아버지 리처드 파인만에 대해 한 말,
『완전히 합리적인 일탈Perfectly Reasonable Deviations』, xix에서

이차세계대전이 끝나자, 대량 인명살상으로 인한 크나큰 슬픔이 대중의 종전 환호를 무색케 했다. 유럽 대다수 지역, 일본 및 세계 여러 곳에 걸친 끔찍한 파괴는 생존자들에게 역사가 끔찍한 길로 들어섰음을 일깨워주었다. 아돌프 히틀러가 아예 존재하지 않았다면 세상은 어떻게 되었을까와 같은 추측이 난무했다. 그런 대안적 현실이 더 평화로웠을까? 아니면 참혹한 전쟁은 어쨌든 불가피했을까? 히틀러만큼이나 잔혹한 다른 지도자들이 대신 나타났을까?

이와 반대로 많은 이들은 만약 히틀러가 이겼다면 어떻게 되었을지 궁금해했다. 대체역사 시나리오들이 흘러넘쳤는데, 대표적인 예가 필립 K. 딕의 고전적인 소설 『높은 성의 사내The Man in the High Castle』이다(1962년에 출간된 이 작품은 2015년에 아마존 텔레비전 시리즈로도 방영되었다). 이 작품에서는 일련의 상황들로 인해 추축국이 연합군을 무찌르고 승리를 거둔다. 나치 독일과 일본 제국이 (일부 중립 지역만을 제외하고) 세계를 나누어 가진다.

딕의 전망은 여러 가지 원작을 참고로 한 것이다. 가령 미국 남북전쟁에서 남군이 승리하는 내용인 워드 무어Ward Moore의 1953년 소설 『희년을 선포하라Bring the Jubilee』와 중국의 고서 『주역』이 대표적이다. 특히 『주역』은 점성술 체계로서 오랫동안 내려왔는데, 여기서 무작위로 선택된 효와 괘(선분들로 이루어진 독특한 패턴) 각각은 많은 미래의 가능성들 중 하나를 암시한다.

딕의 작품에서 여러 인물들은 『주역』에 따라 의사결정을 한다. 그중 한 명이 호손 어벤슨Hawthorne Abendsen인데, 그는 『주역』을 이용하여 소설 속의 소설인 『메뚜기가 무겁게 드리우다The Grasshopper Lies Heavy』를 쓴다. 나치 점령지역에서는 금서였지만 다른 곳에서는 인기 있는 이 작품은 나치가 실제 사건과 다른 방식과 시간대에서 패배하는 대체역사를 기술하고 있다.

또 다른 『주역』 신봉자인 줄리아나는 『메뚜기가 무겁게 드리우다』의 팬으로서, 어벤슨에게 그 작품의 의미를 캐묻는다. 자택으로 찾아가 어벤슨을 만난 후 줄리아나는 놀라운 결론에 다다른다. 허구로 지어낸 나치의 패배가 사실은 그녀가 사는 시간대보다 더 옳다는 사실을 알게 된다. 달리 말해, 나치는 이기지 않고 져야 되는 것이었다. 그녀가 아는 역사는 허상, 즉 시간상의 잘못된 경로임을 알아차린다.

딕의 꼬여 있는 가상적 이야기는 많은 철학자들이 던진 질문 하나를 다시 제기한다. 역사의 다른 버전이 가능성들의 무수한 경로들 중 드러나지 않는 한 경로상에 존재할 수 있는가? 만약 그렇다면, 소설 속의 여러 인물들처럼,

그 실현되지 않은 역사를 알아차리는 것이 가능한가?

독일 수학자 겸 논리학자 고트프리트 라이프니츠는 신은 모든 대안을 파악할 수 있으리라고 추측했다. 모든 대안을 저울질한 후 신은 최적의 경로를 선택한다. 이차세계대전의 경우, 아마도 1945년 나치의 패배가 실제 시나리오였을 것이다. 만약 히틀러가 그 전에 몰락하여 수백만의 목숨이 살아남을 수 있었다면, 라이프니츠의 개념에 의할 때 신은 그 경로를 선택했을 것이다.

『캉디드』에서 프랑스 작가 볼테르는 우리가 "모든 가능한 세계들 중 최상의" 세계에 산다는 라이프니츠의 개념을 보란 듯이 비웃었다. 어떤 끔찍한 일이 생기더라도 등장인물인 팡글로스 박사는 일이 그렇게 될 예정이었다고 확신하며 아무런 동요가 없다. 그렇지 않았다면 신이 더 나은 결과를 선택했으리라는 것이다.

대체역사의 개념이 인류 역사의 논의에서는 매우 의심스럽게 받아들여지지만, 존 휠러가 "모든 이력의 총합"이라고 명명한 리처드 파인만의 경로적분 방법은 양자세계에서 잘 들어맞는다. 임의의 입자 상호작용의 결과들을 계산하려면 모든 가능한 역사의 가중치가 매겨진 목록을 고려해야만 한다. 그중에서 고전적인 경로가 최적의 경로, 즉 모든 가능한 세계들 가운데 최상의 것임이 드러난다. 마치 자연이 자신의『주역』을 갖고 있는 듯하다.

전후의 우울

휠러와 파인만이 전쟁 종결에 안도하긴 했지만, 둘에게 전쟁 직후의 기간—특히 1946년—은 암울한 시기였다. 휠러는 동생 조를 잃었고 파인만은 사랑하는 아내이자 뮤즈인 알린을 잃었기에, 둘의 인생에 어두운 그늘

뉴저지 주 프린스턴의 배틀로드에 있는 휠러 가족의 집. (출처: 사진 촬영 폴 핼펀)

이 졌다. 휠러는 자신의 젊은 제자가 이제는 홀아비라는 사실이 안쓰럽기 그지없었다.

휠러 가족으로서는 오랫동안 기다리던 귀향 덕분에 전시의 비참함이 사라졌다. 프린스턴의 배틀로드에 있는 안락한 집으로 돌아갔을 때, 이제까지의 떠돌이 생활은 최종적으로 끝난 듯했다. (몇 년 후에 로스앨러모스로 여행을 간 적이 있지만, 그 여행도 그다지 나쁘지는 않았다.) 자녀 교육과 다른 집안 일들에 집중하면서 휠러 부부는 전쟁의 악몽에서 차츰 벗어났다.

파인만은 그런 가족이 없다 보니 자꾸만 추억만 곱씹는 삶을 살고 있었다. 지난 몇 년 동안 대단한 열정을 바쳤던 프로젝트는 방사능 먼지 구름 속에서 사라졌다. 도덕적인 문제들과는 별도로 그는 로스앨러모스에서 자신이 이룬 성공을 굉장히 자랑스러워했다. 그 성공에는 금고 털기 및 다른 기이한 행동들도 포함되었다. 하지만 이제 모든 것이 끝났고, 깊이를 알 수 없는 허무만이 남았다.

설상가상으로 그해 10월에 아버지가 세상을 떠났다. 과학적인 호기심이 흘러넘쳤던 아버지 멜빈 파인만은 언제나 리처드 파인만의 의욕을 북돋웠다. 그 보답으로 파인만은 종종 아버지에게 과학적 개념들을 귀에 쏙 들어오게 설명하는 방법을 궁리하곤 했다. 아버지가 세상을 떠나자 파인만은 홀로 남은 어머니를 염려하면서 무척 과민해졌다.

어느 날 오후 뉴욕 시에서 어머니와 만나 점심을 먹고 있을 때, 느닷없이 우울의 파도가 파인만을 덮쳤다. 주위의 거리 풍경—직장인들, 여행객들 그리고 도시의 마천루 협곡을 어슬렁거리는 많은 사람들—을 둘러보면서, 그는 마음속으로 원자폭탄 한 발이 몇 개의 블록을 절멸시킬지 계산했다. 파괴적인 핵무기 제작의 가능성을 생각해보고서 맨해튼이 히로시마와 나가사키와 같은 종말을 맞을 가능성에 몸을 떨었다. 문득 자신과 로스앨러모스의 동료들이 실현시킨 끔찍한 일의 크기를 실감했다. 세상에 아무런 희망이 없다고 파인만은 결론지었다. 모든 것이 헛되었다.

양전자와 같은 소립자도 아니고 시간을 거꾸로 흐르는 파동도 아닌 인간이었기에 파인만은 자신이 시간을 거슬러 역사를 바꿀 수 없음을 잘 알았다. 대신 자신의 실수로부터 중요한 교훈 하나를 얻었다. 즉, 맨해튼 프로젝트의 원래 목적—나치가 원자폭탄을 개발해 독점적으로 사용하지 못하도록 막는 것—이 그 결과를 정당화한다는 자신의 가정이 틀렸음을 깨달았다. 나치가 핵무기 개발에 아무런 진척이 없음을 알아차렸을 때, 그와 동료들은 발을 뺐어야 했다. 핵전쟁이라는 다모클레스의 칼*이 없다면 세상은 더 나을 것이다. 파인만은 맹세했다. 앞으로는 자신의 가정을 끊임없이 재점검하여, 변화하는 상황에 맞게 계획을 조정할 것이라고.

* 그리스신화에 나오는 내용으로, 위기일발의 상황을 가리킨다.—옮긴이

그 무렵 파인만은 알린에게 자신이 얼마나 그녀를 사랑하고 그리워하는지 알리고 싶은 강한 충동을 느꼈다. 그래서 그녀가 만약 아직도 살아 있다면 말해주고 싶은 이야기를 편지에 적기로 했다. 건강 문제로 파인만에게 부담을 주지 않길 바랐던 알린을 떠올리면서, 그녀가 심지어 투병 와중에도 자신에게 얼마나 도움이 되었는지 조목조목 이야기했다. 그녀는 영감의 원천이었다. 그녀 없는 삶은 결코 즐겁지 않았다. "당신은 '이상적인 여자'였고, 우리가 떠난 모든 활기찬 모험의 선동자였다오"라고 파인만은 적었다.

파인만은 세상을 떠난 이에게 편지를 쓴다는 것이 얼마나 터무니없는 짓인지 잘 알고 있었다. 무엇보다도, 스스로도 밝혔지만, 편지를 결코 부칠 수가 없었다. 하지만 파인만이 고백했듯이 알린은 살아 있는 어떠한 사람보다도 더 소중했다. "나는 아내를 사랑하네. 하지만 아내는 이 세상에 없네"라고 편지 말미에 구슬프게 적었다. 결코 부치지 못한 편지는 닳고 닳았다. 파인만이 편지를 꺼내 읽고 또 읽었던 것이다.

신성한 단순성

전후 프린스턴으로 돌아온 휠러는 자신의 두 가지 지적인 열정을 다시 불살랐다. 즉, 강의와 연구를 재개했다. 다시 파머 연구실의 창문 너머를 내다보며(연구실이 파인 홀에서 그곳으로 옮겨졌다), 나무의 구불구불한 패턴들을 응시했고 자연의 진정한 본질을 깊이 사색했다.

철학적인 관점에서 볼 때 휠러는 우리의 복잡한 세계가 단순한 구성요소들로 이루어졌으리라고 여전히 믿었다. 복잡한 도시 모형이 단순한 레고 블록들로 지어졌듯이 말이다. 파인만과 함께 진행한 연구는 모든 것이 전자 그리고 양전하를 띤 짝인 양전자로부터 비롯되었다는 자신의 예감을 확인시켜

주는 것 같았다. 단 하나의 전자가 시간의 앞뒤로 왔다 갔다 하면서 존재할 지도 모르고, 아니면 전자와 양전자가 별도로 존재할지도 몰랐다.

듀엣 음악이 공기를 아름다운 화음으로 채우듯이, 전자들이 무지개와 낙조와 천둥 그리고 우리 눈에 보이든 보이지 않든 다른 수많은 유형의 것들을 상호작용을 통해 창조한다. 표준 양자론에서는 광자가 매개자—왔다 갔다 하면서 힘을 전달한다고 알려진 "교환 입자"—역할을 한다고 보는 반면에, 휠러-파인만 흡수체 이론은 그럴 필요를 없앴다. 전자(그리고 양전자)들만의 협력으로 빛을 생성할 수 있다는 것이다. 따라서 입자 세계는 더 단순해졌다.

휠러는 미니멀리즘에 대한 동경이 자신의 엄격한 프로테스탄트 배경 때문이라고 여겼다. 구체적으로 그는 평생 유니테리언 교도였는데, 이 교파는 다양한 교파들로부터 통합적인 원리를 뽑아내서 신봉했다. 그런 가치에 걸맞게 그는 사물의 본질을 열렬히 추구했으며 표면적인 차이들 너머를 보려고 했다.

가구 제작자가 톱과 망치와 못으로 작품을 만들 듯이 휠러는 단순성을 미덕으로 여겼다. 건축 재료는 세월의 흐름에 따라 달라지긴 했지만, 단순성의 추구는 변함이 없었다. 그는 자신의 열정을 이렇게 설명했다.

> 분명 세월이 흐르면서 많은 학생들이 교리문답식의 맹목적인 믿음으로 복창하도록 배운 이론이 생겨났습니다. 바로 자연에는 네 가지 힘, 즉 강력, 약력, 전자기력 그리고 중력이 있다는 것이지요. 하지만 프로테스탄트적 배경에서 자란 나는 이 교리문답을 거부했습니다. 대신에 나는 더 단순한 믿음으로서 무엇을 받아들였을까요? 현재로서는 요원하고 아마도 수많은 세월이 지나서야 달성할 수 있을 단일성과 단순성의 이상들을 나는 믿습니다. 한 가지 힘, 가령 전자기력을 택하여 그것을 극한까지 탐구하고 개척하지

요. 그런 방식 덕분에, 내가 진심을 다해 몰두할 수 있을 정도로 연구가 순수해지고 원대해졌습니다.

단순성 추구라는 과제를 지속하기 위해, 그 시점에서 휠러는 기존에 알려진 다른 모든 입자들과 힘들을 전자와 양전자로부터 구성해내길 염원했다. 그가 발표한 한 논문에서는 "폴리일렉트론polyelectron"이라는 신조어를 내놓았는데, 이것은 전자-양전자 쌍으로부터 만들어진 유형의 "원자"와 "분자"를 가리켰다. 어떤 식으로든 휠러는 그런 구성물들을 입자 왕국의 거주민들과 동일시하고자 했다. 극도로 불안정한 모형 원자 속의 단일한 전자 및 단일한 양전자의 짝은 "포지트로늄positronium"이라고 알려졌다. 포지트로늄 원자 두 개가 모이면 디포지트로늄dipositronium 분자 하나가 생성된다. 휠러의 혁신은 전자와 양전자만으로 구성된 세계를 상상하여, 그것들이 모여 원자와 분자를 이룬다고 본 것이다. 어쨌든 이것이 양성자, 중성자 및 전자들이 함께 등장하는 표준 이론보다 더 근본적이라고 휠러는 여겼다. 결국에는 전자와 양전자로부터 양성자와 중성자를 구성하겠다는 휠러의 전망은 불가능하다고 입증되었지만, 그는 올바른 방향을 내다보았다. 수십 년이 지나서 과학자들이 밝혀낸 바에 의하면, 양성자와 중성자 각각은 쿼크와 반쿼크로 구성되는데, 이것들은 점입자로서 전자와 양전자의 "사촌" 격이다. 따라서 알고 보니, 입자 집단은 휠러의 예상보다 더 컸던 것이다.

휠러의 폴리일렉트론 연구는 비록 추측이었지만 그에게 명성을 안겨주었다. 존경받는 학자들의 모임인 뉴욕 과학협회가 1947년 휠러에게 저명한 A. 크레시 모리슨 상을 수여했으며, 그의 논문을 그 협회의 연보에 실었다. 앞으로 휠러가 오랜 연구 활동으로 받게 될 숱한 상들 중 첫 번째 상이었다.

그 무렵 자연에는 적어도 세 가지—어쩌면 네 가지—의 근본적인 힘이 존재한다는 인식이 차츰 자리 잡고 있었다. 이론가들은 양자역학의 언어를 통해 그 메커니즘을 이해하려고 했다. 휠러와 파인만은 전자기력에 초점을 맞추었다. 이것은 맥스웰 방정식을 통해서 고전적으로 이해되었으며 양자론을 통한 설명도 준비가 무르익어 있었다. 또 한 가지 깊이 연구된 상호작용은 중력이었다. 알베르트 아인슈타인의 일반상대성이론은 중력을 이해하는 광범위하고도 고전적인 방법을 증명해냈다. 중력도 양자화하려는 몇몇 이론가들의 시도가 있었지만, 성공을 거두지는 못했다.

전자기력과 중력에 관한 이론들이 (모터의 회전에서부터 행성들의 공전에 이르기까지) 놀랍도록 광범위한 자연 현상들을 설명해냈지만, 원자 수준에서의 여러 가지 특이한 유형의 행동들은 다룰 수가 없었다. 첫 번째로 들 수 있는 것은 중성자가 붕괴되어 양성자, 전자 및 반중성미자 등으로 방사능 붕괴를 일으키는 현상이었다. "베타 붕괴"라고 하는 그 과정은, 엔리코 페르미 등이 이론적으로 모형화하려고 시도하긴 했지만, 제대로 이해할 수가 없었다. 그 과정에 대한 완전한 설명은, 파인만이 핵심적인 역할을 했으며, "약한 상호작용(약력)"이라고 알려졌다.

만족할만한 설명이 필요한 또 하나의 중요한 핵 과정은 원자핵 속에서 핵자(양성자와 중성자)를 붙들어 놓는 힘이었다. 이 강력하지만 짧은 거리의 인력은 나중에 "강한 상호작용(강력)"이라고 불렸다. 1935년에 유카와 히데키는 "중간자中間子, mesotron(나중에는 meson으로 바뀜)"라는 매개 입자가 관여하는 메커니즘을 내놓았다. 광자와 달리 중간자는 유의미한 질량을 갖는다. 무거운 볼링공을 던지면 공중에 아주 조금 떠오르듯이, 중간자의 질량은 이 입자의 활동 범위를 굉장히 작게 만든다. 따라서 강한 상호작용은 아원자 범위에 국한된다.

놀라운 우연의 일치로, 이듬해에 미국 물리학자 칼 앤더슨Carl Anderson과 세스 네더마이어Seth Neddermeyer가 우주선cosmic ray을 분석하여 유카와의 예측과 대략 일치하는 입자를 발견했다. 그 입자는 처음에는 "뮤 메손mu meson"으로 불리다가 나중에는 줄여서 "뮤온muon"으로 불렸다. 안타깝게도 물리학자들은 뮤온이 유카와가 설정한 과제를 충족하지 못한다는 사실을 알아차렸다. 사실, 뮤온을 가져와서 핵자를 결합시키려고 했다가는, 능력 부족으로 즉각 해고될 판이었다. 뮤온은 심지어 강력을 느끼지도 않는다. 우주선 내에 존재한다는 것과 다양한 과정에서 생성된다는 점만 빼면 뮤온은 자연에서 아무런 특별한 역할을 하지 않는 듯 보인다. 목적이 없는 듯한 뮤온을 언급하면서 물리학자 I. I. 라비는 유명한 질문을 하나 던졌다. "누가 저걸 주문했지?"

그러다가 제대로 된 유카와 입자인 "파이 메손pi meson", 즉 "파이온pion"이 1947년에 발견되었다. 이번에도 우주선 분석을 통해서였다. 파이온은 짧은 범위에서 작용하는 질량이 있는 입자로서, 강력에 반응하므로 유카와 이론에 딱 들어맞았다. 하지만 수십 년이 지난 후 물리학자들은 파이온이 근본 입자가 아님을 알아차렸다. 강한 상호작용의 진정한 메커니즘에는 또 다른 유형의 매개 입자인 "글루온gluon"이 관여한다.

휠러는 우주선에서 발견된 메손 등의 입자들을 폴리일렉트론이 모형화해내길 희망했다. 전자-양전자 쌍이라는 기본 재료들로부터 메손을 구성해냄으로써, 그는 익숙한 전자기력과 일반적인 전자를 이용하여 수많은 특이한 입자와 힘을 설명해내길 원했다. 주기율표를 보면 각각의 화학 원소가 어떻게 핵과 전자로 구성되어 있는지 알 수 있듯이, 그는 폴리일렉트론들의 배열이 기본 입자들에게 마찬가지 일을 할 수 있으리라고 여겼다. 파이온이 발견되자 휠러는 『뉴욕 타임스』를 통해 이렇게 말했다. "더 무거운 모든 입자들이 우리가 이해하지 못하는 어떤 방식에 의해 양전자와 음전자로부터 구성될 가능성이 점점 더 커지고 있다."

그렇다고 말 한 마리에 모든 재산을 걸지는 않았다. 아직 증명되지 않은 가설에 불과한 폴리일렉트론에 과학적 명성을 건다는 것은 지혜롭지 않았다. 1940년대 후반부터 1950년대 초반까지 그는 핵과 입자물리학에 관한 통상적인 논문들을 다수 발표했다. 가령, 뮤온 및 파이온 상호작용의 메커니즘, 우주선의 기원에 관한 논의 그리고 두 개의 광자가 방출되는 어떤 과정에 대한 분석 등이 그런 논문들의 내용이었다.

원자폭탄 개발을 도운 핵분열에 관한 핵심 공동연구에서 드러났듯이, 닐스 보어의 영광스러운 후계자답게 휠러는 대중들로부터 강연 요청이 빗발쳤고 아울러 정부 위원회에서도 일해 달라는 부탁이 쇄도했다. 그는 특별한 전문지식이 있는 주제인 핵무기의 미래에 관한 기사들을 여러 편 썼다. 또한 보어 및 선구적인 미국 물리학자 조지프 헨리Joseph Henry에 관한 전기적인 글들도 썼다. 물리학의 역사에도 휠러가 관심이 다분했음을 알 수 있다.

1946년 9월 보어가 "핵과학의 미래"라는 제목의 회의차 프린스턴에 다시 왔다. 마침 그때는 대학 설립 이백 주년이 되는 해였다. 휠러는 스승과 더불어 저명한 물리학자들—파인만, 라비, 페르미, 로버트 오펜하이머 그리고 폴 디랙 등—을 많이 초대하여 물리학의 전후 향방을 논하게 되어 무척 기뻐했다. 이 기회에 파인만은 최소 작용 원리를 양자역학에 적용하는 자신의 방법을 디랙과 잠시 논의했는데, 어쨌든 그것은 디랙의 연구의 확장판이기도 했다. 디랙은 잠시 듣더니 자기 이론만 집중적으로 설파했다.

파인만은 회의에서 입자물리학에 단순성이 필요한가라는 주제를 언급하면서 휠러에 동조하는 태도를 취했다. "기본 입자들은 결국 어떻게 될까요? 더 많은 입자들 아니면 더 적은 입자들일까요? 또 어쩌면 이른바 '다른' 입자들이 사실은 '다른' 입자들이 아니라 동일한 입자의 다른 상태들은 아닐런지요… 수학적 형식론에서 직관적인 도약이 필요합니다. 이미 디랙의 전자 이론에서 그랬듯이 말입니다. 번득이는 천재성이 발휘되어야 할 시점입니다."

회의의 또 한 가지 논의 주제는 정부와 업계 자금의 유입 및 이로 인해 과학계가 부패할 수 있느냐 하는 문제였다. 많은 참여자들은 물리학은 독립을 위해 투쟁해야 한다고 주장했다.

휠러는 평화시든 전시든 과학자도 시민으로서 정부에 협조해야 할 의무가 있다고 굳게 믿었다. 그는 이전의 맨해튼 프로젝트 동료들과 가깝게 지냈으며, 핵물리학자로서 민간의 발전과 더불어 군사적 발전과도 보조를 맞추어야 한다고 공언했다. 무기 연구를 늦춘 (자신이 보기에) 실수를 되풀이하지 않겠노라고 그리고 결정을 정치인들에게만 맡기지 않겠노라고 맹세했다. 잘못된 정보에 따른 선택을 방지하기 위한 국가의 노력에 물리학자들도 적극 동참해야 한다고 그는 믿었다.

한편 파인만은 군사용 연구에는 완전히 관심을 끊었다. 로버트 윌슨처럼 정치적인 활동을 하진 않았지만, 대체로 윌슨의 길을 따랐다. 이전에 윌슨은 기초과학 연구는 제쳐두고 히틀러의 야욕을 꺾겠다는 표면적인 목적으로 군사용 연구를 시작했다. 하지만 나치가 핵폭탄을 갖지 않았음을 알고 난 후에는 무기 연구에 대한 관심은 말끔히 사라졌다. 프로젝트가 완료될 때까지 계속 참여하긴 했지만, 마음은 떠나 있었다.

전후 윌슨은 곧바로 물리 세계의 경이로움을 탐구하는 민간인의 삶으로 되돌아갔다. 원자폭탄 개발을 비난하지는 않았지만, 다시 할 마음은 없었다. 다른 계획이 있다고 발뺌하며, 로스앨러모스 등에서 자문을 맡아달라는 온갖 요청을 정중히 거절했다. 자연의 비밀을 푸는 일이 자연을 날려버릴 새로운 방법을 찾는 것보다 훨씬 더 보람 있었다.

베테의 아이들

맨해튼 프로젝트가 끝난 뒤 파인만은 앞으로 선택할 길이 여러 가지였다. 여러 대학이 앞다투어 교수로 와주십사 제안했기 때문이다. 이전에 위스콘신 대학으로 와 달라고 했던 요청을 다시 수락할 수도 있었다. 오펜하이머가 적극적으로 밀어주기로 한 버클리 대학으로 갈 수도 있었다. 물리학과장인 레이먼드 버지Raymond Birge는 교수직 제안에 한참 뜸을 들였지만 결국에는 그렇게 했다.

하지만 코넬 대학에서 강의와 연구를 해달라는 베테의 제안이 가장 끌렸다. 파인만은 코넬 대학의 핵실험 연구팀의 능력을 높이 샀으며 그 연구팀의 결과를 통해 자신이 더 나은 이론을 개발해낼 수 있으리라고 생각했다. 현실적인 점을 들자면, 뉴욕 시에서 몇 시간 거리 이내였기에 가족과 만나기 쉬웠고 그 도시에서 열리는 전국 물리학회에 참석하기도 좋았다.

파인만이 결국에는 거절한 또 하나의 선택지는 프린스턴 고등과학연구소의 연구원이었다. 거기서는 전혀 강의를 할 수 없다는 단점이 있었다. 넉넉한 보수를 받으면서 궁극적인 질문들을 마음껏 할 수 있을 뿐이었다.

그 연구소에서 고립되어 지내는 아인슈타인 등의 과학자들이 현실에서 기반을 잃어가는 모습을 파인만은 익히 보았다. 물리학의 최근 발전 동향이 연구소의 벽을 넘어가지 못할 때가 종종 있었다. 학생들과의 교류가 없기에 그곳 구성원들의 마음은 자유롭게 떠돌며 자연에 대한 경이로움과 깊은 사색에 잠겼다. 하지만 무엇에 관해서? 파인만은 추상적이거나 순전히 수학적인 질문에는 관심이 없었다. 게다가 그 무렵에는 자연의 힘들을 통합하겠다는 목표를 공략하고 싶지도 않았다. 수업 준비와 강의라는 자극제가 없다면 시대를 따라갈 동기 부여도 줄어들 터였다. 대신에 아인슈타인처럼 이론적인 꿈의 세계에 빠져들지 모른다.

또한 파인만은 이론가가 문제 풀이에만 매달리면 위험할 수 있음을 잘 알고 있었다. 만약 가르치는 기관에 속해 있다면, 연구에 진척이 없을 경우 관심의 초점을 교육으로 돌릴 수 있었다. 그러면 무가치하다는 느낌에서 벗어날 수 있다. 어쨌거나 파인만은 가르치기를 좋아했고 가르치는 일이 쉬웠다. 그 무렵에는 깊은 상실감에 젖어 있었고 연구는 생각하기조차 어려웠기에 그런 길이 가장 안전하다고 파인만은 느꼈다. 따라서 모든 대안들 가운데서 코넬 대학을 선택했다.

파인만이 교정에 처음 들어선 날은 성경에서 요셉과 마리아가 베들레헴에 도착한 날과 어찌 보면 비슷했다. 여관에 빈방이 없었던 것이다. 예약을 하지 않고 자정이 지나 도착했으니, 어느 숙소라도 방이 있으리라고 파인만은 기대하지 않았다. 코넬 대학이 자리한 조밀한 구릉지의 대학 타운인 이타카는 학기 시작 때에는 언제나 분주한 분위기였다. 그렇긴 하지만 파인만의 바람은 소박한 것이었다. 주변 건물을 둘러보니 마침 문이 열린 건물이 있었다. 거기서 소파가 놓인 조용한 공간을 찾아 바로 곯아떨어졌다.

아침에 일어나 물리학부에 가서 도착 사실을 알리고는, 물리학의 수리적 방법에 관한 자신의 강의가 열릴 곳이 어디냐고 물었다. 자신이 한 주 일찍 도착했다는 말을 듣고, 파인만은 그렇게 오래 기다려야 한다는 사실에 아연실색했다. 첫 번째 강의라고 준비도 단단히 해왔는데 말이다. 대학 측에서 숙소를 정해두지 않았으니, 파인만은 전날 밤에 묵은 곳—아마도 거기겠지라고 여긴 곳—으로 다시 돌아갔다. 하지만 비밀이 새어나갔다. 그곳 건물 관리인이 이렇게 주의를 주었다. "이보쇼, 젊은 양반, 객실 상태가 좀 엉망이라네. 사실은 아주 엉망이지. 믿거나 말거나지만, 어떤 교수님께서 지난 밤에 여기 로비에서 잤을 정도라니까."

다행히 코넬 대학에는 파인만의 특이한 행동을 아주 잘 아는 물리학자들이 많았다. 베테가 그 대학에 로스앨러모스 및 다른 원자력 연구소에서 일했던 젊은 귀재들을 많이 모아 놓았던 것이다. 전후에 곧바로 채용된 파인만 및 윌슨 말고도, 그 대학에는 맨해튼 프로젝트 출신들이 많았다. 대표적인 인물이 필립 모리슨Philip Morrison인데, 그는 트리니티 폭탄의 핵심부를 자동차 뒷좌석에 싣고 테스트 장소에 옮겨다 놓았고 일본으로 날아갈 핵폭탄을 폭격기에 싣는 작업도 도왔다. 이런 최고의 전문가들이 모여 이룬 그곳 연구팀은 핵폭탄 설계와 조립에서 얻은 가공할 기술들을 당시 물리학계의 가장 어려운 과제들을 공략하는 데 활용하게 된다. 그런 로스앨러모스 베테랑들에게는 수시로 울리는 파인만의 봉고 소리가 마치 봄날의 새소리처럼 귀에 익었다.

실의에 빠진 마음과 흔들거리는 접시

봄은 언제나 환영을 받는다. 겨울만 되면 눈과 얼음이 넘쳐나는 이타카 같은 곳이면 더더욱. 가파르고 미끄러운 길을 기도하는 마음으로 내디뎌야 하는 가장 추운 몇 달 동안, 많은 부부들은 불가에 오붓이 모여 앉아 서로의 온기를 느끼며 행복해한다. 하지만 파인만 같은 젊은 홀아비에게 그곳의 차디차고 흐린 날들은 지독한 외로움만을 안겼다.

파인만은 알린을 잊고 연구를 재개하려고 무척 애를 썼다. 하지만 이론에 관심을 돌리려고 하면 할수록 더욱 좌절감만 커져갔다. 이제 실력이 바닥났다고 걱정만 앞섰다. 코넬 대학이 자길 채용한 것은 실수라고 스스로 생각했다.

에너지를 가르침에 쏟게 되면서 그는 자신의 소명을 찾았음을 금세 깨달았다. 교실에서 그는 진정한 쇼맨, 즉 과학이라는 오락의 대가였다. 자연의 희한한 경이로움을 굉장한 말솜씨로 풀어낼 때면 모든 눈이 그 대가에게로 쏠렸다. 이전에도 자기 여동생, 휠러의 아이들 그리고 다른 많은 이들에게 놀라운 인상을 심어주었는데, 이번에도 세계가 작동하는 방식을 엉뚱한 방식의 시연과 다채로운 설명으로 학생들에게 한가득 풀어냈다. 휠러의 집에서 수프 캔을 던졌듯이, 무엇이든—단순하고 흔한 물품들—이용해서 그는 물리법칙과 이 법칙이 어떻게 세상 만물에 영향을 미치는지를 설파했다.

하지만 수업이 끝나고 나면, 강의 이외에 다른 무언가를 해야 한다고 생각하곤 했다. 버클리와 같은 대학들 그리고 프린스턴 고등과학연구소와 같은 싱크탱크들이 자기를 높이 평가했다는 사실이 터무니없어 보였다. 휠러와 함께 쓴 논문 빼고는 보여줄 연구 거리가 거의 아무것도 없는 마당에, 어떻게 자기를 오펜하이머와 아인슈타인 같은 급으로 여길 수 있었을까?

다행히도 코넬 대학의 동료들은 파인만의 재능을 진정으로 인정하고 물심양면으로 지원을 아끼지 않았다. 그들은 기꺼이 파인만의 입장이 되어, 만약 그런 젊은 나이에 배우자를 잃었다면 자기들은 뭘 제대로 했을까 상상해보았다. 윌슨은 파인만한테 동료들에게 좋은 인상을 남기려고 신경 쓰지 말라고 조언해주었다. 파인만의 강의는 훌륭하며, 연구야 원래 도박이 아니겠냐고 덧붙였다. 윌슨의 격려 덕분에 파인만을 감싼 우울의 안개는 마침내 걷히기 시작했다.

걱정은 이상한 방식으로 작동한다. 목표를 향해 계속 밀어붙이고 있는 사람은 마치 시시포스가 산꼭대기 위로 밀어 올린 바위가 다시 아래로 굴러 내리는 걸 보는 것처럼 좌절감을 느끼곤 한다. 전후에 연구를 재개하려는 파인만의 심정이 딱 그랬다. 하지만 강의와 같은 다른 과제에 초점을 맞춘다면 그리고 불리한 상황을 으레 그러려니 여긴다면, 어느새 그런 상황은 가볍게 웃어넘길 수 있는 것이 된다.

윌슨의 깜짝 조언을 들은 지 얼마 지나지 않아서, 파인만은 코넬 대학의 카페테리아에 앉아 있었다. 거기서 어떤 이가 장난으로 공중에 접시를 던지는 모습이 눈에 들어왔다. 던져진 접시는 흔들거리며 회전했다. 접시에는 코넬 대학의 문장이 그려져 있었는데, 파인만은 이 붉은 점이 흔들거리면서 회전하는 비율을 셀 수 있었다. 곧바로 그는 흔들거리면서 회전하는 물체에 대한 역학 방정식을 적고서 이것을 풀어 해를 구했더니, 그가 센 값과 똑같은 값이었다. 셈이 옳았다! 그렇게 한들 무슨 소용이 있었을까? 연구와 무슨 상관이 있냐고 어리둥절해 하는 베테에게 파인만은 그런 계산이 재미있다고 말했다. 파인만은 그런 두뇌 운동 덕분에 자기 실력 그리고 물리학에 대한 자신의 열정에 대해 다시 믿음을 가질 수 있었다.

두뇌가 제대로 작동하고 나자 파인만은 자신의 논문 주제를 다시 살펴보기 시작했다. 휠러와 함께한 연구로 인해 그는 상호작용하는 입자들의 모형들을 조립하는 데 명수였다. 가장 효과적인 수학적 도구들을 용접하는 일에 대가가 되어 있었다. 하지만 연구 주제는 제한적이었다. 왜냐하면 특수상대성, 양자 스핀 그리고 현대물리학의 다른 중요한 측면들이 미치는 효과들이 빠져 있었기 때문이다. 그래서 디랙이 던진 열린 질문을 다시 곱씹어 보았다. 전자 행동의 양자적 서술은 흔들리는 토대에 대부분 바탕을 두고 있었다. 이제 다시 연구를 시작할 때였다. 연구의 재미를 다시 맛볼 때였다.

디랙의 틈

흡수체 이론을 개발할 때, 휠러와 파인만 외에도 디랙이 세운 전당의 틈을 메우려고 시도한 물리학자는 여럿 있었다. 가령 헨드릭 "한스" 크라머르스 Hendrik "Hans" Kramers라는 전도유망한 네덜란드 물리학자가 양자전기역학의 큰 결점이라고 스스로 여긴 바를 꾸준히 제기했다. 크라머르스는 오랫동안 보어의 오른팔이었기에, 상당한 영향력이 있었다.

디랙 이론이 아름답긴 했지만, 크라머르스는 결점도 예리하게 간파했다. 그는 디랙 이론의 수학적 부적절성을 철저히 연구했다. 그런 결점들 대다수는 단 하나의 단어로 요약될 (또 어쩌면 요약되지 않을) 수도 있다. 바로, 발산이었다. 앞서 살펴보았듯이 디랙 계산 결과들에 나오는 무한대 합을 해결하려고 파인만은 휠러와 함께 연구하여 흡수체 이론을 내놓았다. 크라머르스는 양자전기역학의 디랙 버전의 계산 사례들에서 발산하는 경우들을 하나씩 찾아냈다. 무한대는 추상적인 수학적 사색에서는 멋있을지 모르지만 물리학에서는 대단한 골칫거리다. 무한대는 모든 계산을 무의미하게 만드는데, 특히 만약에 정밀하게 실시된 실험이 무한대 값을 내놓을 때 더욱 그렇다.

휠러-파인만 흡수체 이론과 반대로 크라머르스는 전자들이 틀림없이 전자기장과 상호작용한다고 믿었다. 전자기장 이론에서 장 개념의 우아함과 단순성을 높이 산 그는 장을 완전히 배제하는 급진적인 처방이 내키지 않았다. 대신에 그는 장의 효과를 벌거벗은 전자 자체와 구분하고자 했다. 여기서 "벌거벗은"이란 장이 존재하지 않는 가상적인 상황을 가리킨다. 그의 주장에 의하면, 실험으로 측정된 전자의 질량은 벌거벗은 전자 질량 더하기 전자가 자신이 발생시킨 장과의 상호작용으로 얻은 질량이다. (질량은 아인슈타인의 유명한 공식에 따라 에너지로부터 생긴다.) "재규격화"라는 과정에서, 크라머르스의 주장에 의하면, 실험으로 측정된 질량에서 자체 상호작용 질량을 빼면 더 현실적인 값이 얻어질 수 있다. 결국 크라머르스는 양자전기역학에서 무한대를 제외시켜 자체에너지 및 다른 물리량들이 유한하고 타당한 계산치를 갖도록 하고 싶었다.

당연한 말이지만, 모든 혁명적인 접근법이 올바른 예측을 내놓는지 확인하려면 세심한 검증을 거쳐야 했다. 크라머르스의 가설이든 휠러-파인만 흡수체 이론이든 그리고 발산 문제를 해결하기 위한 다른 모든 시도들이든, 전부 마찬가지였다. 결국 1947년 초반에 정밀한 새로운 실험이 실시되었고 그 결과가 셸터 아일랜드Shelter Island에서 열린 중요한 회의에서 드러났다. 이 덕분에 파인만 등의 탁월한 물리학자들이 크라머르스 등의 과학자들이 내놓은 개념들을 이용하여 양자전기역학을 더 확고한 토대 위에 올려놓았다.

인재들의 모임

셸터 아일랜드 회의 및 그 후 여러 후속 회의들은 록펠러 연구소의 던컨 매클니스Duncan Maclness의 멋진 발상에서 비롯되었다. 목적은 군사무기 연구의 슈퍼스타들의 과학적 에너지를 활용하여 물리학의 심오한 질문들을 해결하자는 것이었다. 매클니스가 그런 취지를 미국과학아카데미National Academy of Sciences. NAS에 전하자, 그곳 담당자들이 회의 개최를 위해 발 벗고 나섰다. 이렇게 해서 열린 일련의 회의들은 현대과학에 이루 말할 수 없는 영향을 끼쳤다.

NAS 회장인 프랭크 주잇Frank Jewett이 매클니스와 손잡고 회의의 기본방향을 잡았다. 그는 걸출한 전문가들로 이루어진 소규모 집단의 짧고 주제가 명확한 회의라는 개념을 천명했다. 주잇이 제시한 기본방향에 따라 NAS는 개최지 선정에 자금을 아낌없이 써서 편안하고 경치가 좋은 시설을 마련했다.

생물물리학을 다루는 개시 회의가 끝난 후 두 번째 회의 주제는 "양자론의 근본 문제들"이었다. 이 회의를 위해 두 명의 걸출한 물리학자가 도움을 주었다. 한 명은 미국물리학협회의 열정적인 간사인 칼 대로우Karl Darrow였고 다른 한 명은 그의 친구이자 유럽에서 개최된 유명한 솔베이 회의에 참가 경험이 있는 레옹 브릴루앙León Brillouin이었다. 이번에 브릴루앙은 볼프강 파울리한테 도움을 청했다.

파울리의 조언은 매클니스와 주잇이 기대했던 것과는 딴판이었다. 그는 대규모 회의를 구상했다. 전쟁 전에 양자론을 연구했던 노장 과학자들이 가득 모여서 논의를 다시 시작하길 바랐다. 파울리는 대체로 미국 물리학계를 높이 사지 않았기에 주로 유럽 참가자들을 모으고 싶어 했다.

주잇과 상의한 후 매클니스는 파울리에게 조언을 정중히 거절한다는 답신을 보냈다. 파울리에게 심심한 감사를 올린다면서도, 존경받는 교수들이 아니라 떠오르는 신예 과학자들이 모인 조촐한 행사를 원한다고 밝혔다. 그러자 파울리는 휠러를 만나보라고 추천했다. 신예 물리학자들을 잘 알 거라면서 말이다.

언제나 그렇듯이 파울리가 옳았다. 휠러는 세대 간의 가교 역할을 하는 데 그만이었다. 신사답고 예의 바른 데다 독일어도 유창했기에 많은 노장 유럽 물리학자들한테 점수를 땄고, 아울러 수수함과 야단스럽지 않은 유머 감각의 소유자였기에 파인만과 같은 젊은 미국 물리학자들한테도 존경을 받았다.

휠러는 회의 기획을 도와달라는 부탁에 기꺼이 응했다. 전자 상호작용 및 메손의 역할 등과 같이 자신이 중요하다고 여기는 주제들을 저명한 물리학자들이 토론한다는 발상이 마음에 들었다. 처음에 휠러와 파울리는 보어 연구소의 후원하에 그 회의를 코펜하겐에서 열자고 제안했다. 그러나 덴마크까지 갈 미국인들이 많지 않을 것 같아 염려도 되고 비용도 절감할 겸, 칼 대로우는 미국을 개최지로 하자고 설득했다. 정말로 회의의 총비용은 1,000달러 남짓밖에 되지 않았다.

여러 달 동안 계획을 세운 후에 주최 측은 셸터 아일랜드의 램스 헤드 인Ram's Head Inn을 적절한 장소로 선정했다. 그 섬은 최상급 사상가들이 조용한 곳에서 모여 회의를 열기에 안성맞춤이었다. 롱아일랜드의 북동쪽 끄트머리에서 조금 떨어져 있는 그 섬은 뉴욕 시와 남부 뉴잉글랜드와 꽤 가까우면서도, 애틀랜틱 산악 지역 같은 한적한 느낌을 풍겼다. 행사 날짜는 당시 가장 유명한 물리학자이자 물리학계의 인기인이었던 오펜하이머가 참석할 수 있는 때로 정해졌다.

매클니스가 휠러와 함께 초대 손님들 목록을 취합했다. 둘은 워크숍을 이끌 세 명의 토론 주도자를 정하기로 했다. 전부 걸출한 물리학자인 오펜하이머, 크라머르스 그리고 뛰어난 오스트리아 이민자인 MIT의 빅터 "비키" 바이스코프가 그 셋이었다.

바이스코프는 회의에 초대된 맨해튼 프로젝트의 여러 베테랑들 중 한 명이었다. 크라머르스처럼 그는 보어의 제자였다. 놀랍게도 막스 보른(박사과정 지도교수), 베르너 하이젠베르크, 에르빈 슈뢰딩거, 디랙 및 파울리 밑에서도 연구했다. 스승 목록에는 양자 세계의 내로라하는 인물들이 들어있었던 셈이다.

파울리의 제안에서 영감을 받아 1939년 바이스코프는 유한한 값을 얻겠다는 궁극적인 목표로 전자의 자체에너지(전자가 자신이 생성하는 전자기장과의 상호작용에 의한 에너지)를 계산하는 혁신적인 방법을 개발했다. (크라머르스와 마찬가지로, 하지만 이후에 나온 휠러-파인만 흡수체 이론과는 달리 그는 전자기장을 지키는 쪽을 택했다.) 자체에너지에 대한 적절한 양자 값을 얻기 위해 그는 "양자 요동quantum fluctuation" 효과를 계산했다.

양자 요동은 입자가 텅 빈 것처럼 보이는 공간에서 저절로 생길 때 발생했다가, 짧은 기간 동안 지속되다가 다시 무로 돌아간다. 마치 돌고래가 잠시 공중에 튀어 올랐다가 바닷물에 잠수하는 격이다. 가령, 전자와 양전자가 함께 등장했다가 찰나의 현실을 즐기다가 순식간에 서로 소멸할지 모른다. 완전한 무로부터 이처럼 물질이 잠시 생성되는 것은 하이젠베르크의 불확정성 원리로 인해 지속 기간이 매우 짧은 동안에만 허용된다(질량이 클수록 지속 기간은 더 짧다).

"가상 입자"라고 알려진 그런 일시적인 실체들은 또 하나의 제약을 받는데, 바로 전하를 보존해야 한다는 것이다. 바로 이 때문에 양전자가 전자와 함께 생성된다. 그래야 전하가 서로 상쇄된다. 자연의 진공은 대출을 베풀어주되 상당한 제약을 부과하는 신용한도와 비슷하다.

전자(또는 다른 대전 입자) 근처의 가상 입자 바다의 핵심 특징 한 가지는 분극된다는 것이다. 즉, 손전등 안의 건전지들이 나란히 배열되는 것처럼, 양에서 음의 방향으로 배열된다. 이 현상을 가리켜 "진공 분극vacuum polarization"이라고 한다.

결과적으로 진공 분극은 한 전자의 점 전하를 전하 구름으로 대체한다. 놀란 고슴도치 바늘들처럼, 반대로 대전된 가상 입자들의 쌍이 전자로부터 바깥 방향으로 방출된다. 이때 각 쌍의 양극 끝단이 음극 끝단보다 전자에 더 가깝다. 이렇게 배열된 전하들이 벌거벗은 전자의 전하를 막는 까닭에, 전자는 무한소의 점이라기보다는 결과적으로 유한한 덩어리가 된다. 본질적으로, 전자의 질량과 전하가 주위에 퍼지게 된다.

놀랍게도 바이스코프는 진공 분극이 전자의 자체에너지를 약화시킨다는 사실을 알아냈다. 이는 양자전기역학의 핵심 난제들 중 하나를 푸는 초석이 되었다. 그래도 자체에너지 계산치는 여전히 무한대로 가버렸는데, 조금 느려지긴 했다. 마치 통나무집이 거센 불길보다는 흰개미 떼에 의해 느리게 좀 먹히는 것처럼 말이다. 결과는 비슷했지만, 그 과정은 훨씬 느리게 진행되었고 다룰 수 있는 성질의 것이었다. 바이스코프의 가설 덕분에, 추가적인 수학적 조작을 통해 오랫동안 추구해온 유한한 자체에너지 값이 나오리라는 희망이 생겼다.

세 명의 토론 주도자들과 더불어 다른 물리학자들도 스무 명 넘게 초대되었다. 당연히 파인만도 휠러가 고른 물리학자들 가운데 한 명이었다. 휠러는 자기 자신도 명단에 포함시켰다. 그래야 파인만과 함께 생각을 주고받을, 늘 꿈꾸어왔던 시간을 만끽할 수 있을 테니까. 명단에는 또한 유진 위그너, 존 폰 노이만, 한스 베테, 에드워드 텔러, 그레고리 브라이트Gregory Breit(휠러의 박사후과정 지도교수), 엔리코 페르미 그리고 명석한 젊은 하버드 이론물리학자인 줄리언 슈윙거 등이 들어 있었다. 파인만처럼 슈윙거는 뉴욕 출신이었다. 그는 오피와 함께 연구했으며 평판이 아주 좋았다. 슈윙거와 바이스코프는 매사추세츠 주 케임브리지 시에서 서로 지척에 있는 각자의 대학 물리학과를 끈끈한 관계로 만들었다.*

모두가 엄밀하게 이론가이지는 않았다. 사실, 또 한 명의 손님인 컬럼비아 대학의 윌리스 램Willis Lamb은 원자 측정 분야의 전문가였으며 회의의 토론 방향을 설정하게 될 결정적인 실험 결과를 보고하게 된다. 컬럼비아 대학에서 슈윙거의 박사학위 지도교수이자 실험 연구 및 이론 연구 모두 수행했던 라비도 마찬가지로 중대한 발견 결과를 발표하게 된다.

막강한 램과 움직이는 선들

램을 잘 알았던 휠러도 그의 연구 업적을 대단히 존중했다. 1939년 램이 버클리 대학에서 박사학위를 받은 직후, 둘은 대기 속의 원자들이 우주에서부

---

* 그 도시에 하버드 대학과 MIT가 있다.—옮긴이

터 유입되는 고에너지 우주선에 어떤 영향을 미치는지를 주제로 삼은 논문을 공동으로 발표했다. 우주선 속의 전자들은 공기저항을 받아 에너지의 일부를 내놓는데, 종종 이른바 "폭포"라는 과정을 통해 다른 입자로 붕괴되기도 한다. 휠러와 램은 대기 속의 원자들이 그런 입자 생성에 어떻게 관여하는지 계산했다. (1956년, 둘은 원래 계산에 오류를 찾아내면서 그 주제를 다시 검토하여 후속 논문을 발표하게 된다.)

그러나 램의 가장 잘 알려진 연구는 1947년 봄에 이루어졌다. 셸터 아일랜드 회의를 위한 막바지 준비가 한창이었을 때였다. 램은 대학원생 제자인 로버트 레더퍼드Robert Retherford와 함께 수소 원자를 검출하는 새로운 방법을 적용하여 디랙의 예측들 가운데 하나가 틀렸음을 밝혀냈다. 특히 디랙이 계산하기로는, 수소 전자의 두 가지 상태, 전문적으로 말해 $^2S_{1/2}$와 $^2P_{1/2}$가 정확히 똑같은 에너지를 가져야 한다. 하지만 램-레더퍼드 실험은 수소의 미세 구조에 작지만 중요한 차이가 있음을 밝혀냈다. 수소 스펙트럼의 미세한 편이가 발견됨으로써, 해당 두 상태 간의 미세한 에너지 차이가 드러난 것이다. 이전의 원자 모형이 조금 부정확하다는 사실이 알려지자, 이 문제를 해결하고자 이론가들은 양자전기역학 분야에 더욱 주목하게 되었다.

컬럼비아 대학의 방사선 연구소에서 방위산업 연구를 하면서 램은 레이더 송출용 고집적 고에너지의 극초단파microwave 생성에 능통하게 되었다. 전파보다 파장이 짧은 이 파동은 목표물을 더 정확하게 탐지해내므로, 에너지 준위의 미소한 변이도 확인할 수 있었다. 전쟁이 끝나자 램은 자신의 전문지식을 원자의 속성을 검사하는 데 쓰기로 했다. 특히 디랙의 모형이 수소 스펙트럼을 정확하게 예측해내는지 알아보고 싶었다.

4월 26일, 극초단파 탐지기를 수소 원자에 여러 번 적용해 본 결과 램과 레더퍼드는 성공을 거두었다. 초당 대략 1,000메가사이클(1메가사이클 = 백만 사이클)의 신호를 가했더니 전자가 $^2S_{1/2}$ 상태에서 $^2P_{1/2}$ 상태로 들떴다. 막스 플랑크와 알베르트 아인슈타인까지 거슬러 올라가는 양자 원리에 의하면, 그 특정한 진동수는 미세한 에너지 양에 해당한다. 이를 통해 둘은 작지만 에너지 차이가 존재함을 증명했다. 이 차이를 가리켜 "램 이동Lamb shift"이라고 한다.

이 발견에 관한 소문이 일파만파로 퍼지자, 램은 다가오는 셸터 아일랜드 회의에서 발표할 보고서를 준비하기 시작했다. 어쨌거나 원자 속 전자를 어떤 다른 실험에서도 이루지 못한 대단히 높은 정밀도로 연구하여, 전자 에너지 준위의 미세한 차이를 최초로 발견해냈으니 말이다.

한편 바이스코프도 자신의 계산 결과를 바탕으로, 전자의 두 상태 사이에 에너지 차이가 있다는 낌새를 챘다. 그는 전자와 양자 진공 간의 상호작용이 그런 차이를 만드는 이유라고 보았다. 하지만 실험을 통한 증거를 간절히 기다리면서 자신의 결과를 발표하길 자제했다. 결국, 자기가 일찍 발표했다면 노벨상을 탔을 텐데 하면서 그때 주저한 것을 나중에 후회하게 된다.

램의 발표는, 바이스코프와 크라머르스 등이 짐작했듯이, 디랙의 양자전기역학이 반드시 수정이 필요함을 알리는 결정적 계기가 되었다. 세월이 흘러 램의 육십 세 생일에 물리학자 프리먼 다이슨은 램에게 이렇게 말했다. "미세 구조에 관한 박사님의 연구는 곧바로 양자전기역학의 엄청난 발전으로 이어졌습니다… 램 이동이 물리학의 중심 주제였던 그 시절이야말로 제 세대의 물리학자들 모두에겐 황금시대였습니다. 박사님은 매우 미묘하고 측정하기 어려운 그 미세한 이동을 알아내어, 입자와 장에 관한 우리의 사고방식을 근본적으로 바꾸어 놓으셨습니다."

5
섬과 산맥-입자 풍경을 지도로 그려내다

"파인만은 세계를 공간과 시간 속의 세계선들로 짜인 직물이라고 보는 경이로운 관점을 지녔다. 거기서는 모든 것이 자유롭게 움직이며, 있을 수 있는 온갖 역사들이 종국에는 다 합쳐져서 이 세계에서 발생하는 현상들이 기술된다."

프리먼 다이슨 『우주를 어지럽히기Disturbing the Universe』*

어떤 장소에 도착하는 방법은 수만 가지다. 명석한 인물 열댓 명한테 똑같은 문제를 풀 방법을 물어보면, 저마다 다른 답을 각자 두 가지씩은 내놓을 것이다. 양자전기역학의 문제를 푸는 데는 수많은 사람들의 집중된 노력이 필요했다. 세 차례의 미국과학아카데미 회의가 각각 섬에서, 산에서 그리고 계곡에서 개최되었는데, 여기서 입자 지형에 대한 여러 가지 전망이 제시되었다. 다행히도 나중에 이 전망들은 전부 하나로 합치된다.

리처드 파인만은 늘 자신의 길을 따랐다. 양자전기역학에 관한 파인만의

* 국내에 『프리먼 다이슨, 20세기를 말하다』(사이언스북스)로 번역출간되었다.—옮긴이

설명은 그 분야를 근본적으로 바꿀 새로운 어휘—파인만 다이어그램—를 도입했다. 처음에는 낙서처럼 보였던 이 다이어그램은 입자 과정들을 모형화하기 위한 필수적인 속기술이 되었다.

파인만이 자신의 박사학위 연구에서 얻은 모든 이력의 총합 개념을 빌려와서 이러한 낙서들을 구성한 방식이 양자 물리학의 시간 개념에 혁명을 일으켰다. 파인만은 동일한 목적지에 닿는 다양한 길이 있음을 알고서 그런 유연성을 원자 세계에 적용했다. 그 세계는 인간 세계와 달리 입자가 동시에 여러 경로를 취할 수 있었다.

꿈을 품은 자들의 섬

1947년, 전몰장병 추모일이 낀 화창한 주말에 물리학자들이 여행을 떠나기 위해 미드타운 맨해튼의 미국물리학협회 본부에 모였다. 펜실베이니아 역에 가까워서 많은 이들이 기차로 오기 좋은 그곳은 만남의 장소로 제격이었다. 거기서 수학여행을 떠나는 학생들처럼 물리학자들이 모여 낡아빠진 버스에 올랐다. 목적지는 셸터 아일랜드 행 여객선이 출항하는 롱아일랜드의 그린포트Greenport였다.

몇 달 동안이나 계획을 세웠기에 휠러는 전자, 양전자 및 다른 입자들 사이의 연결에 관해 논의할 생각에 가슴이 벅찼다. 회의는 미국 물리학계의 공식 대변인인 로버트 오펜하이머를 포함해 기라성 같은 사상가들의 마음을 두드릴 멋진 기회였다. 어쩌면 "모든 것이 전자다"라는 관점을 참석자들에게 설득시킬 수도 있으리라. 어쨌거나 그들의 반응만으로도 흥미로울 것이다.

빅터 바이스코프와 줄리언 슈윙거는 윌리스 램의 강연이 무척이나 기다려졌다. 비공식적으로 둘은 램의 흥미진진한 결과를 이미 접했다. 보스턴으로 가는 기차에서 이미 둘은 바이스코프의 상대론적 전자 자체에너지 공식을 램이 목표로 한 두 상태 각각에 적용할 수 있을지 논의했다. 바이스코프의 공식은 느린 속도로 무한대로 날아가므로 비상대론적인 전자 자체에너지 공식보다 다루기가 나았다. 그 두 에너지의 차를 구하면 램이 발견한 유형의 유한한 이동에 해당하는 값이 나올 것이다. 그 값이 일치하는지 보려면 구체적인 값이 나와야 했다.

파인만은 어디에 있었을까? 버스를 놓쳤거나 아예 버스를 타지 않기로 했을 것이다. (나중에 어느 인터뷰에서 그는 이유는 잘 모르겠다고 했다. 아마도 가족을 만나러 갔던 듯하다.) 물론 그는 파라커웨이에서 자랐기에 롱아일랜드를 잘 알고 있었다. 그래서 그린포트까지 차를 몰고 가기로 했다.

버스가 퀸스와 나소 거리를 구불구불 돌아서 한적한 서퍽 카운티Suffolk County에 도착했을 때, 반대 방향으로는 수많은 차량들이 몰려 있었다. 공휴일이 낀 주말이 끝나가는 때여서 여러 해변 지역에서 뉴욕 시로 돌아가는 차가 많았기 때문이다. 그 운전자들은 원자폭탄의 설계자들 다수가 한 버스에 타고서 자기들 곁을 지나는 줄 알았더라면 깜짝 놀랐을 것이다.

하지만 물리학자들이 그린포트에 도착하자 그곳 사람들은 뭔가가 벌어지고 있음을 알아차렸다. 경찰차 행렬이 물리학자들을 에스코트하면서 지나가는 길마다 다른 차들의 통행을 차단했기 때문이다. 이런 식으로 버스는 그날 밤 묵을 호텔에 도착했다.

파인만은 그린포트의 한 식당에서 합류했다. 물리학자들은 주인이 선심으로 제공하는 무료 식사를 즐기고 있었다. 식사 후 주인이 일어나 승전에 공이 컸다며 물리학자들에게 박수를 보냈다. 주인의 아들도 일본이 항복했을 때 태평양 전선에서 복무하고 있었다고 했다. 원자폭탄을 만든 덕분에 자기 아들이 무사히 집으로 돌아왔다며 감사를 표했다.

1947년 셸터 아일랜드 회의에 모인 물리학자들. 왼쪽부터, 윌리스 램, 에이브러햄 파이스Abraham Pais, 존 휠러, 리처드 파인만, 허먼 페시바흐Herman Feshbach 그리고 줄리언 슈윙거. (출처: AIP Emilio Segré Visual Archives)

이튿날에 일행은 셸터 아일랜드 행 여객선을 타고 램스 헤드 인에 도착했다. 회의는 사흘간의 행사로 6월 2일에서 4일까지 진행되었다. 매일 아침마다 기조 강연자—순서대로 오펜하이머, 한스 크라머르스 그리고 바이스코프—의 발표로 회의가 시작되었고, 그 후에 더 전문적인 강연이 뒤따랐다. 회의 참석자 중 한 명의 회고에 의하면 오펜하이머가 사흘 내내 전체 회의를 주도했다고 한다.

램의 발표에 의해, 슈윙거와 바이스코프가 기대했던 대로 실험의 핵심 내용이 옳음이 입증되었다. 그리고 회의에서 발표된 다른 결과들도 대단한 반향을 불러일으켰다. 컬럼비아 대학의 다른 연구실에서 일하는 라비 또한 대학원생 제자인 존 네이프John Nafe와 에드워드 넬슨Edward Nelson을 시켜 전자의 "자기 모멘트"를 측정하기 위한 고정밀도 실험을 실시했다. 자기 모멘트는 입자가 자기장에서 어떻게 반응하는지와 관련된 물리적 파라미터이다. 회의에서 라비가 발표한 바에 의하면, 자신의 연구팀이 예상보다 조금 더 큰 결괏값을 얻었다고 한다. 또한 그는 컬럼비아 대학 동료인 폴리카프 쿠시Polykarp Kusch가 다른 방법을 이용하여 얻은 변칙적인 전자 자기 모멘트 값을 보고했다.

라비와 함께 그 발견 결과들을 연구했던 그레고리 브라이트도 그 문제에 관한 자신의 견해를 발표했다. 원래 자기 모멘트와 수정된 자기 모멘트 간의 차이는 중요한 이론적 파라미터인 "미세 구조 상수"와 비례하는 듯함을 자신이 알아냈다고 했다. 이 상수는 그리스 문자 알파로 나타내며 거의 1/137에 가까운 값이었다. 미세 구조 상수는 전자와 같은 대전 입자와 광자 사이의 결합(상호작용)을 지배함으로써 전자기력의 크기를 설정한다. 단지 우연이 아니라고 가정할 때, 모멘트 값들 사이의 차이와 미세 구조 상수 간의 그런 관계는 진공의 가상 광자들이 어떻게 전자의 자기적 성질에 영향을 끼칠 수 있는지 증명해줄 수 있었다.

램 이동과 변칙적인 자기 모멘트 값을 볼 때 전자에 관한 이론 수정이 불가피해지자, 회의의 논의는 대체로 그 문제를 해결하기 위한 방법들에 집중되었다. 바이스코프가 전자의 주위 환경이 전자의 성질에 영향을 미친다는 자신의 발상을 근거로 견해를 피력했다. 슈윙거는 이에 동의하면서, 진공과의 상호작용을 고려하기 위해 양자전기역학을 재정립할 방법을 생각하기 시작했다. 슈윙거는 그런 실험 결과들을 일관되게 재현해내길 바랐다.

하지만 결혼 계획이 슈윙거의 발목을 잡았다. 셸터 아일랜드 회의가 끝나고 고작 며칠 만에 그는 신부인 클래리스 캐럴과 결혼했다. 영국으로 떠난 긴 신혼여행 때문에 연구에 착수하려던 계획이 미뤄졌다. 9월까지는 양자전기역학을 자신만의 체계적이고 수학적으로 엄밀한 방식으로 재정립하는 연구에 착수하지 못했다.

파인만의 발표는 참석자들이 집으로 돌아갈 준비를 하고 있던 회의 마지막 날에 있었다. 그는 스스로가 양자역학에 대한 "시공간 접근법"이라고 부르기 시작했던 것을 발표했다. 본질적으로, 자신의 박사학위 논문에서 모든 이력의 총합 기법을 포함하여 전자 사이의 상호작용을 기술하기 위해 썼던 수학적 방법이었다. 그 무렵 파인만의 기법은 램 이동과 같은 현상을 설명할 수 없었다. 그 개념은 물리학계가 받아들일 만큼 성숙하지 못했기에 그의 발표는 반향이 적었다. 나중에 핵심적인 수정을 거쳐 더 정교해진 이후에야 그 개념은 두각을 드러냈다. 슈윙거의 이론과 경쟁하게 된 파인만의 이론은 자신만의 독특한 언어 그리고 시간에 관한 고유한 관점을 지니고 있었다.

파티용 트릭

회의가 끝난 후 파인만은 코넬 대학교로 다시 돌아왔다. 거기서 파인만은 텔룰라이드 하우스Telluride House에서 지냈는데, 그곳은 우수생을 위한 특별 기숙사였다. 그는 교내 거주 교수로 뽑혀서 무료로 음식과 숙박 그리고 과학 계산을 위한 안락한 공간을 제공받았다. 학생들과 어울리길 좋아하던 파인만한테는 살기에 완벽한 장소였다.

한스 베테는 꽤 복잡한 방식으로 코넬 대학으로 돌아왔다. 마치 파인만의 모든 이력의 총합 기법에서 발생 확률이 낮은 경로와 비슷한 방식이었다. 제네럴 일렉트릭을 위한 몇 가지 상담 업무를 맡느라 스키넥터디Schenectady에서 여러 주 동안 머물렀던 것이다. 거기서 뉴욕으로 돌아오는 기차에서 펜과 연필을 꺼내서 램 이동을 계산할 방법을 생각하기 시작했다. 파인만처럼 베테는 즉석 계산에 능했다. 객차 창밖에 허드슨 밸리가 지나가고 있을 때, 점점 더 많은 기호와 숫자가 베테의 펜 끝에서 흘러나왔다. 회의에서 오래 논의했던 개념, 즉 양자 진공과의 상호작용이 한 전자의 질량과 에너지에 영향을 준다는 발상에서부터 시작했다. 멋지게도 어떤 항들을 상쇄했더니 유한한 값을 얻을 방법을 알아냈다. 도착한 후에 숫자들을 대입했더니 적중했다. 초당 1,000메가사이클의 측정 결과와 가까운 값이 나왔다.

특이하게도 베테는 자신이 참석할 수 없을 때에 열리는 파티를 계획했는데, 여기에 파인만이 초대되었다. 어떤 이유에선지 스키넥터디에 가 있으면서도 베테는 그 계획을 취소하지도 연기하지도 않았다. 파인만이 자기 집에 와 있는지 알고서 베테는 전화를 걸었다. 파인만이 수화기를 들자, 베테는 자신의 연구 결과를 들떠서 말했다. 베테가 측정치를 재현해낸 것에 파인만도 흥미를 느꼈다.

베테는 자신의 램 이동 연구 보고서를 작성하여 셸터 아일랜드 참석자들 각자에게 보고서의 등사 인쇄본을 보냈다. 아울러 발간을 위한 논문도 제출했다. 그것은 상대론적 효과를 고려하지 않았기 때문에 양자전기역학의 완성된 수정 내용이 아니었다. 하지만 그 분야를 위한 새로운 방향을 제시했다.

바이스코프는 씩씩거리고 있었다. 원래 자신이 램 이동이 가상의 입자 상호작용들의 구름으로 인한 것이라는 아이디어를 떠올렸다. 분명 그가 회의에서 그걸 제시했고 베테에게도 언급했다. 그런데 베테가 그 연구 결과를 단일 저자 연구로 제출해버렸다. 바이스코프는 자신이 공저자나 적어도 중요한 기여자로 이름을 올려야 한다고 여겼다. 자신이 그 개념을 더 일찍 논문으로 발간하여 최초 발견자로 알려지지 못한 것이 못내 아쉬웠다.

바이스코프 문하에서 연구했던 물리학자 커트 고트프리트Kurt Gottfried는 이렇게 회상했다. "교수님은… 베테 박사님이 너무 대접받는다고 여기셨어요. 물론 베테 박사님이 연구 결과를 발표할 때 자신도 그런 계산을 완성하지 못했다는 건 잘 알고 있었지만요. 그 문제라면 한동안 언짢아하셨습니다."

베테는 코넬 대학교로 돌아와서 자신의 연구 결과에 관한 세미나를 열었다. 거기에 참여한 파인만이 보니, 베테의 계산 결과는 램 이동과 일관되긴 하지만 임의적인 요소가 있었다. 무한대 값이 나오는 여러 항들이 삭제되어 있었는데, 베테는 이에 대해 타당한 근거를 내놓지 못했다. 현실적인 유한한 답을 얻으려고 무한대 값들을 제거해야 했던 것이다. 하지만 어떤 항들이 마법이라도 부리듯이 하필 서로 상쇄되어 초당 1,000메가사이클의 예측치를 내놓는 이유를 베테는 설명하지 못했다.

일 더하기 무한대는 무한대이다. 이 더하기 무한대도 무한대이다. 사실, 임의의 수 더하기 무한대는 무한대다. 그러므로 무한대 빼기 무한대는 아무 값이나 다 될 수 있다. 베테는 자기 나름의 방식으로 무한대 값들을 뺐더니 예측치와 적중했다는 걸 어떻게 정당화할 수 있었을까?

베테는 비상대론적인 방식으로 계산을 했다. 파인만은 세미나 끝 무렵에 자신이 그걸 특수상대성이론과 부합하게 할 수 있을 듯하다고 말했다. 이튿날 파인만은 연구 초안을 들고 베테의 연구실에 들렀다. 정확하지는 않은 결과였지만, 그래도 연구를 멈추지 않았다. 이후 여러 달 동안 자신의 천재성을 양자전기역학에 대한 완전히 새로운 접근법에 쏟아부었다. 그 접근법은 램 이동 및 다른 실험 결과들과도 일치했다.

구불구불한 선, 직선 그리고 고리

프린스턴에서 골랐던 기법들의 도구상자를 적용하여, 파인만은 전자가 관찰된 질량 및 전하를 바꾸는 방식으로 양자 진공과 어떻게 상호작용하는지 파악하기 시작했다. 하지만 파인만의 기법들을 일반적으로 학계에서 인정되는 내용과 부합하게 만들기 위해서는 여러 단계가 필요했다. 첫째, MIT 시절부터 당연하다고 알고 있었던 개념, 즉 전자가 자체 상호작용을 하지 않는다는 개념을 버려야 했다. 사실 전자는 자체 상호작용을 하는데, 그 증거로 가상의 광자를 방출했다가 다시 날름 삼켜버리는 행동을 들 수 있다. 그것이 베테의 계산에 바탕이 된 개념이었는데, 파인만도 그걸 채택해야 한다고 여겼다. 대신에 원거리 작용은 버리고 전자가 광자를 통해 상호작용한다는 좀 더 표준적인 개념으로 되돌아갔다.

둘째, 시간을 거꾸로 흐르는 신호의 개념과 역 인과성 개념을 버려야 했다. 베테는 그럴 가능성을 배제했기에, 파인만도 일관성을 위해 그렇게 하길 원하지 않았다. 비록 흡수체 이론에 필요하다고는 해도 자신이 정말로 그걸 믿는지조차 확실치 않았다. 따라서 앞으로의 시간 진행과 뒤로의 시간 진행을 절반씩 합친 개념을 버리고 오직 앞으로 진행하는 신호를 택했다. 달리 말해서, 광자는 오직 미래로만 향해 운동하며, 원인은 언제나 결과보다 앞섰다.

그래도 자신의 이전 연구에서 두 가지 중요한 측면은 그대로 유지했다. 시간상으로 거꾸로 가는 신호를 버리긴 했지만, 휠러가 제안했듯이 시간상으로 거꾸로 가는 전자가 양전자라는 개념은 채택했다. 파인만이 양전자를 다루기 위해 살펴보았던 유일한 대안은 폴 디랙의 홀hole 이론이었는데, 그것은 자세한 계산을 하기엔 지독히 어려웠다. 휠러의 시간 역전 전자는 개념상으로는 괴상망측하지만 계산상으로는 훨씬 쉬웠다. 파인만은 휠러의 가설에서 "모든 전자는 똑같다"는 개념을 그냥 무시하고 가장 유용한 부분, 즉 양전자를 표현하는 단순한 방법은 취했다.

더욱 중요한 점을 말하자면, 파인만은 양자전기역학을 시공간 접근법의 틀 안에서 재정립했던 모든 이력의 총합 기법을 계속 적용했다. 상상 가능한 모든 양자 경로 각각을 그것의 "진폭"이라는 양에 따라 누적하는 그의 방법은, 변환 함수를 곱하고 그 진폭을 제곱해서 확률을 얻어서 구해지며, 양자장이 입자물리학에서 어떻게 상호작용하는지를 기술하는 명확하고 강력한 방법임이 입증되었다.

휠러는 다이어그램을 그려서 물리 현상을 표현하기의 중요성을 파인만의 머릿속에 일찍부터 주입시켰다. 파인만은 그림을 좋아했기에 시각적 표현이 매우 유용하다고 여겼다. 그래서 파인만은 입자 상호작용에 대한 가능성들을 기술하기 위한 자신만의 시각적 속기술을 내놓게 되었다. 공간을 한 좌표축상에 그리고 시간을 다른 좌표축상에 표현하면서 그는 입자들이 행동하는 방식에 대한 핵심 특징을 스케치해냈다. 아울러 시공간 다이어그램은 특수상대성 효과들을 포함시키는 데 이상적이었다. 이 시각적 표현—이후로 수학에서 그래프의 사용에 관해 프리먼 다이슨과의 논의를 통해 더 발전된 표현 방식—은 "파인만 다이어그램"으로 불리게 된다.

파인만의 초기 다이어그램은 비교적 원시적이었고 임시적인 속성이 있었다. 시간이 흐르면서 다이슨과의 논의를 통해 그는 더욱 일관된 규칙을 확립하였다. 다이슨이 다이어그램 기법에 공헌한 바가 매우 컸기에, 초기의 많은 참고문헌에서는 다이슨을 그 기법의 공동 발명자로 칭했다.

파인만 다이어그램의 최종 버전에서는 전자(그리고 다른 물질 입자들)가 시간의 흐름에 따라 진행하는 방향성이 있는 선분으로 묘사된다. 대개 화살이 방향을 표시한다. 양전자도 방향성이 있는 선분으로 그려지지만, 시간상 거꾸로 진행한다. 구불구불한 선은 광자를 나타내는데, 광자는 대전 입자에 의해 방출 또는 흡수되거나 아니면 공간 속으로 나아간다. 고리는 가상 전자와 가상 양전자(또는 다른 양으로 대전된 입자-반입자 쌍)가 진공으로부터 생성되고 서로 상쇄되어 다시 진공으로 돌아가는 과정을 나타낸다. 달리 보자면, 고리 과정은 가상 전자가 시간을 따라 계속 순환하는 것을 나타낸다고 할 수 있다. 시간의 앞으로 갔다가 다시 뒤로 갔다가 이 과정을 계속 반복하는 것이다. 그런 식으로 닫힌 고리는 일종의 양자 우로보로스ouroboros(자기 꼬리를 무는 뱀)인 셈이다.

그러므로 한 전자가 광자를 방출하고 그것을 다른 전자가 흡수하는 경우, 다이어그램에는 들어오는 전자 각각을 나타내는 두 화살표 선분, 두 전자를 잇는 하나의 구불구불한 선분 그리고 서로 다른 각도로 나가는 전자들을 나타내는 두 화살표 선분이 등장한다. 전자의 방향 변화는 광자 교환으로 인해 생긴다. 각각의 전자에 대한 화살표는 시간의 앞으로 가는 방향이다. 그렇지 않은 경우는 양전자를 나타내는 다이어그램이다.

모든 이력의 총합을 고려하기 위해 파인만은 있을 법한 각각의 과정별로 다른 다이어그램을 그렸다. 물론 일어날 확률이 적은 가능성들도 있다. 하지만 총합은 각각의 확률에 따라 가중치를 두어 모든 가능성을 포함시켜야 했다. 그러므로 산란과 같은 전형적인 입자 사건은 단 한 개가 아니라 한 벌의 다이어그램이 필요하다. 또한 그는 또 하나의 핵심 요소인 상이한 양자 스핀 수들에 대한 가능성을 합쳤다.

어떻게 진공 효과가 램 이동을 발생시키는지 나타내기 위해 파인만은 벌거벗은 전자를 표시하는 화살표 선분을 그렸다. 그것을 "직접 경로"라고 이름 붙였다. 이어서 그 선분에 구불구불한 선을 연결했는데, 이는 전자가 방출된 후 가상 광자를 흡수한다면 어떤 일이 생길지 보여준다. 그는 이처럼 광자를 더하는 과정을 "수정"이라고 불렀는데, 이는 일종의 양자 요동을 고려한 조치였다. 그것은 가능한 하나의 이력이었다.

파인만이 나중에 고려하게 되는 또 하나의 다이어그램은 고리가 구불구불한 선에 의해 선분과 연결된 모습이었다. 그것은 전자가 가상 광자를 방출하면, 다시 광자가 가상 입자-반입자 쌍을 생성하는 과정을 그린 다이어그램이다. 이 두 다이어그램을 합치면 전자의 에너지에 대한 일차(가장 기본적인) 수정이 얻어지는데, 이것은 램과 로버트 레더퍼드가 검출한 스펙트럼 이동을 근사한다. (이차 수정에서는 두 개의 고리가 들어 있는 다이어그램이 나오고, 차수가 높아지면 이런 식으로 계속된다.)

하지만 올바른 값을 얻겠다는 열망에서 파인만은 수학을 느슨하게 다루었다. 명확한 다이어그램 방법을 개발하면서 수학적 엄밀성은 확인하지 않은 것이다. 그렇기는 해도 다이어그램은 통하는 듯했다. 몇 가지 파라미터에 조정이 이루어지긴 했지만 말이다. 마치 레이더 시스템에다 온갖 전선들을 이리저리 연결했더니, 임시로 만든 장치가 전기 제품 사용 규칙에 맞는지 고려하지 않았는데도 다행히 화면에 깜빡이는 점들이 나타나기 시작하는 상황과 비슷했다.

"내가 한 건 대체로 그냥 잘 맞아떨어진 추측이야." 파인만은 나중에 펜실베이니아 대학의 물리학자 테드 웰튼Ted Welton에게 보낸 편지에서 이렇게 썼다. 테드는 MIT 동기인 옛 친구였다. "나도 완전히 이해가 안 되는 수학적 증명은 모조리 나중에 이루어졌어. 하지만 물리적 개념은 아주 단순해."

파인만은 주로 최종 결과가 실험 예측 값과 일치하는지 신경 썼다. 수학자와 철학자라면 논리와 어법을 놓고 갑론을박하느라 시간을 허비했겠지만, 파인만은 그렇지 않았다. 다이어그램이 예측 가능한 방법으로 올바른 답을 내놓기만 하면, 그는 흡족했다. 과학사가인 데이비드 카이저David Kaiser는 이렇게 말했다. "파인만은 다이어그램이 그것에서 파생되는 의미보다 더 근본적이고 더 중요하다고 확고히 믿었다. 사실 파인만은 논문에서나 강의에서

나 서신교환에서나 파생되는 의미는 줄곧 무시했다."

다행히도, 베테의 대학원생 제자로 코넬 대학에 들어온 다이슨이 파인만 다이어그램을 발전시키고 진척시켰다. 이로써 파인만 다이어그램은 양자전기역학의 다른 해석들과 더욱 긴밀히 연결되었다. 파인만 다이어그램이 성공하게 된 데에는 다이슨이 다양한 방법들을 결합시킨 공로가 결정적이었다.

이타카에서 펼쳐진 한 영국인의 오디세이

영국 남부에서 어린 시절을 보내던 프리먼 다이슨은 방학 동안엔 해변의 오두막에서 시간을 보냈다. 아버지는 클래식 음악 작곡가였는데, 가장 유명한 작품으로는「캔터베리 순례자」가 있다. 어머니는 초서의 열성 팬이었다. 따라서 책을 좋아하고 조용히 사색에 잠기는 아들의 성향이 부모한테 그다지 놀랄 일은 아니었다. 그렇기는 해도, 아들이 크리스마스 휴가 기간에 미분방정식에 관한 책을 갖고 와서 매일 평균 열네 시간씩 읽어대자 부모도 아연실색했다. 프리먼 다이슨은 책 속의 문제를 전부 풀었는데, 그걸 완수하고 나면 알베르트 아인슈타인의 이론에 통달할 수 있을 듯해서였다. 그에게는 생애 최고의 크리스마스였다!

영연방 장학금 제도를 통해, 윈체스터 칼리지(영국인 사립학교)와 케임브리지 대학을 졸업한 후, 일 년 동안을 코넬 대학 물리학과에서 보냈다. 당시 그곳은 베테가 학과장을 맡고 있었고 딕 파인만이라는 봉고 연주자의 리듬이 종종 교정을 휘감았다. 은둔자와 개구쟁이, 이 둘은 궁합이 잘 맞았다. 다이슨과 파인만은 금세 아주 가까운 사이가 되었다. 무엇보다도 다이슨은 파인만 다이어그램을 널리 알림으로써 파인만의 연구 업적이 물리학계의 주목을 받는 데 크게 일조했다. 또한 다이슨은 그 방식의 수학적 기반을 든든히 했으며, 그것과 관련된 슈윙거의 연구 결과와 결합시켰다.

대학원생으로 1947년에 코넬 대학에 도착했을 때, 다이슨은 그곳의 격식 차리지 않는 분위기에 깜짝 놀랐다. 누구나 베테를 "한스"라고 불렀다. 그렇게 성이 아니라 이름만으로 교수를 부른다는 것은 당시 영국 대학에서는 상상도 못 할 일이었다. 또한 그 유명한 물리학자의 평상복 차림에도 놀랐다. 특히 둘이 처음 만났을 때 신었던 흙 묻은 구두는 정말로 인상적이었다. 만약 케임브리지 대학 교수가 그런 신발 차림이었다면, 개울에 빠졌다가 나왔다고 사람들은 여겼을 것이다. 하지만 미국에서는 그냥 정상적인 차림새였을 뿐이었다.

한스가 이례적이라고 한다면 딕은 미쳤다고 해야 옳았다. 하지만 얌전한 프리먼은 그런 게 좋았다. 새벽 2시에 봉고를 치고 희한한 유머 감각을 소유한 파라커웨이 출신의 젊은 천재는 다이슨으로서는 평생 만나본 적이 없었다. 파인만은 다이슨이 상상조차 하지 않았던 방식으로 관례를 무시했다. 특히 교수라고 보기에는 너무나 파격적이었다.

다이슨이 보기에, 마찬가지로 파인만의 방법도 처음에는 특이했다. 하지만 희한하게도 마법이라도 부린 듯이 잘 통했다. 베테의 결과를 재현해냈을 뿐만 아니라 베테가 계산하지 않은 것까지도 예측해냈다. 다이슨이 어릴 적에 좋아했던 책인 에디스 네스빗Edith Nesbit의 『마법 도시The Magic City』에 나오는 내용처럼, 놀라운 일들이 희한한 규칙을 선보이면서 우주에서 불쑥 출현하는 듯했다.

그 미친 인간은 봉고는 꼭 밤에 연주해야 한다는 주의였다. 생길 수 있는 모든 일은 생긴다. 전자는 시간 속에서 공중제비를 돌거나 진공으로부터 나온 구불구불한 선들과 결합하길 좋아한다. 실재는 모든 가능성을 담아내야 한다. 그 모든 걸 합치고 수리수리마수리 해괴한 주문을 외우면 수소 스펙트럼 선을 예측할 수 있다.

다이슨은 양자물리학에 대한 파인만의 기발한 접근법을 처음 접했을 때를 이렇게 회상했다. "1947년 코넬 대학교에서 직접 파인만한테서 모든 이력의 총합을 듣고서 나는 감탄과 어리둥절함을 동시에 느꼈지요. 감탄한 까닭은 물리적으로 옳았기 때문이고, 어리둥절했던 까닭은 수학적으로 터무니없었기 때문입니다."

파인만이 수고스럽지만 자신의 방법의 기반이 되는 수학을 전개해나간 건 한참 지나서였다. 그러기 전까지는 마치 비기들을 모으는 마법사처럼 은밀히 다이어그램을 계산에 이용하기만 했다. 계산을 하지도 않은 것 같은데도 자신이 정답을 내놓을 때 사람들이 보이는 감탄의 표정을 그는 즐겼다. 하지만 다이슨은 다이어그램 방법을 널리 알리면서도(한때는 "다이슨 다이어그램"이라는 다른 이름으로 불릴 때도 있었다), 그걸 더욱 수학적으로 타당하게 만드는 방법을 찾는 데 열심이었다.

폴란드 태생 수학자 마크 카츠Marc Kac는 베테와 다이슨을 파인만과 비교하면서 이렇게 말했다. "과학에는… 두 종류의 천재가 있다. '보통' 천재와 '마법사' 천재." 베테와 다이슨은 계산에 대단히 능했지만, 명확하고 정직한 단계들을 밟았다. 반면에 파인만은 "보통 천재"가 아니라 무에서 결과를 뽑아내는 "최고 기량의 마법사"였다.

정상에서 달린 마라톤

셸터 아일랜드 회의의 후속 모임이 펜실베이니아의 포코노 산맥에 있는 포코노 매너 인Pocono Manor Inn에서 1948년 3월 30일부터 4월 2일까지 열렸는데,

이 또한 중요한 만남이었다. 비록 새로운 실험 결과 발표보다는 새로운 이론적 방법들이 주로 소개되긴 했지만 말이다. 슈윙거가 회의에서 주목받았다. 그는 양자전기역학의 꼼꼼하며 수학적으로 엄밀한 버전을 내놓았는데, 이는 무한대 항을 상쇄하여 유한한 답을 얻는 데 상당한 발전을 가져왔다. 환호가 훨씬 덜하긴 했지만, 파인만은 자신의 다이어그램을 바탕으로 삼은 모든 이력의 총합 기법을 하나의 대안으로 제시했다. 이전 회의에 참석하지 않았던 새로운 인물들도 여럿 있었는데, 특히 닐스 보어(그리고 아들 오게 보어), 유진 위그너와 디랙이 참석했다.

"산 중의 위대한 숙녀"라는 별명을 지닌 그 유서 깊은 장소는 회의를 순조롭게 진행하기에 안성맞춤이었다. 오펜하이머가 다시 한번 사회를 맡았다. 미국 이론 물리학자들한테 그는 여전히 넘볼 수 없는 MC였다.

참석자들은 만사를 잊고 오랜 시간 회의에 임했는데, 특히 슈윙거가 발표한 날이 가장 관심이 높았다. 무려 여덟 시간이나 발표를 하면서 그는 칠판에 줄줄이 방정식을 휘날렸는데, 새로운 실험 사실과 일치하는 양자전기역학에 대한 포괄적인 접근법을 방법론적으로 자세히 다루었다. 그는 크라머르스의 재규격화—무한대 항을 제거하기 위해 질량과 전하를 다시 정의하기—개념을 도입했지만, 크라머르스가 디랙의 방법을 거부한 것에는 동의하지 않았다. 대신에 슈윙거는 전자의 전자기 상호작용을 포함시키기 위해 전자에 관한 디랙의 상대론적 양자 개념을 일반화하여, 일관되게 타당하고 유한한 답이 나올 수 있도록 했다. 질량과 전하의 변경은 문제를 일으키는 항들을 상쇄시키기 위한 트릭일 뿐이었다. 발산이라는 어두운 구름을 물러가게 하여 푸르른 하늘을 드러내는 트릭이었다.

무한한 합계에서 유한한 결과를 얻는 것은 처음에는 불가능할 듯 보일지 모른다. 하지만 관건은 어떻게 항목들을 묶음으로 정렬해내느냐다. 묶어내기와 셈하기라는 대안적 방법은 어떻게 무한해 보이는 합이 사실은 유한한 값인지를 드러내 줄지 모른다.

가령 피터 팬과 웬디가 네버랜드에서 영원히 함께 살면서 매일 서로 선물을 주고받는 가상의 상황을 살펴보자. 피터 팬은 웬디에게 매일 아침에 금 장신구 세 개를 주고, 웬디는 피터 팬에게 매일 아침에 은 장신구 여섯 개를 준다. 네버랜드 통화에서는 은 장신구 여섯 개는 정확히 금 장신구 세 개 값어치이기에, 공평한 거래다. 어떤 방법이든 합리적으로 추론해보면, 매일 피터 팬의 순이익이나 순손실은 합치면 영이 된다.

여기서 이런 상상을 해보자. 어느 날 피터 팬이 심란해져서 기분이 나빠졌다. 그래서 자기 삶을 곰곰이 되돌아보았다. 평생 웬디에게 줄 장신구 개수를 전부 더해보니 무한대임을 알아차리게 된다. 웬디를 만났더니, 웬디 또한 피터 팬에게 평생 무한한 개수의 장신구를 준다는 사실을 알고 있다. 이제 둘은 한동안 서로 앙숙이 되는데, 다행히 슈윙거 벨—즉, 팅커벨—이 나타나서 항들을 일일 단위로 묶으면 유한한 답이 나온다는 사실을 알려준다.

팅커벨이 지적하듯이, 매일 둘의 순 교환량은 영이다. 그러므로 이 영을 매일 더하면 총 결과는 유한한 값, 그저 영이다. 무한대는 잘못된 계산 방법 때문에 나온 결과일 뿐이었다. 이 설명에 만족하여 피터 팬과 웬디는 서로 똑같은 만족감을 느끼며 줄곧 행복하게 산다.

슈윙거의 마라톤 강연 도중에 졸려서 낮잠에 빠진 사람이 있는지는 알려져 있지 않다. 수학적인 내용은 엄밀하고 꼼꼼하게 제시되긴 했지만 대단히 기발했다. 램 이동과 전자의 변칙적인 자기 모멘트와 같은 알려진 실험값을 계산하기 위한 그의 교묘한 기법은 정말로 경탄스러웠다. 그렇게나 길게 발표하는 것 자체도 대단한 일이었다. 휠러는 회의 내용을 꼼꼼히 기록하여 슈윙거의 발표 내용을 마흔 쪽의 공책에 자세히 적었다. 다른 어떤 발표자보다 훨씬 더 많은 분량이었다.

수개월 동안의 집중적인 노력을 통해 이룬 슈윙거의 업적은 정말로 인상적이었다. 1947년 9월부터 그는 차츰 일인으로 구성된 최강의 이론 연구 조직이 되어갔다. 결혼식과 신혼여행을 마치고 나서는 양자전기역학을 제대로 형식화하는 체계적인 연구 방법을 위해 혼신의 노력을 기울였다. 진공 분극의 역할에 관한 바이스코프의 발견 사실 그리고 전자의 발가벗은 질량을 재규격화를 통해 전자의 실험 측정치로부터 뽑아낸다는 크라머르스의 개념이 슈윙거의 계산에 결정적인 역할을 했다. 또한 슈윙거는 "군 이론"과 "게이지 이론"이라는 수학 분야를 많이 이용했다. 위그너와 수학자 헤르만 바일 등이 발전시킨 이론들이었다. 이 분야를 훤히 꿰뚫고 있는 슈윙거의 실력이 발표를 통해 여실히 드러났다.

그 무렵부터 시작된 슈윙거의 독특한 점은 그가 모든 연구를 혼자 하길 원했다는 사실이다. 부하들은 없었고 오직 대장 혼자만 있었다. 역설적이게도 그는 평생의 학자 생활 동안에 숱한 대학원생 제자들을 두었다. 심지어 파인만보다 제자가 많았다. 하지만 기본적으로 그는 제자들이 각자의 연구에 전념하도록 배려했다.

슈윙거가 자신만의 방법론으로 그 분야를 주도하길 얼마나 염원했는지를 놓고 다른 물리학자들은 농담을 나누곤 했다. 보어의 생일을 축하하는 웃기는 기사들을 싣는 연속 간행물인 『우스꽝스러운 물리학 저널Journal of Jocular Physics』은 물리학의 훌륭한 발간물을 비꼬는 내용을 실었다. 비아냥거리는 대목은 "슈윙거에 따르면…"이란 문구로 시작하여 과학자들이 나중에 빈칸을 채워보라고 권했다. 슈윙거가 포코노 회의에서 했던 능수능란하고 세밀한 강연이 그처럼 슈윙거를 물리학계의 인기인으로 만든 것이다.

파인만의 첫 낭패

슈윙거의 굉장한 발표가 끝나갈 무렵, 참석자들은 감동을 받긴 했지만 지쳐 있었다. 불행히도 파인만이 다음에 발표할 차례였다. 보통 때 같으면 굉장히 열정적인 발표를 할 사람이었지만 이번에는 자신의 기이한 새 개념들을 설명할 준비가 충분히 되어 있지 않았다. 기본적 내용—최소 작용 원리, 상이한 경로들 상의 적분(경로적분) 등—부터 시작하는 대신에, 그는 마치 누구나 그 이론을 알고 있고 사례를 미리 알고 있다는 듯이 굴었다. 따라서 발표를 듣는 이들은 자신들이 고급 물리학 수업의 전반부를 놓치고서 문제 풀이 검토 과정에 뛰어든 게 아닌가 하고 느꼈다. 모두들 지쳤을 뿐 아니라 어리둥절해 했다.

파인만이 고른 주된 사례는 두 전자가 하나의 가상 광자에 의해 상호작용하는 상황이었다. 이 입자들의 행동을 자신의 다이어그램 방법으로 계산하는 법을 재빨리 설명하자 게슴츠레한 눈의 청중들은 도대체 파인만이 뭘 하고 있는지 알 길이 없었다. 이어서 그는 잽싸게 모든 이력의 총합 개념 그리고 시간을 거슬러 이동하는 전자가 바로 양전자라는 개념을 설파했다. 주의 깊게 적고 있던 휠러만이 그 대목을 이해할 수 있었다. 나머지는 점점 더 혼란에 휩싸였다.

청중들 대다수는 파인만이 맨해튼 프로젝트에서 큰 활약을 했음을 알고 있었다. 일부는 파인만이 아내를 잃은 사실은 물론이고 전쟁 및 전시의 험악한 결정들 때문에 트라우마를 겪는다는 사실도 알고 있었다. 파인만이 분명 침울하게 지내던 시절이었기에, 일부 청중들은 그가 완전히 길을 잃은 게 아닌지 필시 의아해 했다. 천재가 결국 돌아버린 건가?

발표가 끝나자 보어가 토론을 이끌었다. 보어는 특유의 나지막한 어조로 예리한 비판을 가했다. 파인만의 다이어그램 방법을 이해하지 못하고서 보어는 하이젠베르크의 불확정성 원리상 전자가 시간의 흐름에 따라 공간을 이동하는 정확한 경로를 그리는 것은 불가능함을 지적했다. 파인만이 어떻게 전자의 실제 경로를 그린다고 주장할 수 있단 말인가? 아울러 보어는 전자가 시간을 거꾸로 이동할 수 있다는 개념을 받아들이지 않았다. 기본적인 물리학 원리에 반한다는 것이다. 에드워드 텔러는 파인만의 방법이 전자가 똑같은 두 가지 상태에 놓일 수 없다는 파울리 원리에 위배되는 것 같다며 경악했다. 휠러는 역사적 기록을 위해 적기만 할 뿐 파인만의 편을 들지는 않았다. 휠러는 존경하는 스승이자 모범인 보어를 언제나 극도의 공경과 예의를 갖춰 대했다.

휠러처럼 파인만의 발표 내용 중 모든 이력의 총합 방법을 검토하기에 가장 적합한 위치에 있던—그 방법 중 일부는 디랙의 연구에 바탕을 두었기에—디랙이 중요한 질문을 하나 던졌다. 다양한 경로들의, 가중치가 곱해진 진폭들을 합할 때, 모든 가능성들에 대한 총확률이 합해서 100퍼센트가 되는지 파인만이 확인했느냐는 질문이었다. 움찔하면서 파인만은 그러지 않았다고 대답했다. 이것은 중대한 실수였다. 총합에 어떤 상호작용 방식들이 누락되거나 더 많게 셈해질 수 있기 때문이었다. 세 개의 컵에 동전이 들어 있을 확률이 각각 50퍼센트이니까, 셋 중 아무 컵이나 골랐을 때 동전이 들어 있을 확률을 합쳐 보니 150퍼센트가 나왔다고 말하는 것과 비슷했다. 그건 얼토당토않은 결과다. 파인만은 총확률을 확인해서 필요하다면 각각의 확률을 조정해야 했다(정말로 그래야 했다).

또 다른 비판자는 파인만이 진공 분극—슈윙거의 계산에 핵심적인 역할을 했던 바이스코프의 획기적인 개념—을 고려하지 않았다고 주장했다. 파인만의 표기는 그것을 하나의 고리가 있는 다이어그램으로 표현했다. 간략한 표현을 위해 그는 더욱 근본적인 상황, 즉 두 전자가 광자를 교환하는 상황을 제시하기로 했지만, 이는 실험에서 밝혀진 중대한 내용—램 이동과 변칙적인 자기 모멘트—에 관해 설명을 듣고 싶은 참석자들의 기대를 충족시키지 못했다. 슈윙거는 분명 그런 기대에 부응했지만, 파인만은 그저 쓸데없는 낙서나 그리는 듯 보였다.

베테는 참담하게 회의를 마친 파인만이 안쓰러웠다. 파인만은 논문을 써서 자기 생각을 훨씬 더 상세하게 설명하기로 결심했다. 당시 상황을 베테는 이렇게 회상했다.

> 파인만은 접근 방식이 완전히 달랐습니다. 그걸 나는 알았지만 대다수는 이상하게 여겼지요. 특히 닐스 보어, 어쨌거나 전 참석자의 대표 격인 보어가 그랬습니다. 닐스 보어는 그게 이해가 안 되니 믿지를 않았고 예리한 반박을 가해 파인만을 난처하게 만들었어요. 물론 파인만은 아주 낙담했는데, 왜냐하면 자기로서는 멋진 이론을 내놓는다고 내놓았기 때문입니다. 거기서 모든 양자물리학자 가운데서 가장 위대한 보어가 파인만을 믿지 않았던 것이죠. 그래서 회의를 마치고 돌아왔을 때 내가 위로를 해주었습니다. 같이 회의에 참석해서 발표도 들었고 보어의 반응도 들었으니 내가 위로해 주어야 했어요. 안타깝게도 파인만은 최대한 역설적이게 자신의 개념을 제시하길 좋아합니다(정말이지 그때는 그랬습니다). 어쨌거나 그건 보어 같은 사람이 이해할 수 없는 것이었습니다.

거친 자동차 여행

오랫동안 창조적인 천재성이 폭발하여 한껏 사기가 올라 있던 파인만은 다시 자존감이 추락했다. 질문에 대한 준비가 제대로 되지 않았기에 그는 보어, 디랙, 오피 등 양자물리학 거장들의 면전에서 굴욕을 겪었다. 그의 인생은 엄청나게 솟구쳤다가 아찔하게 곤두박질치는 코니아일랜드 사이클론

Coney Island Cyclone*처럼 돼버렸다. 가장 암울한 순간에 그는 자신의 계산이 헛된 짓이라고 느꼈다. 원자폭탄이 늘어나서 인류를 쓸어버리는 걸 그런 계산이 막지 못할 테니까. 실제로 로스앨러모스에서 파인만이 한 계산은 판도라의 상자를 여는 데 일조했다. 되돌아본다고 무슨 소용이 있겠냐만, 파인만은 자기가 정말로 어처구니없는 짓을 했다고 여겼다.

늘 그렇듯이, 자신이 참으로 한심하다고 여길 때면 파인만은 창조적인 에너지를 가르침에 쏟았다. 기라성 같은 물리학계의 거장들보다 학생들에게 뭔가를 설명하는 게 훨씬 더 자신이 있었다. 게다가 젊은 인재들을 발견의 길로 안내하는 일은 뿌루퉁해 있는 것보다는 훨씬 보람찼다. 뿌루퉁해 있는 건 파인만의 취향이 아니었다. 그리고 잠이 잘 안 올 땐, 잠시 봉고를 두드리면 스트레스가 풀렸다.

또 한 가지 기분전환 거리는 캠퍼스를 빠져나가서 다양한 계층의 예쁘고 젊은 여성을 살펴보는 것이었다. 여성들이 물리학에 대해 알거나 관심이 있는지 여부는 문제가 되지 않았다. 파인만은 젊고 미남인지라 여대생한테도 접근했는데, 그들은 파인만이 교수란 사실에 종종 놀라곤 했다.

뉴멕시코 출신의 한 여성과도 계속 연락을 주고받았다. 로스앨러모스 시절에 만난 비서였다. 주고받은 편지에서 그녀는 자기가 좋아하는 다른 남자 이야기를 하기 시작했다. 그냥 있다가는 남에게 뺏길까 걱정되고 아울러 너무 늦기 전에 불꽃을 터뜨려야겠다 싶어, 파인만은 앨버커키까지 자동차를 몰고 가서 그녀를 만나기로 마음먹었다. 게다가 거친 서부의 자유로움이 정말로 그리워 다시 경험하고 싶기도 했다. 그러기에는 1948년 여름 방학 기간이 안성맞춤이었다.

그런데 알고 보니 다이슨도 서부로 갈 일이 있었다. 미시건 주의 앤 아버

* 미국 뉴욕 시에 있는 역사적인 목조 롤러코스터.—옮긴이

Ann Arbor에서 열리는 여름 세미나에 참가하기로 했던 것이다. 슈윙거가 자신의 양자전기역학 방법에 관해 일종의 집중 강의로 여는 행사였다. 그런 기법을 배우라고 베테한테서 적극 권유를 받고서, 다이슨은 이 세미나에 신청해 놓았다.

파인만은 다이슨한테 앨버커키로 가자고 했다. 다이슨으로서는 영 달갑지 않은 제안이었다. 첫째, 세미나는 8월이나 되어야 열리는데, 파인만은 6월에 출발할 예정이었다. 게다가 앤 아버와 앨버커키는 알파벳상으로만 가깝지 물리적으로는 그렇지 않았다. 반대로 두 곳은 수천 킬로미터나 떨어져 있었다. 기본 입자—적어도 제정신의 멀쩡한 입자—가 택하기에는 결코 효과적인 시공간 궤적이 아니었다.

그러나 페르마의 최소 시간의 원리는 쓰레기통에 던져졌다. 다이슨은 어처구니없는 방식일지라도 미국 서부를 탐험하고 싶었다. 그래서 결심했다. (나흘을 자동차로 달려) 파인만과 앨버커키로 갔다가, 세미나 때에 맞춰 다시 버스로 앤 아버로 되돌아가기로. 영연방 장학금에는 마침 여름 방학 여행 경비도 포함되어 있었기에, 그걸 쓸 수 있었다.

주간interstate 고속도로가 깔리기 이전 시대에는 중서부에서 남서부까지 가는 최상의 도로는 66번 국도였다. 이 구불구불한 도로는 수많은 타운들과 이어져 있었는데, 이 도로가 타운의 메인 스트리트 역할을 했다. 주유소, 저렴한 숙소, 담배 연기 자욱한 술집 그리고 지저분한 손님 들이 타운의 단조로운 분위기를 깨주었다.

긴 여행 동안 두 남자의 우정은 깊어졌다. 끝없이 펼쳐진 밭과 오자크 고원의 완만한 구릉지 풍경을 지나가면서, 둘은 각자의 성장배경, 마음속에 품은 꿈 그리고 물리학에 대한 견해를 서로 주고받았다. 가끔씩은 엄지손가락을 치켜드는 사람을 태워주었다가 얼마 지나 내려주기도 했다. 다이슨은 혹시 무슨 일이 벌어지지 않나 신경 쓰지 않고 현재를 마음껏 즐겼다. 파인만의 판단을 믿었던 것이다.

오클라호마 시가 가까워졌을 때, 갑자기 하늘에서 폭우가 쏟아져 내렸다. 도로가 물바다가 되자 둘은 차를 돌려 비니타Vinita 타운으로 내달려 비를 피할 곳을 필사적으로 찾았다. 오도 가도 못 하는 다른 운전자들도 같은 처지였기에, 좋은 선택지가 많이 없었다. 파인만은 하룻밤 묵는 데 오십 센트를 내고 다른 이들과 방을 같이 쓰는 싸구려 숙소에 들어가기로 했다. 방에는 문이 없고 단지 천 한 조각이 걸려 있었다. 젊은 여자들이 복도를 오가는 모습을 보고서 다이슨은 그곳이 윤락업소를 겸한다는 사실을 알아차렸다. 그래서 방 밖으로 나갈 엄두를 못 냈고, 심지어 홀에 있는 화장실을 이용하지도 못했다. 옴짝달싹 못 하게 되자 둘은 방 안에 죽치고 앉아 시간을 보람 있게 보내기로 했다.

비가 억수처럼 내리는 창밖 풍경을 배경으로 두 물리학자는 서로 속마음을 터놓았다. 로스앨러모스 시절을 이야기하고 나서 파인만은 핵무기가 세계를 멸망시키는 건 시간문제일 뿐이라고 밝혔다. 파인만이 그런 묵시론적 견해를 담담히 밝히자 다이슨은 적잖이 놀랐다. 파인만은 재앙이 다가옴을 확신하면서도 그럭저럭 마음을 다잡은 채 지내는 냉정한 카산드라였다. 다이슨이 보기에 파인만은 제정신이고 세상이 미쳐 돌아갔다.

이어서 둘의 이야기는 양자전기역학으로 향했다. 파인만은 자신의 방법을 기존의 모든 힘에까지 확장하여 마침내 아인슈타인도 이루지 못했던 통합을 실현시키겠다는 포부를 드러냈다. 모든 이력의 총합 기법이 전자기력에 잘 통하기에, 또한 핵 상호작용과 중력에도 잘 적용되어야 마땅했다. 파인만은 구상 가능한 모든 과거를 표현하는 다이어그램들의 모음이 삼라만상을 파악할 수 있으리라는 원대한 전망을 또박또박 이야기했다.

다이슨은 반박했다. 전기역학에 집중하여 여러 양자 접근법들을 일치시키는 게 낫다고 했다. 파인만의 방법, 슈윙거의 방법 그리고 전쟁 동안 일본 물리학자 도모나가 신이치로가 내놓았으며 포코노 회의 직후 베테와 오피한테 전해진 제삼의 방법을 모두 합치자는 것이었다.

도모나가의 개념은 슈윙거의 경우처럼 꽤 간단히 표현된 것으로서, 1943년에 일본 학술지에 발표되었다가 1948년에서야 번역문으로 학계에 알려졌다. 전시 동안 서구 물리학계와 고립되어 지냈던 도모나가가 보여준 통찰력에 베테와 오피 등 그 분야의 물리학자들은 깜짝 놀랐다. 더더욱 놀라운 점은 램 이동이 발견되기 한참 전에 그런 대단한 개념을 내놓았다는 사실이다.

다음 날 비가 멎자, 파인만과 다이슨은 텍사스를 향해 계속 달렸다. 하룻밤을 더 함께 묵고 다시 앨버커키로 향했다. 그 도시에 거의 다 왔을 무렵, 속도위반 단속에 걸려 차를 세웠고 천문학적인 액수의 딱지를 뗐다. 다행히 파인만이 법원에 출두해 담당 재판부를 설득해 벌금을 낮출 수 있었다.

속도위반 벌금의 절반을 낸 후, 다이슨은 작별인사를 고하고 산타페 행 그레이하운드 버스에 올랐다. 앨버커키에 남은 파인만은 안타깝게도 편지를 주고받았던 여자를 찾을 수 없었다. 그래도 한동안 거기 머물면서 66번 국도변에 있는 여러 싸구려 술집을 들락거리며 여자들을 낚아보려고 했다.

옴니버스 접근법

산타페에 도착한 다이슨은 버스를 계속 갈아타며 동쪽으로 향했다. 목적지는 앤 아버Ann Arbor였다. 슈윙거의 강의가 시작되기까진 시간이 충분했기에 느긋하게 이동했다. 차바퀴가 초원의 도로 위를 구르고 태양이 평평한 대지 아래로 가라앉을 때, 그는 다른 승객들과 인생의 꿈과 걸어온 길에 관해 뜻

깊은 대화를 나누었다.

5주간의 강의는 새로운 눈을 뜨게 해주었다. 매 강의마다 슈윙거의 분필은 칠판 위를 (왼쪽에서 오른쪽으로, 위에서 아래로 거듭거듭) 싱싱 내달리며 대단한 계산 과정들을 늘어놓았다. 각 단계는 이전 단계로부터 엄밀한 수학적 논리에 따라 도출되었다. 설명에서 안타까운 점을 찾아내기는 쉽지 않았다. 굳이 찾자면 물리학이라기보다는 수학에 더 가까운 듯하다는 정도뿐이었다. 다행히 다이슨은 슈윙거와 친한 편이라 기본적인 사고 과정들을 사적으로 물어볼 기회가 많았다.

다이슨은 필기 노트를 꼼꼼하게 살피면서, 파인만의 기법을 터득한 것만큼이나 슈윙거의 기법을 철저히 파악했다. 그랬더니 두 사람의 기법에는 핵심적인 차이가 있었다. 슈윙거의 기법은 완벽하게 짜인 촘촘한 벽걸이 융단 같아서 동기와 목적은 거의 드러나지 않았다. 만약 한 올이라도 풀려 버리고 슈윙거가 이를 해결하지 못한다면, 모든 것이 흐트러지게 될 터였다. 슈윙거 말고는 다른 누구도 감히 고칠 수 없었기 때문이다. 반면에 파인만의 기법은 두꺼운 붓질로 감각적으로 덧칠한 원시적인 그림 같았다. 이곳저곳 얼룩이 지고 뒤엉켜 있었지만 훨씬 더 매력적이었다. 분명 결함이 있긴 했으나, 훨씬 더 이해하기 쉬웠다. 다른 이들도 파인만의 기법을 이용해 비슷한 걸 만들 시도를 해볼 수 있었다. 사고와 감정을 한데 섞어 이 두 기법을 멋지게 융합시키면 더욱 강력하고 역동적인 이론을 만들 수 있지 않을까?

강연이 끝나자, 다이슨은 앤 아버를 떠나 혼자서 버스를 타고 전국을 더 돌아다녀 보기로 했다. 그는 부메랑이 가는 길을 따랐다. 먼저 서쪽으로 장엄한 로키산맥을 거쳐 샌프란시스코로 갔다가 다시 대서양 연안으로 되돌아왔다. 긴 여행 동안 많은 시간을 갖고서 서로 다른 두 기법을 조화시킬 방법을 궁리했다.

프리먼 다이슨이 뉴저지의 프린스턴 고등과학연구소에 있을 때의 모습. (출처: AIP Emilio Segre Visual Archives, Physics Today Collection)

여행의 마지막 경로—도로를 따라 동쪽으로 향하는 여러 낮과 밤—에서, 양자전기역학의 통합된 전망이 다이슨의 내면에서 결실을 맺었다. 너무나 기쁘게도 그는 슈윙거의 형식론을 일련의 파인만 다이어그램 속으로 자연스럽게 스며들어 갈 수 있는 방식으로 작성할 수 있음을 깨달았다. 달리 말해, 항들을 정렬해서 모든 이력의 총합을 표현할 수 있음을 알아차렸다. 슈윙거를 "파인만화"시킨 것이다! 그리고 도모나가의 개념은 슈윙거의 개념과 공통점이 많았기에, 그것 또한 파인만의 개념과 조화시킬 수 있었다. 투박한 그레이하운드 버스를 타고 가면서 (다른 승객들은 미스터리 소설을 읽거나 낱말 맞추기 퍼즐을 하고 있을 때) 다이슨은 훨씬 더 심오한 수수께끼, 즉 입자물리학을 통합하는 방법을 찾는 수수께끼를 풀었다.

마침내 흥미진진한 여름 여행과 계시를 끝내고 다이슨은 프린스턴에 도착해서 고등과학연구소에서 일 년간의 연구를 시작했다. 그곳의 새 연구소장인 오피는 다이슨을 1948년 가을부터 1949년 봄까지 객원 연구원으로 임명했다. 덕분에 다이슨은 양자전기역학의 여러 상이한 버전들을 통합하는 세세한 작업을 마무리할 기회가 생겼다. 쓰려고 한 논문의 제목도 이미 생각해놓았다. 「도모나가, 슈윙거 그리고 파인만의 복사 이론들」. 곧이어 포괄적인 논문을 완성하여 1948년 10월에 『피지컬 리뷰』에 제출했다. 논문은 다음 해 초에 발간되어 그 분야에 대단한 영향력을 행사하게 된다.

프린스턴 고등과학연구소에서 다이슨은 자기 생각을 다른 명석한 젊은이들과 나눌 기회가 많았다. 그중에 프랑스계 수리물리학자 세실 모레트Cecile Morette가 대표적인데, 자기 주관이 매우 뚜렷한 인물이었다. 그녀가 모든 이력의 총합 기법을 지지해준 덕분에 그 기법은 한층 더 타당성을 얻게 되었다.

통합된 진리들

파인만처럼 세실 모레트도 젊은 나이에 인생의 비애를 겪었다. 어렸을 때 사랑하는 이들의 죽음을 목격했던 것이다. 나치 점령하의 프랑스에서 그녀는 가족과 함께 노르망디 지역의 도시인 캉에 살았다. “모험을” 위해 파리에 가고 싶던 그녀는 파리의 대학에 있는 수학과에 상급 과목을 신청하기로 결심했다. 그렇지 않으면 점령 정권에서 취한 금지 조치 때문에 파리까지 갈 수가 없었기 때문이다. 파리에서 공부하고 있을 때, 노르망디 상륙 작전이 벌어졌다. 작전의 일환으로 연합군은 캉을 폭격했다. 독일 탱크와 군대가 모인 지역을 쓸어버리기 위해서였다. 안타깝게도 수천 명의 프랑스 민간인들도 사망했다. 모레트가 시험을 치르고 있을 때, 빗나간 폭탄이 캉에 있는 가족의 집에 떨어졌다. 어머니, 언니 그리고 할머니가 세상을 떠났다. 당시 그녀는 고작 스물한 살이었다.

느닷없이 인생을 스스로 책임지게 된 모레트는 메손의 산란에 관한 수리물리학 박사학위 논문을 써서 박사학위를 받았다. 이후 더블린과 코펜하겐의 연구소에서 연구 활동을 하던 중에 오펜하이머의 초청으로 프린스턴 고등과학연구소의 객원 연구원이 되었다. 거기서 1948년부터 1950년까지 연구하게 된다.

그녀가 연구소에 들어간 그해에, 다이슨도 객원 연구원으로 왔다. (나중에 다이슨은 평생 연구원이 된다.) 그는 여전히 파인만 다이어그램과 모든 이력의 총합 기법에 굉장히 열광해 있었다. 하지만 확실히 그 기법은 수학적 토대가 약했다. 그 문제를 모레트와 상의해보니 그녀의 생각은 달랐다. 그 기법이 타당함을 증명할 수 있으리라고 낙관했던 것이다. 다이슨은 이렇게 회상했다. “1948년에 프린스턴에 간 후로 세실 모레트(나중에 세실 드윗DeWitt 모레트)와 자주 이야길 했는데, 그녀는 모든 이력의 총합 기법을 수학적으로 엄밀하게 만들 수 있다고 확신했습니다. 나는 늘 열린 마음으로 그 사안을 진지하게 논의했지요.”

정말로 그녀는 수학 실력을 발휘하여 그 기법—공식적으로 “경로적분path integral”이라고 불리던 기법—이 더욱 굳건한 수학적 토대 위에 놓이는 데 일조했다. 그녀의 연구 결과에 익숙한 수리물리학자들은 그 기법을 다른 방법으로는 풀기 어려운 여러 문제 유형에 적용하였다. 그 주제에 관한 책을 쓴 배리 사이먼Barry Simon은 이렇게 적었다. “경로적분은 몇몇 수리물리학자들이 일종의 비밀병기로 사용하는 굉장히 강력한 도구 같았다.”

1948년 10월, 다이슨과 모레트는 열 시간 걸려 기차로 프린스턴에서 이타카까지 갔다. 주말을 파인만과 함께 보내기 위해서였다. 파인만이 금요일 저녁에 기차역에 마중 나와서 둘을 집으로 데려갔다. 그는 뉴멕시코에서 입수한 인디언 북으로 여러 리듬을 두드리며 손님들을 밤 1시까지 융숭하게 대접했다. 이튿날에는 자기 이론을 명쾌하게 설명하여 모레트에게 감동과 경탄을 선사했으며, 아울러 도저히 풀 수 없을 듯한 문제 두 가지를 풀어서 다이슨을 깜짝 놀라게 했다. 다이슨의 회상을 들어보자. "그날 저녁 파인만 교수님은 내가 이전에 어디서 본 것보다도 더욱 번득이는 발상들을 쉴 새 없이 쏟아냈다."

금세 주말이 끝났고, 파인만은 다이슨과 모레트에게 애정 어린 작별을 고했다. 둘은 파인만 기법의 위력을 입이 닳도록 찬양하며 프린스턴으로 돌아왔다.

파인만은 그 무렵 다섯 편의 중요 논문을 발표했다. 첫째, 「비상대론적 양자역학에 대한 시공간 접근법」은 자신의 모든 이력의 총합 기법을 포코노 회의에서보다 훨씬 더 구체적이고 일관적으로 소개했다. 또 한 편은 휠러와 공저한 논문으로서, 둘이 공동 연구한 흡수체 이론을 더 깊게 설명했다. 세 번째 논문은 양전자가 시간을 거꾸로 이동하는 전자라는 발상을 제시하고 그 이론이 디랙의 홀 개념보다 나은 점을 소개했다. 나머지 두 편은 파인만이 상대론적 효과들을 자신의 개념 속에 도입하게 된 경위를 자세히 서술했다.

미국과학아카데미가 후원한 세 번째의 양자장 이론 회의가 1949년 4월 11일부터 14일까지 뉴욕 주 피크스킬Peekskill 근처의 올드스톤에서 열렸다. 여기서 다이슨은 자신의 통합된 방안을 처음 소개했다. 파인만의 훨씬 더 일관된 설명과 더불어 다이슨의 강연은 어떻게 파인만 다이어그램이 입자 상호작용을 다루는 굉장히 실용적인 방법이 되는지를 상세히 밝혔다. 이 강연 그리고 파인만과 다이슨이 그 무렵 발표했던 중요한 논문들 덕분에 파인만 다이어그램은 금세 주목을 끌었다. 곧 파인만 다이어그램은 입자 이론에 관한 논문이라면 빠질 수 없는 필수 개념이 되었다. 하지만 슈윙거가 반대한(적어도 무시한) 파인만의 모든 이력의 총합 개념은 주류 물리학계에서 널리 받아들여지는 데 훨씬 더 오랜 시간이 걸렸다.

그렇지만 일단 받아들여지자 모든 이력의 총합 개념은 양자역학을 이해하는 매우 중요한 단계임이 분명해졌다. 그 개념 덕분에 어떤 물체가 특정한 경로를 따르는 이유가 양자론의 맥락에서도 이해되었다. 물체는 사람들이 지도(나중에는 GPS)를 사는 것과 똑같은 이유로 그렇게 한다. 즉 더 효율적인 경로를 찾아가는 것이다. 고전 세계와 양자 세계의 유일한 차이는 후자의 경우 덜 효율적인 경로 또한 은근히 영향력을 행사한다는 것이다. 마치 지도에 대안 경로도 표시되어 있듯이 말이다. 산란과 같은 양자 과정의 결과를 계산하려면 가장 높은 진폭을 가진 경로—순전히 고전적인 계에서는 오직 이 경로만 선택된다—만이 아니라 모든 가능한 경로들을 다루어야 한다. 이에 관해 다이슨은 다음과 같이 설명했다. "모든 이력의 총합 개념 덕분에 드디어 우리는 양자 과정을 직관적으로 파악하게 되었어요. 초보자도 이해할 만큼 명쾌하고 단순하게요. 미적분을 모르는 사람들도 이해할 수 있지요."

올드스톤 회의 직후 다이슨의 프린스턴 고등과학연구소 활동은 끝났다. 그는 영국으로 돌아가 버밍엄 대학에서 연구원으로 지냈다. 그 자리는 1951년 봄까지 이어졌다.

그러는 사이, 1949년 가을에 젊은 미국 물리학자 브라이스 셀리그먼 드윗Bryce Seligman DeWitt이 프린스턴 고등과학연구소에 들어왔다. 곧 그는 열정적이고 독립적인 성향의 세실에게 마음이 끌렸다. 하지만 그녀는 남자에게 마음을 쓸 상황이 아니었다. 객원 연구원 활동이 끝나면 프랑스로 돌아갈 생각이었다. 사랑은 다음 기회를 노리고 있었다.

양자 중력학

브라이스 드윗은 하버드 출신으로서, 거기서 슈윙거의 지도하에 박사학위를 받았다. 하버드 시절에 그는 양자전기역학과 비슷한 방법을 써서 중력을 양자론의 맥락 속에서 파악하려는 시도를 했었다. 물론 실패했다. 어쨌든 그는 자신의 개념을 "양자 중력학"이라고 불렀다.

그런데 슈윙거의 조언에 따라 드윗은 레온 로젠펠트Léon Rosenfeld와 같은 물리학자들이 예전에 시도한 중력의 양자화로 관심을 돌렸다. 특히 로젠펠트는 광자의 중력 자체에너지를 계산하려고 했는데, 그 값이 무한대로 나왔다. 슈윙거는 드윗의 박사학위 논문 주제를 허락했다. 드윗이 새로 발견한 재규격화 기법이 그런 무한대 값을 없애리라고 기대했기 때문이다. 하지만 논문 관련 첫 만남과 이후 몇 번의 짧은 논의가 있은 후로 슈윙거는 드윗과 시간을 많이 보내지 못했다. 자기 연구에 집중해야 했기 때문이다. 드윗은 슈윙거와의 인연을 이렇게 회상했다.

> 글쎄요, 아마 함께 보낸 시간이 전부 20분쯤일 겁니다. 나는 중력장을 양자전기역학 속에 포함시키려고 했는데, 온갖 난관에 봉착했지요. 그래서 슈윙거 교수님을 만나러 갔어요. 교수님 말씀인즉, 전자-양전자 장은 그만두고 그냥 중력과 전자기력으로 바꾸라고 했습니다. 관련 문헌을 언급하셨는데, 1930년쯤에 레온 로젠펠트가 쓴 논문에 광자의 중력 자체에너지가 무한대라고 나온다고 했습니다. 그건 터무니없는 결과라고 교수님은 여겼습니다. 전하의 재규격화에 해당되려면, 그 값이 무한대여서는 게이지 불변성을 유지할 수 없다고 보셨지요. 어쨌든 그래서 덕분에 그걸 연구하게 되었지요. 나는 교수님한테서 좋은 걸 권유받았다고 생각합니다. 왜냐하면 교수님을 혼자 놔두게 되었으니까요.

드윗이 알아차렸듯이 슈윙거의 방법은 중력에는 통하지 않았다. 중력을 그냥 장이라고만 다루어서 유한한 결과를 뽑아낼 수는 없었다. 슈윙거를 포함해 숱한 물리학자들의 시도에도 불구하고, 중력의 양자장 이론은 슈윙거가 개척한 수학 기법으로 재규격화되지 않았다. 무한대 항은 마치 지울 수 없는 얼룩처럼 사라질 줄을 몰랐다.

하버드에서 연구에 진척이 없긴 했지만, 그때까지의 경험 덕분에 드윗은 중력을 양자화하기 위한 필생의 탐구를 이어갔다. 양자 원리들이 일부 힘들에만 통해서는 안 된다고 그는 여겼다. 모든 힘에 적용되어야만 했다. 그런 생각을 하던 초창기에는 자기 말마따나 "꽤 희망적"이어서, 양자와 중력의 조화가 뜻밖에 훨씬 쉬울 거라고 내다보았다. 사실은 수십 년 동안의 시도에도 불구하고 지금 이 책을 쓰는 시점에도 여전히 미해결 과제로 남아 있다. 드윗은 회상했다. "그땐 아직 학생이어서 세상을 만만하게만 봤더랬지요."

프린스턴 고등과학연구소에서 활동할 때, 그 젊고 매력적인 물리학자는 점점 모레트에게 가까워졌다. 어느 날 온종일 즐겁게 함께 배를 타고 놀고 난 다음에, 그는 청혼하기로 결심했다. 처음에 모레트는 프랑스로 돌아갈 생각이라며 퇴짜를 놓았다. 하지만 곧 생각을 바꿔, 결혼을 하고도 고국에서 지낼 방법을 찾았다. 일 년 중 일정 기간을 프랑스에서 보낼 방법을 찾는다면 기꺼이 결혼을 하고 미국에서 지낼 수 있겠다고 여겼다. 생각이 달라진 것에 놀라고 기뻐하면서 드윗은 그녀가 내민 조건에 동의했다. 그 협정의 결과로, 1951년에 둘이 결혼한 직후 그녀는 프랑스 알프스 지역에 이론물리학의 중요한 아이디어를 키워나가는 산실인 레 우슈 여름학교Les Houches Summer School를 짓게 된다.

테이블에 앉은 배신자

1949년 9월 23일, 해리 트루먼 대통령이 발표한 놀라운 선언은 세계정세를 영구히 바꾸어 놓았다. 소련이 핵폭탄 실험을 실시하여 두 강대국 사이에 군비경쟁이 시작되었다는 내용이었다. 맨해튼 프로젝트를 완성하기 위해 미국은 어마어마한 노력을 쏟아부었다. 그런데 소련이 핵무기를 그렇게나 일찍 개발해냈으니, 많은 전문가들은 어떻게 소련이 특급 기밀 정보를 입수했는지 의아해했다. 여러 달이 지나, 한 스파이의 정체가 드러나면서 적어도 사건의 일부가 밝혀졌다.

클라우스 푹스Klaus Fuchs라는 사람이 있었는데, 그는 로스앨러모스 시절에 파인만의 가까운 친구이기도 했다(이 사람이 종종 파인만에게 차를 빌려주었다). 바로 그가 맨해튼 프로젝트 시작 이후로 소련을 위해 은밀히 활동하고 있었다. 소련에게 원자폭탄 제작 및 배치의 자세한 청사진을 제공했을 뿐 아니라 일부 연구 활동도 요약해서 건넸다. 가령 수소 핵융합을 바탕으로 초강력 폭탄을 만들려는 텔러의 아이디어가 소련에 넘어갔다. 그런 정보, 특히 완성된 폭탄에 관한 정보를 입수했기에 소련은 적어도 이 년의 시간을 단축시켰을 것이다. 결국에는 핵폭탄을 만들긴 했겠지만, 푹스의 은밀한 도움이 없었더라면 분명 시간이 훨씬 더 걸렸을 것이다.

푹스는 베테, 오피, 휠러 그리고 맨해튼 프로젝트에 관련된 다른 모든 이들을 완벽하게 속였다. 소련을 굉장히 못마땅해 하던 텔러가 특히 화가 나서, 더 강력한 무기를 개발하겠다는 결심이 한층 더 굳어졌다. 푹스는 심지어 보안 누설의 가능성을 논의하는 자리에도 참석했는데, 아무도 그를 의심하지 않았다. 파인만은 규정을 어기고 금고를 열기도 했던 사람답게, 훨씬 더 보안에 신중했다. 그는 만약 스파이가 있다면 푹스일 거라고 농담 삼아 말한 적도 있다고 한다.

전후에 휠러는 핵반응로안전위원회Nuclear Reactor Safeguard Committee라는 고문단에 참여했는데, 상업용 원자력 개발에 대해 권고하는 모임이었다. 가령, 핵발전소의 안전 조치로 돔을 사용하기를 권고했다. 텔러가 위원장을 맡았다. 파인만도 소속 위원이었지만 첫 모임에만 참여했다.

스파이란 사실이 탄로 나기 전에 푹스는 그 위원회의 한 회의에 참석했는데, 옥스퍼드 근처의 하웰 연구소의 영국 물리학자들과 공동으로 개최된 회의였다. 푹스는 영국 거주자로, 전쟁 전과 후에 그곳에서 살았다. 핵 안전에 관한 귀중한 조언을 줄 수 있는 정상급 핵 과학자였기에 아무런 의심도 받지 않고 회의에 초대를 받았다.

휠러의 생생한 기억에 따르면, 자신은 핵발전소 파괴 공작원의 잠재적인 위협을 회의에서 알렸다. 내부 지식을 가진 누군가가 안전 메커니즘을 뚫고서 이른바 노심 용융nuclear meltdown을 일으킬 수 있었다. 휠러가 보기에, 안전 조치가 많이 취해진 시스템의 경우 실제 사고보다 파괴 공작이 더 가공할 위험이었다. 누구나 그런 파괴 공작원일 수 있는데, 은밀히 대혼란을 일으키려고 작정한 정치적 극단주의자가 가장 가능성이 높았다. 휠러가 이러한 배신의 위험성을 설명하고 있을 때 푹스는 테이블의 반대편에서 굳은 얼굴로 앉아 있었다.

소련의 핵폭탄 실험 후, 런던 경찰청Scotland Yard은 보안 누설에 관해 광범위한 조사를 시작했다. 추적 끝에 푹스는 1950년 2월 2일에 체포되었다. 푹스는 핵폭탄 기밀사항을 소련에 건넸다고 자백했다. 나중에 FBI 요원들에게 심문받을 때 그는 미국 정보전달원의 이름을 댔다. 해리 골드였다. 미국 요원들이 골드를 체포하니, 그는 데이비드 그린글래스David Greenglass가 공범이라고 밝혔다. 이 사람은 맨해튼 프로젝트에도 참여했던 미국 핵 과학자였다. 그린글래스를 심문했더니, 다시 그는 줄리어스 로젠버그와 에델 로젠버그를 불었다. 둘은 결혼하면서 그린글래스와 인연을 맺게 된 부부였다. 논란의 소지가 있는데, 로젠버그 부부는 스파이 혐의로 유죄 판결을 받고 처형당했다. 한편 푹스는 십사 년 형을 선고받고서 고작 구 년을 복역했다. 석방되자 동독으로 이민 가서 거기서 수십 년을 편안하게 살았다.

세월이 흐른 후 휠러는 국제물리학회에서 푹스와 마주쳤다. 앞으로 다가가기 전에 휠러는 커피잔과 공책을 집어 들고서 양손에 꽉 쥐었다. 푹스와 악수를 할 수 없도록 말이다. 예의 바른 휠러로서는 악수 거절은 상대방이 굉장히 못마땅하다는 표시였다. 정중히 몇 분 푹스와 이야기를 나누고 자리를 떴다.

의무의 부름

트루먼 대통령이 소련의 첫 핵실험—이오시프 스탈린Joseph Stalin을 칭송하는 의미에서 "Joe 1"이라는 별명으로 불린 실험—을 발표한 그 무렵, 휠러는 구겐하임 보조금의 지원을 받고 유럽에서 안식년을 막 시작했다. 파리에 머물다가 가끔씩 기차를 타고 코펜하겐에 가서 보어와 만날 계획이었다. 휠러가 그해에 프랑스에 머물고자 한 이유 중 하나는 자녀들이 프랑스어를 배울 수 있도록 하기 위해서였다. 프랑스에 머물게 되면서 그는 보어 연구팀에 명시적으로 참여하지 않았기에 독립적으로 연구할 시간이 났다. 또한 취미로 일주일에 두 번 그림을 배웠다. 파인만도 취미가 그림 그리기였다.

가을이 깊어갈 무렵 휠러한테 성가신 전화가 자주 왔다. 프린스턴 동료인 텔러와 해리 스마이스Harry Smyth가 전화를 걸어와, 로스앨러모스에서 초강력 폭탄을 개발하는 새로운 프로젝트에 참여하라고 설득했다. 소련이 히로시마와 나가사키에 투하된 것과 비슷한 핵분열 폭탄을 제조하고 발사할 수 있게 되자, 미국은 핵 우위를 유지할 훨씬 더 강력한 무기가 필요했다. 그렇지 않으면 스탈린이 미국의 약점을 이용하여 동유럽에 대한 지배력을 증대시키고 세계의 다른 지역들에까지 세력을 뻗칠지 몰랐다.

휠러는 굉장히 어려운 선택을 해야 했다. 가족도 생각해야 했다. 구겐하임 재단과 한 약속도 깨기 어려웠다. 게다가 존 톨John Toll이라는 대학원생도 문제였다. 그 학년도에 파리에서 지내며 광자들 사이의 충돌에 관한 연구를 휠러와 함께 진행할 친구였다. 마지막으로 한 가지만 더 들자면, 보어를 실망시키고 싶지 않았다.

한편, 그는 무기 개발을 오직 정부 관리의 손에만 맡기지 않기로 맹세한 적이 있었다. 과학자들은 정부에 국가의 전쟁 능력에 관해 가장 정확한 정보를 제공할 의무가 있었다. 그런 지식을 갖고 있으면, 수백만 명이 희생당하기 전에 스탈린과 아돌프 히틀러 같은 독재자를 좌절시킬 수 있을지 모른다. 따라서 구겐하임 재단, 보어, 톨 등과 새로 일정을 조율한 다음 휠러는 로스앨러모스로 돌아가기로 결정했다. 가족은 파리에 여러 달 더 머물렀다. 아이들이 아버지한테 돌아가기 전에 불어 실력을 갈고닦기 위해서였다.

서쪽으로 가라, 젊은 물리학자들이여

1950년 봄부터 시작해 일 년 동안 휠러는 로스앨러모스 연구소에서 수소폭탄 제조를 위한 비밀 프로젝트에 깊이 관여했다. 파리에서 건너온 톨 그리고 또 한 명의 프린스턴 대학원생인 케네스 W. "켄" 포드가 휠러를 도왔다. 텔러 그리고 폴란드 이민자 출신의 물리학자이며 존 폰 노이만의 가까운 친구인 스타니스와프 "스탄" 울람Stanislaw "Stan" Ulam이 프로젝트를 이끌었다. 그들은 여러 방안을 검토한 끝에 2단계 설계 전략을 택했다. 이 방안은 누가 더 주도적인 역할을 했는가에 따라 "울람-텔러" 방식이라고도 하고 "텔러-울람" 방식이라고도 불린다. (텔러는 울람의 역할을 최대한 낮게 보는 편이었다.) 둘은 1951년 3월 9일에 나온 일급 내부 보고서에서 수소폭탄을 위한 강력한 청사진을 발표했다. 보고서 제목은 "이종촉매 폭발에 관하여 I. 유체역학적 렌즈와 복사 거울." 오늘날까지 보고서 내용의 상당 부분이 공식적으로는 비밀로 남아 있다. 하지만 포드가 말하듯이, 내용 대부분은 이제 흔한 기술이다.

그 무렵 휠러는 로스앨러모스를 떠나 프린스턴으로 돌아가고 싶어 좀이 쑤셨다. 가족 문제가 가장 컸다. 파리에서 즐거운 시간을 보낸 후, 고립된 군사 시설에서 지내는 삶은 환멸을 불러왔다. 배스텁 로우Bathtub Row라는 역사적인 장소에 있던 숙소는 훌륭했다. 오피도 그곳에서 전쟁 동안 살았다. 하지만 아내는 친구들이 그리웠고 그곳의 학교도 마음에 들지 않았다. 그래서 자꾸 남편더러 다시 동쪽으로 가자고 졸랐다.

또 한 가지 문제는 텔러와 울람 그리고 몇몇 다른 유명한 과학자들 빼고는 수소폭탄 프로젝트를 위해 로스앨러모스로 오겠다는 과학자들이 별로 없었다는 것이다. 맨해튼 프로젝트는 엄청난 인재들을 불러 모았던 반면에, 그 팀은 사람들이 찾지 않았다. 아마도 지리적인 문제이려니 휠러는 짐작했다.

휠러는 무기 연구와 동시에 뉴저지로 돌아갈 멋진 방법을 찾아냈다. 프린스턴 지역에 일종의 로스앨러모스 분교를 세우면 되지 않을까? 그것을 자금 모집 기관에 일종의 핵무기 "아이디어 공장"으로 팔 수 있다고 보았다. 그의 짐작에, 미국에서 매우 인구가 많고 교통이 편리한 곳에 위치한 그런 센터라면 훨씬 더 많은 인재들을 불러 모을 터였다. 정 여의치 않더라도, 참여하고 싶어 하는 뛰어난 학생들이 다수 있었다. 톨, 포드 그리고 아마도 다른 학생들 말이다. 이후 그 센터는 "프로젝트 마테호른"이라고 불리게 된다.

그 무렵 파인만 또한 안정을 찾지 못하고 있었다. 일 년 중 절반 이상 지속되는 듯한 차디찬 이타카의 겨울에 신물이 났다. 온통 눈과 얼음뿐인 환경 때문에 우울한 기분에서 벗어나기 어려웠다. 로스앨러모스 시절의 상쾌한 서부 풍경이 눈앞에 아른거렸다.

그래서 캘리포니아공과대학Caltech. 칼텍이 부교수 자리를 제안했을 때 파인만은 흔쾌히 응했다. 분명 그는 베테와 로버트 윌슨이 그리워질 테고 그들도 마찬가지겠지만, 겨울마다 차에서 얼음을 긁어내고 있을 수는 없었다. 남부 캘리포니아는 일 년 내내 따뜻하고 화창할 것이었다.

베테는 누군가가 파인만을 대신해야 한다면 다이슨이 적격이라고 결정했다. 다이슨은 그해 가을 학기부터 파인만을 대신해 코넬 대학 교수가 되었다. 거기서 몇 년 동안 교수로 지내다가 이후 프린스턴 고등과학연구소에서 종신 직위를 수락했다(이 책을 쓰는 현재에도 거기서 석좌교수로 활발히 활동하고 있다).

여행을 즐기는 사람답게 파인만은 또 하나의 자리를 수락했다. 브라질의 리우데자네이루에서 열 달간의 객원교수 자리였다. 다행히 칼텍은 해외에 나가 있는 그 기간을 안식년 휴가로 쳐주었다. 브라질에 도착하여 강의를 몇 번 짧게 한 뒤, 곧바로 그곳의 활기찬 문화를 긴 시간에 걸쳐 경험했다.

놀랍게도 칼텍에 도착한 이후이고 아직 브라질로 향하기 전의 기간에 파인만은 휠러에게 편지 한 통을 받았다. 프로젝트 마테호른에 참여하지 않겠냐고 묻는 내용이었다. 휠러는 여전히 파인만의 총명함에 감탄을 보내고 있었으며 적어도 짧은 기간만이라도 프린스턴에 다시 오기를 고대했다. 맨해튼 프로젝트에 중대한 기여를 했던 파인만이 오면 수소폭탄 개발이 엄청나게 촉진될 터였다.

1951년 3월 29일 날짜의 파인만에게 보낸 편지에서 휠러는 소련과 미국 사이에 전쟁이 발발할 가능성을 염두에 두고 이렇게 서두를 뗐다. “자네가 다음 해는 브라질에서 보낸다는 건 알고 있네. 세계정세가 허용해준다면 좋겠네. 하지만 아닐 걸세. 내가 대략 추측해볼 때, 9월까지 전쟁이 벌어질 확률이 적게 잡아도 40퍼센트네. 물론 자네도 나름의 계산치를 갖고 있겠지. 상황이 급박해지면 어떻게 할지 자네도 생각하고 있을 듯하네. 적어도 1952년 9월까지 프린스턴에서 수소폭탄 개발을 위한 본격적인 프로그램에 참여하는 건 어떤가?” 무기 연구는 다시는 하고 싶지 않았지만 휠러한테 예의를 갖추고자 파인만은 브라질에서 안식년을 보내고 싶다는 뜻을 거듭 밝혔다. 세계3차대전이 만약 발발하면 지구가 쑥대밭이 된다는 걸 알았지만, 자신으로서는 그래도 어쩔 수 없는 일이었다.

정말로 파인만은 브라질에 갔다. 그곳의 다양하고 열정적인 문화를 맘껏 즐겼고, 교육 제도에 대해 많이 배웠고, 삼바 등 여러 브라질 음악의 마니아가 되었다. 파인만으로서는 결코 잊지 못할 모험이었다.

1951년 4월, 프로젝트 마테호른이 승인을 받아서 프린스턴 캠퍼스 바로 바깥에 장소를 지정받았다. 당시 포레스털 빌딩Forrestal Building이라고 불리던 곳이었다. 휠러는 가족과 함께 다시 배틀 로드의 자기 집으로 이사했다. 톨과 포드가 그 프로젝트에 합류했는데, 프로젝트는 그해 후반에 시작해 1952년 내내 계속되었다.

1952년 11월 1일 미국은 최초의 수소폭탄의 실험을 실시했다. 일명 “마이크 장치Mike device”는 텔러와 울람의 설계에 바탕을 둔 폭탄이었다. 에니웨톡Eniwetok이라는 태평양의 산호환초가 실험 장소로 정해졌다. 마이크는 그 산호환초 내의 한 섬인 엘루겔라브에서 조립된 뒤 폭파되었다. 폭발로 인해 그 섬은 아예 지도에서 사라져버렸다. 수소폭탄은 히로시마에 떨어진 핵분열 폭탄보다 팔백 배 더 강력했다. 미국 군사력의 압도적인 우위가 증명된 셈이었다. 하지만 이 우위는 잠시뿐이었다. 소련도 고작 아홉 달 후에 수소폭탄 실험을 실시했으니 말이다.

휠러는 50미터 넘게 떨어진 곳에서 정박해 있던 SS 커티스 호에서 수소폭탄 실험을 목격했다. 필수적으로 착용해야 했던 정부 제공의 선글라스를 썼는데도 폭발의 밝기와 피어오르는 버섯구름은 어마어마했다. 재빨리 그는 실험 성공을 알리기 위해 톨, 포드 및 다른 마테호른 연구팀원들에게 암호 메시지를 보냈다. 하지만 너무 알기 어렵게 보내는 바람에 이해할 수가 없었다. 다행히 곧 그들은 텔러를 통해 간접적으로 듣고서 수소폭탄이 작동했다는 사실에 의기양양해졌다.

탈선

수소폭탄 실험 후 고작 사흘 만에 드와이트 아이젠하워가 대통령으로 선출되었다. 당시 미국 정부는 소련의 스파이 활동에 대한 우려로 인해 피해망상에 사로잡혀 있었다. 푹스 사건으로 기존의 체계가 뿌리 깊게 흔들렸다. 많은 군 수뇌들이 보안에 너무 느슨하다는 이유를 대며 핵과학자들을 고소했다. 반대로 많은 핵과학자들은 군이 너무 막무가내로 끔찍한 신무기를 개발한다고 여겼다. 서로 반목하는 바람에 맨해튼 프로젝트의 성공에 결정적인 역할을 했던 과학계와 군 사이의 신뢰는 거의 증발해버렸다.

아인슈타인과 보어 같은 위대한 과학자들 다수가 핵무기의 국제적 통제 그리고 궁극적으로는 군비축소를 요구하는 단체에 참여했다. 이들의 위상 때문에 미국 의회의 매파들 그리고 막 집권한 아이젠하워 행정부가 타격을 받았다. 핵무기 개발을 지속하자는 세력들은 소련이 막후에서 조종하여 자신들의 헤게모니를 확보하려고 평화운동을 조장한다고 의심의 눈길을 보냈다. 조지프 매카시와 같은 기회주의적인 정치가들은 공산주의 동조자들 및 이들의 전직 당원들이 사회에 침투하여 정부의 고위직을 차지하고 있다는 주장을 퍼뜨렸다. 유명한 사례로, 매카시는 공산주의자들의 침입이라고 의심되는 사건을 조사하는 청문회를 실시하기 시작했다. 1945년 4월, 수소폭탄 개발을 반대했던 오펜하이머가 공산당과 연루되어 있을지 모른다는 이유로 비밀 정보 접근 권한을 잃었다. 텔러가 오펜하이머에게 불리한 증언을 했기 때문이다. 물리학계로는 암울한 시절이었다.

다행히 휠러는 오펜하이머에게 가해진 야만적인 공격과 공개적인 모욕을 겪지 않았다. 하지만 기차에서의 보안 위반 사건 때문에 아이젠하워와 반목을 겪게 되었다. 결코 비밀 정보 접근 권한을 잃지는 않았지만, 대통령한테서 질책을 받았다.

사건은 1953년 1월에 벌어졌다. 휠러가 뉴저지 주 트렌튼 발 워싱턴 DC행 야간열차를 타고 갈 때였다. 자료를 읽으려고 워커 보고서Walker Report라는 비밀문서의 일부를 지니고 있었다. 푹스가 로스앨러모스에서 수소폭탄에 관한 텔러의 초기 아이디어를 얼마나 알고 있었는지 그리고 그 정보가 수소폭탄 제조에 유용하다고 소련이 보았는지 여부를 검토한 내용이었다. 문서에는 수소폭탄 설계에 관한 구체적인 데이터가 들어 있었다. 그런 기밀 보고서를 공공 철도 차량을 탈 때 지니면 안 되었지만, 휠러는 어쨌든 시간을 잘 활용하자며 그렇게 했다.

기차는 이른 새벽에 유니언 역에 도착했는데, 승객들이 출발 전에 잠을 조금 잘 수 있게 역에서 한동안 멈춰 있었다. 휠러가 깨보니 비밀문서가 사라지고 없었다. 미친 듯이 주위를 찾았지만 허사였고, 결국 정부 요원들에게 연락했다. 그들이 객차 안을 샅샅이 뒤졌지만 기밀문서를 찾아내지 못했다. 어떻게 된 일인지는 지금까지도 아무도 모른다.

아이젠하워는 집권한 직후 이 사건을 보고받고서 노발대발했다. 보안 누설 문제를 집중적으로 다룬 오벌 오피스Oval Office 회의에서 대통령과 만났던 스마이스가 나중에 대통령이 휠러를 질책했다는 사실을 그에게 알려주었다. 다행히 그 무렵 프로젝트 마테호른의 수소폭탄에 관한 주요 연구는 이미 완성되어 있었다. 휠러의 남은 과제라고는 자신의 연구팀이 이룬 성과를 자세히 담은 보고서를 작성하는 일뿐이었다. 게다가 더 이상은 군사 목적의 연구를 할 생각도 없었다. 대신에 프린스턴에서 학생들을 가르치고 근본적인 연구를 하는 쪽으로 노력을 쏟기로 마음을 굳혀 놓았다. 따라서 대통령의 질책은 휠러의 연구 경력에 결국 별 영향을 끼치지 못했다.

잘못된 추측

프로젝트 마테호른이 추진되고 있을 무렵, 파인만은 휠러와 공동으로 개발했던 흡수체 이론에 자꾸만 의심이 갔다. 그 이론이 전자, 양전자 및 다른 입자들에 관한 기존의 실험 결과—가령, 램 이동—를 어떻게 설명할지 스스로도 이해가 되지 않았다. 휠러도 똑같은 의심을 하고 있는지도 궁금했다. "원거리 작용에 관한 옛 이론을 어떻게 생각하는지 알고 싶어요." 파인만은 1951년 5월에 휠러에게 편지를 썼다. "전자가 오직 다른 전자한테만 작용한다는 **가정**을 바탕으로 한 이론인데… **하지만** 수소의 램 이동은 전자가 자신과 상호작용하기 때문에 생긴 것이니까요." 정말이지 그 무렵 파인만이 양자전기역학에 이바지한 업적은 본질적으로 이전의 개념을 폐기해버릴 정도였다. 마치 딸이 어머니 회사를 물려받고서 현대화시키듯이 말이다. 부모 이론이 제 역할을 잘하긴 했지만, 이제는 쓸모없어져 은퇴할 때가 되었다.

한참 시간이 흘러 1965년 노벨물리학상 수상 기념 소감 발표 때 파인만이 밝힌 바에 의하면, 흡수체 이론이 비록 틀리긴 했지만 한때 그 이론에 열정적으로 매달린 덕분에 더욱 중요한 연구를 위한 계기가 되었다고 한다. 그 이론이 모든 이력의 총합 기법으로 이어졌고, 다시 이 기법은 양자전기역학에 대한 다이어그램 접근법으로 이어졌다. 파인만은 이렇게 회상했다. "전자들 사이의 직접적 상호작용에 관한 개념은 너무나 명백하고 또한 아름답게 보였기에 나는 사랑에 빠지고 말았다. 그리고 여자와 사랑에 빠졌을 때처럼 그건 여자를 잘 몰랐기 때문에 가능했다. 그래서 그녀의 결점이 보이지 않는 것이다. 결점이 나중에 명백해져도 사랑은 이미 깊어졌기에 그녀와 이제 떨어질 수가 없다."

휠러는 옛 아이디어를 명시적으로 포기하지는 않았다. 대신에 다른 근사한 이론을 찾는 쪽을 택했다. 입자들, 특히 전자를 근본적인 것이라고 보는 대신에 그는 순수한 기하학과 에너지 장에 주목했다. 수학자 윌리엄 클리퍼드William Clifford가 십구 세기에 그리고 아인슈타인이 인생의 후반기에 그랬듯이, 휠러는 완전히 기하학적 관계들의 베틀로 짜인 우주를 구상하기 시작했다. 마테호른에서 하산하자마자 그는 우주에 관한 사색으로 출렁이는 바다를 헤엄치기 시작했다.

6
가능성들의 출렁이는 바다에서 아메바처럼 부유하는 생명

뛰어난 기억력을 지닌 지적인 아메바를 상상해볼 수 있다. 시간이 흐르면서 아메바는 꾸준히 분열하는데, 매번 그런 분열로 생겨나는 아메바들은 부모 아메바와 똑같은 기억을 갖는다고 하자… 그런 아메바는 자신의 "다른 자아들"과 대면하지 않는 한, 자신이 처한 실제 상황을 확실히 파악하기 어려울 것이다. 우주적 파동함수라는 가설을 받아들이는 일도 마찬가지다.

휴 에버렛 3세, 프린스턴 대학교 박사학위 논문 초안

평범해야 하느냐 특이해야 하느냐, 그것이 문제로다. 규칙적이고 예측 가능하며 단순한 게 좋을까 아니면 기이하고 무계획적이며 변덕스러운 게 좋을까?

아이젠하워 시대는 순응주의가 판치던 때였다. 교외 지역이 넓어지면서 판에 박힌 모습의 주택들이 줄줄이 생겨났다. 이웃들이 하는 대로 따라 하려고 사람들은 백화점으로 몰려가서 최신형 텔레비전을 움켜쥐었다. 그런데 정작 사람들은 무엇을 시청했을까? 희한한 옷차림의 밀턴 베를Milton Berle 그리고 아주 어이없는 상황에서 멍청한 짓을 하는 시드 시저Sid Caesar와 이모진 코커Imogene Coca 같은 도가 지나친 코미디언들을 보았다. 인기를 끌기 위해 방송은 적어도 비정상적이라는 낌새라도 주어야 했다.

리처드 파인만과 존 휠러 모두 자신들의 삶에 "특이한" 면과 평범한 면이 함께 있음을 잘 알고 있었다. 파인만의 경우, 비순응성은 주로 사적인 생활 방식에서 많이 나타났다. 그는 결코 틀에 박힌 교수가 되고 싶지 않았으며 와인과 치즈를 곁들이며 하는 소소한 대화를 좋아했다. 봉고 드럼, 술집 그리고 기발한 모험이 파인만 취향에 맞았다. 전통적인 학자와 달리, 희한한 이야기들을 가득 풀어놓아 사람들을 두 눈이 동그래지도록 감동을 주었다. 가급적 그는 자신이 즐거운 연구를 하길 바랐다. 마치 수수께끼처럼 제시된 버거운 계산을 하길 즐겼다. 알린도 파인만이 계속 즐기면서 일하기를 바랐다.

하지만 파인만 역시 안정된 삶의 이점을 잘 이해하고 있었다. 언젠가는 자신이 어릴 적부터 살아왔던 대로 일반적인 가족의 삶을 즐기길 바랐다. 그래선지 휠러처럼 든든한 사람을 매우 존경했다. 파인만이 보기에, 다른 이를 먼저 살피고 아내와 가족들과 좋은 관계를 맺으며 사는 사람들을 높이 샀던 것이다.

휠러는 확실히 조용한 삶의 이점을 귀중하게 여겼다. 탁구공처럼 여기저기 튀어 다니는 걸 싫어했고, 수소폭탄 프로젝트가 끝나기도 했으니 한적한 프린스턴에서 평온한 삶을 즐기길 바랐다. 사생활 면에서는 그렇게 사는 것이 더할 나위 없었다.

하지만 학문적 열망은 이야기가 달랐다. 그는 핵 과정과 산란을 훌륭하게 기술해내는 업적을 이루었다. 그런 분야에서 계속 연구 결과들을 발표해 나갈 수 있었다. 그러면 무난하게 살 터였다. 하지만 휠러의 지성은 그런 예측 가능성에 반기를 들었다. 물리계의 매우 극단적인 현상에 마음이 끌렸다. 그는 우주의 특이성을 사랑했으며, 그런 측면을 통해 우주의 실상을 알고자 했다.

두 사람 모두 인생의 서커스는 기발한 쇼가 없으면 불완전하다고 여겼다. 기발한 경험은 물리학자로서 자신의 이력에 지장을 주지 않는 한 언제나 파인만을 살아 움직이게 했다. 이국적인 브라질 또는 아프리카 드럼을 밤늦도록 두드리며, 외진 국도에서 히치하이커를 태워주며, 독특한 장소들을 찾아다니며, 숙달된 유혹의 언어로 여행 도중에 여자를 꼬드기는 일은 전부 밋밋한 삶에 자극을 충전시켰다.

휠러도 괴짜 아이디어에 이끌렸다. 물리학의 근본적인 원리들에 위배되지만 않는다면 말이다. 그는 자신의 접근법을 "급진적인 보수주의"라고 칭했다. 어떠한 이론이든 극단적인 측면들을 살펴봐야 타당한지 알 수 있다고 여겼다. 그는 시간, 공간 및 지각의 극한까지 자기 마음을 보내보길 좋아했다. 지극히 작은 것들, 가장 기본적인 우주의 요소들, 가장 강력한 힘들, 이 모두는 그가 펼치는 사색의 태양의 서커스를 살아 숨 쉬게 만들었다.

미지를 향한 대담한 모험을 하지 않을 수 없는 이유에 대해 휠러는 이렇게 말했다. "우리는 무지의 바다에 둘러싸인 섬에 살고 있다. 지식의 섬이 커질수록 무지의 해안선도 길어진다."

물론 이 두 이론가는 가설에만 매달리지 않았다. 가설은 사실에 근거해야 했다. 사이비과학과 초자연 현상은 관심 밖이었다. 한참 세월이 지난 후 파인만은 그런 것들을 "화물숭배 과학"이라고 불렀다. 원시적이고 검증 불가능한 믿음의 유형을 가리키는 말이다. 과학은 기이할 수 있지만 정의, 관찰 및 재현이 가능해야 한다. 휠러의 생각도 똑같았다.

역사의 날실과 씨실

고전과 양자는 예측 가능성과 기이함 면에서 뚜렷한 차이를 드러낸다. 고전역학은 입자의 삶을 매우 정확하게 그려내는데, 입자의 행동은 마치 회색 정장 차림의 샐러리맨이 매일 똑같은 길로 직장에 출근하는 것과 같다. 반면에 양자역학에서 다루는 입자는 이리저리 오가는 변덕스러운 존재로서, 마치 나이트클럽 입구에서 제멋대로의 기준으로 받을 손님을 고르는 기도와 같다. 대중 강연에서 파인만은 양자물리학이 얼마나 비직관적인지를 강조했다. 가령, 물리법칙의 특성이라는 제목의 연속 강연회에서 파인만은 말했다. "장담하는데, 양자역학을 아는 사람은 아무도 없습니다."

하지만 모든 이력의 총합 개념을 통해 파인만은 그런 극단적 측면들을 훌륭하게 조화시켰다. 그 개념은 양자물리학이 추측해낼 수 있는 모든 희한한 가능성들 가운데에서 최소 작용 원리에 따라 착실한 고전적 경로가 가장 가능성이 높은 경로임을 명쾌하게 보여주었다. 하지만 아원자 영역 속으로 들어가면 양자 세계의 특이성이 더더욱 많아지는데, 그런 특이성들은 다양한 유형의 파인만 다이어그램에 의해 표현될 수 있다.

파인만의 절충적 접근법이 고전과 양자를 따로 떼어서 생각하기보다 훨씬 더 타당하다고 여긴 휠러는 이 개념을 널리 퍼뜨리고 싶었다. 그가 알기로도, 이미 많은 뛰어난 인물들이 양자전기역학의 함의를 파헤치고 있었다. 따라서 자신은 그 주제를 직접 연구하는 대신에 모든 이력의 총합 기법을 다른 미개척의 영역, 가령 중력에 적용하는 방법을 찾기로 가만히 결심했다.

휠러 집 건너편에 직공이 한 명 살았다. 직공의 재주—베틀의 "날실과 씨실"을 짜는 행동—에 그는 매료되었다. 딸 앨리슨의 회상에 따르면, 아버지는 상이한 가능성들의 실로 실재를 엮어낸다는 개념에 흥미를 느끼게 되었다고 한다. 그는 모든 이력의 총합이 우주 자체에 적용된다는 개념을 궁리하기 시작했다. 앨리슨은 내게 이렇게 말했다. "아버지는 당신 이론의 날실과 씨실에 대해 말씀하셨어요. 어떤 흐름에다 그것과 교차하는 다른 흐름이 합쳐져서 우주의 역사가 풍성해진다고요."

그런 전망을 펼쳐나가기 위해 휠러는 상이한 두 베틀을 함께 사용하는 법을 배워야 했다. 첫 번째는 우리가 이미 알고 있는 파인만의 모든 이력의 총합이었다. 이 참신한 기법을 먼저 사용해야 했다. 두 번째는 알베르트 아인슈타인의 베틀인 일반상대성이론이었다. 시공간의 구조가 어떻게 짜이는지 안내해주는 이론이었다. 아인슈타인이 1915년에 이 이론을 세웠을 때만 해도 많은 물리학자들은 그게 쓸모없다고 여겼다. 하지만 잠재력을 알아본 휠러가 그 이론에 먼지를 털어내고 기름칠을 하여 새것보다 훨씬 더 잘 작동하도록 만들었다.

적은 가능성들

1940년대 후반과 1950년대 초반이 되자, 미국의 젊은 과학자들 중에서 일반상대성이론에 관심을 두는 이는 거의 없었다. 굳이 꼽자면, 아인슈타인과 함께 연구한 적이 있으며 그 주제에 관한 드문 몇 권의 책 중 하나를 쓴 피터 버그만Peter Bergmann이 있다. 한 명 더 들자면, 브라이스 드윗Brice DeWitt이 있다. 이 사람은 버그만의 교재를 읽고서 그 이론을 양자전기역학에 관한 줄리언 슈윙거의 방법과 조화시키고 싶어 했다. 이런 드문 예외 빼고는 대다수의 대학원생과 젊은 교수는 그 이론을 10파섹의 막대기로 건드리려고 하지 않았다(약간 과장을 하긴 했지만, 여러분도 이해가 될 것이다).* 마찬가지로

---

* 파섹은 별의 거리 단위로 1파섹은 약 3.26광년거리이다. 일반상대성이론은 광대한 우주의 스케일을 대상으로 하므로, 이 이론을 막대기로 건드려도 저처럼 긴 막대기로 건드려야 한다

『피지컬 리뷰』와 같은 주요 학술지들 다수도 그 주제에 관한 논문을 꺼렸다.

그처럼 꺼린 이유가 무엇일지 짐작해보자. 그 무렵 아인슈타인은 나이가 많이 들었다. 1915년에 나온 아인슈타인의 이론이 헤드라인을 장식하던 시절은 아득히 먼 과거였다. 그 이론의 중대한 예측 가운데 하나를 일식 관측을 통해 확인한 때도 1919년이었다. 다른 일식 관찰을 통해 데이터가 쌓였는데도, 새로운 실험 결과들이 그 이론에 대한 관심을 그다지 북돋우지는 못했다. 그 무렵엔 아인슈타인조차도 관심을 거둔 상태였다. 왜냐하면 통일장이론에 집중했기 때문인데, 그것은 일반상대성이론을 수정하여 전자기력까지 포함시키려는 시도였다.

일반상대성이론의 주된 적용 사례는 우주론, 즉 우주에 관한 연구였다. 이 분야는 아인슈타인 방정식의 몇 가지 유명한 해가 쓰였는데, 이 해들은 공간의 균일성과 같은 단순한 가정을 통해 얻어졌다. 이 분야의 가장 위대한 성과는 에드윈 허블이 1929년에 발견한 관측 사실이었다. 우주의 모든 은하들(우리은하와 중력으로 긴밀히 연결되어 있는 매우 가까운 이웃 은하들을 제외하고)이 서로 멀어지고 있음이 관찰된 것이다. 이는 우주가 팽창하고 있는 증거라고 일반적으로 해석된다.

우주의 팽창이 무엇을 의미하는지를 놓고서 두 가지 견해가 나왔다. 첫째는 조지 가모프가 주도하고 알렉산더 프리드만Alexander Friedmann과 조르주 르메트르Georges Lemaître 등의 개념을 바탕으로 삼은 견해인데, 우주가 맨 처음에 모든 물질과 에너지가 아주 작은 영역에 집중되어 있는 불덩어리로 시작되었다고 본다. 가모프는 이 견해에 대한 증거로 두 가지를 들었는데, 첫째는 허블 팽창이었고, 둘째는 헬륨과 같은 복잡한 원소들이 단순한 수소에서 생겨났다는 사실이었다. 오늘날 관찰되는 헬륨의 상당수는 조밀한 초기 우

는 뜻으로 한 말인 듯하다.—옮긴이

주의 뜨거운 상태에서만 생겨났을 수 있다. 별들은 현재 우주에 존재하는 양 만큼 헬륨을 생산하지 못했을 수 있다. 공동으로 연구를 수행한 랠프 앨퍼 Ralph Alpher와 함께 가모프는 그 가설을 1948년에 발표했다. 처음 세 그리스 문자—알파, 베타, 감마—를 장난삼아 넣으려고 가모프는 앨퍼와 자신의 이름 사이에 베테를 올렸다. 베테는 이 연구에 직접적으로 아무 관련도 없었는데 말이다. 따라서 앨퍼, 베테 및 가모프 세 명의 이름이 공저자로 올라간 이 논문에 실린 이론은 "알파-베타-감마" 이론으로 불리게 되었다.

세 명의 천문학자 프레드 호일, 헤르만 본디Hermann Bondi 그리고 토마스 "토미" 골드Thomas "Tommy" Gold가 반대 진영을 이끌었다. 가모프와 앨퍼의 모형을 "빅뱅Big Bang"이라고 명명하면서, 호일은 우주의 모든 물질과 에너지가 완전한 무에서 즉시 출현한다는 개념을 비웃었다. 한편 그가 내놓은 "정상正常" 우주론은 새로운 물질은 영겁의 세월을 거치면서 아주 조금씩 차츰차츰 우주를 채워나간다고 주장했다. 우주가 팽창하면서 초기의 물질들이 서서히 뭉쳐서 신생 은하들을 만들어냄으로써 이전에 듬성듬성하던 우주를 마침내 채워나간다는 것이다.

빅뱅 모형과 정상우주론 모형 둘 다 우주론 원리, 즉 공간과 그 속의 물질은 모든 방향으로 어디에나 거의 균일하다는 원리를 따른다. 달리 말해서 우주의 어떠한 부분도 나머지 부분과 완전히 다르지는 않다는 말이다. 그러므로 두 모형 모두 일반상대성이론에 따라 등방적이고(모든 방향으로 동일하고) 균일한(어디에서나 비슷한) 아인슈타인 방정식의 단순한 해에 의해 모형화되었다. 소수의 해들만이 그런 요건을 만족한다.

본디와 골드가 강조했듯이 정상상태 우주론 개념도 이른바 "완전한 우주론 원리"를 따른다. 훨씬 더 엄격한 요건을 따르는 그 개념에 의하면 우주는 전체적으로 모든 시간과 모든 공간을 통틀어 거의 똑같아야 한다. 빈 공간이 있을 때면 언제나 새로운 은하들이 생기므로, 우주는 일종의 우주론적 콜라겐으로 지속적으로 채워지며 도리언 그레이처럼 좀체 늙지 않는다. 우주론 원리와 마찬가지로, 완벽한 우주론 원리는 아인슈타인 방정식에 대한 가능한 해들의 범위를 제약한다.

알려진 우주론 해들 그리고 소수의 적용 사례를 이해하는 데 일반상대성이론이 그다지 많이 필요하지 않았기에, 1950년대 초반에 일반상대성이론에 몰려드는 물리학자들은 별로 없었다. 다들 그 이론을 "수학자를 위한 놀이터" 정도로만 여겼다. 하지만 휠러는 로버트 오펜하이머가 쓴 1939년 논문을 읽고서 자연의 근본적인 구성요소를 궁리하게 되면서 그런 경향에 아랑곳하지 않고 그 분야를 다시 되살려냈다.

일반상대성이론의 변방

1952년 초반에 프로젝트 마테호른이 한창 진행 중일 때 휠러는 우주에 관한 근본적인 질문에 잠시 빠져 있었다. 닐스 보어와 했던 핵 연구를 다시 살펴보면서 그는 아마도 1939년 9월 1일에 발간된 『피지컬 리뷰』를 다시 들춰보았던 듯하다. 보어와 함께 둘의 중요한 논문이 발표된 그 학술지였다. 바로 그 호에 또 하나의 논문이 있었는데, 오펜하이머와 대학원생 제자인 하트랜드 스나이더Hartland Snyder가 함께 쓴 논문이었다. 「지속적인 중력 수축」이라는 제목의 그 논문은 무거운 별의 최종 상태에 대한 시나리오를 담고 있었다.

놀랍게도 오펜하이머와 스나이더가 예측한 바로는, 어떤 특정한 상황하에서 무거운 별이 핵연료 소진으로 인해 더 이상 분출할 내부 물질이 거의 없어지면 끔찍한 붕괴에 직면하게 된다. 유한한 기간 동안에 이 거대한 별은 밀도가 무한히 큰 상태로 내폭Implosion되고 마는데, 이 상태를 가리켜 "특이점"이라고 한다. 이 별의 중력은 너무나도 세기에 어떠한 것도 심지어 빛조차도 그 중심부 주위의 작은 구형 영역을 빠져나갈 수 없다. 그러므로 바깥에 있는 누구도 안을 들여다보거나 무슨 일이 벌어지는지 알 수 없다. 나중에 휠러는 그런 물체를 가리켜 "블랙홀"이라고 부르게 된다.

하지만 그 시점까지만 해도 오펜하이머-스나이더 결과를 딱히 믿지는 않았다. 휠러가 보기에 어떤 종류의 메커니즘—아마도 어떤 양자 과정 내지 다른 종류의 평탄화 과정—이 특이점 발생 이전에 그런 붕괴를 막아주려니 여겼다. 특이점은 가령 고전적인 전자의 자체에너지와 같은 다른 물리 이론에도 옥에 티처럼 보였다. 아마도 중력 문제를 푼다면 어떻게 자연이 특이점을 피하는지도 드러날 터였다. 타당한 대안을 찾기 위해 휠러는 일반상대성 이론을 완전히 터득할 때까지 공부해야 했다.

어떤 분야를 배우는 최선의 방법은 그 분야를 가르치는 것임을 휠러는 알고 있었다. 강의 때마다 꼼꼼한 강의노트를 작성하는 습관을 일찍이 들였는데, 그런 노트는 어떠한 분야를 연구할 때마다 정말로 훌륭한 자료가 되어주었다. 그의 노트에서는 종종 질문거리들이 흩어져 있었다. 질문을 학생들에게도 하고 스스로도 살펴보곤 했다. 배우려면 가르쳐야 했고 가르치려면 배워야 했는데, 이 두 과정이 놀라운 지식의 상승작용을 일으켰다.

휠러는 프린스턴 물리학과에 특수상대성과 일반상대성 이론에 대해 일 년간 진행하는 강의를 맡게 해달라고 요청했다. 다음 학년부터 그런 수업을 맡으라는 허락이 5월 6일에 떨어졌다. 이 소식을 기념하여 그는 새로 산 노트 표지에 "상대성 1"이라고 적고, 날짜와 시간을 표시하고 나서 강의 계획을 짜기 시작했다. 또한 언젠가는 그 주제에 관한 책을 내고 싶다고도 적었다. 이 계획은 한참 세월이 흘러 다른 과학자들에 의해 멋지게 달성되는데, 그 책의 제목은 『중력』(찰스 마이스너Charles Misner와 킵 손Kip Thorne 공저)이다.

초유동체와 별로 대단하지 않은 결혼

한편 파인만은 다른 종류의 획기적인 일을 준비하고 있었다. 두 번째 결혼을 앞두고 있었던 것. 안식년 휴가 겸 브라질로 떠나기 직전에 그는 코넬 대학교에서 한 젊은 여성을 만났다. 메리 루이스 "메리 루" 벨Mary Louise "Marry Lou" Bell이었다. 미국 중서부의 시골 지역 출신인 그녀는 미술사에 조예가 깊었다. 표면적으로 보자면, 미술에 관심이 있다는 것 빼고는—알린과 만나고서부터 파인만은 미술에 관심을 키워나갔다—둘은 그다지 공통점이 없었다. 하지만 브라질에서 지내는 동안 (아무 여성들과 가벼운 관계를 맺는 대신에) 진실한 관계를 갈망하게 되면서 파인만은 고미술 등에 관해 그녀와 흥미로운 이야기를 나누던 기억이 새삼 깊게 느껴졌다. 그래서 파인만은 느닷없이 그리고 파격적으로 편지로 프러포즈를 했다. 그녀가 수락했고 둘은 칼텍이 있는 패서디나에서 그리 멀지 않은 앨터디너Altadena에 신혼집을 마련했다. 멕시코로 신혼여행을 떠난 파인만은 "캘린더 라운드calendar round"라는 마야인들의 순환적 시간 개념을 포함하여 마야 미술과 문화를 많이 배웠다.

결혼 말고도 달라진 게 있었다. 한스 베테 및 코넬 연구팀에서 떨어져 나온 뒤 파인만은 연구 방향을 새로 정할 기회가 생겼다. 양자전기역학 연구를 통해 큰 성과를 거두긴 했지만, 재규격화에서 사용되는 방법들이 대단히 미심쩍었다. 그러다가 문득 그는 임의성을 해소하려면 재규격화 과정을 근본적으로 수정해야겠다는 생각이 들었다. 그 사이에는 아마도 완전히 다른 연구를 해야 할 때였다.

수십 년 후 나온 자신의 책 『QED』에서 파인만은 이렇게 적었다. "우리가 하는 놀이는… 전문적으로 '재규격화'라고 불린다. 하지만 용어야 아무리 그럴싸해도 멍청한 짓일 뿐이다. 그런 말장난에 기대는 바람에 우리는 양자전기역학의 수학적 일관성을 입증해내지 못했다… 재규격화는 수학적으로 타당하지 않은 것 같다."

칼텍 초창기에 파인만은 초유동체를 연구했다. 아무리 온도가 낮아도 결코 고체로 변하지 않는 액체 헬륨과 같은 물질을 초유동체라고 한다. 소련 물리학자 레프 란다우Lev Landau의 연구를 바탕으로 삼아 파인만은 그런 물질이 왜 에너지를 잃고 고체가 되지 않는지를 양자역학적으로 고찰했다. 파인만의 초유동체 연구는 그 신생 분야에 매우 중요한 업적으로 남았다.

또한 파인만은 또 하나의 극저온 현상인 초전도를 연구했는데, 여기서는 물질이 어떤 임계 온도 아래에서 전기 저항을 잃어버린다. 전류는 일단 움직이기 시작하면 계속 흐른다. 마찬가지로 파인만이 보기에 일정한 흐름 상태로 전류를 유지하려면 어떤 양자 메커니즘이 반드시 존재해야만 한다. 이후 존 바딘John Bardeen, 레온 쿠퍼Leon Cooper 및 J. 로버트 슈리퍼J. Robert Schrieffer가 구체적인 메커니즘을 발견하여 노벨물리학상을 받게 된다. 파인만은 비록 초유동체 연구에 중요한 업적을 남기긴 했지만, 정답을 찾지 못해서 좌절감을 맛보았다.

휠러의 초청으로 파인만은 1953년 9월 일본에서 열린 회의에서 액체 헬륨의 초유동체 성질에 대해 강연을 했다. 그곳에서 일본어를 배워 실제로 써보는 것도 즐거웠다. 일본 문화에 흥미를 느낀 파인만은 한 전통 여관에서 머물며 일본식 온천욕을 해보기로 했다. 당황스럽게도 한번은 탕을 잘못 찾아 들어가서, 욕조에 몸을 담그고 있는 저명한 물리학자 유카와 히데키와 마주치기도 했다.

파인만의 결혼은 자신이 탐구하고 있던 차가운 이론들보다 훨씬 더 일찍 식어가고 있었다. 둘은 전혀 맞지가 않았다. 파인만 특유의 캐주얼한 스타일은 더 이상 허용되지 않았다. 아내는 파인만에게 편안한 셔츠 차림 대신에 재킷과 넥타이를 매고 출근하라고 했다. 동료 교수들도 그녀를 내켜하지 않았다. 그녀는 심지어 남편이 혼자 생각에 몰두해야 할 때조차도 자기에게만 관심을 쏟아주길 바랐다. 금세 파인만은 아내 말을 들은 척 만 척했다. 남편의 봉고 연주에 아내는 질색했고 물리 계산에 빠진 남편의 모습에 짜증이 났다. 몇 년 만에 아내는 남편을 이혼의 막다른 길로 몰아붙였다.

1956년에 있었던 이혼소송에서 메리 루는 그동안 쌓인 분노를 분출했다. 그녀의 증언을 들어보자. "깨어나자마자 머릿속에서 미적분 문제를 풀기 시작했어요. 연구를 방해하지 말라기에 저는 말도 걸 수 없었어요." 게다가 파인만의 봉고는 "끔찍한 소음" 제조기였다.

법원은 파인만에게 일정액의 현금과 더불어 정기적으로 이혼 수당을 그녀에게 지급하라고 판결했다. 재산의 일부를 어쩔 수 없이 준 것뿐인데도, 소송을 다룬 신문 기사에서는 농담 삼아 파인만이 건진 건 봉고뿐이라고 적혀 있었다.

아인슈타인의 집에서

휠러는 상대성이론에 대한 일 년짜리 강의를 1952년 가을 학기와 1953년 봄 학기에 했는데, 봄 학기는 주로 일반상대성이론에 집중했다. 봄 학기의 하이라이트는 머서 스트리트Mercer Street에 있는 아인슈타인의 집을 찾아가서 차를 마시며 담소를 나누는 야외수업이었다. 거기에 참가한 여덟 명의 대학원생은 그 이론의 설계자에게 마음껏 질문을 던지는 전례 없는 기회를 얻었다. 아인슈타인은 우주의 팽창에 관한 자신의 생각, 양자역학에 대한 비판적인 견해 등으로 대학원생들의 마음을 사로잡았다. 심지어 죽고 나면 자기 집이 어떻게 될까라는 약간 오싹한 질문에도 대답했다. "이 집은 성자의 유골을 보러 몰려오는 순례자들의 방문지가 되지는 않을 겁니다."

알베르트 아인슈타인, 유카와 히데키 그리고 존 휠러가 1954년 프린스턴의 마퀀드 공원Marquand Park을 함께 거니는 모습. (출처: Photograph by Wallace Litwin and Josef Kringold, courtesy AIP Emilio Segrè Visual Archives, Wheeler Collection)

떠날 때가 되었을 때 휠러가 아인슈타인에게 물었다. 젊은 신예 물리학자들에게 해줄 말이 없느냐고. "누구한테 말해야 하나?"라고 아인슈타인은 되물었다.

강의 노트를 준비하면서 휠러는 일반상대성이론을 속속들이 알게 되었다. 또한 그 이론을 설명할 명쾌한 방법도 알아내서, 나중에 고전의 반열에 오르게 되는 자신의 교재에 사용한다. 이런 식의 설명이다. "공간이 물질에 작용을 가하여 물질이 어떻게 움직여야 할지를 알려준다. 다시 물질은 공간에 반작용을 가하여 공간이 어떻게 휘어질지를 알려준다."

일반상대성이론에 의하면 지구가 태양 주위를 타원 궤도로 도는 까닭은 멀리서 작용하는 힘 때문이 아니라 태양의 질량으로 인한 공간의 국소적 왜곡 때문이다. 만약 태양이 갑자기 사라진다면, 주위 공간은 빛의 속력으로 퍼지는 중력파 때문에 곧 평평해질 것이다. 지구 주변 지역이 팬케이크처럼 평평해지면 지구는 곡선이 아니라 직선으로 운동하기 시작할 것이다.

공간에 비틀림이나 자국을 내는 데 꼭 질량이 필요하지는 않다. 에너지 장만으로도 그렇게 할 수 있다. 왜냐하면 아인슈타인의 이론에 의하면 에너지와 질량은 완전히 등가이기 때문이다. 한 방울의 에너지를 어느 공간에 두면, 그 공간은 휘어지기 시작한다. 심지어 중력파로 인한 중력 에너지조차도 공간의 왜곡을 일으킬지 모른다. 따라서 중력파가 자신의 중력파를 발생시키는 피드백 고리를 상상할 수도 있겠다. 달리 말해서, 기하구조는 물질이 개입하지 않고서도 스스로를 낳는다.

곧 일반상대성이론은 휠러의 도구상자가 되었다. 그는 왜곡된 공간과 에너지 장을 이용하여 물리학의 어떤 것이든 만들어내길 갈망했다. 그는 "모든 것이 입자다"라는 개념을 버리고 "모든 것이 장이다"라는 개념을 채택했다. 180도 방향 전환이었다. 한때 그는 장이 환영이라고 여겼지만, 이제는 물질이 그렇다고 여기기 시작했다. 한때는 원거리 작용을 믿었지만, 이제는 모든 것이 국소적으로 발생한다고 믿게 되었다. 기하구조와 장의 멋진 신세계가 어떻게 펼쳐질지 알아가는 즐거운 모험이 시작되었다.

벌레들의 식사

아인슈타인이 자신의 프린스턴 고등과학연구소 조수인 네이선 로젠Nathan Rosen과 함께 1935년에 쓴 논문 한 편은 흥미진진한 일반상대론적 기하구조를 고찰했다. 거기에서 두 시공간 면은 "아인슈타인-로젠 다리"라고 알려진 좁은 통로에 의해 연결되었다. 둘이 구성해낸 도형은 선글라스처럼 보였다. 위쪽 절반에 한 영역이 있고 아래쪽 절반에 다른 영역이 있으며, 둘을 잇는 연결 다리가 있는 형태였다. 아인슈타인과 로젠은 그런 기하 구조를 전자와 같은 기본 입자를 위한 일종의 대용품으로 사용하려고 했다.

휠러는 똑같은 구조를 택하여 그것을 "웜홀"이라고 명명했다. 일상적인 공간에 비유하자면, 웜홀은 벌레worm—극단적인 왜곡을 일으키는 에너지—가 공간상의 지름길을 갈아먹은 사과의 곡면이라고 상상했다. 그 결과 생긴 웜홀은 공간의 위상기하학(연결의 수학)을 바꾸었다. 그런 웜홀이 나타나면 다른 에너지 장들이 그 구멍을 통해 연결되어 한 점에서 다른 점으로 마술처럼 이동할 수 있었다.

웜홀이 할 수 있는 일들을 모조리 궁리해보기 시작하면서 휠러에게 놀라운 통찰이 찾아왔다. 전자기력선들의 덩어리가 웜홀의 입안으로 떨어졌다고 가정해보자. 그러면 한 점에 수렴하는 듯 보일 텐데, 이는 전자와 같은 음전하의 행동과 비슷하다. 삼켜진 역선들은 웜홀의 목구멍을 통과하고 나면 두 번째 입을 통해 출현한다. 두 번째 입에서 출현하는 역선들은 마치 양전자와 같은 양의 전하에 의해 방출되는 듯 보일 것이다. 따라서 웜홀은 정반대 전하들의 쌍을 생성하는 것처럼 보인다. 전하가 완전한 무에서 출현하는 듯 보이므로, 이 현상을 가리켜 그는 "전하 없는 전하"라고 명명했다.

휠러는 또 다른 구조도 연구했다. 그가 "지온geon"이라고 명명한 독립적인 에너지 덩어리였다. 그것의 중력이 무한정 자기 자신을 붙들어 매어 놓는 방식으로 전자기장—구, 도넛 또는 이런 식의 다른 구조—이 생성된다면 어떻게 될까 궁금하게 여겼다. 그런 중력 접착제는 실제로는 입자 역할을 할 것이다. 에너지와 질량은 자유롭게 변환 가능하다는 아인슈타인의 금언에 따르면, 그것은 질량까지도 가질 테다. 휠러는 이 개념을 "질량 없는 질량"

이라고 불렀다.

휠러는 에너지 장과 더불어 웜홀, 지온 및 다른 기하학적 구성물로부터 지어진 새로운 종류의 물리학을 꿈꾸기 시작했다. 물질은 "기하역학"이라는 신흥 과학에서 보자면 다만 환영일 따름이었다. 하지만 자신의 새로운 모형이 통할지 보려면 엄청난 계산이 필요할 터였다.

일반상대성이론은 단순한 경우를 제외하고는 정확한 해를 구하기가 대단히 어렵다. 하지만 프로젝트 마테호른을 진행하면서 그는 계산 기법이 큰일을 해낼 수 있음을 알게 되었다. 똑똑한 학생들—가령 수소폭탄 연구를 함께 했던 존 톨John Toll과 케네스 포드—한테 계산 기법을 숙달하게 한 다음, 기하역학 프로그램을 추진하면 되었다. 굉장히 멋진 새로운 풍경이 기다리고 있었다. 마음이 한껏 부풀었다.

찰리와 기하학 공장

뛰어난 이론가는 가뭄에 콩 나듯 나오는 법이다. 찰스 "찰리" 마이스너를 만났을 때 휠러는 뛸 듯이 기뻤다. 수학 실력이 출중했을 뿐 아니라 자기만큼이나 일반상대성이론에 흠뻑 빠져 있는 대학원생이었기 때문이다. 마이스너는 노트르담 대학 학부과정에서 그 분야를 깊게 공부했을 뿐만 아니라 위상기하학을 포함해 위력적인 수학 기법들을 능수능란하게 다룰 줄 알았다. 프린스턴 대학원 과정에는 1952년 가을에 들어왔다. 파인만처럼 마이스너도 처음에는 대학원 기숙사에서 지냈으며 파머 연구소 단지로 가는 길에 차츰 익숙해졌다. 첫해에는 수업을 듣고 물리학자 아서 와이트먼Arthur Wightman과 함께 방사능 붕괴 프로젝트에 관한 연구를 진행하면서 파머 연구소에서 휠러와 여러 번 만났다. 덕분에 일반상대성이론에 관해 휠러와 이야기할 기회가 생겼다. 이런 인연으로 휠러가 웜홀, 지온 및 기하역학의 다른 특이 현상들을 탐구하기 시작할 때 마이스너도 처음부터 연구에 참여했다. 마이스너의 이론적인 배경지식이 매우 깊었기에 휠러는 이 대학원생을 처음부터 주목했다. 휠러가 마이스너의 박사학위 논문 지도교수를 맡으면서, 곧 둘은 함께 그 깊은 세계를 탐험하기 시작했다.

마이스너와 대화를 주고받으며 휠러는 자신이 "양자 거품"이라고 명명한 양자중력의 한 개념 모형을 개발했는데, 이 모형은 "시공간 거품"이라고도 알려져 있다. 그는 자연의 구조를 확대하는 엄청나게 해상도가 높은 현미경을 상상하여, 약 6×10^{-34}인치 규모의 플랑크 길이에서 어떤 일이 벌어지는지 알아내고자 했다. 그런 크기의 물체 하나를 1조 곱하기 1조 개 늘어놓아도 원자 하나의 크기에 미치지 못한다. 분명 그런 극미의 거리에서는 양자 규칙이 활동해야 할 것이다. 시공간은 "미미한 거품"처럼 되어, 무작위적인 양자 요동의 펄스만이 존재할 것이다. 웜홀 및 다른 연결된 구조들이 저절로 생겨났다가 순식간에 사라질 것이다. 보글보글 거품들이 생겨났다가 사라지듯이.

고전적인 실체가 그처럼 혼란스러운 거품에서 어떻게 생겨나는지 이해하려면 오늘날 우리가 보는 질서정연한 우주를 뽑아내는 일종의 최적화 과정이 필요할 것이다. 휠러는 모든 이력의 총합 기법을 시공간에 적용하면 그런 과정을 알아낼 수 있지 않을지 궁금했다. 우주가 진화하는 모든 가능한 경로들에 대해 아마도 파인만의 기법이 모든 기하학적 가능성들을 표현하는 한 추상적 공간을 통해 최적의 경로 하나를 찾아낼 수 있을 듯했다. 그러면 고전적인 중력과 양자중력 사이의 아름다운 연결고리가 드러나서, 질서가 무작위적인 양자 요동에서 어떻게 생겨나는지 밝혀질 것이다.

휠러의 제자들은 너무 의욕이 넘치는 게 아니냐며 가끔씩 휠러를 놀렸다.

존 휠러가 1967년 프린스턴 대학원에서 고전적 과정과 양자 과정의 차이를 파인만의 모든 이력의 총합 기법을 이용하여 설명하고 있다. (출처: New York Times/Redux)

그럴 때면, 휠러는 가끔씩 우물쭈물하는 바람에 꿈을 가열 차게 실현하지 못했노라고 스스럼없이 인정했다. 게다가 그 꿈은 늘 새로운 곳으로 휠러를 인도했다. 제자들에게 놀림을 받을 만한 것이, 휠러는 보통 아주 방대한 프로젝트에 대해 터무니없이 짧은 일정을 제시해놓고서는 시작 단계에 다다르면 곧장 다른 프로젝트로 방향을 바꾸곤 했다. 앞서 휠러-파인만 흡수체 이론 논문에서도 우리가 보았던 성향이다.

마이스너 덕분에 휠러는 대단히 낙관적이었다. 휠러는 마이스너한테 파인만의 기법을 기하역학에 적용하여 중력의 양자론을 내놓는 임무를 맡겼다. 휠러는 그 과제를 만만하게 여기고서 시간이 많이 걸리지 않겠거니 여겼다. “모든 이력의 총합 기법으로 양자중력을 밝혀내는 일은, 자네가 하면 아마도 여섯 달만 지나면 될 거네.” 이렇게 마이스너한테 확언했다.

마이스너가 보기에도 모든 이력의 총합 개념은 매력적이었다. 그는 이 개념의 핵심을 이렇게 파악했다. "현실은 현실에 도달하기 이전의 모든 가능성을 인식함으로써 펼쳐집니다." 그렇기는 해도 전자기력과 중력 사이의 관련성을 양자론으로 설명하기 이전에 우선 순전히 고전적으로(비양자적으로) 설명할 수 있어야 할 것 같았다.

마이스너는 연구에 착수하여 일반상대성이론과 관련된 수학 정리들을 개발하기 시작했다. 당시 휠러는 관련 수학 문헌을 잘 알지 못했던지라 그 분야에 대단한 지원을 해줄 수가 없었다. 하지만 피터 버그만이 연구 진행 상황을 듣고서는, 이전의 연구 결과를 알려주었다. 버그만의 말로는, 마이스너의 초기 연구 중 일부는 수리물리학자 조지 레이니치George Rainich가 1925년에 발표한 결과와 비슷하다고 했다. 다른 이들의 연구 결과를 반복하지 않으려고, 마이스너는 모든 이력의 총합 기법을 야심 차게 일반상대성이론에 적용하는 데 집중하는 전략을 택했다. 프린스턴에 있는 동안 그 문제를 정식화하고 파인만의 기법을 사용하여 중력의 양자론을 개발하기 위한 큰 밑그림을 그려냈다. 하지만 그런 이론을 완성해내기란 무척 어렵다는 것을 깨닫게 된다. 그의 박사학위 논문 「일반상대성이론의 파인만 양자화 개요」는 따라서 어떤 결론 도출보다는 든든한 출발점을 제시한 것이다.

파인만과 마이스너 같은 특출한 제자들 덕분에 휠러는 새로운 학파를 결성해나가고 있었다. 마치 보어가 코펜하겐에서 그랬듯이 말이다. 분명 휠러는 일반상대성이론과 양자에 관련된 여러 프로젝트를 진행했다. 그러면서 제자들이 장기적으로 협력자이자 친구이자 속내를 털어놓는 사이가 되길 바랐다. 정말로 많은 제자들이 학계에서 자리 잡고 다양한 연구 분야에서 함께 협력 연구를 하게 되면서 휠러의 곁에 머물게 된다.

휠러는 젊은 사상가들과 함께 연구하기를 좋아해서 다른 교수들이라면 이례적이라고 여겼을 많은 이들에게 연구 기회를 주었다. 대표적인 예가 철학, 심리학 및 물리학의 만남에 관심이 많았던 피터 퍼트넘Peter Putnam이었다. 매우 생각이 깊지만 수줍음이 많고 내성적인 이 청년은 형이 이차세계대전에서 전사한 직후 학부생으로 프린스턴에 들어왔었다. 휠러는 자기와 학문적 관심사가 같은 퍼트넘한테 친밀함을 느꼈고, 나중에 대학원생일 때 자기 밑에 두게 된다. 둘은 주관적 경험이 실재를 형성하는 데 어떤 역할을 하는지를 여러 번 심도 있게 논의했다. 분명 둘의 동지애는 전쟁에서 형제를 잃은 것이 크게 작용했다. 퍼트넘은 결국 물리학을 그만두고 가난에 허덕이게 되지만, 둘의 집중적인 논의는 나중에 의식과 양자 세계의 연관성에 관한 휠러의 사상에 밑바탕이 되었다.

에이스 넷

대학원 기숙사에서 마이스너는 수학을 사랑하는 마음과 포커 및 탁구에 대한 열정을 함께 나눌 친한 친구들을 얻었다. 네 명의 젊은이들은 자주 어울려 즐거운 시간을 보냈고 대학원 시절이 지난 후에도 서로 인연을 이어갔다. 캐나다 태생의 헤일 트로터Hale Trotter는 프린스턴에 계속 남아 수학 교수가 되었고 결국에는 수학과 학과장이 되었다. 하비 아놀드Harvey Arnold는 신예 통계학자였다. 휴 에버렛 3세Hugh Everett III는 확률 이론과 깊게 관련된 "게임 이론"이라는 수학 분야를 개척했다. 그는 또한 전자기학과 양자역학 등의 물리학 수업도 들었다. 양자역학 수업 교재는 존 폰 노이만의 고전적인 저서였다. 고급 두뇌의 이 사총사는 종종 에버렛의 방에 모여서 셰리주나 칵테일을 들이켜며 포커 게임도 하고 밤늦도록 지적인 대화를 나누곤 했다.

에버렛은 평생 아인슈타인 이론의 마니아였다. 열두 살 때 이미 아인슈타인에게 팬레터를 보내서 무엇이 우주를 붙들어놓고 있는지 물었다. 아인슈타인은 짧지만 정감 어린 답장을 보냈는데, 약간 과장스럽게 대단한 호기심이라고 치켜세워 주었다.

아인슈타인의 칠십오 세 생일은 1954년 3월 14일이었다. 생일 축하 만찬 직후 오펜하이머가 이끄는 위원회가 알베르트 아인슈타인 상의 수상자를 결정했다. 아인슈타인을 기념하는 특별한 상이었다. 수상자는 파인만이었고, 미화 15,000달러와 금메달을 받았다. 『뉴욕 타임스』는 파인만의 업적에 대한 기사를 통해 그 상은 "최고의 상이며 노벨상에 버금간다"고 치켜세웠다.

4월 14일 아인슈타인은 휠러의 일반상대성 수업의 초빙강사로 파머 연구소에서 특별한 강연을 했다. 아인슈타인으로서는 그 수업에 두 번째로 나선 자리였다. 강연을 기획한 이들 중 한 명인 물리학과 대학원생(그리고 나중에 강력의 색전하를 발견한 인물)인 오스카 그린버그Oscar Greenberg는 그 강연을 소수만 아는 비밀에 부쳤다. 위대한 인물을 보려고 사람들이 벌떼처럼 몰려올까 염려했기 때문이다. 당연히 마이스너는 강연 소식을 미리 알았기에 그 기회를 절대 놓치지 않았다. 나중에 한 그의 말에 의하면 에버렛도 참석했다고 한다.

강연에서 아인슈타인은 자신의 믿음을 재차 강조하면서, 양자역학은 여러 실험 결과들을 굉장히 훌륭하게 예측해냈지만 논리적 결함이 있다고 말했다. 그가 보기에 양자역학은 터무니없었다. 가령, 인간 관찰자와 측정 과정이 함께 이론의 총체적 일부를 이루었다. 만약 어떤 파동함수의 붕괴로 인해 특정한 관찰 상태가 얻어지는 데 사람이 필요하다면, 왜 쥐가 나서서 그렇게 하면 안 된단 말인가? 아인슈타인이 보기에 양자 측정의 전 과정은 객관적이고 결정론적이며 권위 있는 수정이 필요했다.

게임 이론이 주된 연구 분야였지만 에버렛은—첫해에 들은 양자역학 수업, 폰 노이만의 책 그리고 아인슈타인의 강연에서 영향을 받아—양자 측정 문제라는 도전과제를 파고들기 시작했다. 마침 그때 휠러도 대학원생들 중에서 누가 일반상대성이론과 그것의 양자화와 관련된 프로젝트에 관심이 있는지 알아보고 있었다.

그해 가을, 보어가 프린스턴 고등과학연구소에서 한 학기 동안 머물렀다. 휠러, 오펜하이머, 유진 위그너 등과 물리학 관련 여러 사안을 논의하기 위해서였다. 보어는 오게 페테르센Aage Petersen이라는 젊은 조수를 데리고 왔다. 11월 16일에 보어는 대학원 기숙사에서 강연을 했는데, 여기에 마이스너와 에버렛 그리고 페테르센도 참석했다. 주된 강연 주제 중 하나는 양자 측정 이론이었다.

아인슈타인이 1920년대 중반 이후로 양자 주사위 던지기에 반대하는 입장에서 한 발짝도 물러서지 않았듯이 보어도 양자물리학에 관한 자신의 독특한 해석, 즉 상보성에서 물러서지 않았다. 보어는 양자역학은 일종의 블랙박스라고 강조했다. 우리가 알아내는 답은 우리가 실시하는 측정의 종류에 따라 달라진다. 만약 한 계의 입자 속성을 검사하는 실험을 실시한다면, 입자와 관련된 답이 나온다. 만약 파동 속성을 검사하는 실험으로 바꾸면 파동과 관련된 답이 나온다. 아원자 세계의 완전한 지식은 결코 얻을 수 없다고 그는 믿었다. 양자 수수께끼는 영원히 풀리지 않는다고 본 것이다. 동양 신비주의의 추종자처럼 우리는 자연의 수수께끼들 중 일부는 답이 없음을 받아들이면 된다. 보어의 알아듣기 어려운 어조—웅얼거리는 말투—때문에 강연 내용은 한층 더 알쏭달쏭했다.

아인슈타인과 보어를 대단히 존경하면서도 양자물리학계는 양자 측정을 상당히 실용적인 측면에서 해석하는 쪽으로 옮겨갔다. 폰 노이만의 교재에서 집중적으로 표현된 내용은 "코펜하겐 해석"이라고 알려진 개념을 가장

대학원생들이 1954년에 프린스턴을 찾아온 닐스 보어와 대화를 나누고 있는 모습. (왼쪽부터 오른쪽 순서로) 찰스 마이스너, 헤일 트로터, 닐스 보어, 휴 에버렛 3세 그리고 데이비드 해리슨. (출처: Photograph by Alan Richards, courtesy AIP Emilio Segrè Visual Archives)

잘 표현하고 있었다. 양자 측정을 할 때, 여러분은 "관찰가능량observable"이라는 특정한 물리적 파라미터를 뽑아낸다. 가령, 한 입자의 위치를 알아내는 실험을 한다면, 위치가 관찰가능량이다. 측정 전에 양자계는 가능성들의 조합—가령, 일정한 비율의 위치 상태 A와 다른 비율의 위치 상태 B 그리고 또 다른 비율의 위치 상태 C 등등의 조합—으로 구성되는데, 이런 조합을 가리켜 "상태들의 중첩"이라고 한다. 이런 혼합체는 슈뢰딩거 방정식에 따라 계속 변한다. 하지만 위치 측정이 이루어지는 순간에 모든 것이 변한다. 계는 무작위적으로 붕괴되어 여러 위치 상태들 중 하나로 변하는데, 마치 마분지들로 지어진 불안정한 집이 임의의 방향으로 넘어지는 것과 같다.

에버렛은 기존의 양자 해석들이 전부 못마땅했다. 죄다 임의적이고 주관적인 것 같았다. 어느 날 밤에 술기운에 용기를 내어 자신의 느낌을 페테르센에게 터놓았다. 마침 페테르센은 그 무렵 대학원 기숙사에서 지내고 있었다. 양자물리학은 객관적인 설명만 있어야 하지 않겠냐고 주장했다. 관찰되고 있는 대상에 바탕을 둔 관찰가능량이라는 개념은 터무니없어 보였다. 왜 인간 관찰자의 선택이 입자 세계의 행동에 영향을 미쳐야 한단 말인가?

페테르센은 자기 스승을 지켜드려야 한다고 느꼈다. 페테르센이 보기에 양자 측정은 이미 확정된 문제였다. 보어가 내놓은 상보성이 철학적 근거였고, 폰 노이만이 내놓은 더욱 자세한 해석은 실험 결과들을 계산하는 방법을 자세하게 보여주었다. 물리학에는 탐구해야 할 흥미진진한 영역들이 흘러넘친다. 왜 양자역학처럼 성공적인 이론에 굳이 의문을 던져서 기초부터 다시 시작해야 한단 말인가?

마이스너가 대단히 흥미를 느끼며 둘 사이의 토론을 구경했다. 학기가 계속 진행되면서 그런 토론은 더욱 많아지게 된다. 마이스너는 두 입장 모두 수긍할 수 있었다. 한편으로 그는 페테르센이 맹목적으로 방어하는 주류 견해에 대해 에버렛이 의문을 던지는 자세에도 공감했다. 마이스너는 이렇게 회고했다. "에버렛이 보기에 페테르센의 해석은 도저히 참을 수 없는 것이었습니다."

마이스너는 슈뢰딩거 방정식이 연속적인 변화에는 통하지만 측정을 해석하지는 못한다는 게 이상하다는 에버렛의 견해에 동의했다. "물리학의 근본 법칙치고는 이상한 관점인 것 같다"고 맞장구도 쳐주었다.

한편 마이스너는 더 직접적인 사안을 다루고 있었다. 양자론의 관점에서 기하역학을 파악하려고 고군분투하고 있었던 것이다. 벅차긴 했지만 파인만의 방법을 중력에 적용한 덕분에, 객관성을 찾는답시고 돈키호테 식으로 양자 측정 이론 전체를 들쑤시기보다는 꽤 구체적인 문제에 집중할 수 있었다.

우주의 파동함수

양자중력을 탐구하면서, 곧 마이스너와 휠러는 관찰가능량(측정할 기본적인 물리량, 가령 단순한 입자를 기술할 때 위치, 운동량, 에너지 등의 양)의 선택이 명백한 것이 아님을 알아차렸다. 일반상대성이론은, 아인슈타인이 내놓은 원래 형태로 볼 때, 공간과 시간을 비슷한 토대 위에 두었다. 얼음과 물의 관계처럼 공간과 시간은 서로 쉽게 변형될 수 있었다. 하지만 현실적으로 어떤 관찰에서든 무언가가 특정한 시간 간격 동안 공간적으로 변한다. 가령 우주는 영겁의 세월 동안 팽창한다. 그러므로 측정 과정은 당연히 공간과 시간을 분리하기에, 시공간이라는 사차원 혼합체는 시간에 따른 삼차원 조각들로 분리되어야 한다. 그런 조각내기는 임의적일 수 없고, 아인슈타인 역학을 따라야 한다. 여러 해가 지난 후, 물리학자 리처드 "딕" 아노윗Richard "Dick" Arnowitt과 스탠리 데세르Stanley Deser는 마이스너Misner와 함께 이 가공할 문제에 대한 답을 찾아내어, "ADM 형식론"이라고 명명하게 된다.

더 철학적인 사안은 관찰자와 관찰 대상의 분리 문제였다. 만약 고려 대상인 계가 우주 전체라고 한다면, 어떻게 하나의 독립적인 관찰이 일어날 수 있단 말인가? 두말할 것도 없이, 어느 누구도 우주로 하여금 그런 관찰을 실시하게 만들 수 없다. 한편 우주 내의 누구든 그 계의 일부일 것이다. 파동함수 붕괴라는 개념이 외부의 관찰자를 개입시키지 않고서 어떻게 작동하는지 알기란 만만치 않을 것이다. 또한 그런 붕괴 없이 양자 측정을 확인하는 방법을 개발하기도 마찬가지로 벅찰 것이다.

코펜하겐 해석의 대안을 심사숙고하던 에버렛이 어느 날 휠러에게 혁신적인 가설 하나를 내놓았다. 붕괴가 없다고 가정해보자는 것이었다. 각각의 양자계의 파동함수 그리고 우주 전체의 파동함수가 슈뢰딩거 방정식, 디랙 방정식 그리고 양자계를 기술하는 모든 연속적인 방식들에 따라 매끄럽게 변해간다고 가정해보자. 만약 붕괴가 없다면, 독립적인 관찰자가 필요 없을 것이다. 그러므로 우주의 파동함수는 명확하게 정의될 수 있을지 모른다.

오직 하나만이 있고 그것은 특별하다. 원자와 같은 기본적인 양자계에 대해서 과학자가 관찰을 한다고 상상해보자. 그런 측정은 늘 이루어지는데, 만약 올바르게 실시된다면 일반적으로 여러 답들의 배열이 아닌 단 하나의 답이 나온다. 그럴 경우, 관찰이 이루어지는 순간에 상태의 붕괴가 벌어지는 것이 아니라 우주는 여러 가지 가능성들로 분기된다. 나누어진 각각의 상태는 서로 다른 결과, 즉 대안적 실재를 나타낸다.

마이스너는 개발 단계인 에버렛의 가설이 흥미로우면서도 또한 미심쩍었다. 당시 상황을 이렇게 회상했다. "처음 들었을 때 그 결론이 내키지는 않았지만 논리적인 주장을 펼치는 에버렛의 능력은 존중받아 마땅했습니다. 어쨌든 나는 보어 가설이 마음에 들지 않았거든요."

그러나 휠러는 에버렛의 가설에 잔뜩 고무되었다. 이전부터 대학원생들에게 우주의 파동함수를 정의할 방법을 찾아보라고 재촉해 왔었는데, 이제 에버렛이 한 가지 답을 내놓은 것 같았다. 논리적으로 일관된 대안들이 부족한 상황인지라, 적어도 그 가설은 자세히 살펴볼 가치가 있었다. 마이스너 및 휠러와 논의한 후 에버렛은 휠러를 논문 지도교수로 삼고 그 주제에 관한 박사학위 논문을 쓰기로 결심했다.

골칫거리 지온

한편 휠러는 여러 형태의 웜홀과 지온을 계속 다루고 있었다. 마치 들뜬 아이가 조립장난감 세트를 갖고 놀 듯이 지온을 대했다. 그러나 지온의 경우, 심각한 장애물과 맞닥뜨렸다. 그는 지온을 입자 세계의 핵심 구성요소로 만들기를 원했다. 하지만 계산을 해보니, 도넛 모양의 고전적인 지온의 최소 크기가 대략 태양 크기쯤으로 나왔다. 이 지온의 질량은 태양 백만 개 정도로 나왔으니, 기본 입자라고는 도저히 보기 어려웠다. 그래도 휠러는 그냥 버리기에는 너무 흥미진진한 개념이라고 생각하며 계속 연구를 이어갔다. 양자 수정을 통해 질량과 크기도 줄일 수 있겠지라는 기대를 품을 수 있었기 때문이다.

유럽에 짧게 다녀오는 길에 휠러는 아인슈타인에게 편지를 보내서 지온에 관한 조언을 구했다. 아인슈타인은 휠러에게 미국에 돌아오면 그 문제를 논의하자고 전했다. 1954년 10월 둘은 전화로 다정한 대화를 나누었다. 아인슈타인은 지온이라는 아이디어에 대해 솔직한 느낌을 터놓았다. 지온은 일반상대성이론의 방정식에 대한 현실적인 해를 이룰 수는 있겠지만, 아마도 무척 불안정할 것이라고 밝혔다. 중력은 다른 힘들에 비해서 무척 약하기에 중력 상호작용만으로 에너지 장들의 안정적인 구조를 이루기란 어렵다는 이유에서였다. 별 및 행성과 같은 안정적인 천체들은 단지 무정형의 장이 아니라 빽빽이 들어찬 질량이다. 휠러가 계산을 더 해보니 아인슈타인의 말이 전부 옳았다. 알고 보니 휠러가 제시한 유형의 웜홀도 마찬가지로 불안정했다. 각각의 웜홀은 질량이나 에너지가 많이 차면 증발해버린다. 마치 팽팽하게 부푼 타이어가 미미한 충격에도 터지듯이 말이다. 휠러는 그 아이디어를 계속 밀고 나갔다. 거친 바다에서도 잔잔한 물결을 찾을 수 있듯이, 어쨌든 안정적인 해를 찾을 수 있으리라는 희망에서였다. 지온에 관한 긴 논문도 쓰기 시작했다.

1955년 봄 학기에는 기쁘게도 고급 양자역학 수업을 맡게 되었다. 여느 때처럼 강의 노트를 꼼꼼하게 준비했다. 파인만의 모든 이력의 총합 기법에 대한 내용도 가득 넣었다. 강의 소개서에 적힌 내용을 유심히 읽어가며 마이스너와 에버렛은 강의 개요를 꼼꼼히 살폈다. 마침 두 친구는 교내 기숙사를 나와서 룸메이트가 되었는데, 각자의 프로젝트 때문에 무척 바빴다. 마이스너의 연구 주제는 강의 내용과 훨씬 더 관련성이 깊었던 반면에 에버렛은 낯선 주제를 휠러 교수한테서 배울 기회를 얻었다.

아인슈타인이 그해 4월 18일에 세상을 떠나자 휠러는 자신의 영웅이 사라졌다고 느꼈다. 둘은 아인슈타인의 말년에 더욱 가깝게 지냈는데, 특히 휠러가 일반상대성이론에 뛰어들기로 했을 때가 제일 가까웠다. 휠러와 같은 사람들 덕분에 그 분야에 대한 관심이 커지기 시작했다. 역설적이게도 아인슈타인 사후 수십 년의 기간이야말로 그 분야의 황금시대라고 널리 인정받게 된다.

이른 가을 어느 날 휠러는 지온에 관한 십칠 쪽짜리 논문의 견본을 파인만에게 보냈다. 분명 그는 파인만이 논문을 살펴보고서 그 이론에 양자 수정을 가할 방법을 생각해보길 원했다. 아내(얼마 후 전처가 될) 메리 루가 봉고, 물리학 계산 그리고 무슨 일로든 남편을 볶아대던 참이라, 휠러가 지온에 대한 과제를 내준 것은 파인만에게 좋은 기분전환이 될 터였다.

파인만은 10월 4일, 지온에 대한 일차 양자 수정 내용을 모든 이력의 총합 기법에 의해 직감적으로 분석한 짧은 보고서를 답신으로 보냈다. 램 이동에서 한 것과 비슷한 방식이었다. 현실적이고 안정적인 지온이 가능하다고 확신하지는 않고서, 일종의 즐거운 지적 유희로 한 일이었다(실제로 그런 지온은 가능하지 않았다). 또한 휠러에게 그 개념에 대한 증거를 더 많이 달라고 요청했다.

휠러가 새로 내놓은 특이한 개념을 살펴보고서, 파인만은 중력이 왜 다른 힘들과 근본적으로 다른지 궁금해졌다. 중력은 전자기력보다 훨씬 더 약한지라 중력을 통해 구성되는 모든 구조는 엄청나게 커야만 유지된다. 원자를 전자기력 접착제 대신에 중력 접착제로 짓는다면 치수가 천문학적으로 커질 것이다. 중력의 양자화에 관해 생각하기 훨씬 이전부터 그는 중력이 유독 다른 힘보다 약한 이유를 심오하게 파헤쳐 보아야겠다고 결심했었다.

나중에 파인만은 양자중력에 관한 논문에서 이렇게 밝힌다. "휠러 교수의 터무니없는 이론 구성이나 비슷한 다른 모든 이론을 포함하여… 중력에 관한 연구에는 어떤 비합리성이 존재하는데… 왜냐하면 치수가 너무나 특이하기 때문이다." 중력의 현실적인 적용을 주제로 브라이스 드윗이 쓴 소논문이 한 편 있다. 1953년에 중력연구재단이 수여하는 상을 최초로 받은 그 글도 비슷한 견해를 드러냈다. 중력만으로 지어진 장치들은 비교적 약한 중력 상호작용으로 인해 크기가 행성 정도가 되어야 한다고 말이다. 그처럼 천문학적으로 거대한 구조를 만들려면 우리의 현재 능력을 넘어서기에 훨씬 더 진보한 문명이 출현해야 할 것이다.

1955년 부유한 사업가 애뉴 H. 반슨 주니어Agnew H. Bahnson Jr가 그 글에 감동을 받고서 장물리학연구소Institute of Field Physics를 설립했다. 노스캐롤라이나 대학UNC과 제휴하여 드윗 교수를 연구소장으로 삼아 설립된 기관이었다. 특출한 과학자였던 세실 드윗 모레트가 객원 연구교수라는 비상임 직위에 임명되었다. 연구소의 표면적인 목적은 비행을 위한 반중력 기술의 가능성을 연구하기였지만, 드윗은 연구 과제를 확장하여 중력에 관한 일반적인 속성들을 탐구했다. 연구 범위가 넓은데다 대학과 연계되어 있기도 했기에 휠러, 파인만, 오펜하이머, 톨 및 프리먼 다이슨 모두 연구소에 지지를 표명했다.

그 결과 프린스턴과 (버그만 휘하의) 시라쿠사와 더불어, 그 연구소는 고전적 및 양자론적 중력 연구의 중요한 허브가 되었다.

파인만과 드윗 등이 알아낸 당혹스러운 문제—중력과 자연의 다른 힘들 간의 세기의 불균형—는 오늘날에도 풀리지 않고 있다. 빅뱅 당시에 자연의 상호작용들 전부가 동일한 세기였다고 많은 물리학자들이 믿고 있기에, 중력만이 특이하게 약한 이유는 과학의 가장 심오한 수수께끼 중 하나로 남아 있다.

현실이 나누어질 때

1955년 가을, 붕괴가 존재하지 않는다는 발상이 알려진 이후 에버렛은 자신의 우주 파동함수 개념의 여러 측면들을 꼼꼼히 살폈고, 이제 휠러와 함께 논의할 준비가 되었다. 그래서 휠러에게 몇 가지의 짧은 보고서를 보냈는데, 그중 하나가 「파동역학의 확률」이었다. 정교한 설명과 적절한 비유가 풍부한 보고서였다. 휠러의 논평을 참고삼아 그는 보고서들을 박사학위 논문 초고로 탈바꿈시켰다.

덜컹거리는 파동함수 붕괴 개념과 달리 에버렛의 방안은 비단처럼 매끄러웠다. 그 방안에서는 측정이 불연속을 야기하지 않는다. 오히려 관찰자와 관찰 대상인 계 사이의 상호작용은 매끄럽게 어떤 특정한 상태를 발생시킨다. 한 양자 측정이 여러 상이한 결과들 중 하나를 내놓을지 모르는 상황을 고려하기 위해, 에버렛은 각각이 유효한 최종 상태이며 현실의 분기를 통해 그런 상태가 달성된다고 주장했다. 관찰자도 서로 상이하지만 거의 동일한 자신의 분신들로 나누어지는데, 각 분신이 목격하는 관찰의 결과가 서로 다를 뿐이라고 한다. 분신들 중 어느 것도 다른 분신을 알지 못하는데, 왜냐하면 그들은 완전히 다른 시간의 가지에서 따로 살아가기 때문이다. 에버렛은 이렇게 적었다. "관찰이 실시되자마자, 합쳐진 상태는 각 요소가 하나의 상이한 대상-계 상태와 그 상태에 대한 (상이한) 지식을 지닌 한 관찰자를 기술하는 하나의 중첩으로 나누어진다. 상이한 지식을 가진 이런 관찰자 상태들의 총체만이 원래의 대상-계 상태에 관한 완전한 정보를 지니는데, 하지만 이런 구분된 상태들에 의해 기술되는 관찰자들 사이에는 통신이 가능하지 않다."

이해를 위해 예를 하나 들어보자. 에르빈 슈뢰딩거는 고양이 역설이라는 유명한 난제를 하나 제시했다. 고양이 한 마리가 상자 속에 들어 있는데, 독약 한 통과 가이거 계수기 그리고 방사능 시료도 들어 있다. 어느 특정 시간에 이 방사능 시료가 방사능 붕괴를 일으킬 확률은 50퍼센트이다. 이 계는 만약 가이거 계수기가 방사능 붕괴를 기록하면 독약 통이 압축되면서 독약이 흘러나와서 고양이가 죽게 된다. 한편, 만약 가이거 계수기가 방사능 붕괴를 기록하지 않으면 독약은 흘러나오지 않아서 고양이는 살아남는다. 슈뢰딩거는 코펜하겐 해석의 터무니없음을 지적하려는 취지에서, 그런 계는 상자가 열리고 관찰자가 계를 측정하기 전까지는 고양이가 죽어 있음과 살아 있음의 좀비 같은 중첩 상태에 처해 있다는 의미라고 주장했다.

에버렛의 해석은 완전히 다른 예측을 내놓았다. 일단 계가 고양이의 운명이 시료와 얽히게끔 설정되고 나면, 현실이 나누어진다. 분기의 한 가지에서는 시료가 방사능 붕괴를 일으켜서 계수기를 작동시켜 고양이는 죽게 되고 관찰자는 슬픔에 빠진다. 분기의 다른 가지에서는 고양이는 살게 되고 관찰자는 기뻐한다. 기쁜 관찰자 버전과 슬픈 관찰자 버전은 측정의 순간에 나누어지는데(실험 결과는 한 가지로 특정되지만), 이 둘은 서로를 알지 못하기에 서로의 상태를 비교할 수도 없다. 둘은 조금 다른 상이한 현실 속에서 살아가며, 모든 가능성의 추상적인 영역에서 분리되어 있다. 현실이 나뉠 때

"덜컹거림"이란 존재하지 않기에 어느 누구도 특이한 점을 알아차리지 못한다. 파동함수의 붕괴는 없으므로, 두 물줄기로 나뉘는 강물처럼 현실은 꾸준히 제 갈 길을 계속 간다.

휠러는 우주 파동함수라는 개념 그리고 붕괴가 존재하지 않는다고 보는 에버렛의 일반적인 접근법을 좋아하면서도, 현실을 경험하는 관찰자의 존재를 언급하는 것에 불편함을 느꼈다. 그 무렵까지만 해도 의식은 물리학의 영역이 아니라고 여겼기 때문이다(물질에 관한 휠러의 관점은 세월이 흐름에 따라 더욱 유연해진다). 에버렛의 작품이 박사학위 논문 심의 위원회 회원들을 자극시키길 원하지 않았기에 휠러는 분기, 인식 등에 관한 언급을 죄다 빼버렸다. 휠러는 또한 그 연구의 진가를 인정해주길 바라며 보어를 놀라게 만들고 싶지 않았다. 보어가 이해하고 그 연구를 발전이라고 여기게 하려면 에버렛이 신중을 기해야 할 터였다.

가령, 두 개체로 나누어지는 아메바에 관한 에버렛의 뛰어난 비유는 결국 최종적으로 논문에 포함되지 않았다. 그는 지적인 단세포 생물체가 나누어져 각각의 복사본이 자신이 진짜라고 여기는 상황을 상상했다. 그런 일이 양자 측정에서 언제나 생길 수 있는데, 아메바처럼 각각의 분신은 자신이 고유한 존재라고 믿게 된다. 휠러는 (실험자는 아메바가 아니므로) 그 비유가 오해의 소지가 있다고 여겨 그 내용을 삭제했다.

휠러가 에버렛의 논문을 많이 뜯어고쳤지만 보어는 거들떠보지도 않았다. 보어와 페테르센은 양자 측정에 관한 기존 해석이 아무 문제가 없다고 여겼다. 둘의 생각으로는, 우리의 지식은 관찰자의 특정한 방법(가령, 측정 도구의 선택)에 그리고 관찰자가 특정한 실험을 수행해서 얻은 결과에 근거한 것이다. 그런 방법이나 결과를 통해 우리는 그런 측정 결과가 나오려면 양자 상태가 어떠해야 했을지 추론할 수 있을 뿐이다. 대신에, 양자 상태가 실험자에게 미치는 영향 및 양자 상태가 실험자에 의해 받은 영향을 알아낼 수 있을 만큼 양자 상태에 관해 많이 알아야 한다는 발상은 무모하고 근거 없으며 불필요한 듯했다.

파동 너머로

1956년 1월부터 9월까지 휠러는 네덜란드 레이덴 대학의 로런츠 객원 교수 자격으로 연구 안식년을 보냈다. 가족 중에서 아내와 앨리슨만 데리고 갔는데, 레티티아와 제이미는 이미 대학에 들어갔기 때문이다. 대학원생 제자 세 명도 함께 갔다. 마이스너와 퍼트넘 그리고 또 한 명의 젊은 미국인인 조지프 "조" 웨버Joseph "Joe" Weber였다. 웨버는 중력파의 성질을 연구하는 데 관심이 있었다. 중력파란 요동하는 무거운 물체로부터 방출되는 시공간 구조의 물결로서, 사람이 말을 할 때 횡격막의 진동에 의해 소리가 퍼져나가는 현상과 비슷하다. 에버렛은 박사학위 논문 심사가 통과되지 않았기에 영국행에 합류하지 못했다.

휠러는 5월에 코펜하겐으로 가서 보어와 페테르센을 만나 에버렛 가설의 장점을 설득해보려고 했다. 휠러는 외부 관찰자의 필요성을 제거하고 전체 우주를 양자론의 관점에서 기술하기 위해 우주 파동함수 개념이 필요했다. 다른 타당한 대안이 없기도 했다. 분명, 죽을 운명인 인간 과학자가 우주선에 올라 우주 밖으로 여행하여 우주 전체를 관찰할 수가 없으니, 측정 행위를 통해 우주의 파동함수가 붕괴되도록 할 수도 없었다.

휠러는 에버렛에게 코펜하겐에 와서 논의에 참여하라고 부추겼다. 하지만 에버렛은 펜타곤에서 학문과는 무관한 여름 일자리를 맡을 준비를 하고 있었다. 보어와 페테르센이 그 가설에 대한 반대 입장을 굽히지 않자, 더더욱 휠러는 에버렛에게 박사학위를 받으려면 논문 내용을 많이 수정해야 한다고 설득했다. 결국 논문은 중요 내용이 많이 빠지는 바람에 이미 에버렛의 개념을 이해하고 있던 사람이 아니라면, 거의 누구도 그가 원래 말하려던 내용을 이해할 수 없게 되었다. 이에 실망한 에버렛은 학계를 떠나서 군사 관련 연구에 몸을 담았다. (1959년에 잠깐 일을 쉬는 틈에 에버렛은 마침내 코펜하겐으로 갔지만 이번에도 보어는 자신의 입장을 바꾸지 않았다.)

조 웨버 또한 꿈을 추구하는 인물로서, 색다른 아이디어에 대한 휠러의 개방적인 태도를 존경했다. 중력파에 대한 웨버의 열정이 휠러를 또 다른 방향으로 이끌게 된다. 아인슈타인은 일반상대성이론에 관한 초기 논문들 중 한 편에서 실재의 구조에 생기는 그런 주름을 이미 예견했다. 그렇지만 스스로도 망설이고 있다가 마침내 네이선 로젠과 공저한 1936년 논문에서 그 개념을 확고하게 지지하게 되었다.

웨버는 그런 파동이 지구에 미치는 영향을 계산하여 효과가 미미하다는 결론을 내렸다. 그렇기는 하지만, 아마도 매우 민감한 탐지기라면 별의 재앙으로 인해 발생한 중력파를 탐지할 수 있을 것이다. 가령 무거운 별의 일생이 끝날 때 일어나는 거대한 초신성 폭발이 그런 재앙의 한 예다. 만약 처음에 폭발하는 에너지가 엄청나게 크면, 아마도 중력파는 수천조 킬로미터 떨어진 곳에서도 감지될지 모른다.

중력파 검출에 대한 가능성에 눈을 뜬 웨버는 수십 년간의 연구 방향을 그쪽으로 잡았다. 메릴랜드 대학에서 그는 방 하나 크기의 장치 "웨버 바Weber bar"를 고안하여, 미미한 중력파 신호를 검출하려고 시도했다. 중력파에 대한 증거를 그가 내놓았지만 다른 누구도 그의 결과를 재현할 수 없었다. 알고 보니, 훨씬 더 크고 더욱 민감한 검출기가 필요한 일이었다. 레이저 간섭계 중력파 관측소Laser Interferometer Gravitational-Wave Observatory. LIGO가 그런 검출기로서, 2015년에 처음으로 성공을 거두었다(공식 발표는 2016년 초에 있었다). 죽음의 고통에 몸부림치며 서로 나선형으로 돌고 있는 한 쌍의 먼 블랙홀이 방출하는 중력파를 검출해낸 것이다. 휠러의 제자 중 한 명으로 칼텍의 교수가 된 킵 손이 그 프로젝트의 설립자 겸 지도자였다.

하지만 웨버가 휠러 밑에서 연구하던 1950년대 중반만 해도 중력파는 논쟁적인 주제였다. 스위스 베른에서 열린 특수상대성이론 발표 50년 기념식에서 로젠은 중력파에는 에너지가 동반되지 않는다고 주장했다. 주장의 근거로, 그는 중력 에너지는 별 및 다른 무거운 천체의 근방에 모여 있을 뿐, 빈 우주 공간에 퍼져나가지 않음을 보여주는 계산 결과를 제시했다. 하지만 이 년 후 채플 힐에서 열린 한 회의에서 파인만은 왜 중력파가 에너지를 가져야 하는지 알려주는 간단한 추론 과정을 제시했는데, 이것은 나중에 "끈적거리는 구슬 논증"이라고 불리게 되었다.

끈적거리는 구슬

1957년 9월, 드윗 부부는 (세실 드윗이 주도하여) 일반상대성이론을 전문적으로 다루는 최초의 중요한 국제회의를 미국에서 열었다. UNC 채플 힐의 장 물리학 연구소의 후원과 반슨의 자금 지원을 받은 이 회의는 아주 중요했기에 그냥 "GR1"이라고 불렸다. 브라이스 드윗은 이 회의를 다음과 같이 회상했다. "초대받은 사람만 오는 회의였어요. 주요 인물로는, 존 휠러, 레온 로젠펠트Leon Rosenfeld, 토미 골드, 프레드 호일 및 리처드 파인만을 꼽을 수 있었지요. 멋진 회의였습니다."

휠러는 제자들 여럿을 데려왔는데, 그중 마이스너와 웨버는 각자의 주제를 발표했다. 에버렛은 참여하지 않았다. 하지만 휠러는 회의 발표 자료에 포함시키려고 에버렛 논문의 상당히 편집된 복사본을 드윗에게 보냈다. 「양자역학의 '상대론적 상태' 체계화하기」라는 밋밋한 제목이 붙은 논문이었다. 아울러 그 개념에 대한 자신의 견해를 요약한 두 번째 논문도 함께 보냈다. 아울러 휠러와 제자들이 기고한 아홉 편의 논문도 포함되었는데, 이것이 전체 논문의 삼 분의 일 이상을 차지했다. 다른 회의 참석자들은 행사의 "주역"이라며 휠러를 짐짓 치켜세웠다.

파인만은 일종의 외부자로서 회의에 참석하기로 합의했다. 그는 중력 전문가는 아니지만 참석자들의 주장이 타당한지는 알아낼 수 있었다. 회의 둘째 날 롤리 더햄Raleigh-Durham 공항에 도착해 택시 승차장에 가서, 한 택시 기사에게 노스캐롤라이나 대학까지 데려다 달라고 했다. 하지만 노스캐롤라이나주립대학도 같은 지역 내에 있었기에 차량 배차 담당자는 파인만이 거길 가려는지 채플 힐에 가려는지 헷갈렸다. 파인만은 뭐가 뭔지 몰랐지만 아이디어가 하나 떠올랐다. 전날 "지-뮤-뉴"(일반상대성이론에 나오는 용어들)를 중얼거리는 얼빠진 사람들이 택시를 많이 탔는지 물었다. 배차 담당자는 파인만이 무슨 말을 하는지 즉시 알아차리고 한 택시 기사에게 곧장 채플 힐로 가라고 했다.

회의에 도착했을 때 파인만은 휠러를 놀리기로 마음먹었다. 휠러가 구상 중이던 희한한 개념을 떠벌리기로 했던 것이다. 드윗의 회상에 의하면, "파인만이 나타나서는 '안녕하세요. 지온 교수님'이라고 했어요. 휠러를 지온 휠러라고 불렀지요."

파인만 외에도 지온을 의심쩍게 여긴 이들이 많았다. "아무도 그걸 믿지 않았습니다." 드윗의 말이다. "하지만 휠러는 내가 했던 걸 똑같이 하려고 했어요. 일반상대성이론을 주류 물리학에 끌어들이려 했지요. 그는 공학적 접근법을 취하고 있었습니다. 이 기이한 수학적인 개념을 가져와서는 파악

가능한 어떤 것으로 바꾼 다음 물리적인 방법으로 이야기하려고 했어요."

지온과 더불어 휠러는 GR1에서 기하역학과 관련된 여러 특이 사항들을 소개했는데, 특히 웜홀 그리고 극미 규모에서 시공간의 거품에 관한 아이디어를 집중적으로 소개했다. 그는 우리가 비행기에서 바다를 내려다볼 때는 바다가 매끈하고 잔잔해 보인다는 비유를 들어 시공간에 대한 인간의 경험을 설명했다. 하지만 막상 수면으로 내려가면 바다는 출렁출렁 파도가 이는 모습이다. 마찬가지로 플랑크 규모의 시공간은 일시적으로 존재하는 소형 웜홀들이 들끓는 바다 같을지 모른다.

회의의 주요 논점 중 하나는 빈 공간이 중력파의 형태로 에너지를 전달하느냐 여부였다. 참가자들은 그럴 가능성에 일찌감치 반대하고 나섰다. 앞서 보았듯이 빈 공간에는 에너지가 없다는 로젠의 주장이 대표적이다. 하지만 중력을 양자화하기의 필요성에 관해 파인만의 주장을 듣자, 레온 로젠펠트는 양자 방법을 중력에 적용하려면 전자기파의 경우와 비슷하게 중력 복사에 관한 심도 있는 설명이 필요할 것이라고 짚었다. 그렇지 않으면 물리학자는 연구를 시작할 실마리를 찾지 못할 테다. 그러므로 중력파가 존재하는 편이 더 낫고, 그렇지 않다면 양자중력은 제대로 밝혀지지 못할 것이다.

로젠의 문제 제기를 깊이 생각한 후 파인만은 반박할 간단한 방법을 알아냈다. 두 물체가 서로 가깝긴 하지만 접촉하고 있지 않은 채로 둘 다 자유롭게 움직이는 상황을 상상해보자. 주판의 알들처럼 말이다. 두 물체는 동일한 막대기에 연결되어 있는데, 첫 번째 물체는 고정되어 있고 둘째는 막대를 따라 자유롭게 미끄러진다. 이제 중력파가 공간의 그 부분을 통과하면서 두 물체를 흔든다고 상상하자. 두 번째 물체는 막대와 마찰을 일으켜서 열을 낼 것이다. 그럴 경우 에너지 보존 법칙으로 인해, 에너지가 어딘가에서 오려면 그 에너지는 중력파를 통해 전달되는 것이다. 그러므로 중력파는 에너지를 운반함이 틀림없다.

만약 파인만이 2015년에 살아 있다면, 자신의 예상이 LIGO의 중력파 발견으로 인해 확인되었다는 사실에 잔뜩 흥분할 것이다. 파인만의 일생 중에 몇 년은 중력파 검출 프로젝트와 정말로 겹쳤다. 킵 손이 1984년에 레이너 와이스Rainer Weiss와 로널드 드레버Ronald Drever와 함께 그 프로젝트를 시작했는데, 성공은 몇 십 년 후에 있으리라고 내다보았다. 마침 중력파 발견 시점에 킵 손의 학문적 지위는 칼텍의 이론물리학 파인만 석좌교수였다.

다세계 해석

채플 힐 회의가 끝난 후 드윗은 회의에서 나온 논문과 논문들을 특별히 실은 『리뷰 오브 모던 피직스Review of Modern Physics』의 편집을 맡았다. 에버렛이 참석하지 않아 그의 연구가 논의되지 않았는데도, 그의 논문—휠러가 분석 글과 함께 제출했다—이 포함된 것은 약간 이해하기 어렵다. 그 주제는 회의의 양자론 관련 부분과 잘 들어맞았지만 중력 주제와는—우주 파동함수라는 일반적인 개념(붕괴 없이 양자론을 기술하는 방식)은 제외하고—그다지 맞지 않았다. 그렇기는 해도 휠러가 챙기는 논문이기도 해서 드윗은 아주 꼼꼼하게 통독했다. 어떤 이가 양자 측정 문제에 참신한 접근법을 내놓은 것에 처음엔 "숨이 멎을 정도로 기뻤다가", 슬슬 드윗은 관찰자가 양자 상태들의 분기에 관여한다는 대담한 발상에 감탄하기 시작했다. "나는 깜짝 놀라서… 에버렛에게 장문의 편지를 썼다. 칭찬과 힐난이 교차하는 편지였다." 드윗의 회상이다. "나의 비난은 대체로 '가능성에서 현실로의 전환'에 관해 하이젠베르크가 한 말 때문이었고 아울러 '나 자신의 나누어짐을 느끼지 못한다'는 사실 때문이었다."

에버렛이 답장을 보냈다. 답장에서 그는 주석의 형태로 휠러가 논문에서 삭제했던, 분기에 관한 내용을 조금 더 자세히 설명했다. 그의 설명에 의하면, 양자 측정이 실시되면 관찰자의 각 분신은 자신의 현실이 진짜라고 여긴다. 게다가, 무언가를 느끼지 못한다고 해서 그것이 발생하지 않는다는 의미는 아니다. 그는 독자들(그리고 드윗)에게 갈릴레오 시대의 반코페르니쿠스 주의자들을 떠올려 보라고 했다. 아무런 느낌도 느끼지 못한다는 이유로 지구가 태양 주위를 돌지 않는다고 잘못 주장했던 사람들을 말이다. 에버렛의 재치 있는 반박을 읽고서 드윗은 "내가 졌네!"라며 감탄했다.

에버렛의 가설은 1970년까지 거의 묻혀 있었는데, 그해에 드윗이 『피직스 투데이Physics Today』에 소개하면서 유명해졌다. 드윗은 그 가설을 양자역학의 "다세계 해석Many Worlds Interpretation, MWI"이라고 다시 명명했다. "상대론적 상태"보다는 훨씬 더 파악하기 쉬운 이름이다.

또한 드윗은 에버렛한테서 허락을 받고서 MWI에 관한 학술서적을 펴내기로 했다. 에버렛은 휠러가 중요 내용을 삭제하기 전에 썼던 구겨진 박사학위 논문의 초기 원고를 보내서 책의 내용에 보탰다. 원본을 통해 드윗은 훨씬 더 명확하게 개념을 파악할 수 있었다.

그 후로 드윗은 MWI의 가장 열렬한 옹호자 겸 대중화의 기수로 활동하면서, 그 해석에 의하면 왜 우주를 양자론으로 기술하더라도 외부 관찰자가 필요하지 않는지를 강조했다. 그러므로 MWI는 우주를 이해할 유일한 방법이었다. 그렇기는 해도 드윗은 현실이 매끄럽게 무수한 복사본으로 나뉜다는 개념을 다른 이들이 왜 미심쩍게 여기는지 납득이 갔다. 드윗의 옹호 활동과 더불어 저명한 물리학자들—대표적인 인물로 데이비드 도이치David Deutsch를 꼽을 수 있다. 그는 드윗과 휠러 및 (휠러와 공동 연구를 진행했던) 맥스 테그마크 밑에서 박사후 연구 과정을 거쳤다—의 후속 연구 덕분에, MWI는

(적어도 일부 집단에서는) 코펜하겐 해석의 강력한 대안으로 인정받았다.

휠러는 MWI에 대한 감정이 복합적이었다. 사실 그는 우주 파동함수 개념을 무척 좋아했지만, "다세계"라든지 "평행 우주" 그리고 "분기"라는 용어가 굉장히 불편했다. 하나면 됐지 왜 여러 개의 우주를 끌어들이는가?

파인만은 대체로 MWI 해석을 무시했다. 그래서 거의 언급을 하지 않았지만, 채플 힐 회의에서 데세르의 강연 후에 한 말이 남아 있다. 휠러가 에버렛의 우주 파동함수 개념은 양자전기역학의 표준 기법보다 중력에 적용하기가 더 쉬울 거라고 말하자, 파인만은 이렇게 대답했다. "'우주 파동함수' 개념은 심각한 개념적 문제점을 안고 있다. 왜냐면, 이 함수는 과거의 모든 양자역학적 가능성에 의존하는 모든 가능한 세계들에 대한 진폭을 가져야만 하기에, 무한개의 가능한 세계들이 저마다 현실이라는 것을 믿지 않을 수 없기 때문이다."

다이슨은 나중에 이렇게 밝혔다. "파인만 교수님은 철학이 소용없다고 보았기에 양자역학의 철학적 해석은 죄다 싫어했어요. 이론은 철학이라는 안개로 흐릿해지지 않아야만 단순명쾌해진다고 말하기도 했고요. 이론의 목적은 자연을 기술하는 것이지 해석하는 것이 아니라고 보았던 거죠." 다이슨도 MWI가 별 가치가 없다고 여겼다. 그래서 이렇게 말했다. "에버렛 해석은 언제 처음 들었는지도 기억이 안 납니다. 늘 탐탁지가 않았기에 그 해석을 논의한다는 건 시간낭비라고 보았지요. 볼프강 파울리의 말을 빌자면, 그건 '틀리기라도 했으면' 부류의 이론이라고 말하고 싶네요."

모든 이력의 총합과 MWI 둘 다 실재의 평행한 가닥—시간의 검증 가능한 미로—들을 가정한다. 하지만 전자는 입자물리학을 기술하는 수단으로서 인정된 반면에 후자는 아직도 논쟁거리로 남아 있다. 평행 우주도 똑같으리라고 볼 수도 있지만, 두 접근법은 중요한 철학적 차이가 있다. 모든 이력의 총합의 경우, 양자 측정을 실시할 때 입자는 가능성들로 이루어진 추상적인 영역에서 상이한 시공간의 경로들을 두루 따른다. 하지만 그런 여러 가능성이 물리적으로 관찰 가능한 부분들로 나누어질 수는 없다. 언제나 우주는 오직 하나이며 고전적인 실재도 오직 하나뿐이다.

이와 반대로 MWI는 나누어짐이 실제로 벌어진다. 우리 주위의 우주—우리 인간들을 포함하여—는 끊임없이 팽창하는 연대기의 그물망 속에서 반복적으로 나누어진다. 호르헤 루이스 보르헤스의 「갈림길의 정원」에서처럼, 한 갈림길에서는 두 사람이 가까운 친구이고 다른 갈림길에서는 적이 된다. 아마도 어떤 운명의 장난으로 어떤 엉뚱한 평행 우주에서 파인만은 여러 재즈 공연무대에서 봉고 드럼을 두드리며 마릴린 먼로와 〈뜨거운 것이 좋아 Some Like It Hot〉를 연기하고 있고 잭 레먼Jack Lemmon과 토니 커티스Tony Curtis는 채플 힐에서 학술 논문을 제출하고 있을지 모른다.* 파인만이라면 분명 그런 운명을 좋아했을 것이다.

그런 대안적 현실은 완고한 물리학자들이 보기에 너무 "공상과학적"일 듯하다. "엉뚱한 아이디어"를 즐겼던 휠러와 같은 사람조차도 평행 우주가 실제로 존재한다는 개념은 너무 지나친 발상이었다. 그가 보기에, 검증 불가능한 주장은 진짜 물리학이라기보다는 종교적 신조에 가까웠다. 밤에는 꿈을 꾸어야겠지만, 아침 해가 뜨면 현실을 직시해야 한다.

---

* 두 사람은 영화에 실제로 출연한 배우.—옮긴이

7
시간의 화살과 불가사의한 미스터 X

계란을 길에 떨어뜨리면 사방으로 튄다. 한편 길에 있는 깨진 계란이 합쳐져서 완전한 계란이 되어 우리 손에 들어오리라고 기대할 수 없다. 그러니 우리가 시간의 방향을 되돌리려고 한다면 자연의 법칙은 분명 달라질 것이다.

리처드 파인만, 『파인만 어록The Quotable Feynman』에 재수록된 "시간에 관하여" 프로그램에 대한 노트에 나오는 말

시간. 왜 시간이란 것이 존재할까? 왜 시간은 일차원일까? 시간은 근본적일 리가 없다. "이전"과 "이후"라는 개념은 아주 작은 거리에서 통하지 않는다. 그런 개념은 빅뱅에서 통하지 않는다.

존 A. 휠러, 제레미 번스타인의 「세상의 끝에서는 어떤 일이 벌어질까?」에서 인용

우리의 기억과 열망 사이에는 그리고 우리의 과거와 미래에 대한 희망 사이에는 분명 비대칭성이 존재한다. 우리에겐 그런 비대칭성이 다행이다. 만약 우리가 미래를 "기억"할 수 있다고 가정해보자. 결국 실패할 것을 미리 알게 되었다면 우리는 관계를 시작하거나 창조적인 활동을 펼치기가 어려울지 모른다.

1952년에 파인만한테 마법의 수정구가 있었다면, 메리 루와의 결혼이 실패하리라는 것을 처음부터 알았을 테다. 다른 이들—존 바딘, 레온 쿠퍼 및 J. 로버트 슈리퍼—이 초전도체 메커니즘의 중요한 특징을 발견했다는 사실을 미리 알았다면 파인만은 초전도체 연구를 하지 않았을지 모른다(물론 파인만은 초전도체에 관한 중요한 통찰을 내놓았으며 자매 분야인 초유동체에도 중대한 업적을 남기긴 했다). 마찬가지로 존 휠러도 미래를 내다볼 수 있었다면 기밀문서를 들고서 기차에 오르지 않았을 것이다. 지온 개념 또한 입자로서 불안정하여 지속될 수 없는 것이어서 이론적인 산물이며 결국에는 물리학의 역사에서 사라지고 말 운명임을 그가 미리 알았더라면, 별로 주목하지 않았을지 모른다.

실패뿐 아니라 승리도 종종 우리를 놀라게 만든다. 1957년 파인만과 휠러는 다가오는 시대가 둘 다에게 얼마나 결실이 풍부하고 행복한 시간일지 전혀 몰랐다(예외라면 1960년에 휠러가 모친상을 당했다는 사실 정도이다). 파인만은 마침내 행복한 결혼 생활을 시작하게 된다. 아이를 갖는 기쁨을 느끼고, 유명한 강의 시리즈 "파인만의 물리학 강의"를 이어나가고, 기본 입자와 자연의 힘에 관한 중요한 특징을 발견하고, 나노기술 분야를 출발시키는 데 일조한 중요한 제안을 하게 된다. 양자전기역학에 대한 초기의 업적 덕분에 노벨상을 받은 것은 굳이 말할 필요도 없다. 휠러는 자녀가 결혼하는 모습을 보는 기쁨을 누리고, 할아버지가 되는 행복감을 맛보고, 프랭클린 상과 알베르트 아인슈타인 상을 타고, 블랙홀 개념을 발전시키고 널리 알려서 별의 중력 붕괴에 관한 권위자로 인정받는 흐뭇함을 얻게 된다.

인간과 달리 기본 입자는 당연히 과거나 미래를 이해할 리가 없다. 설령 이해할 수 있더라도 그 차이를 알아차릴 수 있기나 할까? 1960년대 초반까지만 해도 대다수 물리학자들은 (인간이 개입하는 측정 과정은 제외하고) 모든 기본 입자 상호작용은 시간에 대해 완전히 가역적이라고 믿었다. 입자 상호작용을 촬영하여 그 영상을 뒤로 돌리면, 거꾸로 가는 영상은 앞으로 가는 영상과 마찬가지로 정상적인 것이리라고 믿었다.

그런데 1964년에 놀라운 발견이 있었다. 프린스턴에서 연구하던 제임스 크로닌James Cronin과 밸 피치Val Fitch가 아원자 입자도 어떤 경우에는 과거와 미래의 구분을 보여줌을 밝혀냈다. 그 발견에 의하면, 시간 가역적 대칭성은 보편적인 입자 세계의 특징이 아니다. 대신에 어떤 과정에서는 일방향의 시간의 화살이 존재한다.

대칭에 관해 생각하기

크로닌과 피치의 발견을 이해하려면 입자물리학에서 대칭의 개념을 먼저 이해해야 한다. 어떤 대칭, 가령 회전 불변량은 연속적이다. 바닥상태(가장 낮은 에너지 수준)에 있는 수소 원자를 빙글빙글 돌려도, 측정된 물리적 성질은 동일하다. 병진(공간상에서의 이동) 대칭도 연속적이다. 빈 공간에서 한 원자를 조금 밀어도 원자의 상태는 동일하다.

유한한 개수의 구성이 달라져서 생기는 불연속적인 대칭들도 존재한다. *C* 대칭이라고 하는 전하 켤레(부호의 변화) 대칭이 그런 예다. 한 입자의 전하가 음에서 양으로만 바뀔 뿐 다른 것은 바뀌지 않으면 *C* 대칭이 성립한다. 불연속적인 대칭의 또 다른 예로 *P* 대칭이라고 하는 반전 불변 대칭이 있다. 반전 변환은 거울에 비춘다는 뜻이다. 수학적으로 이 변환은 하나 이상의 공간 좌표의 부호를 반대로—양에서 음으로 또는 음에서 양으로—하는 것이다. 만약 *P* 대칭이 성립하면 한 상호작용의 방향을 그것의 거울 영상으로 바꾸어도 결과에 영향을 미치지 않는다.

여러분이 재활용 센터에서 일한다고 상상해보자. 누군가가 여러분에게 종이 장갑을 건네며 펄프로 바꾸라고 한다. 여러분은 장갑이 왼손잡이인지 오른손잡이인지는 전혀 신경 쓰지 않는다. 펄프로 바꾸는 데 그런 구분은 의미가 없기에, 이때는 P 대칭이 성립한다. 이와 달리 야구 경기에서 여러분이 오른손잡이 포수인데 왼손잡이용 글러브를 받았다면, 반드시 글러브를 바꾸어야 한다. 이 경우 P 대칭이 성립하지 않는다.

왼손잡이와 오른손잡이의 차이를 가리켜 "카이랄성chirality"이라고 한다. 우리에게 익숙한 많은 것들—장갑, 양말, 조개껍질, 문 등—이 어떤 특정한 카이랄성을 갖는다. P 대칭일 경우, 카이랄성을 바꾸어도 결과는 달라지지 않는다.

시간 역전 대칭, 즉 T 대칭 또한 불연속적인 대칭인데, 시간상 앞으로 가기와 뒤로 가기라는 두 가지 선택사항을 갖는다. 배구공 두 개를 맞부딪혀 완벽한 탄성충돌을 일으키는 것은 T 대칭이 성립하는 대표적인 예다. 자연계에는 T 대칭이 성립하지 않는 무수히 많은 사례가 있는데, 아기가 어른으로 성장하기가 대표적인 예다. 분명 인간이 발달하는 과정은 시간이 앞으로 갈 때와 뒤로 갈 때가 확연히 다르기에, 일상적인 상황에서 T 대칭이 깨지는 예라고 할 수 있다.

마지막으로 어떤 변환이 미세한 차이를 야기하는 "거의 일치하는 대칭near-symmetry"이 있다. 가령 양성자와 중성자는 질량이 거의 동일하며, "아이소스핀isospin"이라고 불리는 대칭성을 갖는다. 거의 일치하는 대칭은 입자들 간의 관련성을 알려줄 때가 종종 있다. 양성자와 중성자의 경우, 밝혀진 바에 의하면 두 입자는 "쿼크"와 "글루온"이라는 하위구성요소로 이루어져 있다.

파인만 다이어그램—두 수직축은 공간과 시간을 기술하며 직선과 구불구불한 선은 전형적인 입자 경로를 나타낸다—을 통해 여러 대칭성을 훌륭하게 탐구할 수 있다. 이 다이어그램으로 우리는 C, P 및 T 대칭의 조합이 알려진 모든 입자 상호작용에 대해 반드시 불변으로 유지된다는 사실을 알 수 있다. 가령, 전자 하나가 오른쪽으로 움직인다고 하자. 전하를 바꾸면 전자는 오른쪽으로 움직이는 양전자로 변환된다. 그것을 거울에 반사시키면 왼쪽으로 움직이는 양전자가 된다. 이제 시간의 방향을 바꾸면, 그것은 시간을 거슬러 가면서 왼쪽으로 움직이는 양전자가 된다. 파인만과 휠러의 양전자 개념을 바탕으로 이 과정을 파인만 다이어그램에서 방향 화살을 바꾸어 표현하면, 그것은 결국 시간상 앞쪽을 향해 오른쪽으로 움직이는 전자가 된다. 이렇게 한 바퀴를 완전히 돌고 나면 *CPT*의 마법과도 같은 조합은 사실은 아무런 변화가 없음이 드러난다.

다른 식으로 표현하면, 조합된 임의의 두 변환을 실시하면 세 번째 것이 된다는 말이다. 가령 *CP*의 조합은 *T*와 등가이다. 만약 *CP*가 불변량이면 *T*도 불변량이다. *CP*가 대칭성이 깨지면 *T*도 깨진다.

전자기 상호작용의 경우, 세 변환은 전부 불변량이다. 그런지 알아보려면, 한 전자를 왼쪽에 다른 전자를 오른쪽에 두고서 세 변환 중 임의의 것을 적용하여 두 전자 사이의 반발력을 측정하면 된다. *C*를 적용하면 두 전하 모두 양으로 바뀌기에 힘은 동일하다. *P*를 적용하면 왼쪽과 오른쪽이 바뀌므로 힘은 동일하다. 이제 두 전자의 상호작용이 시간을 거슬러 일어나도록 해도, 즉 *T*를 적용해도 힘은 동일하다. 안심은 되지만 지루하다.

더욱 흥미로운 것은 여러 형태의 방사능 붕괴가 관여하는 약한 상호작용이다. 약력의 초기 모형들 또한 이 세 가지 불변량을 가정했다. 하지만 1956년에 물리학자 양전닝Yang Chen Ning과 리정다오Lee Tsung Dao가 어떤 유형의 케이온(K 메손) 붕괴가 반전 대칭 깨짐을 드러낸다고 가정했다. 둘의 주장에 의하면 약한 상호작용은 (오른손잡이인 사람과 왼손잡이인 사람들의 수가 다른 것처럼) 어떤 과정과 그것의 거울영상 사이에 편향이 존재한다. 실험물리학자 우젠슝Wu Chien Shiung은 이 가설이 옳음을 훌륭하게 입증하였고, 덕분에 다음 해에 양전닝과 리정다오는 노벨상을 받았다.

왼손잡이 투구

파인만은 좀체 누구와 함께 연구하지 않았다. 혼자서 무언가를 하는 걸 좋아하는 편이었다. 그리고 함께 연구하는 사람이 있을 경우, 그 사람은 파인만의 변하는 기분을 존중해야 했다. 대체로 낙천적이고 활기가 넘쳤지만 어떤 날은 그냥 혼자 있고 싶어 했다. 그럴 경우 연구실에 들어가서 파인만은 동료에게 자리를 비켜달라고 무뚝뚝하게 부탁했다. 또한 직설적이기도 했다. 어떤 아이디어가 내키지 않으면 멍청하다거나 한심하다고 내뱉기도 했다. 관심이 안 가는 주제가 나오면 그냥 조는 척하기도 했다. 논문을 받고서 곧바로 눈길이 가지 않으면(휠러의 지온 논문의 경우처럼), 보통 읽지도 않았다. 괜히 변죽을 울리느라 소중한 시간을 낭비하느니 정말로 솔직해지는 편이 낫다는 생각이었다.

그렇기는 해도 파인만의 가장 중요한 업적 중 하나는 어떤 의미에서 칼텍 동료이자 뛰어난 물리학자인 머리 겔만Murray Gell-Mann과 함께한 연구였다. 둘은 각자 약한 상호작용을 새롭게 연구하여 반전 대칭 깨짐을 설명해나가고 있었다. 서로 비슷한 메커니즘을 개발했고 동일한 연구소 출신이었던지라 둘은 힘을 합쳐서 공동 논문을 쓰기로 했다.

파인만이 새로운 연구 분야를 공략하게 된 동기는 물리학에서 자신이 거두었던 성과가 내심 불만스러웠기 때문이다. 양자전기역학에 재규격화가 필요하다는 자신의 이론은 수학적으로 의심스럽고 불완전해 보였다. 그 이론의 놀라운 예측 능력이 널리 인정되긴 했지만 그는 재규격화가 "큰 문제를 장롱 속에 숨기기 위한 방안"이라고 여겨 못마땅해 했다. 아울러 초전도체의 비밀을 푸는 데 실패한 것도 좌절을 안겨주었다.

그런 상황에서 약한 상호작용이 좋은 연구 대상인 것 같았다. 엔리코 페르미의 초창기 연구 성과에도 불구하고 그 분야는 대체로 미지의 영역이었지만, 앞으로의 중요한 연구 결실이 무르익을 바탕이 마련되어 있었다. 파인만은 언제나 전기역학을 넘어서고 싶었기에, 약한 상호작용이 이상적인 연구 대상으로 다가왔다. 1957년 여름 파인만에게 생각이 하나 떠올랐다. 즉, 벡터vector. V와 축벡터axia-vector. A 상호작용의 조합이 (전하와 같은 다른 물리량이 보존되는) 반전 대칭 깨짐 모형을 내놓는다는 발상이었다. 벡터와 축벡터 간의 차이는 방향이 서로 반대라는 것인데, 축벡터는 한 벡터를 거울 반전시킬 때 생긴다.

차이를 이해하기 위해 여러분이 어떤 특별한 거울 앞에 서서 웃으며 왼손을 내밀고 엄지 척 자세를 취해보자. 만약 거울에 비친 모습이 마찬가지로 웃고 있고 오른손으로 엄지 척을 하고 있다면, 여러분의 엄지는 벡터를 나타낸다. 그런데 만약 거울에 비친 엄지가 어쩐 셈인지 아래로 향해 있다면, 설령 손가락들이 예상되는 방식으로 감겨 있더라도 그 엄지는 축벡터를 나타낸다. 희한하게도, 여러분의 거울 영상의 왼손은 오른손이 있어야 할 곳에 있고 손가락들이 감겨 있는 방식 때문에 엄지가 아래로 향해 있을 수밖에 없는 듯하다.

파인만은 이 두 상황의 조합, 즉 V-A가 중성미자가 언제나 왼손잡이라는 놀라운 성질을 낳는다는 사실을 알아냈다. 중성미자가 왼손잡이라는 것은 중성미자의 스핀(스핀 업 또는 스핀 다운)이 언제나 중성미자의 운동과 반대 방향으로 배열된다는 뜻이다. 마치 공중에 던진 모든 축구공이 던져진 방향에서 보았을 때 시계 방향으로만 돌지 결코 반시계 방향으로 돌지 않는 상황과 같았다. 축구공의 경우, 여러분은 언제나 공의 속력을 낮추어서 반대 방향으로 돌게 만들 수 있다. 하지만 당시 알려진 정보에 따르면, 중성미자는 질량이 없다고 여겨졌기에—지금 우리는 중성미자가 미세하게 적은 질량을 가짐을 알고 있다—빛의 속력으로 움직여야 했다. 그러므로 속력을 늦추어서 반대 방향으로 돌게 만들 수가 없었다.

중성미자가 언제나 왼손잡이이고 약력을 통해 다른 왼손잡이인 페르미온과 상호작용하기에, 우주는 균형이 어긋나 있었다. 분명 반전 대칭이 깨져 있었다. 왼손잡이 중성미자의 거울영상은 오른손잡이 중성미자일 수가 없었다. 그런 중성미자는 존재하지 않았기 때문이다. 이 이론은 거울 대칭이 자연에 근본적인 것이 아님을 보여주는 실험 데이터와 부합했다. 그런 대칭은 전자기력에는 적용되었지만 약력에는 그렇지 않았다. 스티븐 와인버그Steven Weinberg, 압두스 살람Abdus Salam 및 셸던 글래쇼Sheldon Glashow가 독립적으로 전기약력(전자기력과 약력이 합쳐진 힘)이라는 통합 이론을 정식화하는 데 이바지했을 때, 그 이론에도 바로 V-A 메커니즘이 들어있었다.

파인만은 V-A 메커니즘을 알아내고 무척 뿌듯해했다. 과학사가인 자그디시 메라Jagdish Mehra에게 했던 말을 들어보자. "그걸 생각해냈을 때, 제 마음의 눈으로 그걸 보았을 때, 엄청난 무언가가 번쩍거리며 환하게 빛났다고요! 그걸 보면서 저는 생전 처음 그리고 오직 그때만 제가 아무도 모르는 자연의 법칙을 알아냈다고 느꼈어요… 이렇게 생각했죠. '드디어 내가 해냈어!'"

약한 상호작용을 설명해냈다는 기쁨에 젖어서 파인만은 다른 이들도 동일한 결론에 이르렀다는 사실을 알아차리지 못했다. 알고 보니 로체스터 대학의 물리학자 E. C. 조지 수다르샨George Sudarshan과 로버트 마샤크Robert Marshak가 이미 V-A 메커니즘을 알아냈다. 몇 달 전에 완성된 연구 결과를 바탕으로 두 물리학자는 겔만과 파인만이 『피지컬 리뷰』에 제출했던 때와 거의 똑같은 시기에 다른 학술지에 논문을 제출했다. 그렇기는 해도 파인만은 새롭게 발견된 자연법칙에 자신이 이바지했다는 사실이 흐뭇하기만 했다.

호수의 여인

1958년 9월, 휠러를 포함해 미국과 서유럽 그리고 동구권(소련이 지배한 유럽 지역) 출신의 다른 여러 저명한 과학자들이 제네바의 유엔 건물에 모였다. 원자력 에너지의 평화적 이용에 관한 제2차 국제회의에 참석하기 위해서였다. (휠러도 지온 연구를 하고 있던 1954년에 개최된 제1차 국제회의에 참석했었다.) 회의의 특별한 점 한 가지는 미국과 소련이 사상 최초로 핵융합에 관한 비밀스러운 내용을 서로 교환했다는 것이다. 두 나라는 무기 측면에 관해 논의하기보다는 에너지 생산의 잠재력을 이야기했다. 휠러는 소련 과학자들과 화기애애한 분위기 속에서 환담을 나누었다. 냉전이 곧 평화롭게 종결되기를 바라면서.

파인만도 입자물리학에 관한 회의에서 모두 발언을 해달라는 초청을 받았다. 그 자리에서 파인만은 그 분야의 상황에 관한 자신과 겔만의 생각을 풀어냈다. 제네바에 머무는 동안 그곳의 아름다운 호수에 가보기로 했다. 마침, 호숫가에서 물방울무늬 비키니 차림으로 쉬고 있는 젊은 여자를 만나 이야기를 나누게 되었다. 이름은 궤네스 하워스Gweneth Howarth였고, 영국 요크셔 출신이었다. 스위스의 한 영국인 가정에서 입주 가정부로 일하고 있었는데, 일하는 시간은 많고 급여는 적었다. 파인만은 그녀가 마음에 들어서, 봉급을 더 줄 테니 미국에서 자기 집의 가정부가 되어줄 수 있겠냐고 물었다. 마침 호주를 포함하여 세상을 구경하고 싶기도 해서 그녀는 파인만의 제안을 진지하게 생각해 보겠다고 했다.

남부 캘리포니아로 돌아온 후 파인만은 그녀를 데려온다면 생길 법적인 문제를 알아보았다. 둘이 연인 관계가 될 수 있지 않을까 기대에 부푼 파인만은, 그사이에 생길지 모를 복잡한 문제를 피하기 위해 한 동료 과학자에게 부탁하여 그녀에게 취업 비자를 얻게 해주었다. 그녀는 1959년 6월에 미국에 와서 파인만의 앨터디너 집의 별관에서 지냈다. 그녀가 가정부로 지내고 있는 동안, 파인만은 계속 관심이 갔다. 첫해 둘의 관계는 무엇보다도 집주인과 가정부의 관계였다. 가끔씩 외출을 할 때도 둘은 각각 다른 사람과 데이트를 했다. 하지만 다음 해에 파인만은 사랑에 빠졌음을 깨닫고 청혼을 했다. 그녀는 자기 가족을 생각해서 판사가 아니라 목사 앞에서 결혼을 하자는 조건하에 청혼을 받아들였다.

1960년 9월 24일, 파인만과 궤네스는 결혼식을 올렸다. 서던캘리포니아 대학 신학교 학장인 웨슬리 롭이 예식을 주관했다. 들러리는 미국인 화가 지라이르 "제리" 조르티언Jirayr "Jerry" Zorthian이 맡았다. 이 결혼을 통해 신랑신부는 평생을 함께하게 된다. 궤네스는 파인만이 어떤 사람인지 잘 알았기에, 마음껏 꿈을 추구하도록 자유를 충분히 주었다. 둘은 함께한 즐거운 일도 많았는데, 가령 세계 여러 지역을 여행했고 두 아이를 길렀다. 칼이 1962년에 태어났고 미셸은 1968년에 입양했다.

조르티언은 파인만의 가장 가까운 친구에 속하는 사람인데, 아주 개성이 강했다. 둘은 파티에서 만났다. 파인만이 봉고 리듬으로 파티 참석자들에게 음악을 선사하고 있을 때 조르티언은 화끈한 춤꾼으로 나서기로 마음먹었다. 그는 잠시 실내를 빠져나가더니 돌아올 때는 맨가슴에 면도 크림을 바른 모습이었다. 그런 꼴로 미친 사람처럼 리듬에 맞춰 빙글빙글 돌았다. 그 모습에 파인만은 잔뜩 신이 났다.

파인만은 조르티언의 미술 작품을 좋아해서 그 대가에게서 미술을 배우고 싶었다. 둘은 한 가지 약속을 했는데, 뭐냐면 서로 교대로 미술과 과학을 가르쳐주기로 했다. 조르티언의 지도하에 파인만의 타고난 그림 재능이 만개했다. 화가를 제2의 직업으로 삼아도 될 정도였다. 모델을 스케치하거나 동네 고고 클럽에서 여성 무용수의 초상을 그리거나 지인들의 모습을 그리는 등 연습할 거리가 있으면 뭐든 그렸다. 결국에는 "오피Ofey"라는 가짜 이름으로 자기 그림을 팔기까지 했다.

설명의 귀재

칼텍에서 파인만은 뛰어난 강의로 학생들한테 큰 인기를 끌었다. 휠러의 강의 조교로서 "견습"을 마친 데다, 코넬 대학에서 강의 재능을 갈고닦은 덕분이었다. 파인만은 학생들이 정신을 못 차릴 정도로 좋아하고 열광하는 교수가 되기를 간절히 원했다. 수업에 들어가면 종종 책상을 두드리며 온갖 이야기를 풀어내다가 칠판 앞으로 가서 자연에 관한 심오한 질문을 던졌다가 다시 익살맞은 짓을 하기도 했다.

『로스앤젤레스 타임스』의 보도에 의하면, "파인만 박사의 강의는 정말로 명불허전이다. 유머와 이야기, 서스펜스와 몰입도 면에서 브로드웨이 무대 공연과 맞먹는다. 무엇보다도 듣는 이의 귀에 쏙쏙 들어온다."

파인만은 "물리학 X"라는 수업을 시작했는데, 일 학년 학부생을 대상으로 한 수업이었다. 수업 시간에 파인만이 학생들에게 하는 요청이라고는 "뭐든 물어보라"는 것뿐이었다. 여러 해 동안 계속된 이 강의는 파인만의 혁신적인 강의 방식의 상징이 되었다.

학부생 기숙사인 댑니 하우스의 마당에는 유클리드, 아르키메데스, 아이작 뉴턴 및 레오나르도 다빈치 등 유명한 과학자와 철학자를 표현한 돋을새김 조각상이 있다. 조각상 속에는 가운데의 강연대 뒤에 서 있는 어떤 사람이 있는데, 보통 갈릴레오라고들 여겼다. 하지만 1965년에 학생들은 그 인물에 "파인만"이라고 이름을 붙였다. 이것만 봐도 학생들이 파인만을 얼마나 좋아하고 존경했는지 알 수 있다. 신입생들 가운데 일부는 그것을 "파인만의 신탁소"라고 부르며 물리학을 지켜달라고 묵념을 하기도 했다.

"설명의 귀재"로 인정받은 파인만의 명성은 자연히 1960년대와 1970년대 그리고 이후로도 전 세계적으로 퍼졌다. 1964년에는 대학의 권유로 〈물리법칙의 특성〉이라는 제목의 녹음 강의 시리즈를 맡았다. 미국과 영국에서 방영되는 다수의 텔레비전 과학 프로그램에도 출연했다(가령, 〈발견하는 즐거움〉이 1981년에 방영되었고 〈상상은 즐겁다〉가 1983년에 방영되었다).

파인만이 했던 가장 영향력 있는 강연 중 하나는 〈바닥에는 공간이 많이 남아 있다〉였다. 1959년 12월 29일 칼텍이 주관한 미국물리학협회 회의에서 행한 강연이었다. 강연에서 파인만은 핀 끝에 인쇄된 백과사전에서부터 극소 모터에 이르기까지 소형화의 엄청난 잠재력에 관해 이야기했다. 그런 업적을 달성할 수 있는 사람에게는 1,000달러의 상금도 내걸었다. 이 과제는 금세 달성되었다. 어떻게 된 거냐면, 강연 다음 해에 패서디나의 엔지니어인 윌리엄 매클러랜William MacLellan이 파인만에게 소형 모터 하나를 보냈다. 양측면의 치수가 일 인치의 64분의 1이어서 핀 끝 크기보다 훨씬 작았다. 파인만은 축하의 말과 함께 즉시 수표를 보내주었다.

파인만의 1959년 강연은 종종 나노기술 분야의 원동력으로 여겨진다. 정말로 그는 컴퓨터 및 관련 산업이 엄청나게 치수가 작아질 것이라고 예언하기도 했다. 방 하나 크기의 처리장치가 오늘날에는 주머니 속에 들어가는 스마트폰 크기가 되었다. 그는 컴퓨터와 기술에도 늘 관심을 기울였다. 실제로 그는 전쟁 중에 로스앨러모스에서 가장 믿을만한 컴퓨터 전문가로 이름을 날리기도 했다.

미스터 X의 비밀

1963년 봄 휠러와 파인만은 어떤 회의에 함께 참석했는데, 둘이 오래전에 내팽개쳤던 이론 덕분에 축하를 받았다. 오랫동안 누구도 대단히 진지하게 여기지 않던 휠러-파인만 흡수체 이론이 화제가 되었던 것이다. "모든 것이 장이다"라는 입장을 가진 후로 휠러는 원거리 작용에 주목하지 않았다. 파인만도 자신의 박사학위 논문이 모든 이력의 총합 기법의 모태라고 여기긴 했지만, 다른 측면에서 결함이 있다고 여겨 그동안 관심을 갖지 않았었다. 둘 다 깜짝 놀라게도 1962년에 물리학자 J. E. 호가스Hogarth가 발표한 논문이 둘의 아이디어를 되살려냈다. 호가스는 그 아이디어를 우주론에 적용하여 앞으로 향하는 시간의 화살을 설명하고자 했다.

호가스는 시간상 앞으로 향하는 신호와 뒤로 향하는 신호의 동등한 혼합이 복사 감쇄 효과(대전 입자가 공간 속을 이동할 때 가속도가 감소하는 현상)를 발생시킨다는 휠러와 파인만의 계산 결과를 다시 이용했다. 하지만 호가스는 원래 아이디어인 정적인 우주 대신에 정적인 상태Steady State의 변형판인 팽창 우주론에 그 계산 결과를 적용했다. 팽창하고 있기 때문에 공간이 신호를 흡수하게 된다. 호가스는 "우주론적 화살"(우주의 팽창)의 방향이 복사 감쇄가 올바른 수학적 부호를 갖게 되는 방향과 일치함을 밝혀냈다. 이게 무슨 의미냐면, 팽창의 정적인 상태 유형은 올바른 유형의 입자 역학을 내놓기 때문에 올바른 우주론 모형을 구성한다는 뜻이다.

휠러-파인만 흡수체 이론에 관한 호가스의 견해는 "시간의 본질" 회의의 중심 주제가 되었다. 정상상태 우주론자인 헤르만 본디Hermann Bondi와 토마스 골드Thomas Gold가 코넬 대학에서 주최한 회의에서였다. 동료 정상상태 우주론자인 프레드 호일도 참석했으며, 그의 총명한 대학원생 제자 자얀트 나리카Jayant Narlikar도 함께 있었다. 호가스의 발표 직후 그들이 강연을 했는데,

그 내용은 시간의 화살과 흡수체 이론을 더욱 구체적으로 정상상태 모형과 관련시켰다. 다른 저명한 참석자들로는 천체물리학자 데니스 시아머Dennis Sciama(당시 정상상태 이론을 지지했지만 나중에 입장을 바꾸게 됨), 수학자 로저 펜로즈, 철학자 아돌프 그륀바움Adolf Grünbaum, 찰스 마이스너, 필립 모리슨Philip Morrison, 레온 로젠펠트 등을 포함해 아주 많았다.

파인만은 회의 프로그램에 냉소적이었다. 자신이 지지하지 않았던 가설을 편들지 않을까 우려했기 때문이다. 가령, 그는 시간의 열역학적 화살(점점 더 무질서해지는 에너지)이 우선적이며 그것이 꼭 우주론과 관련될 필요는 없다고 여겼다. 파인만이 보기에 우주론 모형의 선택은 시간의 방향에 관한 이론적 주장에 따라 이끌리기보다는 천문학적 증거에 바탕을 두어야 했다. 그러한 우주가 작동하는 방식이 열역학 법칙들과 관련 있다고 볼 아무런 이유가 없었다.

논의 내용이 기록된다는 것을 알고서 파인만은 매우 언짢았다. 그래서 골드와 이야기해서 합의점을 찾았다. 자신이 하는 모든 말은 "미스터 X"라는 익명의 이름으로 기록한다는 내용이었다. 그가 회의에 참석했다는 어떤 증거도 남지 않게 되었다. 독자들은 그가 한 말—회의록에 기록된 내용—을 인용하지 못할 것이다. 말의 출처를 확인할 수가 없기 때문이다.

나리카는 이렇게 회상했다. "파인만 교수님은 아주 명시적으로 그렇게 밝혔습니다. 회의록이 기록되면 마음껏 하고 싶은 말을 할 수 없다고 여겼던 것이죠. 그래서 미스터 X라는 절충안이 나온 겁니다. 독자들은 당연히 참석자의 말이 아니라고 여기고서 X가 누굴까 짐작해 볼 뿐이겠지요."

익명성의 보호를 받게 되자 파인만은 자기 생각을 거침없이 밝혔다. 평소 성격대로 그는 누군가와 의견이 맞지 않으면 발끈했다. 그런 사례가 하나 벌어졌는데, 나리카의 회상을 들어보자.

> 데니스 시아머의 발표 내용이 기억나는데, 그는 파동 방정식의 해를 체적적분 더하기 면적분의 형태로 적었습니다. 어떤 이유에선지 파인만 교수는 그걸 좋아하지 않았지요. 조금 논쟁을 벌인 후 파인만 교수는 면적분을 무한대로 가져가지 않아야 한다며 주의를 당부했어요. 파인만 교수는 아마도 무한대로 극한 취하기는 잘 정의할 수 없는 개념이라고 여긴 듯했습니다. 두어 단계 더 논의를 진행한 후 데니스가 문득 이렇게 말했어요. "이제 면적분을 무한대로 보내겠습니다." 그러자 파인만은 의자에서 벌떡 일어나 한 대 칠 듯이 으르렁거렸다. 필립 모리슨과 토미 골드가 말리지 않았다면 큰일 날 뻔했지 뭡니까!

파인만의 이름 "미스터 X"는 아는 사람만 아는 일종의 농담 같았다. 그 이름은 인류 역사상 가장 어려운 문제를 푸는 비밀스러운 능력을 지녔으면서도 서민 취향을 지닌 보통사람이라는 자신의 평판을 유지하고 싶은 파인만의 소망과 일치했다. 그는 자신의 겉모습이나 지위에 남들이 감탄하든 말든 신경 쓰지 않았다. 그런 것들은 피상적이고 무의미했다. 대신에 유머로 사람들을 웃기고 엉뚱한 모습으로 사람들을 즐겁게 해주고 뛰어난 업적으로 사람들을 놀라게 만들고 싶었다.

그의 "물리학 X" 강의란 명칭도 "뛰어난 보통사람"—가령, 언제든 놀라운 능력자로 변신할 준비가 되어 있는 영화 〈슈퍼맨〉의 주인공 클라크 켄트 같은 인물—이 되고자 하는 소망에서 나온 것이다.

태초에 있었던 양자 요동

휠러가 "시간의 본질" 회의에서 발표한 논문 「시간에 관한 정보의 운반자로서의 삼차원 기하학」은 우주가 혼돈의 상태에서 시작되었다는 그의 일관된 믿음을 반영하고 있었다. 혼돈의 상태란 에너지 장과 기하구조의 바다에서 일어나는 양자 요동의 거품을 가리킨다. 그 거품 안에서 시간은 정의되지 않는다. 과거와 현재와 미래라는 구별도 존재하지 않는다.

초기에 그렇게 무작위적이었는데도, 수십억 년 후에 지구상에 생물체가 출현하려면 일정량의 질서정연한 에너지가 있어야 했다. 물리학자들이 "낮은 엔트로피"라고 부르는 상태가 필요했던 것이다. 엔트로피는 무질서의 정도를 나타내는 척도이므로 낮은 엔트로피는 높은 수준의 질서에 해당한다. 그런 상태가 존재해야 시간이라는 기계가 시동이 걸릴 것이고, 그러고 나면 시간은 엔트로피 증가의 방향으로 나아가게 된다. 그렇다면 그런 낮은 엔트로피 상태는 어떻게 생길 수 있었을까? 휠러는 궁금했다.

그가 보기에 우주는 방대한 양자 요동으로 시작되었는데, 이 요동으로 인해 우주는 완전한 혼돈에서 벗어나 매우 낮은 엔트로피 상태로 변했다. 결국 수십억 년 동안 이 질서정연한 에너지의 저장고가 생명의 진화와 의식적 관찰자의 존재를 가능하게 했다. 그러한 지적인 생명체는 우주를 관찰하여 초기 상태가 어떠해야만 했는지를 알아낼 수 있었다. 따라서 "인류 원리"에 의하면 우리 인류의 존재로 말미암아, 원시 우주의 상태가 매우 희귀한 유형의 요동이 있었다는 사실이 보장된다고 한다.

휠러의 거창한 저엔트로피 요동 개념을 반박하면서 "미스터 X"는 있을 법하지 않은 일을 아무 증거도 없이 짐작하는 것은 비과학적이라고 지적했다. 그런 도저히 가능할 법하지 않은 시나리오를 고려하는 대신에 파인만은 다른 설명을 내놓았다. 우주가 시간의 흐름에 따라 진화하게 되면, 더 많은 과거가 알려지게 된다. 그렇게 증가하는 지식은 낮은 엔트로피에 해당하는 질서의 척도를 나타낸다. 이와 달리, 미래는 알려져 있지 않다. 미래는 비교적 조직화되어 있지 않기에 엔트로피가 높다. 낮은 엔트로피의 과거(방대한 지식)와 높은 엔트로피의 미래(미지의 사건들) 사이의 차이가 시간의 화살을 발생시킨다.

시간의 화살에 관한 파인만의 추상적인 고찰은 그다지 않았다. 일반적으로 파인만은 추상적인 사색에 관여하길 좋아하지 않았으며, 그런 일은 휠러 같은 사람들에게나 맡겼다. 하지만 회의의 성격상 그리고 익명 뒤에 숨은 터라 그렇게 하기가 편했을 것이다.

휠러는 자신의 우주론 모형을 계속 밀고 나갔다. 시간에 따른 우주의 진화를 이해하기 위해 그는 사차원 시공간을 삼차원 조각들로 잘라냈다. 마치 빵 한 덩어리를 여러 조각으로 자르듯이 말이다. 각각의 조각이 이웃 조각과 연결되는 방식이 시간에 관한 정의를 내놓을 것이라고 그는 지적했다. 일반상대성이론의 이러한 재구성—고정된 이론을 역동적인 이론으로 바꾸기—은 1962년에 발표된 아노윗, 데세르 및 마이스너ADM 형식론에 크게 의지하고 있었다.

일반상대성이론의 시공간을 삼차원 공간으로 조각내고서, 휠러는 결정론적 변수들을 확률론적 값들로 바꿈으로써 양자론을 적용하고 싶었다. 그의 목표는 단일한 고전적인 진화가 여러 가능성들로부터 선택된 하나의 풍경임을 밝히는 것이었다. 파인만이 전기역학에 훌륭하게 적용했던 최소 작용 기법을 빌려와서, 기이하게 뒤섞인 양자 기하구조들로부터 고전적인 경로를 뽑아내길 바랐다. 벅찬 과제가 아닐 수 없었다. 다시 한번 그는 고전적인 모형의 양자화를 시도하고 나서 다른 이들에게 도움을 취하는 방식의 개발 패턴을 반복한다. 그래서 브라이스 드윗을 포함해 친구들에게 조언을 구하기 시작한다. 둘은 공항에서 잠시 만나서 유명한 휠러-드윗 방정식을 내놓게 된다. 그 방정식은 양자중력에 모든 이력의 총합 기법을 적용하려는 시도였다. 드윗은 이렇게 회상했다.

1964년 어느 날 휠러 교수한테서 전화를 받았는데, 롤리 더햄 공항에 잠깐 체류 중인데 다음 비행기로 갈아탈 때까지 두 시간이 빈다고 했습니다. 제가 거기 가서 물리학을 논하게 되었을까요? 휠러 교수는 아무나 붙잡고서 '양자중력에 대한 정의역 공간이 뭔가요?' 같은 질문을 던진다는 걸 저는 알고 있었지요. 아마 휠러 교수는 마침내 그것이 삼차원 기하학 공간이라는 생각이 떠올랐던 것 같습니다. 내가 정말로 관심을 기울이는 분야는 아니었지만, 흥미로운 문제이긴 했지요. 그래서 공항에 가서 방정식을 적었죠. 거기에 종이가 한 장 있기에 적었을 뿐이에요. 휠러 교수는 방정식을 보자 흥분을 감추지 못하더군요.

드윗은 자신이 기술하는 파동함수를 측정할 외부 관찰자가 존재하지 않음을 알았다. 따라서 에버렛 해석만이 그 문제를 일관성 있게 다룰 유일한 방법이라고 주장했다.

휠러는 자신의 "삼차원 기하학" 강연 후에 가진 논의에서 그런 우려를 이미 예상했었다. "우주는 우리가 밖에서 관찰할 수 있는 계가 아니다. 관찰자도 자신이 관찰하는 것의 일부이기 때문이다"라고 그는 언급했다. 이어서, "에버렛의 이른바 양자역학의 '상대론적 상태 형식론'이 그런 상황을 기술하는 단 하나의 일관된 방식을 제공한다."

휠러 없는 휠러

호일과 나리카는 둘 다 휠러를 매우 존경했다. 그래서 자신들의 관점이 지닌 이점을 알아봐주길 바랐다. 하지만 휠러가 원거리 작용을 포기하고 장 접근법을 채택했으며 우주가 시간에 따라 의미심장하게 변한다는 개념—정상상태 모형보다는 빅뱅 이론—을 지지한다는 사실을 그들도 잘 알고 있었다. 거대한 태초의 요동이라는 휠러의 개념은 우주가 본질적으로 언제나 일정하다고 믿는 사람들에게 얼토당토않은 소리였다. 나리카는 이렇게 말했다. "휠러 교수는 처음에는 장 이론에 반대하더니 그 이론으로 개종했고 열렬한 신봉자가 되었습니다. 그래서 우리의 연구를 존중하긴 했지만, 그는 계속 장 이론을 지지했지요. 그 후로 나는 휠러-파인만 이론을 '휠러 없는 휠러'라고 불렀습니다."

천지창조 그리고 우주의 초기 상태라는 개념이 새롭게 조명받게 된 계기는 이 회의로부터 약 일 년 후에 찾아왔다. 천문학자 아노 펜지어스Arno Penzias와 로버트 윌슨Robert Wilson(파인만의 동료 과학자가 아니라 동명이인의 다른 과학자)이 우연히 우주배경복사Cosmic Microwave Background. CMB를 발견했기 때문이다. 이 복사는 뜨거운 빅뱅이 식으면서 남은 잔해이다. 둘은 뉴저지 주 홀름델에 있는 벨 연구소에서 혼horn 안테나를 이용해 먼 은하에서 오는 전파를 찾다가 어떤 잡음 신호가 끊임없이 생긴다는 사실을 알아차렸다. 주변 잡음원을 제거해도 계속 그 신호가 잡히자 둘은 안테나에 떨어진 비둘기 똥 때문이라고 여겼다. 하지만 안테나를 깨끗이 청소해도 똑같은 잡음이 잡혔다. 그래서 프린스턴으로 가서 천체물리학자 로버트 "밥" 디키Robert "Bob" Dicke에게 조언을 구했다.

마침 디키도 빅뱅에서 생긴 배경복사 잔해를 찾고 있던 중이었다. 그가 예측하기로, 수십억 년 동안의 우주 팽창으로 인해 냉각되었기에 그 복사는 절대 영도보다 겨우 몇 도 높은 온도일 것이었다. 그랬기에 펜지어스와 윌슨이 자신의 예측과 일치하는 신호 데이터를 보내왔을 때 디키는 깜짝 놀랐다. 게다가 조지 가모프의 연구팀이 이미 1940년대 후반에 비슷한 계산을 수행했다는 사실을 알고서 더더욱 놀랐다.

CMB 발견은 빅뱅 가설을 인정하는 분수령이 되었다. 그 데이터와 분석 결과가 알려지기 전까지 과학계는 정상상태 우주론이 현실적인 가능성이라고 보았다. 서로 경쟁하는 두 개념을 다루는 언론 보도도 꽤 균형을 맞추었다. 가령, 『뉴욕 타임스』는 호일과 나리카가 제안한 내용을 설명하면서 "과학자가 아인슈타인 이론을 수정하다"라는 헤드라인을 달았다. 기사에는 이런 내용이 나온다. "새 이론은 전자와 같은 대전 입자가 전기장을 발생시킨다는 개념에서 벗어나려는 두 미국인의 수학적 추론에 바탕을 두고 있다. 두 미국인은 현재 캘리포니아공과대학 교수인 리처드 P. 파인만 박사와 프린스턴 대학 교수인 존 A. 휠러 박사이다." 하지만 기사는 휠러를 언급하면서 이런 내용을 지적했다. 휠러-파인만 흡수체 이론은 입자의 양자 행동에 적용하려고 시도하면 통하지 않는다고 말이다. 그래서 휠러와 파인만이 그 이론을 연구하기 시작한 지 거의 사반세기가 지났는데 휠러는 더 이상 지지하지 않는 것이라고. 정말이지 "휠러 없는 휠러" 이론이 아닐 수 없다. 아니 더 구체적으로 말하면 실재의 본질에 관한 휠러의 진화하는 사고들 가운데 초창기 개념이다.

CMB라는 증거가 발표된 직후, 주류 우주론 학계는 거의 완전히 빅뱅 진영으로 자리를 옮겼다. 빅뱅은 단지 강력한 경쟁자라기보다는 주류 이론의 반열에 올라섰다. 일부 정상우주론자들도 마침내 우주공간에 흩어진 작은 "뱅"들을 도입한 대안을 개발했다. 그런 뱅들이 빅뱅에 의한 것과 비슷한 배경복사를 내놓는다는 발상이었다. 핵심적인 차이는, 단 한 순간에 일어난 고유한 천지창조 대신에 "유사정상상태 우주론"이라고 명명된 이 수정된 접근법은 무수한 창조 사건들이 우주 곳곳에서 벌어져 시간의 앞과 뒤로 무한정 펴져나갔다는 것이다. 오늘날 나리카는 이 소수 이론의 지도자로 남아 있다.

우주에서 가장 외로운 곳

마이스너가 "시간의 본질" 회의에서 한 강연 "일반상대성이론에서의 무한한 적색편이"는 약간 유머러스한 다음 문장으로 시작했다. "사람들이 어떻게 서로 멀어지는지 말씀드리고 싶습니다." 그는 "지평선"이라고 알려진 접촉의 한계를 언급하면서 설명을 이어나갔다. "서로 대화가 가능한 두 관찰자가 각자 반대 방향으로 나아가면 마침내 둘 사이에 통신이 불가능해집니다… 이 상황이 바로 지속적인 항성 붕괴의 오펜하이머-스나이더 문제에서 벌어집니다."

"지속적인 항성 붕괴의 오펜하이머-스나이더 문제"라는 말은 꽤 길고 복잡하다. 오늘날에는 그런 상황을 "블랙홀"이라고 한다. 하지만 마이스너는 아직 못 들어본 용어다.

그 표현이 일반적으로 쓰이게 된 사연이 흥미롭다. 과학 저술가 마샤 바투시액Marcia Bartusiak의 설명에 의하면, 1960년대 초반쯤 디키가 중력 붕괴하는 물체를 "캘커타의 블랙홀Black Hole of Calcutta"이라고 부르기 시작했다고 한다. 그곳은 18세기 인도의 감옥이었는데, 죄수들이 우글거리기로 악명 높았다. 천문학자 추홍이Hong-Yee Chiu가 디키의 비유를 듣고서 그 용어를 1964년 1월에 클리블랜드에서 열린 "미국과학진흥협회American Association for the Advancement of Science"의 회의에서 사용했을지 모른다(이 회의에는 마이스너도 참석했다). 그 사건을 다룬 여러 잡지에서도 블랙홀이란 용어를 사용했다.

하지만 그 용어가 날아오르게 된 때는 1967년이었다. 그해에 휠러가 한 강연에서 청중으로부터 그 표현을 듣고서 자신이 이전부터 "중력적으로 완전히 붕괴된 물체"라고 부른 것을 간명하게 잘 담아낸다고 여겨 적극적으로 밀기 시작했다. 그 이후로 휠러는 그 용어의 창시자로 알려졌다. 하지만 스스로도 밝혔듯이 그는 다만 적극적 지지자였을 뿐이다. 오늘날 "블랙홀"이라는 표현은 아주 무거운 별이 일생을 마치면서 파국적으로 붕괴된 비밀스러운 잔해를 가리키는 유일한 용어가 되었다.

로버트 오펜하이머와 하트랜드 스나이더의 논문을 일찍이 읽고 나서 휠러는 처음부터 그 개념이 모조리 의심스러웠다. 휠러가 알기로 그 개념은 무엇보다도 카를 슈바르츠실트 모형에 바탕을 둔 것이다. 그 모형은 알베르트 아인슈타인의 일반상대성이론 방정식의 가장 단순한 해이다. 하지만 이 모형을 적용하는 데는 여러 가지 문제가 있다. 첫째, 오늘날 "사건 지평선"이라고 불리는 임계점은 공간과 시간이 부호를 교환함으로써(공간의 경우 양에서 음으로 시간의 경우 그 반대로) "장소를 바꾸는" 지점을 알려준다. 어떻게 물체가 그런 기이한 경계 지점을 통과할 수 있을까? 게다가 거대한 별의 역학은 매우 복잡할 텐데, 어떻게 별의 가운데 부분이 오직 질량과 반지름으로만 정의되는 단순한 슈바르츠실트의 해로 정해지는 조밀한 지점으로 붕괴한단 말인가?

휠러가 프로젝트 마테호른에서 알게 된 마틴 크러스컬Martin Kruskal이라는 수학자가 있다. 그는 슈바르츠실트 해를 새로운 좌표 집합 내에서 재구성하여 블랙홀의 사건 지평선을 해명하는 데 일조했다. 수정된 좌표계에서는 사건 지평선이 결코 장애물이 아니다. 오히려 무엇이든 통과할(적어도 안쪽으로) 수 있는 막이다. 크러스컬은 이 내용을 은밀히 휠러에게 알려주었다. 휠러는 대단히 기뻐하며 그 내용을 논문으로 써서 크러스컬의 이름으로 『피지컬 리뷰』에 제출했다. 사전에 크러스컬에 알리지 않고서 말이다. 크러스컬은 논문 교정쇄를 받고서는 처음에는 깜짝 놀랐지만, 결국에는 자기 이름으로 논문 게재를 허락했다.

마이스너와 물리학자 데이비드 핀클스타인David Finklestein 및 마이스너와 함께 연구하는 제자 데이비드 베케도프David Beckedorff의 후속 연구에 의하면 사건 지평선은 한 방향의 문이다. 즉 뭐든지 들어갈 수는 있지만 아무것도 나올 수 없다. 빛조차도 빠져나올 수 없다. 그 발견이 마이스너의 "무한한 적색편이" 강연의 기본 내용이었는데, "블랙홀"이라는 용어는 그런 속성을 잘 드러내 준다.

휠러는 이 결과를 스스로 확인했으며, 무거운 별의 붕괴에 관한 계산 모형에 연구를 집중했다. 그런 모형은 무거운 별의 최종 상태는 블랙홀임을 드러내주는 듯했다. 그는 또한 1963년에 로이 커Roy Kerr가 도출한 블랙홀 해도 참고했는데, 여기서는 질량과 더불어 회전도 고려했다. 아울러 몇 년 후 에즈라 "테드" 뉴먼Ezra "Ted" Newman이 질량, 전하 및 회전이라는 세 가지 파라미터를 포함시킨 블랙홀에 관한 완전한 모형도 참고했다. 게다가 무시무시한 중력 붕괴의 최종 결과는 어떤 경우에 시공간 특이점—밀도가 무한대가 되는 지점—이 됨을 증명한 펜로즈의 1965년 연구 결과에도 주목했다. 이 모든 증거들을 저울질하여 휠러는 블랙홀 회의론자에서 블랙홀 신봉자로 바뀌었다.

K 중간자와 씨름하다

"시간의 본질" 회의는 입자 규모에서의 시간의 가역성과 인간 및 우주 규모에서의 시간의 비가역성이라는 극명한 차이를 드러내 주었다. 그런 양 극단적 성질에 착안해 호가스는 시간의 앞방향으로 가는 신호와 뒷방향으로 가는 신호의 균형을 역설한 휠러-파인만 흡수체 이론을 되살려내어, 그 이론이 어떻게 우주론적 시간의 화살을 내놓을 수 있는지 보여주었다. 어떤 입자 과정 동안에는 반전 대칭이 깨진다는 건 알고 있었지만, 회의 참석자들은 *CP*(전하-반전) 및 *CPT*(전하-반전-시간) 대칭의 명백한 불변성 덕분에 안심했다. 그런 불변량을 합쳐 놓고 보면 *T*(시간 역전) 또한 성립함이 틀림없었다.

신성불가침할 듯 보이는 개념도 입자물리학의 세계에서는 금세 뒤집어질 수 있다. 어떤 약한 과정에서 *CP*가 깨짐을 밝혀낸 크로닌과 피치의 1964년 실험이 느닷없이 물리학계를 뒤흔들었다. 그 실험은 아주 극미한 수준에서조차도 시간의 어떤 길은 일방향 화살임을 보여주었다.

둘의 실험은 전기적으로 중성인 케이온(K 중간자)이 어떻게 붕괴되는지를 기록하는 일이었다. 대다수의 상황에서 그 입자는 붕괴되어 세 개의 파이온(파이 중간자)이 되었지만, 단 두 개의 파이온으로 붕괴되는 아주 드문 경우도 있었다. 발생 확률은 천 분의 일 정도이지만, 이전에는 불가능한 줄 알았던 붕괴 과정이 실제로 발생했다. 만약 *CP* 불변이 엄격하게 지켜진다면 그런 차이는 불가능했을 것이다. 왜냐하면 두 개의 파이온으로 붕괴되는 과정은 전하가 서로 바뀔 때는 동일하지만 거울에 반전될 때는 그렇지 않기 때문이다. *CP* 불변이 의미하는 바는, 만약 대칭들 중 하나, 즉 *C*나 *P*가 깨지면 둘의 조합을 보존하기 위해 두 대칭 모두 깨져야 한다는 것이다. 한편 아무리 경미하더라도 *CP*가 깨진다는 것은 시간 역전 대칭이 더 이상 절대적이지 않다는 뜻이다.

긍정적인 면을 보자면, 깨진 대칭성은 다른 불균형을 설명해줄지 모른다. 가령, 현재 우주는 반물질보다 물질이 엄청나게 더 많다. 우리가 관찰하는 모든 별과 은하는 거의 전적으로 보통의 물질로 이루어져 있다. 자연에서 반물질은 아주 드물며, 지구로 쏟아져 들어오는 우주복사의 극미량을 차지할 뿐이다. 왜 이처럼 엄청난 차이가 나는 것일까? 많은 과학자들 생각으로는, 초기 우주의 *CP* 깨짐이 대다수의 반물질이 사라지게 된 으뜸가는 원인이다.

빅뱅의 뜨거운 불가마 속에서 물질과 반물질은 동일한 양만큼 생성되었음이 틀림없다. 그때 우주는 매우 뜨겁고 밀도가 높았으므로 입자와 반입자는 계속 서로 상쇄되면서 광자 및 다른 질량 없는 매개 입자들을 생성했다.

다시 이 입자들은 동일한 양만큼의 입자-반입자 쌍으로 변환되었다. 하지만 차츰 우주가 식어가자 전기약작용electroweak interaction이 대칭 붕괴를 겪게 되면서 약한 상호작용에 관여하는 매개 입자들(W^+, W^- 및 Z^0)이 질량을 갖게 되었고, 전자기 상호작용을 매개하는 광자는 질량이 없는 채로 계속 남았다. 약한 상호작용의 매개 입자들이 무거워졌다는 것은 힘이 미치는 범위가 짧아졌다는 뜻이다. 게다가 그 입자들이 *CP*(전하-반전) 대칭을 늘 따르는 것은 아니었기에 자연은 조금씩 균형이 무너지기 시작했다. *CP* 깨짐이 영겁의 세월 동안 자꾸 커지면서 물질이 반물질보다 훨씬 많아지게 되었고, 이로 인해 오늘날에 보는 정도로 엄청난 차이가 생겨났다.

마뜩잖은 노벨상 수상자

펜지어스와 윌슨의 CMB 검출과 같은 중요한 관찰 증거 그리고 전기적으로 중성인 케이 중간자의 붕괴에서 크로닌과 피치가 발견한 *CP* 깨짐의 발견은 스톡홀름에 있는 노벨상 선정위원회의 주목을 받았다. 새로운 방법과 통찰이라도 이론적인 것은 그처럼 확실한 관심 대상이 아닐 때가 종종 있다. 양자전기역학의 경우에도 1955년에 윌리스 램과 폴리카프 쿠시Polykarp Kusch가 노벨상을 공동수상한 까닭은 그 분야를 출범시킨 실험 증거 때문이다. 즉, 램 이동과 전자의 특이한 자기 모멘트의 발견 때문이었다.

십 년 후, 파인만 다이어그램과 모든 이력의 총합 기법 등의 다른 기법들이 입자물리학에 얼마나 소중한지 그리고 줄리언 슈윙거와 도모나가 신이치로의 재규격화 방법이 얼마나 의미심장한지 아울러 그 세 가지 접근법을 하나로 통합한 프리먼 다이슨의 연구가 얼마나 중요한지가 명백해졌다. 매년 노벨상 선정위원회는 세 명의 개인이나 단체까지 상을 줄 수 있었다. 그래서 안타깝게도 다이슨은 다른 이들과 함께 포함될 수 없었다. 그래서 1965년 노벨물리학상은 도모나가와 슈윙거 그리고 파인만한테만 돌아갔다. "양자전기역학의 근본적인 연구 업적을 통해서 기본 입자의 물리학 분야에 의미심장한 결과를 내놓았다"는 것이 수상 이유였다.

파인만은 언젠가는 노벨상을 타리라는 예감을 조금은 하고 있었다. 그렇기는 해도 한밤중에 여기저기서 기자들이 전화를 걸어와서 축하와 함께 수상소감을 묻자, 성가시고 화가 났다. 즐거워서 한 연구였지 인정을 받자고 한 게 아니었다.

그때까지만 해도 파인만은 누구한테서도 방해받지 않고 행복하고 균형 잡힌 삶을 살고 있었다. 봉고 연주와 그림 그리기 등 다방면의 취미 활동을 즐기면서 말이다. 그림 그리기는 제리 조르티언에게 사사를 받으면서 종종 모델, 대체로 다양한 자세로 캔버스 앞에 기꺼이 나서줄 여성 모델을 찾았다. 궤네스는 남편을 믿었기에 하등 시샘할 이유가 없었다.

파인만의 모델 중에는 명석한 젊은 천체물리학 대학원생도 한 명 있었다. 버지니아 트림블Virginia Trimble이란 여성으로서, 십 대 때 그녀는 지성과 미모를 겸비했다며 『라이프』지 1962년 10월 호에 소개되기도 했다. 칼텍에 입학한 초기의 몇 안 되는 여성이기도 했으며, 파인만이 그녀에게 일자리로 모델 일을 제안했을 때는 천체물리학자 귀도 뮌시Guido Münch 밑에서 별과 성운의 속성을 연구하고 있었다. 트림블의 회상을 들어보자.

> 어느 날 제가 칼텍 교정을 걷고 있는데, 파인만 교수님이 저를 알아보았어요. 교수님은 (오래된 천문학 건물인 로빈슨 관 근처에서) 귀도 뮌시 교수님을 만난 자리에서 이런 말을 했어요. "사냥을 하고 있습니다. 사냥감이 누군진 아시겠죠." 그래서 여러 달 동안 보통 대략 한 주 건너 화요일마다 저는 파인만 교수님 댁에 가서 두 시간 동안 모델 일로 시

간당 5.5달러를 받았고(당시로는 많은 액수였죠!) 물리학 이야기도 잔뜩 들었어요. 사모님께선 오렌지 주스와 과자를 쉬는 시간에 내어주시곤 했고요.

트림블은 나중에 어빈에 있는 캘리포니아 대학의 훌륭한 천체물리학자가 되었고, 메릴랜드 대학의 교수인(그리고 휠러의 제자였던) 조 웨버Joe Weber와 결혼했다. 한참 세월이 지나서 부부는 칼텍의 파인만 그림 전시관에 갔는데, 거기에 그녀를 스케치한 그림이 걸려 있었다.

트림블은 이렇게 회상했다. "그이는 나체 상반신의 등 모습을 그린 스케치를 뚱하게 쳐다보더니, '저 등 어디서 본 적 있어'라고 말했답니다."

트림블은 노벨상 발표로 인해 그다음 날 발생한 후폭풍 때문에 그날 밤 파인만의 스케치 일정이 연기된 사정을 이렇게 전했다.

교수님이 아침 여덟 시쯤 제 연구실에 와서는 그날 저녁의 그림 그리기를 취소한다고 하셨어요. 다행히 저도 이미 알고 있었죠. 어머니가 라디오를 듣고서 아침 여섯 시쯤 알려주셨거든요. 우리 집 식구는 전부 아침형 인간이었어요. 교수님은 아침형 인간이 아니었지만, 그날 아침에는 일찍부터 정장 차림에 넥타이도 매고 학교에 오셨어요. 대학원생들이 특별 강연을 해달라고 하자, 교수님이 고른 주제는 휠러 교수님과 함께한 박사학위 논문의 일부 내용인 흡수체 이론이었답니다.

곧이어 파인만은 수상식에 필요한 준비 사항을 알고서 어안이 벙벙했다. 스웨덴 한림원 측에서 보낸 질의서에는 동반할 손님 목록 및 다른 준비 사항들이 빼곡했다. 과학 강연은 그렇다 쳐도, 스웨덴 국왕 알현을 요구하는 건 파인만의 취향으로선 너무 거만해 보였다. 슬슬 일이 꼬일까 걱정이 밀려왔다. 프린스턴 시절에도 공식적인 다과회 자리에서 실수를 저지른 적이 있으니 말이다. 파인만이 보기에, 수상식은 하긴 해야겠지만 너무 번거로운 것 같았다. 그래서 수상을 거부하고 싶은 마음도 들기 시작했다.

물론 실제로 그럴 수는 없었다. 그는 아내와 함께 스톡홀름으로 날아갔다. 수상식에 입으려고 그는 특별히 마련한 턱시도를 아내는 아름다운 드레스를 입었다. 과학 강연을 할 때는 휠러의 업적을 결코 빼먹지 않았다. 가장 좋아한 순서는 무도회였는데, 파인만 부부는 마음을 풀고 한껏 즐겼다.

수상식이 끝나고 파인만은 제네바로 날아갔다. CERN(유럽입자물리연구소)의 소장으로 있던 빅터 바이스코프가 강연을 해달라고 초대를 했기 때문이다. 노벨상 수상자답게 정장에다 넥타이를 맨 차림으로 강연을 하기로 마음먹었다. 하지만 공식적인 옷차림을 하고서 무대에 올라 자초지종을 설명했더니, 청중들이 "노, 노, 노!"를 연발하기 시작했다. 대중의 요청에 화답하여 바이스코프가 파인만에게 다가가 정장 외투를 벗겼다. 그러자 파인만도 넥타이를 풀고 셔츠 소매 차림으로 돌아갔다. 평소 옷차림 그대로였다. 허식을 벗겨주었다며 그는 바이스코프에게 감사를 표했다.

노벨상 수상자가 된 것은 파인만에게 어떤 면에서 골칫거리였다. 강연 요청이 쇄도했지만 대다수 요청을 거절했다. 몇 가지 예외는 교육 관련 강연이었다. 가령 중고등학교에서 강연하거나 일반 대중에게 물리학의 즐거움에 관해 강연—그중 일부는 텔레비전으로 방영되었는데, BBC 등 일부 방송사의 인기 프로그램이 되었다—할 때였다.

명예 학위를 주겠다는 제안도 많이 받았지만 파인만은 늘 거절했다. 프린스턴에서 박사학위를 얻으려고 무척 고생한 것을 기억하고서, 노력 없이 쉽게 얻어서 학위의 의미를 퇴색시키고 싶지 않았다.

누구는 쿼크라 하고 누구는 파톤이라 하고

마지못해 받았지만 자격은 충분한 노벨상 수상자 파인만은 칼텍에 다시 돌아왔다. 이제 파인만은 뭔가 다른 것을 시도할 준비가 되어 있었다. 자연의 네 가지 힘 중에서 그는 이미 전자기력과 약한 상호작용의 양자 이론에 이바지했으며 중력의 신비를 파헤치려는 야심 찬 시도를 했었다. 그다음 목표는 강한 핵 상호작용, 즉 원자핵 내에서 양성자들과 중성자들을 함께 묶어두기 위해 정전기 반발력을 상쇄시키는 힘이었다. 그 힘을 이해하려고 유카와 히데키 시절 이후로 많은 노력이 있었는데, 덕분에 그 힘에 반응하는 많은 입자들이 발견되었다. 그 힘에 반응하는 입자들을 가리켜 "하드론hadron"(그리스어로 "튼튼한"이라는 뜻)이라고 하며, 그렇지 않은 입자들을 가리켜 "렙톤lepton"(그리스어로 "연약한"이라는 뜻)이라고 한다.* 하드론은 스핀 속성에 따라 다시 바리온baryon(양성자와 중성자처럼 스핀이 반정수인 입자)과 메손meson(파이 중간자와 케이 중간자처럼 스핀이 정수인 입자)으로 분류된다. 렙톤의 예로는 중성미자, 전자 및 뮤온 등이 있는데, 다들 강력에 아무런 반응도 하지 않는다.

강력에 관한 연구 진행 과정을 파인만은 자신이 소속된 물리학과 안에서 살펴볼 수 있었다. 바로 겔만이 그 분야의 선두주자였기 때문이다. 겔만은 두 가지 개념, 즉 팔정도八正道, Eightfold Way와 쿼크 개념으로 명성을 얻었다. 겔만이 제시한 팔정도는 불교의 깨달음에 이르는 여덟 가지 단계에서 이름을 따온 것이다. 이는 하드론들이 전하 및 (어떤 붕괴에서 발견되는, "기묘도strangeness"라는) 보존되는 양자수 등의 여러 파라미터에 따라 구성되는 방식들을 나타낸다. 이러한 입자 분류는 어떤 패턴과 대칭을 드러내 주었다. 어떤 집단에서는 하드론이 여덟 가지—팔정도라는 이름이 나온 이유—이

---

* 하드론은 강입자, 렙톤은 경입자라고 불리기도 한다.—옮긴이

고, 다른 집단에는 하나, 열 또는 스물일곱이었다. 이 방안에는 빠진 것이 하나 있었는데, 이로 인해 새로운 입자 하나를 예측하게 되었다. 1964년 브룩하번 국립연구소의 과학자들은 이 예측되는 입자—"오메가 마이너스 바리온"—를 발견하여 이 방안을 완성시켰다. 덕분에 겔만의 가설이 든든한 지지를 받게 되었다. 대칭을 입자물리학에 적용하여 거둔 쾌거였다.

그해에 겔만은 바리온이 포커의 다섯 가지 카드들처럼 상이한 조합으로 배열된 세 가지 유형의 구성요소들로 이루어져 있음을 증명했다. 이런 구성요소들을 가리켜 "쿼크quark"라고 명명했는데, 난해하기로 소문난 제임스 조이스의 의식의 흐름 소설인 『피네간의 경야Finnegan's Wake』에서 나온 말이다. 이 소설에는 "머스터 마크를 위한 세 쿼크들"이란 구절이 나온다. 겔만은 "쿼크"의 k를 "쿼트"처럼 발음하길 좋아했으며, 바리온은 세 가지 쿼크를 갖는다고 주장했다. 특이한 점은 각각의 쿼크는 양성자 전하의 2/3 또는 −1/3이라는 분수 전하를 갖는다는 것이다. 반쿼크antiquark는 대응하는 쿼크와 반대 전하를 갖는다. 그런 분수 전하는 자연에서 발견된 적이 없었다. 하지만 만약 쿼크가 언제나 다른 쿼크들과 묶여 구속되어 있다면, 분수 전하에 대한 증거가 없다는 것이 그리 대단한 문제는 아니었다. 그 무렵 별도로 물리학자 조지 츠바이크George Zweig도 비슷한 방안을 제시했지만, 구성요소들을 가리켜 "에이스ace"라고 명명했다.

파인만도 양성자와 중성자가 더 기본적인 구성요소를 갖는다는 발상에 관심이 있었다. 하지만 겔만의 쿼크 모형을 분명 알고 있으면서도 그것과는 거리를 두었다. 일례로, 1967년 10월에 나온 "쿼크를 찾는 두 사람"이란 제목의 『뉴욕 타임스』 기사가 그 두 사람이 해당 분야에서 협력하고 있음을 짐짓 암시했을 때, 파인만은 편집자에게 이런 편지를 보냈다. "기사에 소개된 연구를 많이 하긴 하지만, 저는 과학자들한테 쿼크를 생각해보게 만들 만한 사람이 결코 아닙니다. 쿼크는 겔만이 독자적으로 연구하여 알아낸 위대한 개념입니다."

대칭군을 바탕으로 쿼크를 연구하는 대신에 파인만은 현상학적 길을 추구하여 입자 충돌의 결과들을 분석하기 시작했다. 그런 산란 데이터를 통해 겔만과 거의 동일한 결론에 도달했다. 하드론이 더욱 근본적인 입자들로 이루어져 있다는 결론이었다. 이 입자들이 전자처럼 점입자임이 분명하지만 강력에 반응함을 밝혀냈다. 아마도 칼텍 동료와의 경쟁심 때문에 파인만은 그 구성요소를 "쿼크"보다는 "파톤parton"이라고 부르기로 했다. 파인만의 생각으로 "파톤"이란 이름이 표준 입자적인 느낌을 더 잘 살려냈고 겔만의 "쿼크"는 더 애매모호했다. 파인만은 1969년에 파톤이라는 주제로 논문을 발표했다.

"파톤"이란 용어가 1970년대에 얼마간 쓰이긴 했지만, 더 괴팍한 이름인 "쿼크"가 압도적으로 더 쓰였다. 오늘날 여섯 가지 맛(유형)의 쿼크가 알려져 있다. 업up, 다운down, 스트레인지strange, 참charm, 보텀bottom 및 톱top 쿼크가 그 여섯 가지다. 서로 질량이 상당히 다른데, 업과 다운이 가장 가볍고 가장 흔하다. 우리에게 익숙한 원자핵은 이 두 쿼크로만 이루어져 있다. 다른 쿼크 유형들은 더 기이하며, 고에너지 우주선 및 고에너지 충돌로 인한 입자 잔해에서 발견된다. 자연계에 존재하거나 강력한 가속기에서 생성된 모든 하드론들은 여섯 쿼크 유형과 반쿼크 동무를 함께 지니고 있다. 바리온은 쿼크 삼인조이며 메손은 쿼크와 반쿼크의 이인조이다. 가령, 양성자는 업-업-다운이며, 중성자는 업-다운-다운이며 전기적으로 중성인 케이 중간자는 다운-반스트레인지와 스트레인지-반다운이 합쳐져 있다.

쿼크의 양자장 이론을 개발할 때 이론가들은 양자전기역학과 파인만의 다이어그램 기법을 지침으로 삼았다. 그 과정에서 이론가들은 "글루온gluon"이라는 새로운 매개 입자를 도입했다. 광자가 전자기력을 매개하듯이, 글루온은 강력을 매개한다. 파인만 다이어그램은 글루온을 나선으로 표현한다. 오스카 그린버그(아인슈타인 초청 특강이 있었을 때 휠러의 일반상대성이론 수업을 듣고 있었던 학생)는 강한 상호작용에 대한 전하의 등가물을 표현할 화려한 방법을 생각해냈다.* 바로 색전하color charge였다. 각각의 쿼크는 빨간색, 녹색 또는 푸른색의 색전하를 가질지 모르는데, 바리온은 이 셋을 함께 갖고 있다. 이것은 진짜 색이 아니다. "맛"이라는 용어와 마찬가지로 상징적인 개념이며, 실제 색깔과는 아무런 관계가 없다. 어쨌든 이 개념으로 인해 강한 상호작용의 양자론은 양자색역학Quantum Chromodynamics. QCD으로 불리게 되었다.

양자전기역학을 약한 상호작용에 적용한 전기약작용 이론과 더불어 QCD가 개발되자, 1960년대 후반과 1970년대의 이론가들은 대통합—자연의 네 힘 중 셋을 통합하여, 쿼크, 렙톤, 광자, 글루온 및 약한 상호작용의 매개 입자들을 다 포함시키려는 시도—의 전망으로 한껏 들떠 있었다. 이론가들의 제안에 의하면, 빅뱅의 뜨거운 용광로 속과 같은 엄청난 고온에서는 자연의 세 가지 힘이 크기, 도달 범위 및 다른 속성이 동일했을 것이다. 우주가 조금 식고 나서야 세 가지 힘은 서로 달라지기 시작했다.

마침내 네 번째 힘, 즉 중력도 이 세 힘의 통합 이론 속으로 들어오기를 이론가들은 희망했다. 하지만 중력을 양자화하려고 시도할 때 나타나는 무한대 항들 그리고 중력과 다른 힘들 간의 현저한 불균형 때문에, 일부 과학자들은 중력까지 함께 다루기 전에 먼저 다른 세 힘에 집중하는 편을 선호했

* 강한 상호작용에 대한 전하의 등가물이란, 전자기력에서 전하를 띤 입자들이 광자를 교환하면서 전자기 상호작용을 하듯이, 강력에서 글루온을 교환하며 강한 상호작용을 하는 쿼크의 속성을 말한다. 요약하자면, 전자기력에서 전하의 역할에 대응하는 강력에서의 어떤 속성을 가리킨다.—옮긴이

다. 그렇기는 하지만, 강력과 약력을 대통일 이론에 포함시키려는 시도조차도 완전히 성공하지는 못했다.

흥미롭게도 강한 상호작용과 약한 상호작용 간의 현저한 차이는 *CP* 불변과 관계가 있었다. 전자는 *CP* 불변을 보존하는 반면에 후자는 그걸 깨트렸다. 시간 역전 대칭과의 관련성을 감안할 때, 강한 상호작용 과정은 시간의 앞과 뒤로 진행해도 동일하지만 약한 상호작용 과정은 어떤 경우에 두 진행에 차이가 난다는 것이 이상했다. 특히 두 힘이 높은 에너지에서 서로 비슷하다고 볼 때, 가역적이냐 아니냐를 시간이 스스로 결정할 수 있다는 말인가?

알파와 오메가

크로닌과 피치가 발견한 케이 중간자와 같은 입자들로 인해 극미 규모에서 시간의 기이한 성질이 드러났지만, 우주적 규모의 결과들도 당혹스럽기는 매한가지였다. 펜지어스와 윌슨의 CMB 데이터로 확인한 결과, 검출기를 어느 방향으로 향하게 하든지 간에 우주배경복사의 온도는 놀랍도록 균일했다. 그 우주배경복사는 빅뱅 후 380,000년쯤 지나서 원자가 생성될 때 방출되었다. 열역학 이론에 의하면, 그런 온도는 공간의 영역들이 열 접촉 상태일 때에만, 즉 광자를 교환할 수 있을 만큼 가까워야만 균일할 수 있다. 하지만 당시에 우주는 이미 충분히 커져 있었기에 공간의 상이한 부분들은 멀리 떨어져 있었다. 우주의 상이한 영역들이 그처럼 균일한 온도를 가질 기회가 없었는데, 어째서 그 시기에 나온 복사의 잔해는 믿을 수 없을 만큼 온도가 균일한 것일까? 이 수수께끼를 가리켜 "지평선 문제"라고 한다.

천문학자들은 펜지어스와 윌슨의 데이터가 아주 정확하지는 않음을 알고 있었다. 월등히 뛰어난 측정 장치가 나온다면 CMB의 미세한 변이가 드러날지 모르는데, 이는 별과 은하의 씨앗이 될 조금 더 밀도가 높은 영역이 존재함을 알려준다. 그런 미세한 불규칙성은 중력으로 인한 덩어리짐 때문에 시간이 흐르면서 더 커져서 별과 은하를 생성하게 된다. 나중에 우주배경복사탐사선COBE, 윌킨슨마이크로파비등방성탐사선WMAP 및 플랑크탐사위성과 같은 탐사선이 마침내 그런 예측을 확인하여, CMB에 미세한 변이가 있음이 드러나게 된다.

그렇기는 하지만, 그런 미세한 변이가 큰 규모에서 온도의 균일성이라는 지평선 문제를 해소해주지는 못했다. 휠러는 이 문제를 기하역학의 양자화를 통해 풀고 싶었다. "시간의 본질" 회의에서 그가 지적했듯이 아마도 양자중력의 완전한 이론이 나오면 왜 원시 우주의 엔트로피가 매우 낮았는지 밝혀질 수 있을 것이다. 생각해보자면, 매우 낮은 엔트로피는 균일한 초기 우주에 대응된다. 꽁꽁 언 호수의 낮은 엔트로피(높은 질서 수준)가 스케이트를 탈 만큼 매끄러운 호수 표면의 상태를 반영하는 것과 마찬가지다.

한편 마이스너는 "마이스너 우주"라고 하는 고전적인 설명을 시도했다. 1969년에 나온 그의 모형은 균일하게 팽창하는 대신에 여러 방향으로 진동하는, 아인슈타인 방정식의 비등방적 해에 바탕을 두었다. 마이스너의 그러한 생각은 우주가 특이점(무한대의 밀도 상태)에서 시작되었다는 영국 우주론자 스티븐 호킹의 이론에서 영감을 얻었고, 우주가 그런 특이점에서 혼돈의 상태로 탄생했다는 러시아 물리학자 블라디미르 A. 벨린스키Vladimir A. Belinski, 이사크 M. 칼라트니코프Isaak M. Khalatnikov 및 에프게니 리프시츠Evgeny Lifshitz의 연구 결과를 풍부하게 반영했다. (그 문제를 연구 중이던 휠러가 마이스너한테 러시아인들의 연구 결과를 알려주었다.)

마이스너는 자신의 우주 모형을 "믹스마스터Mixmaster"라고 명명했다. 그 무렵 유행하던 주방 믹서기에서 따온 이름이다. 모형의 혼합적 속성—특정한 우주론 해의 기이한 속성—이 초기 단계에서 우주를 평평하게 만들 만큼 강력했음이 입증되어 왜 우주배경복사의 온도가 매우 균일한지 설명해주기를 그는 바랐다. 아쉽게도 그런 혼합은 별로 강력하지 않았다. 수학적으로 말해, 그 해의 마구 뒤섞기 역학은 그처럼 온도가 균일해지기까지 걸리는 시간대 내에서 효과적으로 섞이지 않았다. 그의 모형은 우리가 오늘날 목격하는 밀크셰이크 같은 매끄러움이 아니라 덩어리진 불균일성을 내놓고 말았다.

만약 우주의 탄생이 수수께끼를 던졌다면, 우주의 죽음에 대한 가능성 또한 수수께끼를 내놓았다. 당시 우주론자들은 우주의 종말에 대해 두 가지 가능성을 심사숙고했다. 첫째는 "빅크런치Big Crunch"로서, 여기서는 빅뱅의 반대 과정에 의해 우주의 팽창이 다시 우주의 수축으로 바뀌게 된다. 둘째는 "빅윔퍼Big Whimper"로서, 우주의 팽창은 계속되지만 매우 점진적으로 느리게 진행된다. 그런 점진적인 감속이 일어난다면 별들은 수십억 년의 수십억 배 기간 동안 빛나겠지만, 결국에는 다 타버리고 하나씩 우주의 열죽음(사용 가능한 에너지의 고갈)이 도래할 것이다. 그 경우 최후는 차갑고 외로울 것이다.

휠러는 빅크런치 시나리오와 그 파급효과에 대단한 흥미를 느꼈다. 빅뱅 및 블랙홀과 더불어 그는 빅크런치가 중력의 극단적인 상태 및 그것이 시간과 인과성에 미치는 효과를 연구하기 위한 핵심 주제라고 여겼다. 한 인터뷰에서 휠러는 빅뱅, 블랙홀 및 빅크런치를 "시간의 세 가지 문"이라고 칭하기도 했다.

1966년 미국물리학협회 회의에서 그는 우주가 수축하기 시작할 때 빅크런치가 이상한 상황을 초래할 것이라고 추측했다. 빅뱅의 우주 팽창이 시간의 앞방향 진행과 엔트로피의 증가를 낳았다고 가정해보자. 그렇다면 휠러가 추측하기에, 빅크런치 시기에 엔트로피는 감소하기 시작할지 모르는데, 이는 시간의 방향이 거꾸로 가게 된다는 뜻이다. 생물학적 과정도 거꾸로 이루어져 사람들은 시간을 거꾸로 사는 삶을 살게 될지 모른다. 결국 인류는 단세포 유기체로 퇴보하게 될 것이다. 우주가 계속 수축하면서 지구는 한 점 먼지로 사라지고 우주는 무한대 밀도의 한 점 안으로 붕괴될 것이다. 그렇지만 결론적으로 휠러는 그런 시간 역전 시나리오가 그럴듯한 추측일 뿐이라고 보았다.

괴델의 회전하는 우주

시간의 바늘을 거꾸로 돌리기는 아인슈타인의 가까운 친구인 수학자 쿠르트 괴델이 골몰했던 주제였다. 둘은 프린스턴 고등과학연구소의 평생회원이었다. 괴델은 1931년에 발표된 불완전성 정리로 가장 유명한데, 이 정리는 어떠한 논리 체계도 완전한 자기일관성을 갖지 못함을 밝혀냈다. 그런 개념에 영향을 받아 영국 수학자 앨런 튜링은 튜링 기계를 개발했다. 이 체계적 계산 방법은 다시 존 폰 노이만에게 영감을 주어 초기 전자 컴퓨터의 이론적 청사진을 제공했다.

1949년, 아인슈타인의 칠십 세 생일 즈음에 괴델은 의미심장한 발견이라고 스스로 여기는 것을 친구에게 건넸다. 시간의 역전을 허용하는, 일반상대성 방정식의 회전 해였다. 만약 우주가 딱 알맞은 스핀 양 그리고 적절한 유형과 비율의 물질을 갖고 있다면, 어떤 종류의 고리를 공간 속에 발생시켜서 과거로 가는 여행이 가능할 것이다. 그러므로 매우 특수한 조건하에서 아인슈타인의 중력 이론은 일종의 시간여행을 허용할 것이다. 아인슈타인은 괴델이 제시한 결과가 수학적으로 타당하다고 보긴 했지만, 물리적으로 타당하다고는 보지 않았다. 상대론 방정식의 해는 아주 많은데, 왜 굳이 그런 이상한 것에 주목해야 한단 말인가? 주류 물리학계는 괴델의 회전 모형에 거의 아무런 관심도 보이지 않았다.

그러다가 1960년대 말 즈음, 괴델은 건강에 해가 될 정도로 편집망상에 시달리고 있었다. 누군가가 자신을 독살하려 한다는 생각에 빠져서 음식을 조금만 먹는 바람에 살이 엄청나게 빠졌다. 너무나 수척해져서 따뜻한 봄날인데도 체온 유지를 위해 두꺼운 코트를 입어야 할 정도였다. 그러면서도 한편으로는 은하의 회전 방향의 불균형을 입증할 정도로 많은 데이터를 은밀히 수집하고 있었다. 그런 데이터가 우주 자체의 순 회전net rotation을 드러내어 결과적으로 과거로의 시간여행의 가능성을 밝혀내려는 의도였다. 앞으로만 치닫는 시간의 무자비함을 거꾸로 되돌리겠다는 발상에 사로잡혀 있었던 것이다.

휠러는 괴델의 연구에 큰 관심을 보였다. 1970년 즈음 그가 마이스너 및 킵 손과 함께 앞으로 대단한 영향력을 발휘할 교재인 『중력』의 집필을 준비하고 있을 때, 셋은 괴델한테 의견을 묻게 된다. 사연은 이러했다. 그 무렵 마이스너와 킵 손은 서로 떨어져 (마이스너는 메릴랜드 대학 교수로, 킵 손은 칼텍 교수로) 있었기에, 둘은 책에 관해 서로 만나 함께 논의할 공간이 필요했다. 그래서 휠러를 만나러 함께 프린스턴에 들렀을 때, 프린스턴 고등과학연구소는 괴델과 같은 건물의 연구실을 둘에게 쓰라고 내주었다. 호기심에서 셋은 괴델의 연구실을 노크하기로 했다. 책 집필 계획을 알렸더니 괴델은 회전하는 우주에 관한 내용도 실리냐고 물었다. 전혀 안 실는다는 대답을 듣고 괴델은 크게 낙담했다.

비록 나중에 휠러는 은하의 회전에 관한 불균형성을 뒷받침하는 데이터를 알게 되어 기꺼이 괴델에게 알리긴 했지만, 괴델의 기이한 우주 모형에 초점을 맞춘 내용은 아니었다. 오히려 휠러가 주목한 내용은 표준 우주론 및 이 우주론이 천체물리학의 극단적인 중력 상황과 공유하는 특징이었다. 가령 블랙홀의 왜곡된 시공간 환경 같은 것이었다.

블랙홀에는 머리카락이 없다

빅크런치의 최종 단계는 블랙홀의 매우 조밀한 상태와 얼마간 닮았다. 둘 다 특이점으로 붕괴된다는 공통점이 있다. 만약 빅크런치에서 시간이 역전된다고 한다면, 누군가가 블랙홀에 접근할 때는 시간의 방향이 어떻게 될까라는 궁금증이 든다.

크러스컬 좌표를 이용해 블랙홀 근처 영역을 다루는 경우, 블랙홀 속으로 들어가는 이에게 시간이 역전될 거라고 볼만한 근거는 전혀 없다. 사실, 계산 결과에 의하면, 사건 지평선(더 이상 되돌아올 수 없는 블랙홀 주위의 지점)을 통과하는 우주비행사가 보기에 우주선의 시계는 계속 앞으로 나아갈 것이다. 오직 외부 세계의 관찰자가 보기에만 가엾은 우주비행사한테 시간이 얼어붙는 것처럼 보일 뿐이다.

안타깝게도 슈바르츠실트 유형의 블랙홀의 경우, 우주비행사는 블랙홀의 중심부에 있는 특이점으로 자꾸만 더 가까워질 것이다. 거대한 중력은 우주비행사를 운동 방향으로 계속 늘이는 반면에 다른 모든 방향에서는 그를 찌그러뜨릴 것이다. 별칭으로 "스파게티처럼 되기"라고 불리는 과정이 생기는 것이다. 순식간에 그는 찢어져 버릴 것이다. (커Kerr 또는 커-뉴먼Kerr-Newman 블랙홀의 경우에는 가운데 특이점이 고리 형태이기에, 원리상 그런 참사는 모면할지 모른다.)

사건 지평선 바깥에서는 굉장히 성능 좋은 망원경으로도 이런 대참사를 전혀 볼 수가 없다. 휠러가 제자인 레모 루피니Remo Ruffini와 함께 1970년에 제안했듯이, 우리는 블랙홀의 총질량, 전하 및 회전(특히 각운동량)만 관찰할 수 있을 뿐이다.

이 세 가지 파라미터 외에는 블랙홀에 관해 아무것도 알아낼 수 없다는 점을 알리기 위해 휠러는 "블랙홀에는 머리카락이 없다"라는 표현을 썼다. 이후 이 개념은 "머리카락 없음 정리"라고 불리게 되었다. 무슨 뜻이냐면, 머리를 빡빡 깎은 탓에 위에서 내려다보면 구별이 불가능한 해병대원 같다는 말이다. 이 말을 들은 파인만은 이때다 싶어서 휠러를 놀려댔다. 너무 야한 소리라고 비웃은 것이다. 휠러가 어떻게 그런 음란한 말을 할 수 있냐며, 낄낄거렸다. 불량 학생들이 교장한테나 던질 법한 말이라나.

만약 우주가 빅윔퍼로 끝난다면, 태양 정도 크기의 별들은 결국 적색거성으로 부풀게 된다. 적색거성의 바깥층은 증발해서 우주공간으로 날아가고, 백색왜성이 남게 된다. 더 무거운 별은 초거성이 되었다가 갑자기 초신성 폭발을 일으키는데, 그 결과 아주 조밀한 알맹이만 남는다. 별의 질량에 따라 그러한 잔해는 중성자별(극도로 고밀도의 핵 물질)이 되거나 아니면 블랙홀이 된다.

우주의 엔트로피는 우주가 열죽음이라는 고요한 상태에 도달하기 전까지 일정하거나 아니면 증가하거나 둘 중 하나일 것이다. 하지만 블랙홀 연구를 하면서 휠러는 다른 가능성은 없는지 궁금해졌다. 만약 블랙홀이 한 물체를 집어삼킨다면, 그 물체의 엔트로피도 함께 삼키지 않을까? 따라서 블랙홀은 우주의 총엔트로피를 감소시켜 열역학 제2법칙을 피해갈 수 있지 않을까? 얼마 후 블랙홀 엔트로피를 정의할 새로운 방법이 나타나 이 질문에 답을 내놓는다.

8
마음, 기계 그리고 우주

자네와 나누는 이야기는 어떠한 것이든 대단한 가치가 있네.

존 A. 휠러가 리처드 P. 파인만에게. 1978년 11월 28일(칼텍 아카이브)

휠러 교수의 아이디어는 이상합니다. 저는 하나도 안 믿어요. 하지만 놀랍게도 나중에 보면 번번이 맞는 말이더군요.

리처드 P. 파인만이 존. A. 휠러에 관해 한 말.「존 휠러의 마음속」, 1986년

1970년대 초에 모니터 화면이 도입되자 컴퓨터 시뮬레이션은 훨씬 더 생생해졌다. 사상 최초로 계산의 시각적 결과를 사람들 눈앞에 실시간으로 나타낼 수 있게 되었다. 유용하기도 유용하려니와 어떤 경우에는 지켜보기에도 흥미진진했다. 마침 그 무렵은 마음이 폭발적으로 주목받던 때였다. 프로그레시브 록, 사이키델릭 예술, 동양철학 등에 대한 관심이 불러일으킨 현상이었다. 그리고 일부 사람들의 경우에는 마음을 변화시키는 약물을 통해서 그런 사조에 동참했다.

그 시대의 젊은 프로그래머나 엔지니어가 경험한 가장 멋진 일은 수학자

존 콘웨이John Conway*의 〈생명 게임〉을 해보는 것이었다. 『사이언티픽 아메리칸』에 마틴 가드너가 소개하면서 유명해진 이 게임은 0과 1이 사는 이차원 격자상의 생명체를 시뮬레이션했다. 0은 죽음(존재하지 않음)을 1은 살아있음을 표현했다. 그것은 존 폰 노이만과 스타니스와프 울람이 "세포 자동자"라고 명명한 것의 범주에 속했다. 세포 자동자란 격자 속의 사각형 점들이 이웃 점들의 가치에 따라 체계적으로 변화해가는 단순한 알고리즘이다.

〈생명 게임〉의 규칙들은 각 반복iteration마다 0과 1 들—화면상에서 빈 사각형과 검은 사각형으로 표시됨—에 어떤 일이 벌어질지를 결정한다. 가령, 0 주위를 정확히 세 개의 1이 둘러싸면 1이 하나 "태어난다". 1 주위에 네 개 이상의 1이 둘러싸면 1은 인구과잉으로 "죽고" 0이 된다. 1 주위에 두 개 이하의 1이 있으면, 인구부족으로 죽는다. 그 외의 경우에 1은 계속 1인 상태로 생존한다. 이런 규칙들을 바탕으로 패턴이 단계적으로 진화하여 차츰 어떤 구조를 띠게 되는데, 그 모습은 마치 화면에 생명체가 기어 다니면서 서로 잡아먹고 번식하고 마치 생명체 같은 행동을 하는 듯 보인다. 그 게임의 마니아들은 재미있다며 시간 가는 줄 모르고 게임을 했는데, 화면에 여러 가지 초기 구성을 입력하여 다양한 진화가 가능하도록 설정했다. 그래서 기이한 인공 생명체가 살아 꿈틀대면서 세계를 탐험하는 모습을 지켜보았다.

반항적인 청년이라고 스스로 여긴 나머지, 리처드 파인만은 (듬성듬성 흰머리가 있는) 굵은 갈색 머리카락을 조금 더 길게 기르기 시작했으며 때때로 옷차림이 이전보다 훨씬 더 캐주얼했다. 당시 그는 가정에 속한 사람—히피는 결코 아닌—이었지만, 길 위에서의 자유로운 삶을 여전히 갈망했다. 안정된 학자의 지위에 오른 오십 대 남자치고는 매우 활달했고 새로운 경험에

* 존 콘웨이는 유한군 이론, 매듭 이론, 수론, 조합 게임이론 및 코딩이론에 많은 공헌을 한 수학자이다.—편집자

열려 있었다. 심지어 몸에 군살도 없었다. 그래선지 칼텍 학생들한테 록 스타 취급을 받았다.

계산 능력이 뛰어났던 파인만은 1959년 강연에서 드러나듯이 나노기술에 관심이 있었기에 자연히 컴퓨터 시뮬레이션의 가능성에 차츰 매력을 느꼈다. 세월이 지나면서 더욱 관심을 갖게 된 이유 중 하나는 아들 칼 파인만이 그 분야에 무척 관심을 가졌기 때문이다. 칼은 나중에 MIT에서 컴퓨터 공학을 전공하게 된다.

〈생명 게임〉과 같은 시뮬레이션을 통해 짐작할 수 있듯이, 우주는 근본적인 수준에서 이진 값을 처리하는 자동자처럼 작동할지 모른다. 그런 견해의 으뜸가는 옹호자는 MIT 컴퓨터 과학 교수인 에드워드 프레드킨Edward Fredkin이었다. 칼텍에서 일 년 동안 객원 연구원을 지낸 적도 있었던 사람이다. 실험 증거가 부족한 아이디어를 미심쩍어하는 사람답게, 파인만은 프레드킨과 같은 연구자들과 컴퓨터 관련 주제를 기꺼이 논의했다. 특히 파인만은 인간의 마음이 디지털 프로세서처럼 작동할지가 궁금했다. MIT 소속의 또 다른 컴퓨터 과학자이자 인공지능의 선구자인 마빈 민스키Marvin Minsky는 인간의 뇌가 일종의 처리 기계라고 주장했다. 파인만은 민스키와 친해지면서 그런 개념에 관해 곧잘 편하게 이야기를 나누었다.

조금 의외일지 모르나 놀랍게도 존 휠러도 정보 처리 관점을 양자역학 이론과 결부시켰다. 연구 인생의 마지막 단계에서 그는 "모든 것은 장이다"라는 관점을 버리고 "모든 것은 정보다"라는 관점을 택하게 된다. 그런 개념을 "비트에서 존재로it from bit"라고 이름 붙였다. 휠러가 그 관점을 너무나도 열렬히 옹호하고 지지했던지라 일부 컴퓨터 과학자들한테서 "양자 정보 이론의 원조"라고까지 추앙을 받았다.

휠러가 그처럼 혁신적인 사고의 전환을 이룬 계기는 무엇보다도 컴퓨터와 그 작동 방식에 훨씬 더 익숙한 신세대 학생들과 어울렸기 때문이다. (휠러의 제자들한테는 아득한 과거의 인물인) 닐스 보어가 1962년에 세상을 떠나자, 많은 이들이 양자 측정을 새로운 시각으로 보게 되었다. 코펜하겐 해석과 다르다고 해서 이단 취급을 당하지 않았다. 가령, 휴 에버렛 3세의 다세계 가설에 관한 브라이스 드윗의 논문이 큰 인기를 끌었다. 휠러는 드윗이 그 개념을 대중화한 것에는 박수를 보냈지만, "다세계"라든가 "평행 우주" 같은 용어는 정중하게 반대의 뜻을 표했다.

한편, 시간의 속성이 휠러의 새로운 접근법에 깊숙이 들어왔다. 시간의 화살은 열역학 제2법칙을 통해 엔트로피와 관련되어 있는데, 이 법칙에 의해 엔트로피는 시간이 흐르면서 결코 줄어들지 않는다. 다시 엔트로피는 전자통신 선구자인 클로드 섀넌Claude Shannon이 내놓은 공식에 의해 정보 이론과 연결된다. 그 공식은 데이터의 각 열에 대한 특정한 "정보 엔트로피"를 정의한다. 그러므로 정보의 흐름을 이해함으로써 시간의 본질을 파악할 수 있는 것이다. 정보와 양자 측정에 새로 주목했으면서도 휠러는 결코 우주론, 중력 및 블랙홀을 내팽개치지 않았다. 사실, 블랙홀이 엔트로피를 갖는다는, 따라서 정보를 저장한다는 개념에 대한 연구는 정보 이론을 처음 탐구할 때 휠러가 특별히 주목한 주제였다.

증거 숨기기

1970년대 초반에 휠러는 재능 있는 여러 대학원생들과 함께 블랙홀 관련 연구를 했다. 그중에서도 걸출한 제자는 야코브 베켄슈타인Jacob Bekenstein이었다. 부모는 폴란드에 살던 유대인이었는데, 멕시코로 이민을 가서 베켄슈타인을 낳았다. 휠러와 베켄슈타인은 종종 블랙홀의 속성을 논의했는데, 그중에는 "머리카락 없음 정리"도 들어 있었다.

어느 날 휠러는 베켄슈타인한테 농담 삼아 말했다. 자기는 뜨거운 찻잔을 찬 유리잔 옆에 두어 둘이 열평형에 이르게 만들 때마다 우주의 엔트로피를 높이는 범죄를 저지르는 느낌이 든다고. 열역학 제2법칙에 따라 온도 차이로 인해 생기는 사용 가능한 에너지가 더 이상 사용될 수 없다는 이유를 대면서 말이다. 대체로 그런 과정은 되돌릴 수 없으며, 우주가 열죽음에 최종적으로 도달하는 것을 조금 앞당긴다. 블랙홀 속으로 찻잔을 던져 넣을 수만 있다면 얼마나 좋겠냐고 휠러는 허튼소리를 했다. 그러면 증가된 엔트로피를 영원히 숨겨 버리니 범죄의 증거를 감출 수 있을 거라면서 말이다. 이 농담을 귀담아듣고서 베켄슈타인은 블랙홀에 삼켜진 물체의 엔트로피가 어떻게 되는지 궁리하기 시작했다.

휠러의 박사과정 제자 중에는 나중에 수학자가 된 데메트리우스 크리스토둘루Demetrios Christodoulou가 있었다. 그가 1970년에 발표한 논문에 의하면 물질을 집어삼키는 동안 블랙홀의 사건 지평선의 표면적은 언제나 증가하거나 동일하게 유지되지 결코 감소하지 않는다고 한다. 이 논문에서 영감을 얻어, 베켄슈타인은 블랙홀 엔트로피를 정의할 멋진 방법을 생각해냈다. 블랙홀의 표면적이 엔트로피를 기록하는 천문학적인 방법이 아닐까? 단위가 서로 다른 양이니, 비례 인자가 있어야 했다. 그렇기는 해도 그 둘을 연관시키면, 블랙홀을 포함할 수 있게 열역학 제2법칙을 자연스레 확장시킬 방법이 나올 것이었다. 그러면 휠러는 음료를 중력 붕괴하는 천체 속으로 집어넣더라도 제2법칙을 깰까 염려하지 않아도 된다.

그 무렵 스티븐 호킹이 특이점을 위한 조건과 같은 블랙홀 속성을 연구하던 중에, 베켄슈타인의 제안을 듣고서 처음에는 미심쩍어했다. 만약 블랙홀이 엔트로피를 갖는다면 온도도 가져야 할 텐데, 그러면 빈 우주 공간으로 복사선을 방출해야 할 것이다. 어떠한 물체든 아무리 차가운 진공에 둘러싸여 있더라도 온도가 영이 아닌 한, 반드시 열을 방출하기 때문이다. 하지만 누구나 알 듯이, 고전적으로 볼 때 어떠한 것도 블랙홀을 탈출할 수 없는데, 복사선도 매한가지다. 그렇기는 해도 열린 마음의 소유자인 호킹은 단순한 양자 구도에서 어떤 일이 벌어지는지 계산을 해보았다. 그랬더니 놀랍게도 블랙홀은 주위 공간으로 아주 느리지만 복사를 내보낸다는 결과가 나왔다. "호킹 복사"라고 알려진 이러한 에너지의 느린 누출로 인해 블랙홀은 차츰 온도가 내려가다가 결국 주위 공간과 열평형에 도달하게 된다. 이 과정은 블랙홀의 크기에 따라 다르지만 억겁의 시간이 걸릴 수 있다. 호킹은 이 발견 내용을 "블랙홀은 흰 뜨거움이다Black Holes Are White Hot"라는 놀라운 제목의 강연에서 발표했다.

호킹 복사와 블랙홀 엔트로피의 존재로 인해 블랙홀의 정보 내용에 관한 연구가 활발하게 이루어졌다. 이 맥락에서 "정보"란 섀넌의 개념에 따라 "비트"라고 하는 0과 1의 패턴을 가리킨다. 큰 반향을 불러일으킨 1948년 자신의 논문 「통신의 수학 이론」에서 섀넌은 각각의 정보가 비트의 열(정리된 순서)로 표현될 수 있으며, 이 정보는 한 장소에서 다른 장소로 전송되어 해독될 수 있다고 주장했다. 오늘날 디지털 시대의 바탕이 된 개념이다.

섀넌은 또한 정보를 바탕으로 엔트로피를 정의했는데, 오늘날 "정보 엔트로피" 내지 "섀넌 엔트로피"라고 불리는 이 개념은 한 열이 운반하는 정보 및 양과 관련이 있다. 이 엔트로피는 각 정보의 가능한 결과들의 개수 및 가능성에 따라 달라진다. 오스트리아 물리학자 루트비히 볼츠만이 열역학 분야에서 일찍이 내놓은 정의로부터 도출된 개념인데, 볼츠만의 정의는 미시상태(입자 배열)들의 가능한 조합이 얼마나 많아야지 동일한 열역학적 거시상태(온도, 압력 등과 같은 전체적인 상태)가 발현되는지를 알려준다. 만약 엄청나게 많은 조합이 동일한 전반적인 결과—가령, 빠르게 움직이는 아주 많은 입자들로 인한 뜨거운 기체 상태—를 내놓는다면 그 계는 엔트로피가 높다. 반대로, 눈꽃송이에서 물 분자의 패턴처럼 작은 개수의 조합이 어떤 일반적인 결과를 발생시킨다면, 그 계는 엔트로피가 낮다. 섀넌은 그 개념을 분자보다는 비트의 배열을 통해 정의했다.

따라서 베켄슈타인 등이 알아냈듯이, 블랙홀의 사건 지평선의 넓이는 엔트로피의 척도일 뿐만 아니라 정보 내용의 척도이기도 하다. 또한 휠러가 알아낸 바에 의하면, 만약 사건 지평선을 가로세로 플랑크 길이(양자 규모)의 영역들로 나눈다면, 정보의 한 비트(0 또는 1)가 그 극미 영역을 채울지 모른다. 그러므로 사건 지평선이 더 넓을수록 그 지평선에 저장될 이진수의 열은 더 길어진다. 휠러는 그 관련성을 "비트에서 존재로"의 핵심적인 예라고 보았다. 양자 규모의 우주의 역학을 이진수의 열로써 모형화할 수 있다고 본 것이다.

그 사람은 언제나 허튼소리를 한다

1971년, 『중력』을 집필 중이던 휠러는 칼텍에 들렀다. 짬을 내어, 아르메니아 음식이 나오는 버거 컨티넨털 식당에서 파인만 및 킵 손과 함께 점심을 함께 먹었다. 캠퍼스 근처에 있는 분위기 좋은 식당이어서 사람들을 만나 이야기를 나누기 좋았다.

식사 자리에서 휠러는 이전에 제자였던 둘에게 자신의 비전을 설명했다. 우리가 사는 우주의 물리학 법칙들이 빅뱅을 통해 만들어졌다는 내용이었다. 따라서 완전히 다른 법칙을 가진 다른 우주들이 존재할지도 모른다. 우리 우주가 특정한 법칙들을 갖게 된 어떤 이유가 반드시 있을 것이다. 아마 그런 이유가 없다면 생명 현상도, 생명 현상을 경험할 의식적 실체도 존재하지 않을 것이다.

휠러의 주장은 일종의 "인류 원리"로서, 우주가 지금과 같은 모습인 까닭은 만약 그렇지 않았더라면 우리가 존재하지 않을 것이기 때문이라는 발상이다. 그런 추상적인 추론을 파인만은 질색했다. 맞고 틀리고를 검증할 수가 없기 때문이다. 평행 역사는 양자 요동에는 괜찮다. 실험적으로 검증 가능한 예측을 내놓기 때문이다. 하지만 누구도 여러 우주를 한데 모아서 어떤 일이 벌어지는지를 알아낼 수 없다. 그런 이야기를 왜 한단 말인가?

손의 기억에 의하면, 파인만이 손한테로 몸을 돌리더니 휠러에 관해 지혜로운 한 말씀을 했다. "휠러 교수님은 허튼소리를 잘하십니다. 여러분 세대는 잘 모를 거지만요. 하지만 제가 저 교수님 밑에 있을 때부터 알아본 게 있어요. 뭐냐면, 교수님의 어처구니없는 아이디어 중에서 하나를 택해서 양파 껍질 까듯이 허튼소리의 껍질을 벗겨나가면, 아이디어의 핵심에서 강력한 진리의 통로가 종종 발견된다는 걸 말입니다." 이어서 파인만은 양전자가 시간을 거슬러 가는 전자라는 휠러의 "미친" 아이디어가 노벨상을 탄 자신의 연구로 어떻게 이어졌는지를 설명해주었다. 파인만은 단지 그 개념에서 사변적인 껍질들을 벗겨내어 검증 가능한 진리의 알맹이에 도달하기만 하면 되었다.

교수와 학생으로 함께 프린스턴에서 보냈던 시간이 아득한 과거가 되었을 때에도 휠러한테서 받은 감화는 파인만의 사고에 심오한 영향을 미쳤다. 가르치기를 통해 어떤 주제를 배우는 습관에서부터 다이어그램으로 개념을 표현하는 방식에 이르기까지 파인만은 휠러가 새로운 주제를 공략하는 체계적인 방법을 많이 차용했다. 방향을 급선회하여 예상 밖의 주제를 탐구하는 휠러의 용기 또한 파인만의 뜻밖의 방향 전환에 영향을 미쳤다. 가령, 파인만은 양자전기역학에서 초유체와 파톤으로 그리고 최종적으로 컴퓨터까지 넘나들었다. 마지막으로 한 가지만 더 말하자면, 파인만은 가정의 화목을 중시하는 휠러한테서 큰 감화를 받았고, 덕분에 인생 후반기를 행복하게 지낼 수 있었다.

마찬가지로 휠러도 뛰어난 제자를 둔 덕분에 새로운 사고와 아이디어를 얻는 데 큰 도움을 받았다. 파인만에게 논문을 보내서 솔직한 답변을 구한 적도 많았다. 또한 자기 학생들한테 파인만의 이론과 방법과 관련된 프로젝트를 제시했다. 가령, 찰스 마이스너가 모든 이력의 총합 기법을 중력에 적용하여 진행한 연구가 그런 예다. 마지막으로, 사생활이 비교적 평범했지만 휠러 또한 가끔씩은 파인만의 거친 모험 정신을 따랐다.

존 와일러와 운명의 전환

1970년대 중반이 되자 휠러가 괴상한 개념들을 펼쳐내는 특이한 방식—가령 희한한 용어 사용 및 눈에 쉽게 들어오는 다이어그램 활용—은 제자들에게만이 아니라 일반상대성이론을 연구하는 이론가 집단한테도 익숙해졌다. 휠러식 철학과 방법론의 대명사가 된 『중력』이 휠러의 연구 방식을 더 널리 퍼뜨렸다. 1973년에 출간되어 곧 여러 언어로 번역된 이 두툼한 책은 매우 독특한 걸작이다. 출간 후 수십 년 동안 줄곧 고전으로 남아 있는 책이다.

그 무렵 일반상대성이론 커뮤니티에 속한 거의 모든 사람들은 휠러식 어법과 손으로 그린 다이어그램을 즉각 알아차릴 수 있었다. 마치 휠러가 자신만의 언어를 발명하고 아울러 자신만의 독특한 과학적 미술을 내놓은 것 같았다.

보어의 나긋하고 알쏭달쏭한 어법이 코펜하겐 양자 커뮤니티에서 잘 알려

1986년에 존 휠러가 시공간 다이어그램을 이용해 중력에 관해 강연하는 모습. (출처: Photograph by Karl Trappe, courtesy AIP Emilio Segrè Visual Archives, Wheeler Collection)

졌듯이, 휠러의 스타일과 습관도 전설이 되었다. 보어는 종종 패러디 소재가 되었는데, 이제 휠러의 차례였다.

일반상대성이론 커뮤니티의 멤버들은 "존 아치볼드 와일러John Archibald Wyler"가 타이핑한 원고 형태로 「라스푸틴, 과학 및 운명의 전환」이라는 제목의 논문을 받고서 어리둥절해 했다. 읽어보니 논문 내용은 점점 더 이상해졌고 급기야는 얼토당토않은 소리였다. 사실 그 논문은 칼텍에 있는 손의 제자인 빌 프레스Bill Press가 썼는데, 그는 어법에서부터 특이한 다이어그램까지 휠러 스타일 흉내 내기의 대가였다.

그런 영악한 패러디의 한 대목은 학술지 『일반상대성이론과 중력General Relativity and Gravitation』에 1974년 만우절 기념으로 실린 빌 프레스의 다음 글에서 볼 수 있다. "우주가 운명을 갖게끔 하고서… 철학자philospher 한 명을 집어넣자. 그는 운명의 공허에 잠시 교란을 일으킨 다음 매년 점점 더 격렬하게 반복적으로 수축하여 사라진다. 모든 학문 분야와 분파의 학자들을 집어넣자. 그들도 점점 더 변화하다가 급기야 전부 사라지고, 오직 확신만이 남는다. 그렇게 해서 남은 실체를 '블랙홀'이라고 부르고 그것의 완벽한 최종 상태를 이렇게 요약해보자. '블랙홀은 특이한 점이 하나도 없다.'" 글의 말미에는 감사를 전할 사람들의 목록을 길게 늘어놓았다. 몇 명만 추려보면, "R. P. Funnyman," "F. Dicey," "S. W. Hacking," "C. W. Miser," "R. Pinarose" 등이 나온다. 파인만은 논문을 연구실에 종종 쌓아만 두는 편이어서, 설령 그 논문을 받았더라도 "퍼니맨"을 알아보지는 못했을지도.

휠러는 "와일러"가 보내준 그 패러디를 읽고서 껄껄 웃었다. 유머를 유머로 볼 줄 알던 사람이었다. 자신의 어법이 특이하지만 적확한 방식이라고 다른 이들이 여긴다는 사실을 그도 잘 알고 있었다. "모든 이력의 총합"이나 "웜홀" 같은 그의 화려한 어법은 사람들의 귀에 쏙 들어왔다. 엄밀히 말해서 "블랙홀"이란 용어는 휠러가 만든 신조어는 아니었지만, 그가 사용한 덕분에 대중의 관심을 받게 되었다. 그래서 자신이 풍자의 대상이 되는 상황은 그런 화려한 어법을 구사한 대가이겠거니 여겼다. 어쨌거나 보어의 경우에도 『우스꽝스러운 물리학 저널』의 재밌는 기고문에서 그런 풍자가 있었다.

우주의 암호

휠러, 베켄슈타인, 호킹 등의 과학자들이 블랙홀에서 정보가 어떤 역할을 갖는지 궁리하고 있을 때, 벌써부터 프레드킨은 미약한 비트의 훨씬 더 거대한 역할을 그려나가고 있었다. 비트를 우주 자체를 위한 컴퓨터 코드의 기호라고 보았던 것이다. 어쩌면 시간과 공간의 연속성은 환영일지 몰랐다. 플랑크 규모에서 보자면, 우주는 텔레비전 화면의 픽셀처럼 이산적일 수도 있었다. 〈생명 게임〉과 같은 단순한 컴퓨터 프로그램에서 복잡성이 나타나는 것을 볼 때, 어쩌면 우주는 양자 수준에서 0과 1을 반복하는 단순한 규칙으로 작동할지 모른다. 아마도 기본적인 알고리즘이 모든 물리 법칙들과 다른 자연의 원리들을 생성할 것이다.

프레드킨은 물리학자들한테 잘 알려져 있지 않았다. 명석했지만 대학도 마치지 않은 아웃사이더였다. 그런데도 민스키는 재능과 독창성을 알아보고서 그를 MIT의 컴퓨터과학부로 데려왔다. 미 국방부의 자금지원도 받아서 둘은 인공지능 연구에 착수했다.

프레드킨과 민스키는 처음에 장난으로 파인만을 만났다. 사연은 이랬다. 업무상 패서디나에 함께 갔을 때, 둘은 짬을 내어 과학계의 존경하는 인물들에게 전화를 걸어보기로 했다. 전화번호부를 꺼냈다. 맨 먼저 노벨화학상 수상자인 라이너스 폴링Linus Pauling에게 전화를 걸었다. 아무리 신호가 울려도 받질 않았다. 그다음에는 민스키의 제안에 따라 파인만에게 전화를 걸었다. 다행히 파인만이 수화기를 들었고 셋은 전화로 즐거운 대화를 나누었다. 모르는 사람들한테 전화를 받고서도 파인만은 둘을 그날 저녁 자택으로 초대했고, 거기서 셋은 컴퓨터와 물리학에 관해 밤늦도록 이야기꽃을 피웠다. 결실이 풍부한 셋의 인연은 그렇게 시작되었다.

1974년에 컴퓨터에 관해 더 배워볼 요량으로 파인만은 프레드킨을 칼텍 물리학과의 객원 연구원으로 초대했다. 그해는 결실이 풍부했다. 프레드킨은 파인만한테서 양자역학에 관한 통찰을 많이 얻었다. 또한 오랫동안 골머리를 앓게 했던 문제 하나를 해결했다. 시간의 앞으로나 뒤로나 작동하는 시간 역전 컴퓨터 알고리즘을 고안해낸 것이다. 만약 입자물리학이 (전기적으로 중성인 K 중간자를 제외하고) 시간 대칭적이라면, 그것을 모형화한 모든 디지털 처리 장치도 그래야 마땅했다. 프레드킨의 시간 역전 시스템은 "프레드킨 게이트Fredkin gate"라고 불린다. 알고 보니 IBM의 찰스 베넷Charles Bennet이 이미 일종의 시간 역전 컴퓨팅을 도입했지만, 프레드킨의 장치 또한 대단한 성과가 아닐 수 없었다. 프레드킨과 함께 지낸 덕분에 파인만은 인공지능이라는 신생 분야를 내다볼 수 있게 되었다.

친절을 베풀지 마라

1976년 휠러는 프린스턴에서 은퇴할 나이가 되었다. 하지만 아직 학계를 떠날 준비가 전혀 되어 있지 않았다. 탐구해야 할 흥미로운 주제들이 너무 많았다. 프린스턴의 석좌교수 직함을 갖고 있었지만, 아울러 (드윗 부부가 새로 자리를 잡았던) 오스틴에 있는 텍사스 대학에서 은퇴후 교수직 제안도 기꺼이 수락했다. 또한 새로 생긴 이론물리학연구센터의 소장으로도 임명되었다. 프린스턴에 친구들이 많이 있긴 했지만, 휠러 부부는 그 외로운 별의 주Lone Star State* 에서 함께 새로운 인생의 국면을 즐겁게 열어 나갔다.

한편 파인만은 여전히 캘리포니아 남부에서 지내고 있었다. 파인만 부부는 닷지 트레이드스맨 맥시반Dodge Tradesman Maxivan이란 자동차를 사서는 갈색과 노란색이 섞인 그 차의 외부를 파인만 다이어그램으로 장식했다. 둘은 이런 외관에 어울리게 자체 제작한 번호판을 달고 싶었다. 여섯 글자만 사용할 수 있어서, "Qantum"이라고 적힌 번호판을 달았다. 그 밴 차량은 캠핑 여행은 물론이고 바닷가 별장에 다녀오는 짧은 여행에 안성맞춤이었다.

* 텍사스 주의 별칭.—옮긴이

파인만은 두 자녀와 함께 보내는 시간이 무척 즐거웠다. 다정다감한 파인만은 특히 딸 미셸에게 사랑을 많이 베풀었다. 매일 밤 잠들기 전에 여러 봉제 인형을 가져다주곤 했는데, 미셸이 적절한 걸 골랐다. 그러면 파인만은 인간 라디오 흉내를 내면서 딸한테 각 "방송국"을 찾도록 자기 코를 비틀게 했다. 주파수가 맞으면 그때마다 다른 스타일로 노래를 불렀다. 둘은 재치 있는 바보짓이 재미있어서 웃고 또 웃었다.

언젠가 미셸이 조금 더 자랐을 때, 친구 중 한 명이 가족 여행을 가게 되어 애완 보아 뱀 한 마리를 한 달 동안 파인만의 집에 던져놓았다. 파인만 가족은 졸지에 뱀을 "아기 돌보듯" 해야 하는 처지가 되었다. 마침 그 집에 들렀던 (나중에 알고 보니 그 집에 들른 것은 그때가 마지막이었다) 프리먼 다이슨이 그때 생겼던 난리법석을 재미있게 소개한 이야기를 들어보자. 파인만은 뱀의 먹이가 산 쥐라는 이야기를 듣고 소스라치게 놀랐다. 어찌어찌 구해오긴 했지만, 당혹스럽게도 보아 뱀은 너무 기운이 없어서 먹이를 붙잡지를 못했다. 대신에 쥐가 뱀의 살갗을 야금야금 갉아먹어 흠집을 내기 시작했다. 파인만은 애완 뱀을 보호하기 위해 지킴이로 나서야 했다. 미셸 친구 부모는 여행에서 돌아온 뒤 자기들의 "아기"한테 물린 자국이 있는 걸 보고서 펄쩍 뛰었다. 다시는 안 하겠다고 파인만은 다짐했다. 보통의 경우, 파인만은 개를 여러 마리 키웠고 개들에게 재주를 가르치길 좋아했다.

당시 십 대이던 아들 칼Carl과 파인만은 저녁 식탁에서 재치 있는 말놀이를 주고받았다. 예전에 파인만이 어머니와 함께 그랬듯이 말이다. 어머니는 잘 지내고 있었으며 아들 집 근처에서 살았기에 파인만 가족이 해변으로 놀러 갈 때 따라갔다. 모두에게 행복하고 추억이 가득했던 시간이었다.

그 무렵 적어도 두 차례 휠러가 캘리포니아 남부에 왔다가 파인만의 집에 들러 저녁 식사를 함께했다. 칼은 이렇게 회상했다. "어렸을 때 『중력』을 아주 재미있게 읽었는데, 공저자 중 또 한 명을 만나서 아주 기뻤습니다(킵 손은 이미 만났더랬지요).”

저녁 식사에 자주 오는 사람은 파인만의 친구이자 봉고 파트너인 랠프 레이턴Ralph Leighton이었다. 둘은 식사를 함께한 후 집 안의 연습실로 가서 미친 사람들처럼 신나게 드럼을 두드렸다.

1977년 어느 저녁 식사 자리에서 파인만은 가족과 레이턴한테 지리 문제를 냈다. 세상의 모든 나라를 아느냐고 물었다. 그러자 레이턴이 더듬거리며, “뭐, 다 알지.” 극적 효과를 위해 잠시 뜸을 들인 후 파인만은 물었다. “탄누 투바Tannu Tuva*에 무슨 일이 있었지?”

어릴 때 파인만은 그 나라에서 발행된 우표를 보고서 그곳이 어딘지 그리고 무슨 일이 있었는지 궁금하게 여긴 적이 있었다. 그와 레이턴은 백과사전을 찾아보고서 그곳이 중국 근처에 있으며 소련에 합병되었다는 사실을 알았다. 온갖 경로로 탄누 투바의 문화를 조사해보았는데, 특히 “목구멍 노래”가 유명했다. 그 먼 곳이 엄청나게 매력적으로 다가왔다. 언젠가 함께 가보자고 맹세한 후 둘은 방법을 모색하기 시작했다. 하지만 결과적으로 파인만은 여행을 결코 성사시키지 못했다.

1978년 여름부터 파인만은 건강이 나빠지기 시작했기 때문에 다음 십 년 동안 여행을 제대로 할 수 없게 되었다. 슬프게도 그것이 인생의 마지막 십 년이었다. 6월 초에 그는 알베르트 아인슈타인 탄생 백 주년 기념 심포지엄에 참여해 달라는 초대를 휠러한테서 받았다. 휠러는 파인만한테 “아인슈타인과 미래의 물리학”이란 제목의 패널에 참여하거나 아니면 원하는 다른 주제로 강연을 해달라고 부탁했다. 파인만은 정중하게 거절했고 아울러 휠러

* 탄누 투바는 러시아 연방에 있는 공화국 “투바”의 옛 이름이다. 파인만의 투바 여행에 대해서는 『투바: 리처드 파인만의 마지막 여행』(해나무)을 보면 자세히 알 수 있다.—편집자

에게 이렇게 농담 삼아 전했다. “미스터 X”한테 이야기해봤더니 그도 역시 참석하기 어렵다고 하더라고.

파인만은 그때 몸 상태가 좋지 않았다. 배에 날카로운 고통을 느끼기 시작했다. 병원에 갔더니 지방육종이라는 진단이 나왔다. 암의 일종이었다. 알맞은 치료법이 수술밖에 없었기에, 결국 수술대에 올랐다. 비장 및 신장 한쪽을 누르고 있던 축구공 크기의 종양을 떼어냈다. 집에서 여러 달 휴식을 취하고서야 다시 일어날 수 있었다.

7월 28일 휠러가 파인만에게 회복을 기원하는 편지를 보냈다. “퇴원을 축하하네. 이런 일을 겪었지만… 칼텍 총장이 되는 고통에 비한다면야 그나마 나은 일 아닌가… 진심으로 쾌유를 비네.”

편지 봉투에 휠러는 파인만의 회복에 도움을 줄 읽기 자료를 넣었다. “법칙 없는 법칙”이란 제목의 그 자료는 휠러의 최신 논문 「시간의 접경」의 일부였다. 양자 측정 이론에 관한 수업을 진행하면서 휠러는 양자 규모에서 벌어지는 상호작용의 불가사의에 대한 새로운 통찰을 얻었는데, 그 내용을 담은 논문이었다.

누가 먼저야? 뭐가 두 번째이지? 모르겠어. 양자는 원래 그래

그해에 휠러는 뛰어난 사고실험을 하나 생각해냈다. “지연된 선택 실험”이라는 이 사고실험은 양자 측정의 기이함을 해명하기 위해 고안되었다. 예전에 아인슈타인은 보어와 함께 유명한 논쟁을 줄곧 펼쳤는데, 논점은 확률론적인 “주사위 굴리기”가 완전한 물리 이론일 수 있느냐는 것이었다(보어는 그렇다고 했고, 아인슈타인은 아니라고 했다). 휠러는 만약 일찍 나왔더라면 아인슈타인을 설득시킬 수 있었던 방법이라고 여겨 그런 사고실험을 내놓았다. 놀랍게도 휠러의 사고실험은 보어의 상보성—측정 전 또는 측정 동안의 관찰자의 선택이 광자, 전자 등의 아원자 입자가 파동적 속성 아니면 입자적 속성을 나타낼지 여부에 영향을 미친다는 개념—보다 훨씬 더 나갔다. 휠러의 사고실험은 미래에 내려질 결정이 현재에 나타날 어떤 측면에 거꾸로 영향을 줄지 모른다고 상상했다.

휠러의 실험 구성은 단순하면서도 영리했다. 야구장 내야에 홈 플레이트 및 1루, 2루, 3루에 거울을 하나씩 놓는다고 하자. 거울은 두 종류인데, 1루와 3루는 들어오는 빛을 전부 반사하는 보통의 거울인 반면에, 홈 플레이트와 2루의 거울은 반도금(반투명) 거울이어서, 들어오는 빛의 절반은 반사시키고 절반은 투과시킨다. 그리고 2루의 거울은 또 한 가지 성질이 더 있다. 스위치 조작을 통해 지면으로부터 위쪽으로 올리거나 내릴 수 있는데, 처음에는 내려간 위치에 놓여 있다.

여기서 이렇게 상상해보자. 홈 플레이트의 반도금된 거울의 뒷면이 오른쪽을 향한 채로 놓여 있는데, 한 광선이 1루 방향으로 그 거울에 대각선으로 비친다. 특수한 거울의 속성 때문에 빛의 절반은 거울 면에 수직으로 반사되어 3루로 향하고, 나머지 절반은 투과하여 계속 1루로 향한다. 지극히 짧은 시간 내에, 3루로 향한 빛은 그쪽 거울에 닿아 반사되어 오른쪽으로 나아간다. 마찬가지로 1루의 거울에 닿은 빛은 반사되어 왼쪽으로 나아간다. 우익과 좌익에 놓인 검출기는 예상되는 양자 상태를 기록할 것이다. 즉, 원래 빛의 50퍼센트는 우익에서 검출되고 50퍼센트는 좌익에서 검출된다. 파인만의 모든 이력의 총합에서처럼 두 결과는 동일한 확률로 동시에 발생한다. 이런 식으로 빛은 두 상이한 영역에 퍼지게 될 텐데, 양자 현상의 애매모호함을 입증하기 위해 고안된 유명한 이중 슬릿 실험의 물결무늬 같은 패턴이 나타날 것이다.

이제 2루의 거울 스위치를 켜서 반도금된 거울이 다른 거울들 높이로 올라가면 어떻게 되는지 상상해보자. 처음에는 모든 게 똑같아서, 1루로 향하는 빛과 3루로 향하는 빛은 반반씩이다. 하지만 이제 1루와 3루의 거울에 부딪힌 각각의 빛은 둘 다 2루의 거울에 부딪히게 된다. 특정한 방향으로 향하게 하면, 2루의 거울은 1루와 3루에서 오는 빛을 몽땅 오른쪽으로 가게 만들고(전자의 경우엔 반사시키고 후자의 경우엔 통과시킴) 어떠한 빛도 왼쪽으로 가지 않게 ("상쇄간섭"이라는 과정을 통해 두 빛을 상쇄시킴) 만들 것이다. 그러면 앞의 경우와 정반대의 결과, 즉 오른쪽 100퍼센트와 왼쪽 0퍼센트가 나온다. 빛이 입자처럼 한 장소에 집중되는 것이다.

빛은 이동하는 데 시간이 든다. 빛의 운동은 결코 즉시 이루어지지 않는다. 그러므로 처음의 빛을 아주 빠르게 켜고 끌 수 있도록 하여 아주 소수의 광자들(또는 심지어 단 하나의 광자)만이 방출되는 상황을 상상해보자. 그러면 연속적인 빛의 흐름 대신에 국한된 빛 꾸러미가 생긴다. 게다가 2루 근처의 관찰자가 처음의 빛 꾸러미가 (홈 플레이트의 거울에) 투과된 후지만 2루에 도달하기 전에 2루의 거울 스위치를 작동하라는 지시를 받았다고 가정하자. 관찰자가 2루의 거울을 내릴지 올릴지 여부는 자기 마음대로 결정한다. 그러면 실험이 이미 시작된 후에 이루어지는 지연된 선택을 바탕으로 두 가지 결과 중 하나, 즉 파동적 결과 내지 입자적 결과가 선택될 수 있다.

예를 들어, 우익과 좌익의 두 정점에서 파동의 간섭무늬를 발생시키려는 의도로 빛 꾸러미를 보냈다고 가정하자. 하지만 그 후 실험자가 마음을 바꿔서 2루의 스위치를 작동시켜 반도금된 거울 스위치를 올린다. 그러면 빛은 2루의 거울에 닿아 완전히 우익으로 반사되어 입자적 결과가 얻어진다. 이미 발사된 빛이 어떻게 자신을 바꿔야 할지를 "알" 수 있단 말인가? 아니면 어떤 식으로든 스위치 조작 행위가 이미 발사된 빛의 속성에 사후적으로 영향을 끼쳤을까? 그것이 가능하다면, 양자 측정은 시간의 앞으로만이 아니라 뒤로도 작동할 수 있다. 휠러의 영리한 가설은 이후 1984년과 2007년에 실시된 실험을 통해 확인되었다.

한참 생각을 더 해본 후 휠러는 한 단계 더 나아가 자신의 지연된 선택 실험을 우주 자체에까지 확장시켰다. 야구장 내야 대신에, 엄청나게 밝고 먼 물체, 가령 퀘이사(생성 중인 고에너지 은하 내부에 존재하는 천체)가 홈 플레이트에 있고 적절하게 떨어진 두 은하가 각각 1루와 3루를 맡는다고 가정하자. (공간의 왜곡으로 인해 빛이 휘어지는) 중력 렌즈 현상을 통해 그 천체들 각각은 퀘이사에서 나오는 빛을 지구로 향하게 만드는데, 이 지구가 2루(반도금된 거울을 올릴지 내릴지를 결정하는 곳)의 역할을 하게 된다.

지구의 천문학자는 망원경을 두 은하 중 한 곳으로 향하게 할 수 있다. 이와 달리, 반도금된 거울을 이용해 두 은하에서 오는 빛을 합칠 수 있다. 각각의 은하로 망원경을 향하게 하면 파동적 결과가 얻어져서 퀘이사 영상이 물결무늬처럼 퍼져서 나타날 것이다. 반대로 거울을 이용한 경우에는 입자적 결과가 얻어져서 퀘이사 영상이 점으로 나타날 것이다. 따라서 퀘이사의 빛이 방출된 지 수십억 년 후의 천문학자는 그 빛이 입자로 나타날지 파동으로 나타날지 여부를 선택할 수 있게 된다. 상보성이 우주론과 만나 정말로 희한한 결과가 얻어지는 것이다.

어려울 때의 친구

파인만이 멀리까지 다닐 수 있게 되자, 휠러는 연구 학회에 그를 다시 초대하기 시작했다. 그러면서 아주 폭넓은 범위의 주제를 선택할 수 있게 해주었다. 천재적인 자신의 옛 제자가 어떠한 활동을 하든 뭐든지 분명 매력적일 터였다. 몇 가지 추측성의 주제들이 식상해서 파인만은 거절할 때가 많았지만 가끔씩은 수락했다.

1981년에 파인만은 오스틴 지역에서 열리는 그런 성격의 회의에 참가하기로 했다. 레이크 트래비스Lake Travis에 있는 레이크웨이 월드 오브 테니스 리조트 앤 스파Lakeway World of Tennis Resort and Spa에서 개최되는 회의였다. 파인만은 물론이고 다른 물리학자들도 그곳이 온통 테니스 분위기여서 딱 질색이었다. 함께 참석했던 프리먼 다이슨의 회상에 따르면, 수영장조차도 테니스 라켓 모양이었다고 한다. 나중에 드러난 사실이지만, 그때가 파인만과 다이슨이 사적으로 만난 마지막 자리였다.

호텔 객실의 문을 열고서 파인만은 깜짝 놀랐다. 으리으리한 스위트 객실은 소박한 취향의 파인만한테는 너무 화려했다. 완전히 돈 낭비로 비쳤다. 관리자는 파인만을 위해 더 작고 저렴한 방을 찾을 수가 없었다. 방이 꽉 찼던 것이다. 그래서 파인만은 번드르르한 숙소를 거부하고서 바깥에서 자기로 했다. 사막 기후처럼 꽤 더운 편이어서 큰 문제는 아니라고 여겼다. 하지만 밤이 오자 기온이 뚝 떨어져 몸이 떨리기 시작했다. 옷가방에서 스웨터를 꺼내 최대한 몸을 덮었다.

지역 신문인 『오스틴 아메리칸-스테이츠맨Austin American-Statesman』 기자가 물었다. 봉급도 많은 칼텍 교수이자 노벨상 수상자가 왜 노숙자처럼 잤냐고. 파인만 왈, "저는 바보 멍청이지만 인생을 즐길 줄은 알죠."

그래도 찬 데서 오랫동안 있을 수는 없었다. 정든 벗이 측은해 보였던지 휠러가 자기 집에 묵으라고 불렀다. 파인만은 아주 고마웠다. 나중에 기자에게 이렇게 말했다. "살면서 나 자신에 대해 후회되는 한 가지는 **휠러 교수처럼** 제가 좋은 사람이 아니라는 거예요. 그분처럼 제자들을 자택으로 부르고 자연스러운 관계를 못 가진 게 아쉽네요."

봉고의 리듬, 대중의 함성

휠러만큼 학생들한테 잘 대해주지 못했다고 밝히긴 했지만, 사실 파인만과 칼텍 학부 졸업생들은 수십 년간 끈끈한 사제관계를 이어갔다. 파인만은 젊은이들과 즐겨 어울리며 좋은 인상을 심어주었고, 학생들은 그를 올림포스 산의 제우스처럼 대했다. "프로시 캠프Frosh Camp"라는 대학의 오리엔테이션 행사에도 적극적으로 나섰다. 신입생들과 다양한 레크리에이션 활동 및 기타 과제 수행을 함께했기에, 학생들은 입학하자마자 파인만과 친해졌다.

칼텍의 무대공연 감독인 셜리 마누스는 〈아가씨와 건달들〉의 제작을 위해 봉고 연주자가 필요했다. 그러자 학생 프로듀서가 그녀에게 파인만 교수가 봉고를 잘 친다고 알려주었다. 당시 그녀는 파인만이 누군지도 몰랐지만 작품에 출연시켜도 되겠지 싶었다. 막상 수락해놓고 보니 노벨상 수상자가 아닌가! 만나자마자 파인만의 지위에 어울리는 존경을 표하려고 그녀는 "파인만 박사님"이라고 불렀다. 곧바로 파인만은 "저는 딕입니다"라고 우겼다. 기쁘게 연극 개요를 듣고 나서 두 가지 역할을 맡기로 했다. 봉고 연주자 그리고 안쪽 방에서 온갖 난잡한 짓이 벌어지는 동안에 목소리로 상황을 설명해주는 사람 역할이었다. 관객들이 아주 좋아라했다.

파인만은 깊이 빠져들었다. 연기를 한다는 것이 그렇게나 매력적이고 즐거운지 미처 몰랐던 것이다. 잠시 동안 자기를 벗어나서 다른 사람이 될 수 있게 해주었다. 파인만은 기꺼이 마누스의 연기 지도를 따랐고, 공연을 실현시키는 방법에 관한 전문가의 조언에 경의를 표했다. 이듬해 그녀는 더 큰 역할을 맡겼다. 파인만이 뮤지컬 〈피오렐로Fiorello〉에서 건달 프랭키 스카피니Frankie Scarpini 역을 맡게 된 것이다! 학생들은 파인만이 무대에 걸어 나와서 바보 같은 옷차림으로 과장된 연기를 하는 모습에 배를 잡고 웃었다.

마누스는 파인만처럼 위상이 높은 사람은 리허설에 시간을 많이 쓰지 않겠거니 여겼다. 하지만 파인만은 대여섯 시간씩 진행되는 리허설을 꽉 채울 때가 많았다. 자기 역할이 없을 때에는 종종 공연장 복도에 앉아서 학생들의 물리 숙제를 돕거나 무대 뒤의 칠판에서 물리 문제를 학생들과 함께 풀었다. 마누스가 보기에 파인만은 대단히 매력적이고 보탬이 되는 인물이었다.

파인만의 제자이자 연구 동료인 앨 힙스Al Hibbs는 매년 만우절마다 특정한 주제의 복장을 입고 참석하는 파티를 열었다. 이 행사를 기회 삼아 파인만은 옷을 특이하게 차려입고 멍청한 연기를 할 수 있었다. 여러 번에 걸쳐 라다크 승려, (긴 회색 턱수염을 자랑하는) 하나님, 퀸 엘리자베스 2세와 같은 복장을 하곤 했다. 마누스가 깔깔대며 웃은 옷차림도 있었다. 천문학이 주제였을 때인데, 파인만이 평범한 복장을 하고 나타나서는 자신을 가리켜 "시리우스"라고 불렀기 때문이다.*

그녀가 보기에 파인만은 고집도 있었다. 가령, 언젠가 캠퍼스 내 행사에서 한 방문자가 파인만의 저서인 『QED』를 갖고 와서는 저자 사인을 해달라고 부탁했다. 파인만이 1979년에 했던 강연을 바탕으로 쓴 양자전기역학 입문서였다. 막 서명을 하려는데, 방문자가 이런 말을 했다. 책이 너무 좋으니까 고등학교 학생들이 꼭 읽어야 한다고. 그러자 심기가 뒤틀린 파인만은 책을 사람들에게 강요한다며 그 사람을 나무라고는 서명을 해주지 않았다. 방문자가 간청했지만 파인만은 계속 거부했다. 그 사람이 눈물이 터지기 직전인 걸 본 마누스가 마침내 파인만을 설득했다. 그제야 파인만은 마음을 바

* 시리우스는 밤하늘에서 가장 밝게 보이는 별이기에, 옷은 평범한 밤하늘이지만 자신은 가장 밝은 별과 같은 존재라는 뜻으로 한 말인 듯하다.—옮긴이

꿔 저자 사인을 해주었다.

1981년 10월, 첫 수술 후 여러 해가 지난 그때에 파인만은 암울한 소식을 들었다. 암이 재발해 창자 주위로 퍼졌다는 것이다. 선택할 수 있는 치료법이라곤 대수술을 통해 암 조직 및 주위의 살을 제거하는 것뿐이었다. 열 시간이나 걸린 수술은 비교적 별 탈 없이 진행되어 성공인 듯싶었지만, 마지막에 의사가 수술 부위를 꿰맬 때 심장 근처의 중요한 동맥이 터지고 말았다. 피를 너무 많이 흘리는 바람에 병원에서는 다급히 전화로 헌혈자를 찾아 나섰다. 다행히 많은 학생들을 포함해 수백 명의 지원자가 전화를 받았기에, 그들이 존경하던 물리학자는 회복할 수 있었다. 파인만은 신체 조직을 꽤 많이 떼어냈기에 수술 후 무척 야윈 모습이었지만, 수술이 성공해서 교정과 가정으로 돌아갈 수 있다는 사실에 매우 고마워했다.

처음에는 건강이 나쁘니 다음 뮤지컬 작품인 〈남태평양〉 출연은 할 수 없을 것 같았다. 너무 낙담하고 있자, 집안 식구들이 파인만에게 역할에 관해 마누스와 이야기를 해보라고 권했다. 마누스는 조역으로 섬의 추장 발리 하이 역이 어떠냐고 제안했다. 발리 하이는 무용수들과 타악기 연주자들에 둘러싸여 있는 역할이다. 그러려면 화려한 복장에다 머리에 큰 장식물을 얹어야 하고 타히티어로 몇 가지 말을 해야 했다.

"하지만 셜리," 파인만이 대답했다. "나는 수술 자국이 있는데요." 수술 자국이 배에 떡하니 나 있는데, 의상은 그걸 고스란히 드러낼 것이다. 관객이 자신을 가엾게 여기게 만들고 싶지 않았다.

이미 추장 역을 점찍어 놓은 마누스는 파인만을 유심히 쳐다보았다. "진주를 잡으려고 잠수를 하다가 상처가 생긴 거예요. 물속에서 상어를 만나 싸우다가 물려서 생긴 상처라고요. 기절한 후 수면으로 떠올랐더랬죠. 마침 젊은 여인들이 배에 건져 올렸고 꽃잎으로 몸을 덮어주었지요. 섬에 도착하자 마을 주민들이 발리 하이라는 추장으로 추대시켜준 거고요."

"정말요? 그렇게 된 거예요? 그러면 더 잘 맡을 수 있겠네요!" 파인만은 자신이 갓 회복한 환자가 아니라 용맹한 전사가 된 느낌이었다. 그 후로 다시는 상처가 어쩌니 앓는 소리를 하지 않았다.

공연 날, 파인만은 무대에 오르기 전까지 무대 뒤에서 졸았다. 무대에 오르자 에너지를 가득 끌어모아 혼신의 힘을 다해 연기했다. 깜짝 놀란 관객들은 기분이 한껏 고조되었다.

마누스의 기억에 의하면, 관객들은 생사가 오가는 수술 직후에 파인만이 무대에 걸어 나오자 깜짝 놀랐다고 한다. "관객들이 충격을 받는 바람에, 공연장은 잠시 쥐죽은 듯 조용해졌어요. 그러더니 곧바로 함성을 질렀고 전부 기립박수를 쳤어요. 다들 정말로 파인만을 좋아했어요!"

파인만은 이후 다른 수많은 공연에서도 계속 등장한다. 역도 다양해서 〈샤이오의 광녀The Madwoman of Chaillot〉의 수어 킹Sewer King—삐딱한 조언을 던지는 역할—부터 〈성공시대How to Succeed in Business Without Really Trying〉의 무용수로 나선 관리인까지 두루 맡았다. 파인만은 정말이지 타고난 연기자였다.

인공적인 마음

파인만에게 기쁜 일이 생겼다. 자신의 학부 모교인 MIT가 컴퓨터 과학 프로그램에 아들 칼의 참여를 허락했고, 칼이 참여하기로 결정했기 때문이다. 인공지능 및 프레드킨과 민스키(둘 다 MIT 소속)의 연구에 흥미를 느낀 파인만은 아들에게 절호의 기회라고 여겼다. 칼이 그곳에 있는 내내, 컴퓨팅의 근본적인 내용이 파인만의 마음을 점점 더 사로잡았다.

1981년 5월, 파인만은 유명한 강연을 했다. "컴퓨터로 물리학을 시뮬레이션하기"라는 제목의 강연에서 그는 양자 컴퓨팅이라는 개념을 내놓았다. 강연 서두에서 그는 프레드킨의 연구에 감사를 표하면서, 덕분에 자신이 그 분야에 점점 더 관심을 갖게 되었다고 밝혔다. 이어서 세포자동자와 같은 단순한 디지털 시스템의 개념으로 어떻게 결정론적인 고전물리학을 시뮬레이션할 수 있을지 설명했다. 가역적인 컴퓨팅의 성공이야말로 그런 시뮬레이션을 위한 열쇠라고 그는 강조했다. 왜냐하면 고전물리학은 시간에 대해 가역적이기 때문이다.

비결정론적인 계의 경우, 확률이 메커니즘 속에 구현될 수 있다. 마치 카지노의 슬롯머신의 작동을 위한 프로그래밍이 확률을 바탕으로 설계되어 있듯이 말이다. 하지만 현실적인 양자계 모형의 경우 표준적인 자동자와 일반적인 컴퓨터로는 충분하지 않다고 파인만은 주의를 당부했다. 양자역학의 기이함을 재현하려면, 상태들의 중첩에 바탕을 둔 양자역학이 필요할 것이다. 그는 업 스핀과 다운 스핀 상태가 중첩된 전자 또는 시계 방향 편광과 반시계 방향 편광 상태의 중첩인 광자를 이진 양자 요소로 사용할 수 있지 않겠냐고 제안했다. 이처럼 양자화된 비트는 이후 "양자 비트quantum bit" 또는 "큐비트qubit"라고 알려지게 된다. 휠러 밑에서 공부했던 벤저민 슈마허Benjamin Schumacher가 처음 내놓은 용어이다.

세포자동자와 흡사하게 이러한 양자 비트들을 모아 격자를 구성할 수 있는데, 각각의 격자는 바로 이웃 격자와 양자역학의 규칙에 따라 상호작용한다. 그런 장치는 모든 이력의 총합을 사이버네틱 영역에서 구현하는데, 자연의 불확실성을 이용해 정보의 넓은 스펙트럼을 전송하고 마지막에 측정이 이루어지면 양자 상태들의 중첩이 그 구성요소 중 하나로 붕괴되면서 최종 결과가 나오게 된다. 답을 위한 하나의 직선적인 경로를 취하는 대신에, 그런 장치는 모든 가능한 대안들을 동시에 시도해 봄으로써 시간을 상당히 아낄 수 있다. 많은 쥐들이 한꺼번에 치즈 한 조각을 찾는 미로와 흡사하다. 그러면 치즈를 아주 빨리 찾아낼 가능성이 높다. 놀랍게도 파인만은 모든 이력의 총합 기법을 내놓은 지 사십 년이 지났는데도 그 개념의 새로운 사용례를 찾고 있었다.

파인만은 아들이 MIT에서 공부하는 내용을 점점 더 흥미롭게 지켜보았다. 민스키의 인공지능 연구소에 학부생으로 참여하는 내내, 칼은 병렬 처리 방안에 관여했다. 컴퓨터 프로세서들을 병렬로 연결하여 더욱 빠르고 효과적인 연산 능력을 얻는 방안이다. 1983년에는 칼과 함께 공부했던 대학원생인 W. 대니얼 힐리스W. Daniel Hillis가 싱킹 머신스 코포레이션Thinking Machines Corporation이라는 회사를 세우기로 결정했다. 백만 개의 병렬 프로세서를 장착한 "연결 기계"라고 하는 신세대 컴퓨터를 설계하고 제작하기 위한 회사였다.

칼은 힐리스를 자기 집에 데리고 가서 아버지한테 소개시켰다. 파인만은 처음에는 힐리스의 계획을 미심쩍어했지만, 곧 그 아이디어를 반겼다. 힐리스가 깜짝 놀라게도, 파인만은—그 무렵은 장거리 이동을 할 만큼 건강이 좋아졌다—보스턴 소재의 벤처 기업에 가끔씩 가서 자기도 돕겠다고 했다. 사업이 시작되자 칼은 회사 일에 적극적으로 참여했다. 여러 해가 지난 후 파인만은 신이 나서 다음과 같이 말하게 된다. "일 년 전만 해도 거대한 병렬 컴퓨터는 사용이 매우 제한적이었는데, 이제는 그게 하지 못할 일을 찾기가 더더욱 어려워지고 있다."

큐비트와 초끈

한편 블랙홀 정보 이론을 여전히 마음에 품고서 휠러는 "비트에서 존재로"

개념을 관심 있는 누구에게나 계속 설교하고 있었다. 비록 휠러와 파인만 둘 다 우주에서 이진 연산의 의미에 주목하긴 했지만, 서로 접근하는 방식은 줄곧 달랐다. 일반적으로 휠러는 몽상가였고 파인만은 행동가였다. 휠러는 별, 과거 그리고 미래를 바라본 반면에 파인만은 지금 여기 지구상에서 어떻게 할지를 살폈다.

1985년, 많은 이론물리학자들은 중력과 다른 힘들을 통합시킨 양자론이 제시하는 새로운 전망에 한껏 들떠 있었다. 바로 "초끈 이론"이라는 새로운 이론이었다. 런던 대학의 마이클 그린Michael Green과 칼텍의 존 슈워츠John Schwarz가 많은 이들의 아이디어를 바탕으로 개발한 그 이론은 특이한 요소들이 여럿 있었다. 첫째, 쿼크나 전자와 같은 점입자를 플랑크 길이 규모에서 진동하는 에너지의 지극히 작은 끈으로 대체했다. 이 끈은 크기가 유한하기 때문에 장 이론의 무한대 항들 또한 유한해졌고, 따라서 재규격화가 불필요했다. 아울러 그 이론은 물질의 구성요소인 페르미온과 힘의 매개자인 보손 사이의 새로운 대칭성을 바탕으로 하고 있었기에, 페르미온과 보손이 그 이론하에서 서로 변환될 수 있었다. 하지만 가장 놀라운 점은 오직 10차원(또는 그 이상 차원)에서 수학적으로 타당한 이론이라는 것이다. 관찰 가능한 시공간은 4차원뿐이기에, 나머지 6차원은 플랑크 길이 규모의 조밀한 기하구조 속에 말려 있어서 관찰되지 않는다고 한다.

표준 모형을 이용하여 중력을 양자화하는 연구(양자전기역학의 일반화 연구)에 진척이 없어서 좌절해 있던 다수의 저명한 이론가들은 초끈 이론을 유망한 연구 분야로 여겨 주목했다. 하지만 휠러와 파인만은 서로 다른 이유에서 그 이론이 미심쩍었다. 휠러는 그 이론이 충분히 포괄적이지 않다고 여긴 반면, 파인만은 증거 부족을 꼽았다.

"우리는 폭넓은 질문을 던져야 합니다." 나중에 휠러는 말했다. "우주는 왜 존재하는가? 양자는 왜 존재하는가? 일전에 동료 과학자가 끈 이론을 강연하는 걸 들은 적이 있어요. 그걸 마치 복음을 설교하는 장로교 목사처럼 늘어놓더군요."

"내가 젊었을 때 보니까, 이 분야의 원로들 다수는 새로운 개념을 잘 이해하지 못했는데… 가령 아인슈타인은 양자역학을 잘 파악하지 못했다." 파인만이 직접 한 말이다. "이제 나도 늙고 나니 새로운 개념은 얼토당토않은 것 같다. 방향을 잘못 잡은 이론처럼 보인다."

그해에 데이비드 도이치가 발표한 논문 「양자론, 처치-튜링 원리 및 보편 양자 컴퓨터」는 휠러와 파인만의 구미에 훨씬 더 맞는 개념을 제시했다. 도이치는 결정론적인 튜링 기계를 큐비트에 바탕을 둔 보편 양자 컴퓨터 속에 일반적으로 구현하는 방법을 내놓았다. 이를 통해 양자 병렬처리가 표준적인 선형 알고리즘보다 얼마나 더 빠를 수 있는지를 보여주었다. 마지막으로 그는 휴 에버렛 3세가 제시한 양자역학의 다세계 해석이 그런 장치의 작동을 기술하는 논리적으로 가장 일관된 방법이라고 주장했다.

도이치 외에도 에버렛의 해석을 적극 지지하는 사람들이 있었다. 독일 물리학자 H. 디터 체Dieter Zeh는 그 해석의 함의를 1970년에 제시된 "다의식 해석many minds interpretation"이란 개념을 통해 탐구했다. 체의 가정에 의하면, 관찰자 자신은 관찰의 순간에 나누어지지 않고, 측정되고 있는 대상과 함께 상태들의 중첩 상황에 놓인다. 붕괴가 일어나는 대신에 관찰자의 파동함수는 관찰된 양자계의 상태와 얽힌다(동일한 양자 상태로 연결된다). 그렇다면 왜 그는 가능성들의 혼합이 아니라 확정적인 측정을 지각하는 것일까? 이유인즉, 체의 주장에 의하면, 관찰자의 의식 상태가 상이한 가능성들로 분기하며, 그 각각이 저마다의 확정적인 결론을 갖기 때문이다. 그렇지만 관찰자는 마음이 하나뿐인지라, 다른 선택들은 존재하긴 해도 비작동 상태가 된다.

체는 다의식 개념과 관련된 또 하나의 개념, 이른바 "결어긋남decoherence" 개념을 개발해내는 데 일조했다. 휠러의 제자였으며 텍사스 대학 교수인 보이치에흐 주렉Wojciech H. Żurek도 그 개념의 저명한 개발자 중 한 명이다. 결어긋남은 각각의 양자 측정의 순간 양자계가 주위 환경과 얽힌다고 상정한다. 짧은 기간 내에 일어나는 얽힘으로 인해 계의 중첩은 한 특정 상태로 귀결된다. 마치 나무가 바람을 맞아서 계속 어느 한 방향으로 흔들리다가 결국 그쪽으로 넘어지는 상황과 흡사하다. 주위 환경과 고립된 매우 작은 계만이 오랜 기간 중첩 상태로 유지될지 모른다. 매우 큰 계는 지속적으로 불가피하게 환경에 노출되기 마련이다. 따라서 그러한 계는 중첩보다는 확정적인 상태로 유지되는데, 이것이 바로 "고전적인" 계이다.

바라보는 나 그리고 자체 야기 회로

창의력이 풍부한 제자들과 어울리다 보니 휠러는 더더욱 "모든 것은 정보다"라는 방향으로 기울었다. 이제는 일반상대론적 관심은 제쳐두고 양자 정보 이론을 주로 탐구했다. 아울러 지연된 선택 실험을 우주 자체에 적용하면서, 스승 보어와 마찬가지로 점점 더 철학적인 측면에 관심을 가졌다. "철학은 철학자들한테 맡겨두기에는 너무나 중요하다"고 말할 정도였다.

휠러는 자신이 새로 탐구하는 철학을 "참여적 인류 원리"라고 불렀다. 보어의 상보성과 마찬가지로 관찰자의 역할을 강조한 개념이었다. 하지만 흥미롭게도 지연된 선택으로 인해 그 관찰자는 미래뿐 아니라 과거를 만들어내는 능력도 있다. 앞서 언급했던 천문학자, 즉 반도금된 거울을 망원경에 부착함으로써 아득한 과거에서 온 광자를 입자 상태나 파동 상태 중 하나로 검출하는 천문학자가 그런 예다. 기하역학과 양자 거품에 관한 이전의 연구로부터 휠러는 과거의 구조들의 파동함수에 영향을 미침으로써 우주 자체의 운명을 만들어낼 수 있다고 믿었다. 그러므로 어쩌면 (미래 시점의) 인간의 관찰로 인해 (과거의) 원시 우주는 생명을 유지하는 능력을 진화시켜온 것이다. 결과적으로 오늘날의 인류는 아득한 과거까지 향하는 엄청난 관찰 능력을 지니게 되면서, 어떤 의미에서 자신의 존재를 위한 조건을 창조하게 되었다. 전자의 비유를 끌어들여 휠러는 이 개념을 "자체 야기 회로self-excited circuit"라고 명명했고, 이를 표현한 인상적인 그림을 하나 그렸다. 한쪽 편의 눈이 반대편의 자신의 과거를 바라보는 U자 형태의 그림이었다.

"우주는 우리와 독립적으로 '저 바깥에' 존재하지 않는다"고 휠러는 적었다. "우리는 일어나고 있는 듯 보이는 것을 일어나게 하는 데 필연적으로 관련되어 있다. 우리는 다만 관찰자에 그치지 않는다. 참여자이기도 하다. 희한하게도 우리가 사는 우주는 참여적 우주이다."

휠러는 종종 "스무고개: 서프라이즈 버전"을 했는데, 이는 관찰이 새로운 것을 창조한다는 개념을 밝히는 일종의 놀이였다. 이 놀이에서 한 무리의 친구들은 고전적인 스무고개 놀이를 약간 변형시켜서—시작할 때 누구도 특정한 단어를 마음에 품지 않기—하기로 은밀히 동의한다. 질문자는 그들의 공모를 듣지 못하게끔 공모할 때 방 바깥에 있었기에, 그 계략을 모른다. 대신에 질문자가 질문을 던진 후에 각 참여자는 다른 이들의 답을 듣고서 자신이 생각하는 답이 이전의 모든 대답과 일치되도록 해야 한다. 그러면 당연히 정답의 경우의 수가 자꾸만 줄어든다.

예를 들어 설명해보자. 질문자가 이렇게 묻는다. "물리학자야?"

아무도 미리 답을 정하지 않았으니, 첫 번째 답변자가, 가령 "응"이라고 답한다.

아인슈타인인가 싶어 질문자는 다시 묻는다. "바이올린 켜는 사람이야?"

두 번째 답변자가 대답한다. “아니.”

그러자 질문자는 묻는다. “악기를 연주하긴 하는 사람이야?”

세 번째 답변자가 대답한다. “응.”

그러자 질문자는 이렇게 묻는다. “유럽에서 태어난 사람?”

네 번째 답변자가 대답한다. “아니.”

즉흥적으로 질문자는 묻는다. “드럼 치는 사람이야?”

다섯 번째 답변자가 대답한다. “응.”

이런 식으로 경우의 수가 자꾸만 줄어든다. 질문은 계속되고 마침내 질문거리가 다 떨어져 갈 때쯤 질문자는 묻는다. “파인만이야?”

처음에 답변자들이 파인만을 미리 정하지 않았는데도 마지막 답변자는 이전의 모든 답과 일치하는 다른 사람(또는 다른 것)을 떠올릴 수가 없다. 그래서 한참 뜸을 들인 후 그는 “응”이라고 답할 수밖에 없다. 이런 식으로 모든 “관찰 결과들”로부터 “파인만”이라는 답이 나오게 된다.

휠러의 스무고개와 “비트에서 존재로”의 심오한 관련성은 모든 질문이 네와 아니오, 즉 0과 1의 이진 답을 갖는다는 사실이다. 따라서 답은 질문에 의해 나올 뿐만 아니라 질문에 대한 모든 답의 이진 열에 의해 표현될 수 있다. 마찬가지로 지연된 선택 실험에서도 이진 스위치 설정—임의로 거울을 올리거나 내림으로써 파동적 행동 또는 입자적 행동을 결정하기—이 그 실험의 결과를 부호화했다. 휠러가 그랬듯이 지연된 선택 실험을 우주 자체에 적용하면, 어떤 유형의 우주론적 측정을 실시할지 결정하는 이진 열을 통해 우주의 속성을 소급적으로 부호화하는 상황을 상상해볼 수 있다.

이런 개념을 통해 휠러는 우주의 법칙들이 어떻게 생겨났는지를 나름대로 추측했다. 한 인터뷰에서 파인만은 휠러의 개념을 어떻게 보냐는 질문을 받자, 별로 할 말이 없다면서도 자기 취향에 그 주제는 너무 사변적이라고 덧붙였다. 그 인터뷰에서 파인만은 다세계 해석이 옳은지 여부에 대해서도 의견을 밝히지 않았다. 파인만은 실용적인 문제에 늘 주목하는 사람이었다.

파인만은 말했다. "오로지 내 관심사는 자연의 작동 방식과 일치하는 규칙들을 찾으려는 것뿐입니다. 그 이상 더 멀리 가려고 하지는 않아요. 철학적인 논의는 대체로 심리적으로 유용하긴 하지만, 결국에는 지금껏 나온, 게다가 아주 열정적으로 나온 철학적인 내용들을 역사적으로 되짚어 보면, 거의 언제나—어느 정도는—헛소리예요!" •

프린스턴으로 돌아오다

휠러는 여전히 마음이 굉장히 젊었지만, 나이는 속일 수 없었다. 1986년 4월 그는 세턴 메디컬 센터에서 심장절개 삼중우회 수술을 받았다. 그 당시엔 매우 위험한 수술이었는데, 그도 그럴 것이 심장을 멈추고 두 시간 동안 얼음에 감싸놓아야 했으니 말이다. 끔찍한 경험을 하고 나자 휠러는 죽음에 관해 생각하게 되었다. 마침 수술은 잘 되었지만 약 두 달 동안은 꼼짝 말고 휴식을 취해야 했다. 그래도 휠러에게는 정성을 다해 보살펴주는 아내가 있었다.

6월이 되자 몸이 많이 좋아졌다. 삶을 새로 얻은 것만 같았다. 옛 생각을 하다가, 파인만과 함께했던 날들이 떠올라 그에게 편지를 썼다. "그 당시 물리학은 흥미진진했네. 지금은 훨씬 더 흥미롭긴 하지만 말일세. 조만간 다시 자네를 만나 정보의 물리학을 오래오래 논하고 싶네."

그 무렵 파인만의 이름은 뉴스에 자주 오르내렸다. 그해 초에 일어난 챌린저호 사고에 대한 대책으로 파인만이 사고 원인을 조사하는 로저스 위원회 회원으로 초빙되었기 때문이다. 파인만답게, 공정한 결론을 내리고 싶어서 독립적인 조사를 실시했다. 사고원인으로 주목한 것은 고무 "오링O-ring"

이었다. 우주왕복선 추진체의 접합부를 밀봉하는 부품이었다. 검사해본 결과 온도 변화에 대한 회복력이 충분하지 않다는 결론을 내렸다. 청문회에서 그는 오링을 얼음물에 담그는 실험을 통해 회복력이 부족함을 입증했다. 위원회의 보고서가 준비되었다기에 보니까 너무 두루뭉술했고 그가 제기한 훨씬 더 예리한 비판은 부록에 집어넣었다. 그 보고서는 다양한 시스템에서 결함이 발생할 가능성을 내다보지 못한 관계자들의 실수를 포함하여 여러 실수들을 열거하면서 마지막으로 이런 훈계를 덧붙였다. "성공적인 기술을 위해서는 현실을 선전보다 우선시해야만 한다. 자연은 속여넘길 수가 없는 법이다."

휠러의 마음은 특이한 개념들로 계속 소용돌이쳤다. 8월에는 자신이 최근에 완성했던 추측성 논문을 파인만에게 보냈다. 제목은 「양자는 왜 생겨났는가?」였다. 파인만에게 논문의 특이한 점을 알리는 쪽지를 붙였는데, 이랬다. "희한한 발상을 내놓는 재주는 자네한테서 물려받은 것이지 않나?"

언제나 통념에서 조금 벗어나 있는 휠러의 추측성 개념은 거의 이해불가능일 정도로 추상적이었다. 너무 철학적이어서 누구도 그걸 검증할 방법을 상상할 수 없었다. 어떤 종류의 실험 데이터가 "존재는 왜 생겨났는가?"와 같은 질문을 검증할 수 있단 말인가?

하지만 휠러는 뉴에이지 구루나 사이비과학자로 알려질 마음은 없었다. 가령 그는 미국과학진흥협회의 회의에서 자신이 초심리학자들과 함께 패널에 포함되었을 때 불평을 격하게 쏟아냈다. 파인만도 그렇게 얽히는 걸 원하진 않았지만, 1984년에 온천욕 마니아를 위한 뉴에이지 성지에서 강연을 하나 했다. 캘리포니아의 빅서Big Sur에 있는 에살렌 연구소에서 "극미 기계"라는 제목의 강연을 했던 것인데, 나노기술에 관한 그의 새로운 견해를 밝힌 자리였다. 또한 그는 부유 탱크flotation tank에 들어가 자기 몸으로 실험을 했다. 고립되고 감각이 차단된 상태가 자신의 생각에 어떤 영향을 미치는지 알아보기 위해서였다. 휠러라면 온천탕이나 부유 탱크 대신에 메인 주의 조용하고 한적한 암석지대 해변을 찾았을 것이다.

『리더스 다이제스트』 1986년 9월 호는 「존 휠러의 마음속」이란 기사를 실었다. 휠러의 견해를 과장해서 표현한 이 글 때문에 신비주의 신봉자들한테서 원치 않는 지지를 많이 얻었다. 과학과 종교와의 관계를 그가 알아냈음을 암시하는 내용이었기 때문이다. 그 결과, 전 세계에서 추종자 수십 명한테서 편지가 쏟아져 들어왔다. 마치 그가 물리학의 정신적 지도자라도 된 듯한 분위기였다. 팬레터들—두말할 것도 없이, 관심을 끌 요량으로 해괴한 이론들로 가득 찬 편지들—을 그냥 쌓아놓고 이번 사태를 완전히 무시하기로 마음먹었다.

한껏 우쭐해지긴 했지만, 일흔다섯의 나이인지라 텍사스 대학 교수직에서 은퇴해야 할 때가 왔다고 보았다. 오스틴에서 지낸 십 년은 미지의 영역을 개척한 굉장히 결실이 풍부한 시기였다. 하지만 모험을 마친 오디세우스처럼 고향으로 돌아갈 준비가 되었다. 고향은 동부 해안 지역 특히 프린스턴 지역을 의미했다. 프린스턴 대학에서 자동차로 가까운 거리에 은퇴자 마을도 찾았고 석좌교수로 지낼 재드윈 홀Jadwin Hall(프린스턴 물리학과의 새 둥지)에 연구실도 마련하고 나니, 모든 준비가 마무리되었다. 1987년 2월 말에 휠러는 가족과 함께 그곳으로 이사했다.

웜홀은 과거로 가는 문

연구 인생의 마지막 십 년 동안 휠러는 대중 강연과 저술에서 웜홀보다 블랙홀을 훨씬 더 자주 언급했다. 비록 폭넓은 추측을 하는 편이긴 하지만, 더 현실적이고 실제적인 측면을 중요한 기준으로 삼았다. 그때까지 천문학자들은 많은 블랙홀 후보들을 확인했지만, 웜홀은 아무런 현실적이고 확실한 해가 없는 순전히 가설적인 개념으로 남아 있었다. 물리학 저널도 웜홀은 별로 다루지 않았다.

하지만 1980년대 중반에 천문학자 겸 과학저술가인 칼 세이건이 킵 손에게 항성 간 여행을 위한 특별한 방법이 있느냐고 물었다(세이건의 소설 『콘택트Contact』에 이용하기 위해서였다). 그 질문을 받고 킵 손은 웜홀을 다시 되살려내 자기 제자 마이클 모리스와 함께 웜홀을 (이론적으로 말해서) 공간상의 지름길로 삼을 방법을 연구하기로 결심했다. 휠러가 상상했듯이 시공간 거품 속에 깃든 아주 작은 웜홀 대신에, 모리스와 손은 원래는 아주 멀리 가야 할 길을 우주선이 안전하게 질러갈 수 있을 만큼 매우 크고 안정적인 가상적인 천체를 찾아 나섰다.

얼마 지나지 않아 모리스와 손은 웜홀을 만들어낼 수 있는 핵심 요소를 알아냈다. 바로 음의 질량을 가진 것으로 추측되는 물질이다. 일반적인 양의 질량 물질과 더불어 그런 물질을 특별하게 배열함으로써, 안전하고 빠른 통과가 가능할 정도로 넓고 튼튼한 출입구를 지닌 웜홀을 만들 수 있을 것이다. 원리적으로 볼 때, 우주비행사는 웜홀의 한쪽 "입"(입구)으로 들어가서 "목구멍"(연결 통로)을 통과하여 꽤 짧은 시간 후에 두 번째 입을 통해 온전하게 나올 수 있다. 그러면 우주의 광활한 영역을 단번에 지나갈 수 있다.

연구팀은 이러한 웜홀 통과 방법이 구현되려면 현재의 수준을 훌쩍 뛰어넘는 기술이 필요함을 잘 알고 있었다. 첫째, 그러한 웜홀의 전체 질량은 한 은하의 질량과 맞먹을 것이다. 엄청나게 고도로 발전한 문명만이 그런 무거운 구조를 조립할 수 있을 테다. 더군다나 웜홀의 가장 핵심 구성요소인 음의 질량 물질도 아직 발견되지 않았다. 그런 난관이 있음에도 모리스와 손이 자신들의 방법에 관해 쓴 논문은 중력 물리학계에서 상당한 주목을 받았으며 해당 주제에 관한 다른 수많은 논문에 영감을 주었다.

모리스와 함께 첫 번째 논문을 쓴 직후 손은 또 다른 제자인 울비 유르체버Ulvi Yurtsever를 연구팀에 합류시켜 웜홀 시간여행에 관한 두 번째 연구를 시작했다. 이 연구팀이 밝혀낸 바로는, 과거로의 여행이 가능하도록 웜홀을 조작할 수 있을지 모른다. 그러면 과거로의 시간여행을 포함해 쿠르트 괴델이 제시한 공간 속의 고리를 통한 이동—괴델의 버전에서는 회전하는 우주가 필요했던 방식—이 훨씬 더 현실로 다가올 수 있다.

상대성이론에 의하면, 미래로 가는 여행은 비교적 단순하다. 기술 발전이 앞으로 상당히 이루어지면, 여러분은 우주선을 타고 광속에 가깝게 여행을 할 수 있을 것이다. 그러면 시간 지연으로 인해 여러분의 시계는 지구에 남은 사람들의 시계보다 훨씬 더 느리게 갈 것이다. 그러므로 지구로 돌아오면 여러분의 친구와 가족은 여러분보다 훨씬 나이가 들어 있을 테다. 즉, 여러분은 시간을 건너뛰어 미래에 가 있는 것이다. 그리고 우주선의 속도가 더 빠를수록 시간 지연이 더 많이 일어나므로, 더 먼 미래로 가게 된다.

과거로 가는 시간여행은 훨씬 더 어렵다. 인과관계의 법칙을 우회하고 시간의 바늘을 거꾸로 돌려야 하기 때문이다. 하지만 손의 연구팀이 밝혀냈듯이, 만약 고도로 발달한 문명이 통과 가능한 웜홀을 만들어서 그것의 한 입을 광속에 가깝게 가속시키면, 우주선이 입으로 들어가 목구멍을 통과하고 다른 쪽 입으로 나와서 시간을 거스르는 여행이 가능하다. 그 방안은 두 번째 입에 대한 첫 번째 입의 상대적인 시간 지연을 바탕으로 한다. 즉, 첫 번째 입이 두 번째 입보다 미래로 더 많이 감으로써, 결과적으로 과거로 가게 되는 셈이다.

가령, 한 외계 문명이 1938년도의 지구로 와서 웜홀을 만드는데, 한쪽 입에는 웜홀의 시간 일 년에 우리 시간 백 년이 가게 했다고 치자. 그 입은 2038년에 "살게" 된다. 다른 쪽 입은 첫 번째 입에 비해 정지해 있어서, 그것의 시간이나 우리의 시간으로 일 년이 지났다고 하면, 그것은 1939년에 "살게" 된다. 논의의 편의상 이렇게 상상해보자. 두 입이 지구에 아주 가까이 놓여 있고 우주비행사가 그 속으로 들어가서 적당한 시간에 지구로 되돌아온다고 말이다. 용감한 우주비행사라면 2038년에 첫 번째 입으로 들어가서 웜홀의 목구멍을 통과하여 두 번째 입을 통해 1939년으로 갈 수 있다. 그때 지구로 간다면 파인만이 휠러를 만나는 바로 그 순간을 포착할 수 있을 것이다.

과학소설을 많이 읽은 독자라면 이 시점에서 시간여행 역설이 떠오를 것이다. 가령, 1939년의 프린스턴으로 돌아갔더니 파인만이 휠러 대신에 유진 위그너의 조교로 임명되어 있다면 어떻게 되는가? 아마도 입자물리학은 (역사적 사실과) 다른 경로를 밟을 수도 있을 것이다. 역사를 교란시키는 것을 방지하기 위해 손의 연구팀은 과거로의 시간여행이 자기일관적이어야 한다고 주장했다. 풀어서 말하자면, 과거에서 생긴 일은 알려진 사건의 경과와 반드시 일치해야 한다는 것이다. 즉, 젊은 파인만에게 조언을 건넨다든지 하여 역사에 영향을 줄 수는 있지만, 과거사를 실제로 바꿀 수는 없다. 과거에서의 행각은 다만 견고한 시간이라는 건물의 미미한 일부일 뿐인 것이다.

웜홀은 아직도 가설일 뿐이다. 관측 천문학자들은 기존의 천체들 및 그런 천체들이 펼치는 사건에 훨씬 더 관심이 많다. 그런 사건들 중 하나로 가장 흥미진진한 것이 바로 초신성 폭발이다.

파인만의 초신성

무거운 별은 종말을 맞을 때 찬란한 불꽃놀이를 벌인다. 짧은 시기 동안 초신성은 폭발하면서 엄청난 양의 에너지를 방출하는데, 전체 은하의 에너지보다 더 큰 에너지가 나온다. 그런 폭발을 통해 다양한 주파수의 광자들, 중성미자, 중력파 그리고 별에서 분출되는 물질들이 우주 공간으로 흩어진다. 고에너지 광자는 폭발한 별 주위의 성간 가스를 가열시키고, 이렇게 가열된 가스가 분출된 물질과 결합하여 "초신성 잔해"라는 화려한 무늬를 만들어낸다.

은하수에서는 물론이고 어떠한 은하에서든 초신성 폭발은 드물게 일어난다. 맨눈으로 볼 수 있을 정도로 가까이서 일어나는 대재앙은 고작 몇백 년에 한 번꼴이다. 그런 까닭에 천문학자들은 1987년 2월 23일 대마젤란성운에서 일어난 초신성 폭발을 관찰했을 때 흥분을 감출 수 없었다. 그곳은 우리은하의 위성 은하로서, 지구로부터 약 16만 광년 떨어져 있다. 이 폭발로 인해 방출된 막대한 양의 빛 에너지가 지구에 도착한 지 몇 시간 후, 보이지 않는 중성미자들이 지구로 쏟아져 들어왔다. 지하 깊숙한 곳에 설치된 특수한 시설을 이용하여 그 중성미자들을 검출해냄으로써 중성미자 천문학 시대의 여명이 열렸다.

조 웨버는 메릴랜드 대학에서 자신의 관측 장치를 이용해 데이터를 모았고 물리학자 에도아르도 아말디Edoardo Amaldi도 로마에서 비슷한 장치를 이용하여, 초신성 폭발로 인해 생긴 중력파의 증거를 둘 다 발견했다. 두 과학자는 거의 같은 시간에 비슷한 신호를 검출했다고 주장했다. 하지만 대다수 천문학자들은 둘의 장치가 멀리서 오는 신호를 포착할 만큼 민감하지 않다고 주장했다. 따라서 둘의 결과는 널리 인정받지 못했다. 만약 그 당시에 레이저 간섭계 중력파 관측소가 있었다면, 그런 신호를 완벽하게 포착했을 것이다.

초신성 폭발 직후에 파인만은 칼텍 신입생을 위한 물리학 수업의 초빙 강연을 하다가 이렇게 말했다. "튀코 브라헤 때도 초신성이 폭발했고, 케플러 때도 그랬지요. 그 후로 400년 동안은 이런 엄청난 폭발이 없었는데, 이제 내 때에 또 나타났네요." 그런 드문 사건이 일어날 기간만큼 오래 살아서 다행이라는 의미로 한 말이었던 듯하다. 특히 전에 죽음의 문턱에 아주 가까이 간 적도 있었으니까.

과학자 파인만의 위상은 갑작스러운 초신성 폭발보다 훨씬 더 찬란했다. 수십 년 동안 지속적으로 뜨겁게 타올랐기 때문이다. 하지만 전이되어 재발한 암세포의 공격 때문에 몸은 차츰 야위어갔다. 1986년 10월에 수술을 한 차례 더 받았는데, 회복이 더뎠다. 몇 년 새 무척 나이가 든 것 같았다. 그래도 앓는 소리를 하지 않고 마음을 느긋하게 먹었다. 레이턴과 오랫동안 준비했던 탄누 투바 여행 계획에 집중하면서 말이다.

가장 힘든 마지막 수술은 1987년 10월에 있었다. 상당한 양의 종양 조직과 더불어 주위의 건강한 조직까지 꽤 제거한 바람에 신장에 이상이 생겨 투석을 받아야 했다. 이후로는 일상생활을 하기도 벅찼다. 너무 쇠약해졌고 통증도 심했기 때문이다. 그런데도 파인만은 자신에게 배정된 소립자 이론 대학원 수업을 가르쳐야 한다고 부담을 느꼈다.

수술에도 불구하고 암이 몇 달 후 다시 찾아왔는데, 이번에는 수술도 불가능했다. 1988년 2월 3일, 파인만은 매우 상태가 안 좋아져서 UCLA 메디컬 센터에 입원했다. 가망이 없음을 알고서 그는 특별한 치료 대신에 삶의 마지막을 평온하게 맞이할 수 있게 해달라고 부탁했다. 이미 세상에 빛나는 업적을 남겼으니 더 이상 삶을 연명하지 않아도 괜찮았다. 유쾌한 인생의 추억들을 모은 두 번째 책—첫 번째 책은 대단한 베스트셀러가 되었다—도 막 집필을 마친 후였다.

그즈음 제리 조르티언이 아내와 함께 문안을 왔다. 이전 같았으면 어릿광대짓을 했겠지만 이번에는 통증이 너무 심했다. 알린의 힘겨운 투병생활과 결국 찾아온 죽음의 기억이 다시 덮쳐와 파인만은 흐느끼기 시작했다. 극도로 쇠약해진 친구를 뒤로 두고 제리는 마지막 작별인사를 했다. 파인만은 친구에게 나가서 즐겁게 살라고 말하면서, 애써 의연한 표정을 지었다.

며칠 후 2월 15일 파인만은 마지막 시간을 아내 궤네스, 여동생 조안, 사촌 프랜시스 르윈과 함께했다. 나중에 안 사실이지만, 소련과학아카데미의 부회장이 소련과 탄누 투바에 오라는 초대장을 막 파인만에게 보냈다. 하지만 초대장은 너무 늦게 도착했다.

조르티언의 문안을 받은 후 그는 정신이 오락가락했다. 잠깐 정신이 돌아왔을 때, 말할 기력도 없었다. 그래도 간신히 마지막 말을 남겼다. "두 번은 못 죽겠네. 죽는다는 건 너무 지겨워."

그날 칼텍 학생들은 높은 밀리컨 도서관 건물에 큰 현수막을 내걸었다. "사랑해요, 파인만 교수님." 파인만은 칼텍 학생들의 전설이자 영웅이자 과학계의 마법사였다. 아마도 학생들은 파인만이 어떻게든 파괴자인 시간을 마법과도 같이 되돌려서 다시 건강한 모습으로 교정에 돌아오길 바랐을지도 모른다. 학내 뮤지컬 공연에서 기적처럼 다시 나타났듯이 말이다. 만약 누군가가 어떠한 상황에서도 살아남는 비결을 알아낼 수만 있다면…

왜 존재하는가?

왜 존재하는가? 왜 죽는가? 왜 파인만이 지상에서 보낸 시간은 그렇게나 빨리 끝나버렸는가?

마지막 십 년 동안 휠러는 자신이 걸출한 몇몇 제자들보다 더 오래 살았음을 실감했다. 휴 에버렛이 쉰하나에 심장마비로 죽었다. 적어도 그는 드윗 덕분에 자신의 연구 업적이 칭송되는 것을 볼 만큼은 살았다. 사후 에버렛의 다세계 해석은 언론을 타면서 더 많은 지지자들을 얻었다. 가령 BBC 다큐멘터리 〈평행한 삶들, 평행한 세계들〉 같은 방송이 한몫했다.

피터 퍼트넘은 휠러가 마음이 깊이 통한다고 느꼈던 사람인데, 그는 졸업 직후 물리학 분야를 떠났다. 유니언 장로신학교Union Theological Seminary에서 철학을 잠시 가르친 뒤에는 루이지애나 주의 후머로 가서 가난한 가정을 위한 법률 서비스를 하면서 밤에는 수위로 일했다. 결국에는 자신도 빈털터리가 되었다. 1987년 어느 날 저녁에 자전거를 타다가 그만 음주운전 차량에 치여 죽고 말았다. 수십 년 전에 피터의 어머니 밀드레드 퍼트넘이 프린스턴에 멋진 조각상들을 기부한 적이 있었다. 일차적으로는 (전쟁에서 죽은) 자신의 다른 아들을 기리기 위해서였지만 또 한편으로는 휠러가 피터한테 잘해준 것에 감사하는 뜻에서 했던 기부다. 존 B. 퍼트넘 주니어 메모리얼 컬렉션은 지금도 프린스턴 교정을 빛내주고 있다.

휠러는 먼저 세상을 떠난 이들을 자주 떠올려보았다. 파인만과는 좋은 추억이 너무나 많아서 무엇부터 떠올려야 할지 모를 정도였다. 그렇기는 해도 휠러는 마음을 추스를 수 있었다. 아내와 자식들 그리고 손자 손녀들과 함께 보내는 지상의 시간이 너무나도 소중했으니 말이다. 물리학계에서도 계속 활발히 활동했다. 학회에도 나가고 논문도 발표하고 젊은 과학자들과도 만났다. 그리고 시간을 나누어서 얼마 동안은 석좌교수 연구실이 있고 조수인 에밀리 베넷Emily Bennet이 도와주는 프린스턴에서 보냈고, 가끔씩은 메인 주의 하이 아일랜드에서 보냈다. 하이 아일랜드에는 여름 별장이 있어서, 거기서 다른 가족들과 함께 모여 시간을 보냈다. 차분하게 그리고 기꺼이 시간을 내어 휠러는 물리학의 역사를 이해하는 활동에 이바지했다. 많은 제자들이 휠러와 자주 연락하며 지냈는데, 특히 켄 포드는 휠러의 자서전 집필을 공저자로서 도와주었다.

구십 세에 이르자 휠러는 사소한 일들은 조금씩 제쳐두고 훨씬 더 큰 질문에 집중해야 한다고 느꼈다. "왜 존재하는가?"야말로 그가 집중해서 파헤치기로 선택한 질문이었다. 물론 쉬운 답은 없었다. 그렇기는 해도 건강이 나빠지기 시작했을 때조차(2001년에 심장마비가 찾아왔다), 그는 일주일에 한두 번씩 연구실에 가서 서신을 읽고 최신 물리학 소식을 살펴본 다음, 주로 사색에 잠겨 시간을 보냈다.

2008년 4월 13일 아침, 봄날의 조용한 일요일에 존 아치볼드 휠러는 폐렴으로 아흔여섯의 나이로 집에서 평온하게 눈을 감았다. 『뉴욕 타임스』의 부고에 프리먼 다이슨의 다음 말이 실렸다. "시적인 휠러 교수님은 선지자였습니다. 자기 백성들이 언젠가 물려받을 약속의 땅을 피스가 산 정상에서 내려다보던 모세와 같았습니다."

▎맺으며 ▎ 미로의 길

"시간"이라는 단어는 하늘에서 선물로 지상에 뚝 떨어진 것이 아니다. 시간이라는 개념은 인간이 발명한 단어인데, 만약 시간과 관련하여 당혹스러운 점이 있다면 누구의 잘못일까? 바로 우리의 잘못이다.

존 아치볼드 휠러, 영화 〈시간의 역사A Brief History of Time**〉(1991년)에서 인용**

여기는 제각기 다른 작은 통로들이 뒤얽혀 있는 미로 속이다.

〈콜로설 케이브 어드벤처 Colossal Cave Adventure**〉**
(윌 크로서와 돈 우즈가 만든 초창기 인터랙티브 컴퓨터 게임)

왜 결론이 나게 될까? 왜 우리는 마지막 장과 함께 이 책을 끝내게 될까? 이것이 시간의 본질에 관해 무엇을 말해줄까?

고대의 여러 문화에서 끝은 언제나 시작이었다. 대서사시는 세대를 거듭하면서 끊임없이 반복되었다. 생명의 종말은 언제나 새로운 탄생으로 이어졌다.

일상생활의 리듬 그리고 태양, 달 및 행성들과 같은 익숙한 천체들의 운동은 시간이 순환적임을 암시한다. 그런 천체들의 패턴은 거듭 반복되면서, 예측 가능한 결과를 내놓는다. 무슨 일이 생길지 정확히 알면 안심이 된다. 그래서 당연히 많은 사람들은 그런 반복 패턴을 바탕으로 종교적 축일에서부터 연례 휴일에 이르기까지 온갖 기념일을 만들어 즐겼다.

순환적 시간이 안심이 되긴 하지만, 직선적 시간은 뿌듯한 보람을 안겨다준다. 책의 끝에 이른다는 것은 하나의 이정표를 알려준다. 창의적인 노력이 완료되었다는 뜻이다. 서두와 본론과 결론이 있는 직선적인 이야기는 질서와 목적의식을 안겨준다. 우리는 좋은 쪽이든 싫은 쪽이든 마지막을 들뜬 심정으로 기다릴지 모른다.

시간은 많은 화살을 갖고 있는 듯하다. 팽창하는 우주의 우주론적 화살, 감소하지 않는 엔트로피의 열역학적 화살, 증가하는 복잡성의 진화론적 화살, 어떤 약한 상호작용 과정들의 붕괴 화살, 의식적인 지각의 심리학적 화살 등등이 존재한다. 어떻게 이런 화살들이 전부 연관되어 있을지는 여전히 불가사의로 남아 있다.

순환적 시간 대 직선적 시간은 줄곧 상반되는 개념으로 여겨졌다. 철학적인 고찰을 할 때 많은 사상가들은 둘 중 하나를 선택한다. 가령, 빅뱅 이전에도 시간이 존재했는지 또는 빅뱅 자체가 있기는 있었는지를 논의할 때가 그런 예다. 결국 과학자들은 자신들의 모형을 순수한 추측보다는 증거에 토대를 두길 더 좋아한다. 분명 자연은 (적어도 우리에게 익숙한 고전적인 수준에서는) 두 가지를 함께 갖고 있다. 어떤 과정들은 반복적이고, 또 어떤 과정들은 직선적인 경로를 따른다.

오늘날 우리는 일상생활에서 시간을 바라보는 세 번째 방법을 접한다. 즉, 시간을 무수한 가능성들의 미로로 보는 관점이다. 현대와 같은 정보 시대에서는 웹과 하이퍼텍스트 덕분에 우리는 거의 무한한 복잡성의 미로 속에 놓여 있다. 호르헤 루이스 보르헤스, 필립 K. 딕 그리고 상상력이 풍부한 다른 여러 작가들의 작품은 시간을 서로 상호작용하는 대안적 현실들의 만화

경이라고 본다. 오늘날에는 일상생활에서 온라인 선택들이 엄청나게 많아졌기 때문에, 문학 작품들에서처럼 우리는 무수한 갈림길의 정원에서 영원히 길을 잃은 상태다.

미로 구조를 갖고 있는 인터넷은 과학이 순환성과 직선성을 멀리하고 평행성을 향해 나아가고 있다는 상징이다. 본질적인 개념은, 어떠한 것도 순환적으로나 직선적으로나 또는 휘어진 경로를 따라 움직이게끔 미리 정해져 있지 않다. 오히려 자연스러운 상태는 계의 모든 요소가 온갖 가능한 방법으로, 즉 다양한 선택의 방식으로 상호작용하는 것이다.

오직 보존 법칙들과 물리적 한계들—가령, 전하 보존의 법칙—만이 그런 상호작용을 제한한다. 때때로 그런 것들도 새로운 실험 증거가 나오면서 수정되는데, 그러면 기존의 제한사항들을 어떻게 새롭게 적용할지 재고해보아야 한다.

마지막으로, 가능성들의 미로를 통과할 수 있게 해주는 아리아드네의 실이 등장한다. 바로 조직화 원리이다. 이 선택 메커니즘은 가능성들의 영역을 통과하는 최적의 경로를 드러내준다. 고전물리학에서 그것은 확정적으로 선택된 경로인 반면에, 양자물리학에서는 확률 분포의 정점을 설정해준다. 독서의 경우, 책—서론, 본론 및 결론을 담고 있는—은 그 안의 내용을 조직화해주는 역할을 한다. 저자(들)와 편집자(들) 등이 내린 선택들이 직선적인 이야기를 창조하고, 이 이야기는 정보의 더 큰 미로를 통과하는 안내자 역할을 한다.

리처드 파인만이 일찌감치 알아차렸듯이, 이 모든 내용의 원조는 광학이다. 단순하게 보자면, 우리는 빛이 언제나 얇은 빔의 형태로 조밀하게 집중되어 있기 때문에 광선의 형태로 이동하고 거울에 반사되고 렌즈를 통과할 때 휘어진다고 상상한다. 하지만 지극히 좁은 레이저빔이 아닌 한, 그것은 진짜 빛의 행동 방식은 아니다. 파인만은 페르마의 최소 시간 원리를 통해, 일반적으로 그런 행동은 마구 뒤엉킨 간섭하는 파동 패턴들의 정점을 보여 줄 뿐이라는 사실을 알아차렸다. 일종의 조직화 원리인 최소 시간 원리가 공간 속의 빛 파동들의 혼합체에 질서를 부여함으로써 광선 형태의 빛을 내놓는 것이다.

파인만은 상호작용하는 요소들—보존 법칙과 조직화 원리를 따르는—의 미로라는 개념을 기본 입자 영역에 적용했다. 파인만은 에살렌 연구소에서 열린 워크숍 동안에 자신의 전반적인 방법론을 이렇게 설명했다. "제가 하는 게임은 아주 재미있습니다. 속박하에서의 상상이라고 할 수 있는데, 이런 겁니다. 즉, 그 게임은 알려진 물리법칙들과 일치해야 한다는 겁니다."

존 휠러는 파인만의 모든 이력의 총합 기법이 양자 가능성들의 혼합 상태로부터 확정적인 결과를 얼마나 멋지게 추출해내는지 알고서 감탄을 금하지 못했다. 양자 세계와 고전 세계를 전례 없는 방식으로 연결시킨 것이다. 입자와 장은 물리적으로 허용되는 모든 방식으로 상호작용하는데, 이것들의 일련의 상호작용 각각에 가중치를 적용해서 얻는 기록이 우리가 실제로 관찰하는 결과를 내놓는다. 휠러가 지지한 덕분에, 브라이스 드윗과 찰스 마이스너와 같은 다른 위대한 물리학자들도 자극을 받아서 양자중력에 대한 모형들을 연구하게 되었다. 앞서 보았듯이 휴 에버렛은 하나의 대안으로서 관찰자가 관찰 대상인 양자계와 함께 분기하는 다세계 해석을 내놓았는데, 이 역시 휠러가 양자 측정에 관해 던진 질문들로부터 영감을 받은 것이다.

모든 이력의 총합을 통해 가능성을 기술하는 파인만 다이어그램은 동시대 이론가들의 필수적인 도구로 자리 잡았다. 전자기력은 물론이고 약력과 강력에까지 적용된 이 기법은 입자물리학의 표준 모형 개발에 필수적임이 입증되었다. (중력을 제외한) 자연의 힘들과 알려진 물질 구성요소들 사이의 상호작용을 포괄적으로 기술하기에 표준 모형은 모든 시대를 통틀어 매우 성공적인 물리학 모형으로 정착되었다.

평생 휠러는 우주의 가장 근본적인 구성요소를 이해하길 염원했다. 연구 경력 전체에서 볼 때 그 구성요소가 무엇인지에 대한 관점을 여러 차례 바꾸었는데, 처음에는 입자에서 시작하여, 장과 기하구조에서 해답을 찾다가 마지막에는 정보에 뛰어들었다. 또한 그런 구성요소들이 우리에게 인식 가능한 패턴으로 바뀌게 만드는 조직화 원리를 이해할 수 있기를 원했다. 양자물리학에 적용된 최소 작용 원리를 바탕으로 구성된 모든 이력의 총합이 그런 개념에 속했지만 다른 것들도 고찰했다. 결국 그는 해답이 "자체 야기 회로"—의식적인 관찰자와 관찰 대상, 즉 우주의 과거 사이의 공생—와 관련이 있다고 확신하게 되었다. 어쨌든 우리는 과거를 돌아보는 행위를 통해서 양자 거품의 가능성들로부터 우리의 우주를 조직화해냈다고 할 수 있다. 그러므로 휠러가 보기에 "왜 존재하는가?" 및 "왜 양자인가?"라는 질문은 떼려야 뗄 수 없는 것이었다.

오늘날 표준 모형이 찬양받기는 하지만, 그 한계에 대한 인식 및 그것을 뛰어넘으려는 바람도 함께 존재한다. 특히 표준 모형의 큰 단점 하나를 꼽자면, 암흑물질과 암흑에너지를 다루지 않는다는 것이다. 휠러 인생의 마지막 십 년 동안에 알려진 이 보이지 않는 우주의 구성요소들은 지금도 미확인 상태로 남아 있다. 암흑물질은 은하를 전체적인 덩어리로 유지시켜 주는 숨겨진 "아교"이다. 1940년대 후반에 코넬 대학에서 파인만 및 한스 베테한테서 수업을 들었던 베라 루빈Vera Rubin이라는 천문학자가 있었다. 그녀는 켄트 포드와 함께 워싱턴의 카네기 연구소에서 실시한 은하 회전에 관한 연구를 통해, 그런 숨은 물질이 존재해야 할 필요성이 있음을 1960년대와 1970년대에 밝혀냈다. 수십 가지의 나선 은하를 조사한 결과 루빈과 포드가 알아낸 바에 의하면, 그런 은하의 바깥쪽 별들이 중심부의 안쪽 별들 주위를 돌 때, 보이는 물질들만의 중력으로부터 예상되는 회전 속력보다 훨씬 더 빨리 돌았다. 결과적으로 엄청나게 큰 은하 물질이 보이지 않은 채 숨어 있다는 뜻이다. 이후 천체 관측 자료가 더 쌓이면서 우주 전체에 암흑물질이 존재한다는 사실은 확인되었지만 그것이 무엇인지는 밝혀지지 않았다.

암흑에너지는 우주 팽창을 가속화시키는 미지의 추진체로서, 이 또한 과학의 거대한 불가사의다. 두 연구팀이 1990년대 후반에 알아낸 사실에 의하면, 우주는 빅뱅 이후로 팽창해왔을 뿐만 아니라 팽창 속도 또한 계속 커졌다. 2011년, 연구팀의 리더들인 솔 펄머터Saul Perlmutter, 브라이언 슈미트Brian Schmidt 및 애덤 리스Adam Riess가 이 발견의 공로로 노벨물리학상을 수상했다. 무엇이 우주를 가속팽창시키는지는 아무도 모른다. 팽창 속력이 훨씬 더 높아질지 느려질지 아니면 일정해질지는 과학자들도 모른다. 이 주제와 관련하여 흥미로운 사실이 하나 있다. 뭐냐면, 은하들이 서로 멀어진다는 사실을 에드윈 허블이 1929년 발견하자 알베르트 아인슈타인은 실수를 인정하고서 자신의 방정식에서 우주상수를 뺐다. 그런데 지금 와서 보니 그때 뺐던 우주상수가 암흑에너지의 효과를 잘 기술해준다.

암흑물질과 암흑에너지의 정체를 찾는 일은 현재 진행 중이다. 만약 과학자들이 찾아낸다면, 그것을 포함시키기 위해 표준 모형을 수정해야 할 가능성이 높다. 암흑물질의 후보로는 악시온이 있다. 이 가상의 입자는 물리학자 프랭크 윌첵Frank Wilczek이 왜 강한 상호작용은 약한 상호작용과 달리 *CP* 불변이며 또한 통상적인 입자들과 초대칭짝을 이루는지를 설명하기 위해서 제안했다. (초끈 이론의 낮은 에너지 한계를 표현하고자 하는 표준 모형의 어떤 가설상의 확장 버전들은 악시온이 통상적인 입자들과 초대칭짝을 이룬다고 예측한다.) 암흑물질의 속성은 후보를 찾는 일보다 훨씬 더 알아내기 어려우며, 지금껏 눈에 띄는 연구 성과도 별로 없다.

파인만, 휠러 및 드윗의 시대에서 넘겨받은 이 시대의 또 한 가지 난제는 왜 중력이 그토록 특이하냐는 것이다. 왜 중력은 다른 힘들보다 훨씬 더 약할까? 양자장 이론의 방법들을 이용하여 수학적으로 모순 없이 중력을 어떻게 기술할 수 있을까?

중력을 포함하여 자연의 힘들을 통합적으로 기술하는 현재의 가장 앞선 이론은 M-이론이다. 이것은 초끈 이론을 일반화시켜, 진동하는 에너지의 막뿐 아니라 (초대칭은 물론이고 초대칭이 아닌) 끈들의 다양한 구성을 포함시킨다. 점입자 대신에 M-이론의 근본적인 구성요소들은 플랑크 길이의 끈과 막인데, 이들은 다양한 모드로 서로 상호작용한다. 이 요소들은 오직 십 차원 또는 십일 차원의 공간에서만 수학적인 일관성을 가지며, 적어도 여섯 차원은 "칼라비-야우 다양체"라고 하는 프레첼* 모양의 공간 속에 빽빽하게 말려 있다. 이론가들은 파인만 다이어그램을 수정하여, 그런 구성요소들 및 이것들이 그런 고차원 공간에서 행하는 상호작용을 포함시켰다.

하지만 M-이론의 가장 큰 문제점은 구성요소들의 속성 및 칼라비-야우 다양체의 구성 방식에 대한 경우의 수의 범위가 아찔할 정도로 넓다는 것이다. 후자의 경우, 일부 이론가들은 경우의 수가 대략 10^{500}(1 뒤에 0이 500개 붙는 수)가지라고 추산한다. 보르헤스의 가장 어지러운 악몽들보다 훨씬 더 복잡한 가능성들의 미로가 펼쳐지는 셈이다. 너무나도 압도적으로 광대한 M-이론의 "풍경"을 현실을 담아낼 수 있게 줄이려면 대단히 강력한 선택 규칙이 필요하다. (파인만의 친구이기도 한) 스탠퍼드 물리학자 레너드 서스킨드Leonard Susskind가 그런 수정을 위해 인류 원리를 사용하는 방법을 제시했

* 밀가루를 길고 가늘게 반죽하여 하트 모양으로 매듭을 만든 후 소금을 뿌리고 구워낸 비스킷.—편집자

지만, 그렇게나 많은 가능성들을 배제할 선택 원리로서 인류 원리가 충분히 위력적일 수 있을지 미심쩍어하는 이론가들도 많다.

이와 관련된 추측성 아이디어로 "다중우주" 개념이 있다. 한 가지 우주만 존재하는 것이 아니라 여러 우주가 존재한다는 발상이다. 에버렛의 다세계와 달리 다중우주는 비록 우리가 접근할 수는 없지만 물리적 공간에서 존재한다. 이 아이디어는 1980년대에 물리학자 안드레이 린데Andrei Linde가 "카오스적 급팽창chaotic inflation" 개념을 제시하면서 크게 주목받았다. 앨런 거스Alan Guth의 초기 급팽창 우주 모형의 변형판인 린데의 방안에 의하면, 우주는 "스칼라장"이라고 불리는 무작위적인 양자 요동을 위한 번식지로서 시작되었다. 특별히 선호된 요동들이 거품 우주들의 씨앗을 생산했고, 이것이 매우 짧은 시간 동안의 팽창, 즉 "급팽창 기간"을 겪었다. 우주의 급격한 팽창은 온도 차를 균일하게 만들었는데, 이는 우주배경복사의 큰 규모에서의 균일성과 일치한다. 아울러 급팽창은 믹스마스터 우주 모형을 개발할 때 마이스너가 알아차린 문제점을 해결해준다.

다중우주 개념은 여러 기발한 가능성들을 내놓는다. 가령, 또 다른 거품 우주가 지구와 거의 동일하지만 미미한 차이가 나는 행성을 내놓을 수 있다. 가령 그 행성에서는 존 F. 케네디가 1963년에 암살당하지 않는다. 일반적으로 그 개념은 "만약 그랬다면" 식의 대안역사 시나리오로 이어진다.

사실, 똑같거나 거의 똑같은 지구를 복제하기 위해 다중 거품 우주가 꼭 필요하지는 않다. 무한히 큰 하나의 단일 우주만으로도 그런 현상은 충분히 존재할 것이다. 우주에 행성들이 많으면 많을수록 지구와 같은 모습을 갖춘 행성들이 다른 어딘가에 존재할 가능성이 더 커지기 때문이다. 어쩌면 우리 지구와 매우 비슷한 어떤 행성에서 다른 버전의 당신이 이 책의 다른 버전 읽기를 지금 막 끝내고 있을지도 모른다. 모든 버전의 당신에게 축하를 드린다!

이제 우리는 결론 중의 결론에 다다랐다. 공간과 시간을 휘젓는 여행의 종착지에 이르렀다. 과거의 유령을 찾아 나선 우리의 여정은 온갖 반전이 잇따랐다. 가령 우리는 "지온 휠러", "존 와일러", "R. P. 퍼니맨" 그리고 악명 높은 "미스터 X" 같은 또 다른 자아alter ego들을 코앞에 대면했다. 또한 봉고 연주자, 아마추어 화가, 유아론적唯我論的인 전자 그리고 미적분이라면 질색한 배우자도 만났다. 호화찬란한 호텔 바깥에서 지내기도 했고 지저분한 호텔 안에서 묵기도 했다. 이 책 속의 많은 "미친 아이디어들"은 우리의 마음을 아찔하게 만들었다. 그러는 내내 우리는 안전한 한 가지 지도 원리 덕분에 정신을 온전하게 지켜냈다. 모든 이력의 총합 개념을 통해 배웠듯이, 시공간을 지나는 우리의 길이 아무리 이상하더라도 훨씬 더 기이한 다른 길들도 아주 많다는 지도 원리 말이다.

에필로그 휠러와의 만남

책에 나오는 두 주인공은 이제 사람들의 기억 속에서 살고 있다. 둘과 함께 일했던 사람들, 함께 살았던 사람들, 함께 공동연구를 했던 사람들, 제자들 및 그 외에 둘을 만났던 사람들의 기억 속에 살고 있다. 수백 명의 학생들이 오랜 세월 동안 칼텍에서 리처드 파인만의 "물리학 X" 강의를 들었는데, 이들은 지금도 파인만의 다채롭고 자유분방한 수업 방식과 따뜻한 인간미를 기억한다. 많은 이들이 뮤저컬에 함께 참여했거나 적어도 봉고 연주와 우스꽝스러운 복장을 목격했다. 그리고 수백만 명이 BBC 등의 텔레비전 방송에서 과학과 인생을 논하는 파인만을 보았다.

나는 개인적으로 파인만과 만난 적이 없지만, 존 휠러가 강연하는 모습은 여러 차례 보았다. 미국물리학회 회의에서 강연하는 모습이 기억난다. 특히 남동생 조의 죽음에 관해서 말할 때 목소리가 갈라지고 눈에서 눈물이 샘솟았다. 휠러한테 동생의 죽음은 인생의 가장 고통스러운 기억으로 남았다.

또 다른 기회에 나는 휠러의 아흔 살 생일을 맞아 열린 학계의 기념행사에 초대를 받았다. "과학과 궁극적 실재"라는 제목의 이 행사는 존 템플턴 재단의 주최로 2002년 초에 프린스턴 근처에서 개최되었다. 연사들의 목록은 굉장했다. 결실이 풍부했던 오랜 휠러의 연구 인생 동안 그가 관심을 쏟았던 광범위한 주제에 걸맞은 목록이었다. 하이라이트 중 하나는 브라이스 드윗이 다세계 해석에 관해 자세하게 이야기한 강연이었다. 그리고 강연 후에 사랑하는 아내 세실과 불어로 대화하던 모습도 기억난다. 아마도 둘이 함께 참석했던 마지막 회의가 아닐까 싶다. 이 년 후 브라이스 드윗은 세상을 떠났다. 다수의 전도유망한 젊은 물리학자들—리사 랜들Lisa Randall, 후안 말다세나Juan Maldacena, 리 스몰린Lee Smolin, 맥스 테그마크Max Tegmark 등등—이 자신들의 연구 활동에 관해 훌륭한 강연을 했다. 강연과 토론이 있을 때마다 휠러는 큰 강연장의 맨 앞에 앉아서 내용을 흡수했다.

그해 후반에 나는 구겐하임 지원금을 받아, 물리학에서 고차원 이론들의 역사를 조사하기 시작했다. 그런 이론들의 개발 과정을 잘 알 듯한 저명한 물리학자들을 인터뷰하기로 작정했을 때, 휠러의 이름이 떠올랐다. 그래서 편지를 한 통 보냈고, 휠러의 친구이자 공동연구자 겸 제자인 켄 포드와 연락을 주고받았다. 포드는 그때까지도 프린스턴의 재드윈 홀에 연구실이 있었던 휠러와의 아침 만남 자리를 주선해주었다. 몇 시간 동안 휠러와 함께 자리를 같이한다는 생각에 나는 한껏 들떴다. 휠러의 기억력이 완벽하지 않다는 이야기를 미리 들었지만, 막상 만났을 때 그는 생생한 기억들을 쏟아냈다. 알베르트 아인슈타인을 이웃으로 둔다는 것이 그리고 자기 제자들을 데려가서 그 저명한 물리학자와 만나게 한다는 것이 어떤 느낌이었는지 이야기해주었다. 그리고 파인만의 모든 이력의 총합이 양자론을 더욱 맛있게 만들었다고 아인슈타인을 설득하려고 했다는 이야기도 들려주었다. 하지만 아인슈타인은 반대 입장을 바꿀 생각이 없었다고 한다.

조금 웃긴 이야기도 있는데, 휠러는 자기 아이들의 고양이가 아인슈타인의 집에 간 적이 있다고 했다. 아인슈타인은 그 소식을 알려주려고 휠러를 불렀다. 고양이를 다시 데려온 후 휠러는 일반상대성이론을 좀 배웠냐고 고양이한테 물었다고 한다.

휠러의 건조한 유머 감각은 은근히 재미있다. 그가 (찰스 마이스너와 킵 손과 함께) 쓴 책 『중력』을 치켜세웠더니, 내게 중국어판을 건넸다. "음, 이것도 한번 시도해보게. 영어로 읽었으니 중국어로도 읽을 수 있겠지." 싱글벙글거리면서 휠러는 그렇게 말했다.

제자와 동료 들이 휠러를 왜 그렇게 좋아하고 존경했는지 나도 이해가 되었다. 매력적이고 기품이 있었으며 매우 정중하고 놀랍도록 재치가 넘치는 사람이었기 때문이다. 자신은 물론이고 다른 이들에게도 의미 있는 삶을 사는 법을 진지하게 고민했기에 가능한 일이었다. 따뜻한 마음씨와 창의적인 정신에 감동을 받은 나는 이후로 인생의 의미를 새롭게 바라보게 되었다. 그 시점에서 휠러의 주된 관심사는 인생의 의미를 포괄적으로 탐구하는 일이었다. 그의 말대로 "왜 존재하는가?"가 연구 주제였다.

마침 휠러는 얼마 전에 피터 버그만과 공동으로 중력물리학을 위한 제1회 아인슈타인 상을 받았다. 축하 인사와 함께 남겨 놓을 메시지가 있어서 버그만에게 전화를 걸었지만, 그만 그사이에 버그만이 세상을 떠나는 바람에 둘은 영영 통화를 못하고 말았다.

그 후로 휠러를 다시 보게 될지 잘 몰랐지만, 다행히도 또 한 번의 기회가 찾아왔다. 2004년 6월 필라델피아에 "거대한 무"라는 제목의, 비어 있음과 존재를 찬양하는 미술 행사였다. 휠러한테 딱 어울리는 행사였다. 템플 대학교의 타일러 갤러리 소속의 영리한 화가 집단이 휠러의 저술들을 전시회의 중심 주제로 삼기로 결정했다. 휠러가 기부하여 미국철학협회 아카이브에 보관되어 있던 자료들을 바탕으로 그린 그림들을 전시했던 것이다. 화가들은 그 전시 작품을 "믹스마스터 우주"라고 불렀다.

전시회 소식에 들떠서 나도 휠러에 관한 나 자신의 체험담을 써서 참석자들에게 나누어주었다. 또한 나는 마이스너가 "믹스마스터 우주"라는 용어를 새로 만들었다는 사실을 알려주면서 화가들에게 마이스너도 초대해보라고 제안했다. 그래서 마이스너도 전시회를 보게 되었다. 자신과 휠러의 저술을 다양한 방식으로 예술적으로 해석한 전시를 흥미롭게 감상했다.

훨씬 더 최근에는 어쩌다 보니 의사 부부인 제이미 휠러와 제닛 휠러(존 휠러의 아들과 며느리)를 만났다. 처음에는 과학 저술가인 아만다 게프터 Amanda Gefter의 강연회에서 만났고, 두 번째는 그 직후에 내가 랜턴 시어터에서 그 극단의 파인만 연극 〈QED〉 제작 발표 후 열렸던 파인만에 관한 토론회에서 만났다. 이 두 번째 만남에서 제이미 휠러는 어렸을 때 파인만이 수프 캔으로 과학을 설명하던 모습을 생생하게 이야기해주었다. 직접 목격한 사람들의 입을 통해서 들으면 역사는 언제나 훨씬 더 생생해진다.

존 휠러와 직접 대화를 나누었던 기억은 물론이고 그의 동료들과의 만남도 내게는 늘 소중하다. 휠러의 정신은 후대 사람들의 삶 속에 계속 살아 있다. 그의 통찰, 재치, 열정 그리고 자상한 마음에 깊은 감명을 받았던 모든 이들의 삶 속에.

감사의 말씀

이 책의 집필 과정 내내 아낌없는 지원을 보내준 필라델피아 과학대학의 교수진과 직원 및 행정부에 감사드리고 싶다. 특히 소중한 제안과 심심한 격려를 보내준 폴 카츠Paul Katz, 수전 머피Suzanne Murphy, 엘리아 에쉐나지Elia Eschenazi, 로베르토 라모스Roberto Ramos, 피터 밀러Peter Miller, 케빈 머피Kevin Murphy, 샘 탤콧Sam Talcott, 저스틴 에버렛Justin Everett 그리고 짐 커밍스Jim Cummings에게 감사드린다.

휠러와 파인만 가족들의 친절한 도움에 고마움을 전한다. 특히 저자와 사적으로 나눈 이야기를 지면에 발표하도록 허락해준 제임스 휠러James Wheeler, 레티티아 휠러 어포드Letitia Wheeler Ufford, 앨리슨 휠러 랜스턴Alison Wheeler Lahnston, 칼 파인만Carl Feynman, 미셸 파인만Michelle Feynman 그리고 조안 파인만Joan Feynman에게 감사드린다. 그리고 통찰력 있는 과학 이야기와 귀중한 추억담을 들려준 프리먼 다이슨, 찰스 마이스너, 버지니아 트림블, 자얀트 나리카, 로리 브라운Laurie Brown, 셜리 마누스, 세실 드윗 모레트, 커트 고트프리트, 케네스 포드 그리고 린다 댈림플 헨더슨Linda Dalrymple Henderson에게도 매우 감사드린다. 또한 벳시 데빈Betsy Devine, 프랭크 윌첵, 앨런 초도스Alan Chodos,

딘 리클스Dean Rickles 및 크리스 드윗Chris DeWitt에게도 고마움을 전한다. 그리고 존 휠러와 브라이스 드윗에게 큰 신세를 졌다. 내가 존 시몬 구겐하임 메모리얼 펠로십 기간 동안인 2002년에 행한 인터뷰에 친절하게 응해주셨기 때문이다.

이 책의 집필을 격려해준 과학사, 과학저술 및 문학계의 아래 모든 분들께 감사드린다. 마이클 마이어Michal Meyer, 로버트 잰첸Robert Jantzen, 피터 페식Peter Pesic, J. 데이비드 잭슨J. David Jackson, 그레고리 굿Gregory Good, 데이비드 캐시디David Cassidy, 돈 하워드Don Howard, 알렉스 웰러스타인Alex Wellerstein, 로버트 로머Robert Romer, 조지프 마틴Joseph Martin, 캐머론 리드Cameron Reed, 로버트 크리스Robert Crease, 캐서린 웨스트폴Catherine Westfall, 마커스 초운Marcus Chown, 그레이엄 파멜로Graham Farmelo, 타스님 제라 후사인Tasneem Zehra Husain, 존 헤일번John Heilbron, 제럴드 홀턴Gerald Holton, 로저 스튜어Roger Stuewer, 지노 세그레Gino Segre, 조 앨리슨 파커Jo Alison Parker, 소니 크리스티Thony Christie, 케이트 베커Kate Becker, 코리 파월Corey Powell, 에단 시겔Ethan Siegel, 데이브 골드버그Dave Goldberg, 피터 로즈Peter Rose, 그렉 레스터Greg Lester, 미첼 칼츠Mitchell Kaltz와 웬디 칼츠Wendy Kaltz, 마크 싱어Mark Singer, 시모네 젤리치Simone Zelitch, 더그 벅홀츠Doug Buchholz, 반스 렘쿨Vance Lehmkuhl, 존 애시메드John Ashmead, 테오도라 애시메드Theodora Ashmead, 데이비드 지타렐리David Zitarelli, 피터 D. 스미스Peter D. Smith, 롤런드 오자발Roland Orzabal, 마이클 그로스Michael Gross 그리고 리사 텐진-돌마Lisa Tenzin-Dolma. 미국철학협회에서 휠러에 관한 감동적인 강연을 해준 아만다 게프터에게도 감사드린다. 라틴아메리카 문화의 속성에 관해 소중한 논의와 협동작업을 해준 빅토리아 카펜터Victoria Carpenter에게도 감사드린다.

필라델피아의 랜턴 시어터 컴퍼니의 M. 크레이그 게팅M. Craig Getting과 K. C. 맥밀런K. C. MacMillan에게 많은 신세를 졌다. 이 두 분은 연극 〈QED〉의 제작에 과학 자문으로 내가 참여할 수 있게 해주었고 또한 공연 후 파인만에 관해 논의하는 자리에도 나를 초대해주었다. 존 휠러를 기념하는 미술 행사에 과학 자문으로 나를 초대해준 템플 대학의 타일러 갤러리에도 감사드린다. 존 휠러 논문집을 열람하게 해준 미국철학협회, 닐스 보어 라이브러리 & 아카이브스, 구전역사소장품Oral Histories Collection을 열람하게 해준 미국물리학연구소 그리고 리처드 필립스 파인만의 논문들을 열람하게 해준 칼텍 아카이브스에 감사드린다.

이 책은 베이직 북스 편집부의 각고의 노력 없이는 세상에 나오지 못했을 것이다. T. J. 켈레허T. J. Kelleher, 헬레네 바르텔레미Hélène Barthélemy, 콜린 트레이시Collin Tracy, 젠 켈런드Jen Kelland 그리고 쿠인 도Quynh Do에게 감사드린다. 앤더슨 리터러리 에이전시Anderson Literary Agency의 길레스 앤더슨Giles Anderson은 훌륭한 나의 에이전트이다. 이 책의 출간 제안과 더불어 집필 과정 전반을 꾸준히 지원해준 데 대해 감사드린다.

가족과 친구들의 사랑과 뒷받침이 나에겐 가장 소중했다. 부모님 스탠리 핼펀Stanley Halpern과 버니스 핼펀Bernice Halpern, 나의 친척 조지프 핀스턴Joseph Finston과 알렌 핀스턴Arlene Finston, 새러 에반스Shara Evans, 레인 휴레위츠Lane Hurewitz 그리고 질 번스타인Jill Bernstein에게 감사드린다. 내게 격려를 아끼지 않은 나의 벗 마이클 에를리히Michael Erlich와 프레드 쉬퍼Fred Schuepfer에도 감사드린다. 무엇보다도 통찰력 가득한 제안을 해준 아내 펠리시아Felicia에게 그리고 빛나는 창의성으로 집필에 도움을 준 두 아들 엘리Eli와 아덴Aden에게 한없는 고마움을 전한다.

▎주석▎

들어가며

27 "어떤 희한한 운명의 장난으로": John A. Wheeler, quoted in Christopher Sykes, ed., *No Ordinary Genius: The Illustrated Richard Feynman* (New York: W. W. Norton & Company, 1994), 44.

"나는 프린스턴에 가서 … 아주 운 좋게도": Richard P. Feynman, quoted in Dick Stanley, "A Pioneer of Thought," *Austin American−Statesman*, February 8, 1987.

28 "프린스턴에는 어떤 우아함이 있어요.": Interview of Richard Feynman by Charles Weiner on March 5, 1966, Niels Bohr Library & Archives, American Institute of Physics (AIP), College Park, MD, www.aip.org/history-programs/niels-bohr-library/oral-histories/5020-1.

29 "둘 다요. 고맙습니다.": Richard P. Feynman, *Classic Feynman: All the Adventures of a Curious Character*, ed. Ralph Leighton (New York: W. W. Norton, 2006), 60.

"마치 희극 배우 그루초 막스가 갑자기": C. P. Snow, *The Physicists* (Boston: Little Brown and Company, 1981), 143.

31 학교 간 수학 경시대회에서 일등을 하여: "Prizes Awarded in Mathematics," *New York Times*, May 19, 1935.

"왜 그런 거냐?": Feynman, *Classic Feynman*, 325.

"원자 속의 광자는 이미 존재하는 거니?": Melville Feynman, reported by Richard Feynman in Sykes, *No Ordinary Genius*, 39.

"파인만은 뭔가를 바라볼 때 언제나 아이들 같았습니다": Ralph Leighton,

interview in Warren E. Leary, "Puzzles Propel Physicist with Penchant for Probing," *Sunday Telegraph*, April 13, 1986, G6.

33 "우주 속으로 계속 가면": John Wheeler, quoted in John Boslough, "Inside the Mind of John Wheeler," *Reader's Digest*, September 1986, 107.

집 안 물품들을 만지작거릴 방법을: James Gleick, Genius: *The Life and Science of Richard Feynman* (New York: Vintage, 1993), 27.

화약으로 실험을 하다가: John Archibald Wheeler with Kenneth W. Ford, *Geons, Black Holes, and Quantum Foam: A Life in Physics* (New York: W. W. Norton & Company, 2000), 81–82.

1

40 "보어 박사님은 뭐든 그런 식으로 캐물었는데": Interview of John Wheeler by Thomas S. Kuhn and John L. Heilbron on March 24, 1962, Niels Bohr Library & Archives, AIP, www.aip.org/history-programs/niels-bohr-library/oral-histories/4957.

45 "저기, 이제 좀 진지하게 이야기해보자고": Interview of Richard Feynman by Charles Weiner on March 5, 1966, Niels Bohr Library & Archives, AIP, www.aip.org/history-programs/niels-bohr-library/oral-histories/5020-1.

46 "매끄럽게 잘": Richard P. Feynman to Lucille Feynman, October 11, 1939, in Richard P. Feynman, *Perfectly Reasonable Deviations (from the Beaten Track)*, ed. Michelle Feynman (New York: Basic Books, 2006), 2.

"그림 없이는 생각을 전개해나갈 수가 없습니다.": 존 A. 휠러. 프린스턴 연구실에서 저자와 인터뷰한 내용. 2002년 11월 5일.

50 "휠러 교수님은 닐스 보어 박사님한테서 지대한 영향을 받았는데": 찰스 W. 마이스너. 저자와 전화 인터뷰 내용. 2015년 12월 6일.

58 사이클로트론은 지하실 한가운데 있었습니다: Interview of Richard Feynman by Charles Weiner on March 5, 1966, Niels Bohr Library & Archives, AIP, www.aip.org/history-programs/niels-bohr-library/oral-histories/5020-1.

61 파인만은 지루한 수업 동안 마음을: Richard P. Feynman, *Classic Feynman: All the Adventures of a Curious Character*, ed. Ralph Leighton (New York: W. W. Norton & Company, 2006), 60, 44.

67 어린 조안은 오빠가 전자 실험을 할 때: Christopher Riley, "Joan Feynman: From Auroras to Anthropology," in *A Passion for Science: Tales of Discovery and Invention*, ed. Suw Charman-Anderson (London: FindingAda, 2015).

"저는 휠러 교수와 만난 적이 없고": 조안 파인만. 저자와 음성 메시지 녹음으로 나눈 이야기. 2015년 12월 3일.

68 "문제를 하나 낼게": 제임스 휠러. 저자와 전화 인터뷰 내용. 2015년 10월 31일.

"파인만 아저씨가 어떤 분이냐면요": 레티티아 휠러 어포드, 저자와 전화 인터뷰 내용. 2015년 10월 31일.

69 "닐스 보어 박사님은 엄마가 아끼는 붉은 벨벳 안락의자에 앉으셨어요": 앨리슨 휠러 랜스턴. 저자와 전화 인터뷰 내용. 2015년 10월 31일.

2

82 "그 자체로서의 공간 및 그 자체로서의 시간은 그림자 속으로 사라져버릴 운명": Hermann Minkowski, address delivered at the 80th Assembly of German Natural Scientists and Physicians, September 21, 1908.

85 "확고한 믿음을 지닌 우리 물리학자들이 보기에": Albert Einstein to Vero and Bice Besso, March 21, 1955, quoted in Albrecht Folsing, *Albert Einstein*, trans. Ewald Osers (New York: Penguin, 1997), 741.

101 “안녕하세요, 세미나 들으러 왔습니다만”: Reported by Richard P. Feynman in Ralph Leighton, ed., *Classic Feynman: All the Adventures of a Curious Character* (New York: W. W. Norton & Company, 2006), 67.

106 “정말 기뻐요… 뭔가를 발표할 것이라니 말이에요”: Arline Greenbaum to Richard P. Feynman, in Richard P. Feynman, *Perfectly Reasonable Deviations (from the Beaten Track)*, ed. Michelle Feynman (New York: Basic Books, 2006), 7.

113 「양자역학의 라그랑지안」: Paul A. M. Dirac, “The Lagrangian in Quantum Mechanics,” *Physikalische Zeitschrift der Sowjetunion* 3, no. 1 (1933): 64–72. Reprinted in Laurie Brown, ed., *Feynman's Thesis: A New Approach to Quantum Theory* (Singapore: World Scientific, 2005), 113–121.

117 “휠러 교수님은—인상적인 이름과 문구를 줄곧 찾다가”: 케네스 W. 포드. 저자와 교환한 서신 내용. 2015년 12월 28일.

“신이 주사위 놀이를 한다고 믿을 수는 없네”: 존 A. 휠러. 프린스턴 연구실에서 저자와 인터뷰한 내용. 2002년 11월 5일.

121 “한 번도 꿈을 꾸지 못할 정도로 바쁜 적은 없었다”: John Archibald Wheeler with Kenneth W. Ford, *Geons, Black Holes, and Quantum Foam: A Life in Physics* (New York: W. W. Norton & Company, 2000), 182.

3

135 「갈림길의 정원」은 취팽이 파악한 우주에: Jorge Luis Borges, “The Garden of Forking Paths,” in *Labyrinths: Selected Stories and Other Writings*, trans. James E. Irby (New York: New Directions, 1962), 28.

140 “위그너 박사와 라덴부르크 박사도 내 생각과 마찬가지로”: John A. Wheeler to Richard P. Feynman, March 26, 1942, Papers of Richard Phillips Feynman, Archives, California Institute of Technology.

147 "대단한 인물임을 나는 금세 알아차렸다": Hans Bethe, quoted in Jeremy Bernstein, *Hans Bethe: Prophet of Energy* (New York: Basic Books, 1979), 61.

"아니, 아니, 박사님 생각은 말도 안 돼요!": Stephane Groueff, *Manhattan Project: The Untold Story of the Making of the Atomic Bomb* (Boston: Little Brown and Co., 1967), 202.

148 어느 날 파인만은 장난으로: Lee Edson, "Scientific Man for All Seasons," *New York Times*, March 10, 1966.

"파인만은 인간의 능력을 초월한 듯한 디랙에 버금간다": Robert Oppenheimer to Raymond Birge, November 1943, quoted in Silvan S. Schweber, *QED and the Men Who Made It: Dyson, Feynman, Schwinger, and Tomonaga* (Princeton, NJ: Princeton University Press, 1994), 398–399.

151 "파인만은 물리학자와 코미디언이 절반씩": Edward Teller, Memoirs: *A Twentieth–Century Journey in Science and Politics* (Cambridge, MA: Perseus, 2001), 168.

152 "밤마다 몇 시간씩 봉고를 연주했다": Ibid.

153 그 결과를 설비 책임자인 빌 맥키Bill Mackey와: Interviews of John Wheeler by Kenneth W. Ford on October 5, 1994–April 12, 1995, Niels Bohr Library & Archives, AIP, www.aip.org/history-programs/niels-bohr-library/oral-histories/5908-13-22.

155 "심지어 거물에게조차도 보어는": Richard P. Feynman in Ralph Leighton, ed., *Classic Feynman: All the Adventures of a Curious Character* (New York: W. W. Norton & Company, 2006), 149.

158 "그러므로 우리가 반드시 알아야 할 것은": Niels Bohr, *Atomic Theory and the Description of Nature* (Cambridge: Cambridge University Press, 1934).

159 "태양은 우주에 혼자뿐이고": H. Tetrode, "Uber den Wirkungszusammenhang der

Welt. Eine Erweiterung der Klassischen Dynamik," *Zeitschrift fur Physik* 10 (1922): 317.

160 "선행가속pre-acceleration 및 이것을 발생시키는": John A. Wheeler and Richard P. Feynman, "Interaction with the Absorber as the Mechanism of Radiation," *Reviews of Modern Physics* 17, nos. 2–3 (April–July 1945): 180–181.

164 "확신하건대, 미국은 영국과": John Archibald Wheeler with Kenneth W. Ford, *Geons, Black Holes, and Quantum Foam: A Life in Physics* (New York: W. W. Norton & Company, 2000), 19.

167 간호사가 알린의 사망 시각에: Richard P. Feynman in Christopher Sykes, ed., *No Ordinary Genius: The Illustrated Richard Feynman* (New York: W. W. Norton & Co, 1994), 55.

4

174 "'이상적인 여자'": Richard Feynman to Arline Feynman, October 17, 1946, reprinted in Richard P. Feynman, *Perfectly Reasonable Deviations (from the Beaten Track)*, ed. Michelle Feynman (New York: Basic Books, 2006), 69.

"나는 아내를 사랑하네. 하지만 아내는 이 세상에 없네": Ibid.

175 "분명 세월이 흐르면서 많은 학생들이": Interviews of John Wheeler by Kenneth W. Ford on October 5, 1994–April 12, 1995, Niels Bohr Library & Archives, AIP, www.aip.org/history-programs/niels-bohr-library/oral-histories/5908-13-22

178 "더 무거운 모든 입자들이 우리가 이해하지 못하는": John A. Wheeler, reported in William Laurence, "'Super' Uranium Fission Held Possible; 50% Stronger Than Present Atomic Bomb," *New York Times*, December 3, 1947.

179 "기본 입자들은 결국 어떻게 될까요?": Richard P. Feynman, reported in G. T.

Reynolds and Donald R. Hamilton, eds., *The Future of Nuclear Science* [Summary prepared by D. R. Hamilton, Princeton University Bicentennial Conference on the Future of Nuclear Science] (Princeton, NJ: Princeton University Press, 1946).

180 회의의 또 한 가지 논의 주제는: Malcolm Browne, "Physicists Predict Progress in Solving Problem of Gravity," *New York Times*, November 5, 1996.

182 "이보쇼, 젊은 양반, 객실 상태가": Interview of Richard Feynman by Charles Weiner on June 27, 1966, Niels Bohr Library & Archives, AIP, www.aip.org/history-programs/niels-bohr-library/oral-histories/5020-3.

188 이번에 브릴루앙은 볼프강 파울리한테: Silvan S. Schweber, *QED and the Men Who Made It: Dyson, Feynman, Schwinger, and Tomonaga* (Princeton, NJ: Princeton University Press, 1994), 160.

193 "미세 구조에 관한 박사님의 연구는": Freeman Dyson to Willis Lamb, reported in Schweber, *QED and the Men Who Made It*, 218–219.

5

197 버스를 놓쳤거나 아예 버스를: Interview of Richard Feynman by Charles Weiner on June 27, 1966, Niels Bohr Library & Archives, AIP, www.aip.org/history-programs/niels-bohr-library/oral-histories/5020-3.

202 "교수님은… 베테 박사님이 너무 대접받는다고": 커트 고트프리트, 저자와 인터뷰 내용, 2016년 5월 20일.

206 "나도 완전히 이해가 안 되는 수학적 증명은": Richard P. Feynman to Ted Welton, November 19, 1949, quoted in David Kaiser, *Drawing Theories Apart: The Dispersion of Feynman Diagrams in Postwar Physics* (Chicago: University of Chicago Press, 2005), 178.

"파인만은 다이어그램이 그것에서 파생되는": Kaiser, *Drawing Theories Apart*,

177.

207 그렇기는 해도, 아들이 크리스마스 휴가: Freeman J. Dyson, *Disturbing the Universe* (New York: Basic Books, 1981), 13.

208 또한 그 유명한 물리학자의 평상복: Ibid., 47.

209 "1947년 코넬 대학교에서 직접 파인만한테서": 프리먼 다이슨. 저자와 인터뷰 내용. 1015년 12월 19일.

"최고 기량의 마법사": Mark Kac, *Enigmas of Chance: An Autobiography* (New York: Harper & Row, 1985), xxv.

215 "파인만은 접근 방식이 완전히 달랐습니다": Hans Bethe, oral history interview by Judith R. Goodstein, February 17, 1982, Archives, California Institute of Technology.

216 그냥 있다가는 남에게 뺏길까: Ralph Leighton, ed., *Classic Feynman: All the Adventures of a Curious Character* (New York: W. W. Norton & Company, 2006), 200.

223 "1948년에 프린스턴에 간 후로": 다이슨. 저자와 서신 교환 내용. 2015년 12월 19일.

"경로적분은 몇몇 수리물리학자들이 일종의 비밀병기로": Barry Simon, *Functional Integration and Quantum Physics* (New York: Academic Press, 1979), preface, quoted in Cecile DeWitt–Morette, *The Pursuit of Quantum Gravity: Memoirs of Bryce DeWitt from 1946 to 2004* (New York: Springer Verlag, 2011), 13.

224 "그날 저녁 파인만 교수님은": Freeman Dyson, "Of Historical Note: Richard Feynman," Institute for Advanced Study, http://www.ias.edu/ideas/2011/dyson-of-historical-note.

225 "모든 이력의 총합 개념 덕분에 드디어": 다이슨. 저자와 서신 교환 내용. 2015년 12월 19일.

226 “글쎄요, 아마 함께 보낸 시간이 전부 20분쯤일 겁니다”: 브라이스 드윗. 저자와 전화 인터뷰. 2002년 12월 4일.

227 어느 날 온종일 즐겁게 함께 배를 타고: Cecile DeWitt–Morette, “Snapshots,” Institute for Advanced Study, http://www.ias.edu/ideas/2011-dewitt-morette-ias.

230 앞으로 다가가기 전에 휠러는: John Archibald Wheeler with Kenneth W. Ford, *Geons, Black Holes, and Quantum Foam: A Life in Physics* (New York: W. W. Norton & Company, 2000), 188.

232 내용 대부분은 이제 흔한 기술이다: Kenneth W. Ford, *Building the Bomb: A Personal History* (Singapore: World Scientific, 2015), 1.

234 “자네가 다음 해는 브라질에서 보낸다는”: John A. Wheeler to Richard P. Feynman, March 29, 1951, reprinted in Richard P. Feynman, *Perfectly Reasonable Deviations (from the Beaten Track)*, ed. Michelle Feynman (New York: Basic Books, 2006), 83.

237 “원거리 작용에 관한 옛 이론을 어떻게 생각하는지 알고 싶어요”: Richard P. Feynman to John A. Wheeler, May 4, 1951, Papers of Richard Phillips Feynman, Archives, California Institute of Technology.

238 “전자들 사이의 직접적 상호작용에 관한 개념은 너무나 명백하고”: Richard P. Feynman, “Nobel Lecture,” Nobelprize.org, December 11, 1965, http://www.nobelprize.org/nobel_prizes/physics/laureates/1965/feynman-lecture.html (accessed June 25, 2016).

6

241 그는 자신의 접근법을 “급진적인 보수주의”라고 칭했다: Charles W. Misner, Kip S. Thorne, and Wojciech H. Zurek, “John Wheeler, Relativity, and Quantum Information,” *Physics Today* (April 2009): 40.

“우리는 무지의 바다에 둘러싸인 섬에 살고 있다”: John A. Wheeler, quoted in

John Horgan, “Gravity Quantized?,” *Scientific American* 267, no. 3 (September 1992): 18–19.

242 “장담하는데, 양자역학을 아는 사람은”: Richard P. Feynman, “The Character of Physical Law,” BBC Television, 1965.

243 “아버지는 당신 이론의 날실과”: 앨리슨 휠러 랜스턴. 저자와 전화 인터뷰 내용. 2015년 10월 31일.

246 “수학자를 위한 놀이터”: John Archibald Wheeler with Kenneth W. Ford, *Geons, Black Holes, and Quantum Foam: A Life in Physics* (New York: W. W. Norton & Company, 2000), 232.

248 “우리가 하는 놀이는”: Richard P. Feynman, *QED: The Strange Theory of Light and Matter* (Princeton, NJ: Princeton University Press, 1985), 128.

250 “깨어나자마자 머릿속에서 미적분 문제를 풀기 시작했어요”: “Hubby Got Custody of African Drums,” *Star–News*, July 18, 1956.

“이 집은 성자의 유골을 보러 몰려오는 순례자들의”: Oscar Wallace Greenberg, “Visits with Einstein and Discovering Color in Quarks: Memories of the Institute for Advanced Study,” Institute for Advanced Study, 2015, https://www.ias.edu/ideas/2015/greenberg-color (accessed January 31, 2017).

251 “공간이 물질에 작용을 가하여”: Charles W. Misner, Kip S. Thorne, and John A. Wheeler, Gravitation (San Francisco: W. H. Freeman, 1973), 5.

256 “모든 이력의 총합 기법으로 양자중력을 밝혀내는 일은”: Interview of Charles Misner by Christopher Smeenk on May 22, 2001, Niels Bohr Library & Archives, AIP, www.aip.org/history-programs/niels-bohr-library/oral-histories/33697.

257 “현실은 현실에 도달하기 이전의 모든 가능성을 인식함으로써 펼쳐집니다”: 찰스 W. 마이스너. 저자와 전화 인터뷰 내용. 2015년 12월 6일.

258 고급 두뇌의 이 사총사는 종종 에버렛의 방에 모여서: Peter Byrne, *The Many Worlds of Hugh Everett III: Multiple Universes, Mutual Assured Destruction, and the Meltdown of a Nuclear Family* (New York: Oxford University Press, 2013), 57.

259 "최고의 상이며 노벨상에 버금간다": "Einstein Award to Professor," *New York Times*, March 14, 1954.

262 "에버렛이 보기에 페테르센의 해석은 도저히 참을 수 없는 것이었습니다": 찰스 W. 마이스너. 저자와 전화 인터뷰 내용. 2015년 12월 6일.

264 "처음 들었을 때 그 결론이": Ibid.

266 파인만은 10월 4일, 지온에 대한: Richard P. Feynman to John A. Wheeler, October 4, 1955, Wheeler Archive, American Philosophical Society.

267 "휠러 교수의 터무니없는 이론 구성이나": Richard P. Feynman, "Quantum Theory of Gravitation," *Acta Physica Polonica* 24 (1963): 267.

268 "「파동역학의 확률」": Byrne, *Many Worlds of Hugh Everett*, 138.

269 "관찰이 실시되자마자, 합쳐진 상태는": Hugh Everett III, "The Theory of the Universal Wave Function," draft of PhD thesis, Princeton University, reprinted in Bryce DeWitt and Neill Graham, eds., *The Many–Worlds Interpretation of Quantum Mechanics* (Princeton, NJ: Princeton University Press, 1973), 98–99.

273 "초대받은 사람만 오는 회의였어요": 브라이스 드윗. 저자와 전화 인터뷰. 2002년 12월 4일.

274 회의 둘째 날 롤리 더햄Raleigh–Durham 공항에 도착해: Ralph Leighton, ed., *Classic Feynman: All the Adventures of a Curious Character* (New York: W. W. Norton & Company, 2006), 273.

"파인만이 나타나서는 '안녕하세요. 지온 교수님'이라고 했어요": 브라이스 드윗. 저자와 전화 인터뷰. 2002년 12월 4일.

“아무도 그걸 믿지 않았습니다”: Ibid.

276 “나는 깜짝 놀라서… 에버렛에게”: Bryce DeWitt, reported in Cecile DeWitt-Morette, *The Pursuit of Quantum Gravity: Memoirs of Bryce DeWitt from 1946 to 2004* (New York: Springer Verlag, 2011), 94.

278 “‘우주 파동함수’ 개념은 심각한”: Richard P. Feynman, reported in Cecile M. DeWitt and Dean Rickles, eds., *The Role of Gravitation in Physics: Report from the 1957 Chapel Hill Conference* (Berlin: Edition Open Access, 2011), 270.

“파인만 교수님은 철학이 소용없다고 보았기에”: 프리먼 다이슨. 저자와 서신 교환 내용. 2015년 12월 19일.

“에버렛 해석은 언제 처음 들었는지도”: Ibid.

7

286 “큰 문제를 장롱 속에 숨기기 위한 방안”: Richard P. Feynman, quoted in “Caltech Nobel Winner Modest on Findings,” *Los Angeles Times*, October 22, 1965, 2.

288 “그걸 생각해냈을 때, 제 마음의 눈으로 그걸 보았을 때”: Richard P. Feynman, interview by Jagdish Mehra, Pasadena, California, January 1988, reported in Jagdish Mehra, *The Beat of a Different Drum: The Life and Science of Richard Feynman* (New York: Oxford University Press, 1994), 453.

291 “파인만 박사의 강의는 정말로 명불허전이다”: Irving S. Bengelsdorf, “Caltech's Feynman Brings Artist's Touch to Physics,” *Los Angeles Times*, March 14, 1967, A.

“뭐든 물어보라”: 제임스 커밍스. 저자와 대화한 내용. 2016년 1월 25일.

신입생들 가운데 일부는 그것을 “파인만의 신탁소”라고 부르며: “Groveling frosh humbly seeks physics inspiration from Oracle of Feynman at Dabney,” photo caption, *California Tech*, October 28, 1965, 1.

294 "파인만 교수님은 아주 명시적으로 그렇게 밝혔습니다": 자얀트 나리카. 저자와 서신 교환 내용. 2016년 1월 9일.

295 "데니스 시아머의 발표 내용이 기억나는데": Ibid.

298 "1964년 어느 날 휠러 교수한테서 전화를 받았는데": 브라이스 드윗. 저자와 전화 인터뷰. 2002년 12월 4일.

"우주는 우리가 밖에서 관찰할": John A. Wheeler, "Three-Dimensional Geometry as a Carrier of Information About Time," in *The Nature of Time*, ed. Thomas Gold with the assistance of D. L. Schumacher (Ithaca, NY: Cornell University Press, 1967), 106–107.

299 "휠러 교수는 처음에는 장 이론에 반대하더니": 나리카. 저자와 서신 교환 내용. 2016년 1월 9일.

300 "새 이론은 전자와 같은 대전 입자가 전기장을": Walter Sullivan, "Scientist Revises Einstein's Theory," *New York Times*, June 21, 1964.

301 "서로 대화가 가능한 두 관찰자가": Charles W. Misner, "Infinite Red-Shifts in General Relativity," in *The Nature of Time*, ed. Thomas Gold with the assistance of D. L. Schumacher (Ithaca, NY: Cornell University Press, 1967), 75.

그 사건을 다룬 여러 잡지에서도: Tom Siegfried, "50 Years Later, It's Hard to Say Who Named Black Holes," *Science News*, December 23, 2013, http://www.sciencenews.org/blog/context/50-years-later-it's-hard-say-who-named-black-holes (accessed June 24, 2016).

306 "양자전기역학의 근본적인 연구 업적을 통해서": "The Nobel Prize in Physics 1965," Nobelprize.org, http://www.nobelprize.org/nobel_prizes/physics/laureates/1965 (accessed June 25, 2016).

"어느 날 제가 칼텍 교정을 걷고 있는데": 버지니아 트림블. 저자와 서신 교환 내용. 2017년 2월 10일.

307 “교수님이 아침 여덟 시쯤 제 연구실에 와서는”: 버지니아 트림블. 저자와 서신 교환 내용. 2017년 2월 9일.

308 하지만 공식적인 옷차림을 하고서 무대에 올라: Mehra, *Beat of a Different Drum*, 576–577.

310 “기사에 소개된 연구를 많이 하긴 하지만”: Richard P. Feynman, letter to the editor, *New York Times*, November 5, 1967.

315 “시간의 세 가지 문”: Linda Anthony, “The Big Bang … the Big Crunch,” *Austin American–Statesman*, May 20, 1979, C15, archived in Wheeler Papers, American Philosophical Society.

1966년 미국물리학협회 회의에서 그는: Walter Sullivan, “Physicists Muse on Question of Time Running Backward,” *New York Times*, January 30, 1966.

8

325 어느 날 휠러는 베켄슈타인한테 농담 삼아 말했다: John Archibald Wheeler with Kenneth W. Ford, *Geons, Black Holes, and Quantum Foam: A Life in Physics* (New York: W. W. Norton & Company, 2000), 314.

328 “휠러 교수님은 허튼소리를 잘하십니다”: Charles W. Misner, Kip S. Thorne, and Wojciech H. Zurek, “John Wheeler, Relativity, and Quantum Information,” *Physics Today* (April 2009): 44–45.

330 「라스푸틴, 과학 및 운명의 전환」: Charles W. Misner, “John Wheeler and the Recertification of General Relativity as True Physics,” in *General Relativity and John Archibald Wheeler*, ed. I. Ciufolini and R. A. Matzner. Astrophysics and Space Science Library (New York: Springer Verlag, 2010).

331 “우주가 운명을 갖게끔 하고서”: John A. Wyler (pseudonym), “Rasputin, Science, and the Transmogrification of Destiny,” *General Relativity and Gravitation* 5, no. 2

(1974): 176–177.

332 프레드킨과 민스키는 처음에 장난으로 파인만을 만났다: Julian Brown, *Minds, Machines, and the Multiverse: The Quest for the Quantum Computer* (New York: Simon and Schuster, 2000), 60.

334 둘은 재치 있는 바보짓이 재미있어서 웃고 또 웃었다: "An Interview with Michelle Feynman," Basic Feynman, 2005, http://www.basicfeynman.com/qa.html.

파인만은 뱀의 먹이가: 프리먼 다이슨. 저자에게 알려준 사적인 추억담. Institute for Advanced Study, December 9, 2016.

"어렸을 때 『중력』을 아주 재미있게 읽었는데": 칼 파인만. 저자와 서신 교환 내용. 2016년 7월 24일.

335 "탄누 투바에 무슨 일이 있었지?": Richard P. Feynman, reported in Ralph Leighton, *Tuva or Bust! Richard Feynman's Last Journey* (New York: W. W. Norton & Company, 1991), 248.

휠러는 파인만한테 "아인슈타인과 미래의 물리학"이란: John A. Wheeler to Richard P. Feynman, June 1978, Wheeler Papers, American Philosophical Society.

파인만은 정중하게 거절했고 아울러 휠러에게: Richard P. Feynman to John A. Wheeler, June 14, 1978, Wheeler Papers, American Philosophical Society.

336 "퇴원을 축하하네": John A. Wheeler to Richard P. Feynman, July 28, 1978, Wheeler Papers, American Philosophical Society.

340 그때가 파인만과 다이슨이 사적으로 만난: 다이슨. 저자에게 알려준 사적인 추억담. 2016년 12월 9일.

"저는 바보 멍청이지만 인생을 즐길 줄은 알죠": Richard P. Feynman, quoted in Dick Stanley, "A Pioneer of Thought," *Austin American–Statesman*, February 8, 1987.

"살면서 나 자신에 대해 후회되는 한 가지는": Ibid.

344 "관객들이 충격을 받는 바람에, 공연장은 잠시": 셜리 마누스. 저자와 전화 인터뷰 내용. 2017년 2월 21일.

346 "일 년 전만 해도 거대한 병렬 컴퓨터는": Richard P. Feynman, quoted in David E. Sanger, "A Computer Full of Surprises," *New York Times*, May 8, 1987.

347 "우리는 폭넓은 질문을 던져야 합니다": 존 A. 휠러, 프린스턴 연구실에서 저자와 인터뷰한 내용. 2002년 11월 5일.

348 "내가 젊었을 때 보니까": Richard P. Feynman, reported in P. C. W. Davies and J. Brown, eds., *Superstrings: A Theory of Everything?* (New York: Cambridge University Press, 1988), 193.

「양자론, 처치-튜링 원리 및 보편 양자 컴퓨터」: David Deutsch, "Quantum Theory, the Church–Turing Principle and the Universal Quantum Computer," *Proceedings of the Royal Society of London* A400 (1985): 97–117.

349 "철학은 철학자들한테 맡겨두기에는": John A. Wheeler, reported in Dwight E. Neuenschwander, ed., "The Scientific Legacy of John Wheeler," *APS Forum on the History of Physics Newsletter*, fall 2009, https://www.aps.org/units/fhp/newsletters/fall2009/wheeler.cfm (accessed July 3, 2016).

350 "우주는 우리와 독립적으로 '저 바깥에' 존재하지 않는다": John A. Wheeler, "The Participatory Universe," *Science* 81 (June 1981): 66–67.

352 "오로지 내 관심사는": Richard P. Feynman, reported in Davies and Brown, *Superstrings*, 203.

"그 당시 물리학은 흥미진진했네": John A. Wheeler to Richard P. Feynman, June 27, 1986, Wheeler Papers, American Philosophical Society.

353 "성공적인 기술을 위해서는 현실을": Richard P. Feynman, "Personal Observations

on the Reliability of the Shuttle," Appendix F, Rogers Commission Report, NASA (1986), http://science.ksc.nasa.gov/shuttle/missions/51-l/docs/rogers-commission/Appendix-F.txt (accessed January 31, 2017).

"희한한 발상을 내놓는 재주는 자네한테서": John A. Wheeler to Richard P. Feynman, August 7, 1986, Wheeler Papers, American Philosophical Society.

가령 그는 미국과학진흥협회의 회의에서: John Archibald Wheeler, "A Decade of Permissiveness," *New York Review of Books*, May 17, 1979, 41–44.

358 "튀코 브라헤 때도 초신성이 폭발했고": David L. Goodstein and Gerry Neugebauer, special preface, in Richard P. Feynman with Robert B. Leighton and Matthew Sands, *Six Not–So–Easy Pieces: Einstein's Relativity, Symmetry, and Space–Time* (New York: Basic Books, 2011), xviii.

360 소련과학아카데미의 부회장이 소련과 탄누 투바에 오라는 초대장을 막 파인만에게 보냈다: Jagdish Mehra, *The Beat of a Different Drum: The Life and Science of Richard Feynman* (New York: Oxford University Press, 1994), 606.

"두 번은 못 죽겠네": Richard P. Feynman, *Perfectly Reasonable Deviations (from the Beaten Track)*, ed. Michelle Feynman (New York: Basic Books, 2006), 373.

362 "시적인 휠러 교수님은 선지자였습니다": Freeman Dyson, quoted in Dennis Overbye, "John A. Wheeler, Physicist Who Coined the Term 'Black Hole,' Is Dead at 96," *New York Times*, April 14, 2008.

맺으며

367 "제가 하는 게임은 아주 재미있습니다": Richard P. Feynman, quoted in Christopher Sykes, ed., *No Ordinary Genius: The Illustrated Richard Feynman* (New York: W. W. Norton & Company, 1994), 98.

에필로그

375 강연과 토론이 있을 때마다 휠러는: For a fascinating perspective on Wheeler's ninetieth birthday celebration, see Amanda Gefter, *Trespassing on Einstein's Lawn: A Father, a Daughter, the Meaning of Nothing, and the Beginning of Everything* (New York: Bantam, 2014).

376 "음, 이것도 한 번 시도해보게": 존 A. 휠러, 프린스턴 연구실에서 저자와 인터뷰한 내용. 2002년 11월 5일.

▌더 읽을거리▐

Bartusiak, Marcia. *Black Hole: How an Idea Abandoned by Newtonians, Hated by Einstein, and Gambled On by Hawking Became Loved*. New Haven, CT: Yale University Press, 2015. 마샤 바투시액『블랙홀의 사생활』(지상의책)

Bernstein, Jeremy. "What Happens at the End of Things?," *Alcade* 74 (November/December 1985) 4–12.

Boslough, John. "Inside the Mind of John Wheeler." *Reader's Digest* (September1986): 106–110.

Brown, Julian. *Minds, Machines, and the Multiverse: The Quest for the Quantum Computer*. New York: Simon and Schuster, 2000.

Brown, Laurie M., and John S. Rigden, eds. *"Most of the Good Stuff": Memories of Richard Feynman*. Washington, DC: American Institute of Physics, 1993.

Byrne, Peter. *The Many Worlds of Hugh Everett III: Multiple Universes, Mutual Assured Destruction, and the Meltdown of a Nuclear Family*. New York: Oxford University Press, 2013.

Carpenter, Victoria, and Paul Halpern. "Quantum Mechanics and Literature: An Analysis of El Túnel by Ernesto Sábato." *Ometeca* 17 (2012), 167–187.

DeWitt-Morette, Cécile. *The Pursuit of Quantum Gravity: Memoirs of Bryce DeWitt from 1946 to 2004*. New York: Springer, 2011.

Dirac, Paul. *The Principles of Quantum Mechanics*. Oxford: Oxford University Press, 1930.

Dresden, Max. *H. A. Kramers: Between Tradition and Revolution*. New York: Springer Verlag, 1987.

Dyson, Freeman J. *Disturbing the Universe*. New York: Basic Books, 1981. 프리먼 다이슨『프리먼 다이슨, 20세기를 말하다』(사이언스북스)

Everett, Justin, and Paul Halpern. "Spacetime as a Multicursal Labyrinth in Literature with Application to Philip K. Dick's *The Man in the High Castle*." *KronoScope* 13, no. 1 (2013).

Farmelo, Graham. *The Strangest Man: The Hidden Life of Paul Dirac, Mystic of the Atom*. New York: Basic Books, 2009. 그레이엄 파멜로『가장 이상한 사람』(승산, 출간 예정)

Feynman, Richard P. *Classic Feynman: All the Adventures of a Curious Character*, ed. Ralph Leighton. New York: W. W. Norton & Company, 2006. 리처드 파인만, 랠프 레이턴『클래식 파인만』(사이언스북스)

———. *Feynman's Thesis: A New Approach to Quantum Theory*, ed. Laurie M. Brown. Singapore: World Scientific, 2005.

——. *Perfectly Reasonable Deviations (from the Beaten Track)*. ed. Michelle Feynman. New York: Basic Books, 2006.
——. *QED: The Strange Theory of Light and Matter*. Princeton, NJ: Princeton University Press, 1985.
——. *The Quotable Feynman*, ed. Michelle Feynman. Princeton, NJ: Princeton University Press, 2015.
——. *"What Do You Care What Other People Think?": Further Adventures of a Curious Character*, ed. Ralph Leighton. New York: W. W. Norton & Company, 2001. 리처드 파인만 『남이야 뭐라 하건』(사이언스북스)
Feynman, Richard P., with Ralph Leighton. *Surely You're Joking, Mr. Feynman! Adventures of a Curious Character*, ed. Edward Hutchings. New York: W. W. Norton & Company, 1997. 리처드 파인만 『파인만 씨 농담도 잘하시네』(사이언스북스)
Ford, Kenneth W. *Building the Bomb: A Personal History*. Singapore: World Scientific, 2015.
Gefter, Amanda. "Haunted by His Brother, He Revolutionized Physics." *Nautilus*, January 16, 2014, http://nautilus/issue/9/time/haunted-by-his-brother-he-revolutionized-physics.
——. *Trespassing on Einstein's Lawn: A Father, a Daughter, the Meaning of Nothing, and the Beginning of Everything*. New York: Bantam, 2014.
Gleick, James. *Genius: The Life and Science of Richard Feynman*. New York: Vintage, 1993. 제임스 글릭 『천재』(승산)
Gribbin, John, with Mary Gribbin. *Richard Feynman: A Life in Science*. London: Penguin Books, 1997. 존 그리빈 『나는 물리학을 가지고 놀았다』(사이언스북스)
Halliwell, J. J., J. Perez-Mercader, and W. H. Zurek, eds. *The Physical Origins of Time-Asymmetry*. Cambridge: Cambridge University Press, 1996.
Halpern, Paul. *Einstein's Dice and Schrödinger's Cat: How Two Great Minds Battled Quantum Randomness to Create a Unified Theory of Physics*. New York: Basic Books, 2015. 폴 핼펀 『아인슈타인의 주사위와 슈뢰딩거의 고양이』(플루토)
——. *The Great Beyond: Higher Dimensions, Parallel Universes, and the Extraordinary Search for a Theory of Everything*. Hoboken, NJ: Wiley, 2004.
——. "Time as an Expanding Labyrinth of Information." *KronoScope* 10, nos. 1–2 (2010): 64–76.
——. *Time Journeys: A Search for Cosmic Destiny and Meaning*. New York: McGraw-Hill, 1990.
Husain, Tasneem Zehra. *Only the Longest Threads*. Philadelphia: Paul Dry Books, 2014.
Kaiser, David, *Drawing Theories Apart: The Dispersion of Feynman Diagrams in Postwar Physics*. Chicago: University of Chicago Press, 2005.
Krauss, Lawrence M. *Quantum Man: Richard Feynman's Life in Science*.New York: W. W. Norton & Company, 2012. 로렌스 크라우스 『퀀텀맨』(승산)

Leighton, Ralph. *Tuva or Bust! Richard Feynman's Last Journey*. New York: W. W. Norton & Company, 1991. 랠프 레이턴『투바: 리처드 파인만의 마지막 여행』(해나무)

Mach, Ernst. *The Science of Mechanics: A Critical and Historical Exposition of Its Principles*, trans. Thomas McCormack. Chicago: Open Court, 1897.

Mehra, Jagdish. *The Beat of a Different Drum: The Life and Science of Richard Feynman*. New York: Oxford University Press, 1994.

Misner, Charles W., Kip S. Thorne, and John A. Wheeler. *Gravitation*. San Francisco: W. H. Freeman, 1973.

Mlodinow, Leonard. *Feynman's Rainbow: A Search for Beauty in Physics and in Life*. New York: Vintage, 2011. 레너드 믈로디노프『파인만에게 길을 묻다』(더숲)

Schweber, Silvan S. *QED and the Men Who Made It: Dyson, Feynman, Schwinger, and Tomonaga*. Princeton, NJ: Princeton University Press, 1994.

Sykes, Christopher, ed. *No Ordinary Genius: The Illustrated Richard Feynman*. New York: W. W. Norton & Company, 1994.

Weisskopf, Victor. *The Joy of Insight: Passions of a Physicist*. New York: Basic Books, 1991.

Wheeler, John Archibald. "Time Today." In *The Physical Origins of Time-Asymmetry*, edited by J. J. Halliwell, J. Perez-Mercader, and W. H. Zurek, 1–29. Cambridge: Cambridge University Press, 1996.

Wheeler, John Archibald, with Kenneth W. Ford. *Geons, Black Holes, and Quantum Foam: A Life in Physics*. New York: W. W. Norton & Company, 2000.

Yourgrau, Palle. *A World Without Time: The Forgotten Legacy of Gödel and Einstein*. New York: Basic Books, 2004. 펠레 유어그라우『괴델과 아인슈타인』(지호)

찾아보기

ㄹ

ㅁ

ㅂ

ㅅ

ㅇ

ㅈ

ㅊ

ㅋ

ㅌ

ㅍ

ㅎ

도서출판 승산에서 만든 책들

19세기 산업은 전기 기술 시대, 20세기는 전자 기술(반도체) 시대, 21세기는 **양자 기술** 시대입니다. 도서출판 승산은 미래의 주역인 청소년들을 위해 양자 기술(양자 암호, 양자 컴퓨터, 양자 통신과 같은 양자 정보 과학 분야, 양자 철학 등) 시대를 대비한 수학 및 양자 물리학 양서를 꾸준히 출간하고 있습니다.

■ 리처드 파인만 ■

파인만의 물리학 강의 Ⅰ~Ⅲ 리처드 파인만 강의 | 로버트 레이턴, 매슈 샌즈 엮음 | 박병철, 김충구, 정재승, 김인보 외 옮김

50년 동안 한 번도 절판되지 않았으며, 전 세계 물리학도들에게 이미 **전설**이 된 이공계 필독서, 파인만의 빨간책. 파인만의 진면목은 바로 이 강의록에서 나온다고 해도 과언이 아니다. 사물의 이치를 꿰뚫는 견고한 사유의 힘과 어느 누구도 흉내 낼 수 없는 독창적인 문제 해결 방식이 『파인만의 물리학 강의』 세 권에서 빛을 발한다. 자신이 물리학계에 남긴 가장 큰 업적이라고 파인만이 스스로 밝힌 붉은 표지의 **전설적인** 강의록.

파인만의 물리학 길라잡이 리처드 파인만, 마이클 고틀리브, 랠프 레이턴 공저 | 박병철 옮김

『파인만의 물리학 길라잡이』가 드디어 국내에 출간됨으로써, 독자들은 파인만의 전설적인 물리학 강의를 온전하고 완성된 모습으로 누릴 수 있게 되었다. 파인만 특유의 위트 넘치는 언변과 영감 어린 설명은 이 책에서도 그 진가를 유감없이 발휘하고 있다. 마치 파인만의 육성을 듣는 듯한 기분으로 한 문장 한 문장 읽어가다 보면 어느새 물리가 얼마나 재미있는 학문인지 깨닫게 될 것이다. 특히 이 책은 칼텍의 열등생을 위한 파인만의 흥미로운 충고를 담고 있고, 물리학의 기본 법칙과 물리학 팁(tip)을 더욱 쉽고 명쾌하게 짚어 내는가 하면 실제로 시행착오를 거치며 문제를 해결해 나가는 과정이 자세히 나와 있어, 청소년과 일반 독자들이 파인만의 강의를 보다 쉽게 만날 수 있는 기회가 될 것이다.

파인만의 여섯 가지 물리 이야기 리처드 파인만 강의 | 박병철 옮김

입학하자마자 맞닥뜨리는 어려운 고전물리학에 흥미를 잃어가는 학부생들을 위해 칼텍이 기획하고, 리처드 파인만이 출연하여 만든 강의록이다. 『파인만의 물리학 강의 I~III』의 내용 중, 일반인도 이해할 만한 '쉬운' 여섯 개 장을 선별하여 묶었다. 미국 랜덤하우스 선정 20세기 100대 비소설에 선정된 유일한 물리학 책으로 현대물리학의 고전이다.

—간행물 윤리위원회 선정 '청소년 권장도서'

일반인을 위한 파인만의 QED 강의 리처드 파인만 강의 | 박병철 옮김

가장 복잡한 물리학 이론인 양자전기역학을, 일반 사람들을 대상으로 기초부터 상세하고 완전하게 설명한 나흘간의 기록. 파인만의 오랜 친구였던 머트너가, 양자전기역학에 대해 나흘간 강연한 파인만의 UCLA 강의를 기록하여 수학의 철옹성에 둘러싸여 상아탑 깊숙이에서만 논의되던 이 주제를 처음으로 일반 독자에게 가져왔다.

발견하는 즐거움

리처드 파인만 지음 | 승영조, 김희봉 옮김

파인만의 강연과 인터뷰를 엮었다. 베스트셀러 『파인만씨, 농담도 잘하시네!』가 한 천재의 기행과 다양한 에피소드를 주로 다루었다면, 이 책은 재미난 일화뿐만 아니라, 과학 교육과 과학의 가치에 관한 그의 생각도 함께 담고 있다. 나노테크놀로지의 미래를 예견한 1959년의 강연이나, 우주왕복선 챌린저 호의 조사 보고서, 물리 법칙을 이용한 **양자** 컴퓨터에 대한 그의 주장들은 한 시대를 풍미한 이론물리학자의 진면목을 보여준다. '권위'를 부정하고, 모든 사물을 '의심'하는 것을 삶의 지표로 삼았던 파인만의 자유로운 정신을 엿볼 수 있다.

–문화관광부 선정 '우수학술도서', 간행물 윤리위원회 선정 '청소년을 위한 좋은 책'

파인만의 과학이란 무엇인가

리처드 파인만 강의 | 정무광, 정재승 옮김

과학이란 무엇이며, 과학은 우리 사회의 다른 분야에 어떤 영향을 미칠 수 있을까? 파인만이 사회와 종교 등 일상적인 주제에 대해 자신의 생각을 직접 밝힌 글은, 우리가 알기로는 이 강연록 외에는 없다. 리처드 파인만이 1963년 워싱턴대학교에서 강연한 내용을 책으로 엮었다.

천재

제임스 글릭 지음 | 황혁기 옮김

『카오스』, 『인포메이션』의 저자 제임스 글릭이 쓴 리처드 파인만의 전기. 글릭이 그리는 파인만은 우리가 아는 시종일관 유쾌한 파인만이 아니다. 원자폭탄의 여파로 우울감에 빠지기도 하고, 너무도 사랑한 여자인 알린의 죽음으로 괴로워하는 파인만의 모습도 담담히 담아냈다. 20세기 중반 이후 파인만이 기여한 이론물리학의 여러 가지 진보, 곧 파인만 다이어그램, 재규격화, 액체 헬륨의 초유동성 규명, 파톤과 쿼크, 표준 모형 등에 대해서도 일반 독자가 받아들이기 쉽도록 명쾌하게 설명한다. 아울러 줄리언 슈윙거, 프리먼 다이슨, 머리 겔만 등을 중심으로 파인만과 시대를 같이한 물리학계의 거장들을 등장시켜 이들의 사고방식과 활약상은 물론 인간적인 동료애나 경쟁심이 드러나는 이야기도 전하고 있다. 글릭의 이 모든 작업에는 방대한 자료 조사와 인터뷰가 뒷받침되었다.

–2007 과학기술부 인증 '우수과학도서' 선정, 아·태 이론물리센터 선정 '2006년 올해의 과학도서 10권'

퀀텀맨: 양자역학의 영웅, 파인만

로렌스 크라우스 지음 | 김성훈 옮김

파인만의 일화를 담은 전기들이 많은 독자에게 사랑받고 있지만, 파인만의 물리학은 어렵고 생소하기만 하다. 세계적인 우주론 학자이자 베스트셀러 작가인 로렌스 크라우스는 서문에서 파인만이 많은 물리학자들에게 영웅으로 남게 된 이유를 물리학자가 아닌 대중에게도 보여주고 싶었다고 말한다. 크라우스의 친절하고 깔끔한 설명이 돋보이는 『퀀텀맨』은 독자가 파인만의 물리학으로 건너갈 수 있도록 도와주는 디딤돌이 될 것이다.

■ 물리 ■

과학의 새로운 언어, 정보

한스 크리스천 폰 베이어 지음 | 전대호 옮김

눈에 보이는 것이 세상의 전부가 아님을 입증해 주는 '양자역학'의 세계와 현대 생활에서 점점 더 중요시하는 '정보'에 대해 친근하게 설명해 준다. IT 산업에 밑바탕이 되는 개념들도 다룬다. 전 세계 과학자들에게 영감을 주는 **휠러**와 그가 던지는 물리학과 철학의 경계에 있는 심오한 질문들에 대해서도 볼 수 있다.

아인슈타인의 베일

안톤 차일링거 지음 | 전대호 옮김

양자물리학의 전체적인 흐름을 심오한 질문들을 통해 설명하는 책. 세계의 비밀을 감추고 있는 거대한 '베일'을 양자이론으로 점차 들춰낸다. 고전물리학에서부터 최첨단의 실험 결과에 이르기까지, 일반 독자를 위해 쉽게 설명하고 있어 과학 논술을 준비하는 학생들에게 도움을 준다.

초끈이론의 진실

피터 보이트 지음 | 박병철 옮김

물리학계에서 초끈이론이 가지는 위상과 그 실체를 명확히 하기 위해 먼저, 표준 모형 완성에까지 이르는 100년간의 입자 물리학 발전사를 꼼꼼하게 설명한다. 초끈이론을 옹호하는 목소리만이 대중에게 전해지는 상황에서, 저자는 초끈이론이 이론물리학의 중앙 무대에 진출하게 된 내막을 당시 시대 상황, 물리학계의 권력 구조 등과 함께 낱낱이 밝힌다. 이 목소리는 초끈이론 학자들이 자신의 현주소를 냉철하게 돌아보고 최선의 해결책을 모색하도록 요구하기에 충분하다.

—2009 대한민국학술원 기초학문육성 '우수학술도서' 선정

무로부터의 우주

로렌스 크라우스 지음 | 박병철 옮김

우주는 왜 비어 있지 않고 물질의 존재를 허용하는가? 우주의 시작인 빅뱅에서 우주의 머나먼 미래까지 모두 다루는 이 책은 지난 세기 물리학에서 이루어진 가장 위대한 발견도 함께 소개한다. 우주의 과거와 미래를 살펴보면 텅 빈 공간, 즉 '무(無)'가 무엇으로 이루어져 있는지, 그리고 우주가 얼마나 놀랍고도 흥미로운 존재인지를 다시금 깨닫게 될 것이다.

시인을 위한 양자 물리학

리언 레더먼, 크리스토퍼 힐 공저 | 전대호 옮김

많은 대중 과학서 저자들이 독자에게 전자의 야릇한 행동에 대해 이야기하려 한다. 하지만 인간의 경험과 직관을 벗어나는 입자 세계를 설명하려면 조금 차별화된 전략이 필요하다. 『신의 입자』의 저자인 리언 레더먼과 페르미연구소의 크리스토퍼 힐은 야구장 밖으로 날아가는 야구공과 뱃전에 부딪히는 파도를 이야기한다. 블랙홀과 끈이론을 논하고, 트랜지스터를 언급하며, 화학도 약간 다룬다. 식탁보에 그림을 그리고 심지어 (책의 제목이 예고하듯) 시를 읊기까지 한다. 디저트가 나올 무렵에 등장하는 **양자 암호** 이야기는 상당히 매혹적이다.

퀀텀 유니버스

브라이언 콕스, 제프 포셔 공저 | 박병철 옮김

일반 대중에게 양자역학을 소개하는 책은 많이 있지만, 이 책은 몇 가지 면에서 매우 독특하다. 우선 저자가 영국에서 활발한 TV 출연과 강연 활동을 하는 브라이언 콕스 교수와 그의 맨체스터 대학교의 동료 교수인 제프 포셔이고, 문제 접근 방식이 매우 독특하며, 책의 말미에는 물리학과 대학원생이 아니면 접할 기회가 없을 약간의 수학적 과정까지 다루고 있다. 상상 속의 작은 시계만으로 입자의 거동 방식을 설명하고, 전자가 특정 시간 특정 위치에서 발견될 확률을 이용하여 백색왜성의 최소 크기를 계산하는 과정을 설명하는 대목은 압권이라 할 만하다.

양자 우연성

니콜라스 지생 지음 | 이해웅, 이순칠 옮김 | 김재완 감수

양자 얽힘이 갖는 비국소적 상관관계, 양자 무작위성, 양자 공간 이동과 같은 20세기 양자역학의 신개념들은 인간의 지성으로 이해하고 받아들이기 매우 어려운 혁신적인 개념들이다. 그렇지만 이처럼 난해한 신개념들이 21세기에 이르러 이론, 철학의 범주에서 현실의 기술로 변모하고 있는 것 또한 사실이며, ICT 분야에 새로운 패러다임을 제공할 것으로 기대되는 매우 중요한 분야이기도 하다. 스위스 제네바대학의 지생 교수는 이를 다양한 일상의 예제들에 대한 문답 형식을 통해 쉽고 명쾌하게 풀어내고 있다. 수학이나 물리학에 대한 전문지식이 없는 독자들이 받아들일 수 있을 정도이다.

퀀트: 물리와 금융에 관한 회고

이매뉴얼 더만 지음 | 권루시안 옮김

'금융가의 리처드 파인만'으로 손꼽히는 금융가의 전설적인 더만! 그가 말하는 이공계생들의 금융계 진출과 성공을 향한 도전을 책으로 읽는다. 금융공학과 퀀트의 세계에 대한 다채롭고 흥미로운 회고. 수학자 제임스 시몬스는 70세의 나이에도 1조 5천억 원의 연봉을 받고 있다. 이공계생들이여, 금융공학에 도전하라!

아인슈타인의 우주

미치오 카쿠 지음 | 고중숙 옮김

밀도 높은 과학적 개념을 일상의 언어로 풀어내는 미치오 카쿠(『평행 우주』의 저자)는 이 책에서 인간 아인슈타인과 그의 유산을 수식 한 줄 없이 체계적으로 설명한다. 가장 최근의 끈 이론에도 살아남아 있는 그의 사상을 통해 최첨단 물리학을 이해할 기회를 주는 친절한 안내서이다.

■ 프린스턴 수학 & 응용수학 안내서 ■

프린스턴 수학 안내서 I, II

티모시 가워스, 준 배로우-그린, 임레 리더 외 엮음 | 금종해, 정경훈, 권혜승 외 28명 옮김

1988년 필즈 메달 수상자 티모시 가워스를 필두로 5명의 필즈상 수상자를 포함한 현재 수학계 각 분야에서 활발히 활동하는 세계적 수학자 135명의 글을 엮은 책. 1,700여 페이지(I권 1,116페이지, II권 598페이지)에 달하는 방대한 분량으로, 기본적인 수학 개념을 비롯하여 위대한 수학자들의 삶과 현대 수학의 발달 및 수학이 다른 학문에 미치는 영향을 매우 상세히 다룬다. 다루는 내용의 깊이에 관해서는 전대미문인 이 책은 필수적인 배경지식과 폭넓은 관점을 제공하여 순수수학의 가장 활동적이고 흥미로운 분야들, 그리고 그 분야의 늘고 있는 전문성을 조사한다. 수학을 전공하는 학부생이나 대학원생들뿐 아니라 수학에 관심 있는 사람이라면 이 책을 통해 수학 전반에 대한 깊은 이해를 얻을 수 있을 것이다.

프린스턴 응용수학 안내서 I, II

니콜라스 하이엄 외 엮음 | 정경훈, 박민재 외 7명 옮김

'응용수학'이란 무엇인가? 순수수학과는 어떤 관련을 가지며, 좀 더 범위를 확장해 '수학'이라는 오래된 학문 그 자체에서 어떤 의미를 지니는가? 각 분야의 선도적인 전문가 165명이 니콜라스 하이엄 외 9명의 편집위원의 지휘 아래 『프린스턴 응용수학 안내서 I, II』를 선보였고, 우리는 위의 질문을 탐구해 볼 1,592페이지 분량의 중요한 데이터를 갖게 되었다. 맨체스터 대학의 리차드슨 교수인 니콜라스 하이엄은 그의 연구 분야인 수치해석뿐만 아니라 MATLAB가이드, 수리과학을 위한 글쓰기, SIAM(Society for Inderstrial and Applied Mathematics) 저널의 편집위원으로도 명성이 높다. 광범위한 수학적 영감을 지녔으면서, 동시에 세부적인 내용을 해설하는 데 능수능란한 하이엄은 편집위원들과 함께 현재에도 중요하며 미래에도 그 중요성이 지속될 응용수학의 200여 개의 항목을 선별하고, 분량과 난이도를 적절하게 조절하여 『프린스턴 응용수학 안내서 I, II』 안에 응축하였다.

■ 수학 & 인물 ■

소수와 리만 가설

베리 메이저, 윌리엄 스타인 공저 | 권혜승 옮김

이 책은 '어떻게 소수의 개수를 셀 것인가'라는 간단한 물음으로 출발하지만, 점차 소수의 심오한 구조로 안내하

며 마침내 그 안에 깃든 놀랍도록 신비한 규칙을 독자들에게 보여준다. 저자는 소수의 구조를 이해하는 데 필수적인 '수치적 실험'들을 단계별로 제시하며 이를 다양한 그림과 그래프, 스펙트럼으로 표현하였다. 이 책은 얇고 간결하지만, 소수에 보다 진지한 관심을 가진 이들을 겨냥했다. 다양한 동치적 표현을 통해 리만 제타함수가 소수의 위치와 그 스펙트럼을 어떻게 매개하는지 수학적으로 감상하는 것을 목표로 한다. 131개의 컬러로 인쇄된 그림과 다이어그램이 수록되었다.

–2018 대한민국학술원 '우수학술도서' 선정

리만 가설

존 더비셔 지음 | 박병철 옮김

수학자의 전유물이던 리만 가설을 대중에게 소개하는 데 성공한 존 더비셔는 '이보다 더 간단한 수학으로 리만 가설을 설명할 수는 없다'고 선언한다. 홀수 번호가 붙은 장에서는 리만 가설을 수학적으로 인식할 수 있도록 돕는 데 주안점을 두었고, 짝수 번호가 붙은 장에는 주로 역사적인 배경과 인물에 관한 내용을 담았다.

소수의 음악

마커스 드 사토이 지음 | 고중숙 옮김

'다음 등장할 소수는 어떤 수인가?'라는 간단한 물음으로 시작한 인간의 지적 탐험이, 점차 복잡하고 정교한 이론으로 성숙하는 과정을 그린다. 전반부는 유클리드에서 오일러, 가우스를 거쳐 리만에 이르는 소수 연구사를 다루며, 후반부는 리만이 남긴 과제를 극복하려는 19세기 이후의 시도와 성과를 두루 살핀다.

–2007 과학기술부 인증 '우수과학도서' 선정

오일러 상수 감마

줄리언 해빌 지음 | 고중숙 옮김

고등 수학의 아이디어와 기법들이 당대의 실제적 문제들로부터 자연스럽게 이끌려 나온 18세기, 스위스의 수학자 레온하르트 오일러는 이후 전개될 수학을 위해 새로운 언어와 방식을 창조해 냈다. 줄리언 해빌은 오일러의 인간적 면모를 역사적인 맥락에서 소개하고, 후대의 수학자들이 깊이 숙고하게 된 그의 아이디어들을 바탕으로 신비에 싸인 상수 감마를 살핀다.

라이트 형제

데이비드 매컬로 지음 | 박중서 옮김

퓰리처상을 2회 수상한 저자 데이비드 매컬로는 미국사의 주요 사건과 인물을 다루는 데 탁월한 능력을 보유한 작가이다. 그가 라이트 형제의 삶을 다룬 전기를 내놓았다. 저자는 라이트 형제가 비행기를 성공적으로 만들어내기까지의 과정을 묘사하는 데 라이트 형제 관련 문서에 소장된 일기, 노트북, 그리고 가족 간에 오간 1천 통 이상의 편지 같은 풍부한 자료를 활용했다. 시대를 초월한 중요성을 지녔고, 인류의 성취 중 가장 놀라운 성취의 하나인 비행기의 발명을 '단어로 그림을 그린다'고 평가받는 유창한 글솜씨로 매끄럽게 풀어낸다. 그의 글을 읽어나가면 라이트 형제의 생각과 고민, 아이디어를 이끌어내는 방식, 토론하는 방식 등을 자연스럽게 배울 수 있다.

–2015년 5월~2016년 2월 《뉴욕 타임스》 베스트셀러, 2015년 5월~7월 논픽션 부분 베스트셀러 1위

수학자가 아닌 사람들을 위한 수학

모리스 클라인 지음 | 노태복 옮김

수학이 현실적으로 공부할 가치가 있는 학문인지 묻는 독자들을 위해, 수학의 대중화에 힘쓴 저자 모리스 클라인은 어떻게 수학이 인류 문명에 나타났고 인간이 시대에 따라 수학과 어떤 식으로 관계 맺었는지 소개한다. 그리스부터 현대에 이르는 주요한 수학사적 발전을 망라하여, 각 시기마다 해당 주제가 등장하게 된 역사적 맥락을 깊이 들여다본다. 더 나아가 미술과 음악 등 예술 분야에 수학이 어떤 영향을 끼쳤는지 살펴본다. 저자는 다음과 같은 말로 독자의 마음을 사로잡는다. "수학을 배우는 데 어떤 특별한 재능이나 마음의 자질이 필요하지는 않다고 확신할 수 있다. (…) 마치 예술을 감상하는 데 '예술적 마음'이 필요하지 않듯이."

–2017 대한민국학술원 '우수학술도서' 선정

무리수

줄리언 해빌 지음 | 권혜승 옮김

무리수와 그에 관련된 문제 해결에 도전한 수학자들의 이야기를 담았다. 무리수에 대한 이해가 심화되는 과정을 살펴보기 위해서는 반드시 유클리드의 『원론』을 참조해야 한다. 그중 몇 가지 중요한 정의와 명제가 이 책에 소개되어 있다. 이 책의 목적은 유클리드가 '같은 단위로 잴 수 없음'이라는 개념에 대한 에우독소스의 방법을 어떻게 증명하고 그것에 의해 생겨난 문제들을 효과적으로 다루었는지를 보여주는 데 있다. 저자가 소개하는 아이디어들을 따라가다 보면 무리수의 역사를 이루는 여러 결과들 가운데 몇 가지 중요한 내용을 상세히 이해하게 될 것이며, 순수수학 발전 과정에서 무리수가 얼마나 중요한 부분을 담당하는지 파악할 수 있을 것이다.

불완전성: 쿠르트 괴델의 증명과 역설

레베카 골드스타인 지음 | 고중숙 옮김

괴델은 독자적인 증명을 통해 충분히 복잡한 체계, 요컨대 수학자들이 사용하고자 하는 체계라면 어떤 것이든 참이면서도 증명 불가능한 명제가 반드시 존재한다는 사실을 밝혀냈다. 레베카 골드스타인은 괴델의 정리와 그 현란한 귀결들을 이해하기 쉽도록 펼쳐 보임은 물론 괴팍스럽고 처절한 천재의 삶을 생생히 그려 나간다.

괴델의 증명

어니스트 네이글, 제임스 뉴먼 공저 | 곽강제, 고중숙 옮김

《타임》지가 선정한 '20세기 가장 영향력 있는 인물 100명'에 든 단 2명의 수학자 중 한 명인 괴델의 불완전성 정리를 군더더기 없이 간결하게 조명한 책. 괴델은 '무모순성'과 '완전성'을 동시에 갖춘 수학 체계를 만들 수 없다는, 즉 '애초부터 증명 불가능한 진술이 있다'는 것을 증명하였다. 『괴델, 에셔, 바흐』의 호프스테터가 서문을 붙였다.

유추를 통한 수학탐구

P. M. 에르든예프, 한인기 공저

수학은 단순한 숫자 계산과 수리적 문제에 국한되는 것이 아니라 사건을 논리적인 흐름에 의해 풀어나가는 방식을 부르는 이름이기도 하다. '수학이 어렵다'는 통념을 '수학은 재미있다!'로 바꿔주기 위한 목적으로 러시아, 한국 두 나라의 수학자가 공동저술한 수학의 즐거움을 일깨워주는 실습서이다. 여러 가지 수학적 방법론 중 이 책은 특히 '유추'를 중심으로 하여 풀어내는 수학적 창의력과 자발성의 개발에 목적을 두었다.

우리 수학자 모두는 약간 미친 겁니다

폴 호프만 지음 | 신현용 옮김

지속적인 아름다움과 지속적인 진리의 추구. 폴 에어디쉬는 이것이 수학의 목표라고 보았으며 평생 수학이라는 매력적인 학문에 대한 탐구를 멈추지 않았다. 이 책은 83년간 하루 19시간씩 수학 문제만 풀고, 485명의 수학자들과 함께 1,475편의 수학 논문을 써낸 20세기 최고의 전설적인 수학자 폴 에어디쉬의 전기이다. 호프만은 에어디쉬의 생애와 업적을 풍부한 일화를 중심으로 생생히 소개한다.

–한국출판인회의 선정 '이 달의 책', 론–폴랑 과학도서 저술상 수상

뷰티풀 마인드

실비아 네이사 지음 | 신현용, 승영조, 이종인 옮김

존 내쉬는 경제학의 패러다임을 바꾼 수학자로서 이미 20대에 업적을 남기고 명성을 날렸지만, 그 후 반평생을 정신분열증에 시달리며, 주변 사람들을 괴롭히고 스스로를 파괴하며 살았던 광인이자 기인이었다. 이 책은 천재의 광기와 회복에 이르는 과정을 통해 인간 정신의 신비를 그렸다. 영화 〈뷰티풀 마인드〉의 원작 논픽션이다.

–간행물 윤리위원회 선정 '우수도서', 영화 〈뷰티풀 마인드〉 오스카상 4개 부문 수상

너무 많이 알았던 사람

데이비드 리비트 지음 | 고중숙 옮김

오늘날 앨런 튜링은 정보과학과 인공지능의 창시자로 간주된다. 튜링은 '결정가능성 문제'를 해결하고자 '튜링 기계'를 고안하여 순수수학의 머나먼 영토와 산업계를 멋들어지게 연결하는 다리를 놓았다. 데이비드 리비트는 소설가다운 필치로 2차 세계대전 참가와 동성애 재판 등으로 곡절 많았던 튜링의 삶을 우아한 문장을 통해 그려낸다.

넘버 미스터리

마커스 드 사토이 지음 | 안기연 옮김

수학을 널리 알리고 발전시키는 활동을 펼치는 클레이 수학 연구소가 백만 달러의 상금을 걸고 제시한 '7대 밀레니엄 문제' 중 5개를 주제로 삼고 있다. 위상학, 암호학, 계산학, 그리고 항공기 설계까지 가장 흥미로운 순수 응용 수학의 많은 영역을 포괄하는 7대 밀레니엄 문제를 통해 '리만 가설', '푸앵카레 추측', 그리고 '나비에-스토크스 방정식' 등 인류가 발견한 위대한 수학을 이해하기 쉽게 소개한다.

아이작 뉴턴

제임스 글릭 지음 | 김동광 옮김

'엄선된 자서전, 인간 뉴턴이 그늘에서 모습을 드러내다.' 『천재』와 『카오스』의 저자 제임스 글릭이 쓴 아이작 뉴턴의 삶과 업적! 과학에서 가장 난해한 뉴턴의 인생을 진지한 시선으로 풀어낸다.

경시대회 문제, 어떻게 풀까

테렌스 타오 지음 | 안기연 옮김

필즈상 수상자이자 세계에서 아이큐가 가장 높다고 알려진 수학자 테렌스 타오가 전하는 경시대회 문제 풀이 전략! 정수론, 대수, 해석학, 유클리드 기하, 해석 기하 등 다양한 분야의 문제들을 다룬다. 문제를 어떻게 해석할 것인가를 두고 고민하는 수학자의 관점을 엿볼 수 있는 새로운 책이다.

초등학교 수학 이렇게 가르쳐라

리핑 마 지음 | 신현용, 승영조 옮김

우리나라의 수학 교육은 내신 위주의 점수 따기, 혹은 문제 풀이 과정의 암기 수준을 벗어나지 못하고 있다. 이 책은 수학 교육이 가지고 있는 현재의 문제점들을 인식하고 문제의 원인과 해결 방안을 제시한다. 수학 교사뿐만 아니라 학부모들도 이 책을 통해 기초수학에 대한 깊은 이해와 올바른 수학 교육 방안을 얻을 수 있을 것이다.

아주 특별한 수학 멘토링

데비 딜러 지음 | 고은주 옮김

『아주 특별한 수학 멘토링』은 35년간 교육에 몸담고 있는 데비 딜러가 아이들의 개념적인 이해와 능력을 발달시키고, 수학적인 생각을 이야기할 때 수학 어휘를 사용하게 하며, 추상적인 생각들을 독자적으로 탐구하고 연습하게 해 줄 수 있는 아이디어들을 안내한다. 이 책은 수학 학습마당을 준비하고, 관리하고, 1년 동안 지속적으로 진행하는 법을 상세하게 열거한다.

■ 대칭 ■

아름다움은 왜 진리인가

이언 스튜어트 지음 | 안재권, 안기연 옮김

현대 수학과 과학의 위대한 성취를 이끌어낸 힘, '대칭(symmetry)의 아름다움'에 관한 책. 대칭이 현대 과학의 핵심 개념으로 부상하는 과정을 천재들의 기묘한 일화와 함께 다루었다.

대칭: 자연의 패턴 속으로 떠나는 여행 마커스 드 사토이 지음 | 안기연 옮김

수학자의 주기율표이자 대칭의 지도책, 『유한군의 아틀라스』가 완성되는 과정을 담았다. 자연의 패턴에 숨겨진 대칭을 전부 목록화하겠다는 수학자들의 야심찬 모험을 그렸다.

갈루아 이론의 정상을 딛다 이시이 도시아키 지음 | 조윤동 옮김

"〈일반 5차방정식은 근호로 풀 수 없다〉는 명제의 제대로 된 증명을 가장 쉬운 절차로 이해"하는 것을 목표로 한 책이다. 독자가 고등학교 수준의 수학적 지식만을 갖추었다고 가정하고, 그 밖의 내용은 처음 접한다는 생각으로 갈루아 이론의 증명에 이르는 과정을 처음부터 끝까지 친절하게 설명한다.

—2018 대한민국학술원 '우수학술도서' 선정

대칭: 갈루아 유언 신현용 지음 | 김영관, 신실라 그림

삼차, 사차방정식이 해결된 후 300년 이상 미해결 상태였던 오차방정식. 에바리스트 갈루아는 아벨이 방정식의 새로운 해법으로 암시한 "군"이라는 대수적 구조를 통해 대칭의 언어인 "군론"을 완성함으로써 오차방정식의 풀이 문제를 해결한다. 유클리드부터 카르다노를 거쳐 갈루아에 이르는 오차방정식의 풀이 여정을 수학자들의 가상 대화를 통해 풀어 나가며, 다항식 풀이의 핵심인 "대칭"이 언어, 건축, 회화, 음악에서 어떻게 드러나고 적용되는지 설명하는 부분이 흥미롭다. 대수적 구조를 탐구하는 모든 과정에 자세한 풀이 과정을 적어 두었기에 독자는 대칭의 강력한 힘인 "아름다움"을 수학적으로 체감해 볼 수 있다.

열세 살 딸에게 가르치는 갈루아 이론 김중명 지음 | 김슬기, 신기철 옮김

재일교포 역사소설가 김중명이 이제 막 중학교에 입학한 딸에게 갈루아 이론을 가르쳐 본다. 수학역사상 가장 비극적인 삶을 살았던 갈루아가 죽음 직전에 휘갈겨 쓴 유서를 이해하는 것을 목표로 한 책이다. 사다리타기나 루빅스 큐브, 15 퍼즐 등을 활용하여 치환을 설명하는 등 중학생 딸아이의 눈높이에 맞춰 몇 번이고 친절하게 설명하는 배려가 돋보인다.

대칭과 아름다운 우주 리언 레더먼, 크리스토퍼 힐 공저 | 안기연 옮김

자연이 대칭성을 가진다고 가정하면 필연적으로 특정한 형태의 힘만이 존재할 수밖에 없다고 설명된다. 이 관점에서 자연은 더욱 우아하고 아름다운 존재로 보인다. 물리학자는 보편성과 필연성에서 특히 경이를 느끼기 때문이다. 노벨상 수상자이자 『신의 입자』의 저자인 리언 레더먼이 페르미 연구소의 크리스토퍼 힐과 함께 대칭과 같은 단순하고 우아한 개념이 우주의 구성에서 어떤 의미를 갖는지 궁금해 하는 독자의 호기심을 채워 준다.

미지수, 상상의 역사 존 더비셔 지음 | 고중숙 옮김

이 책은 3부로 나눠 점진적으로 대수의 개념을 이해할 수 있도록 구성되어 있다. 1부에서는 대수의 탄생과 문자기호의 도입, 2부에서는 문자 기호의 도입 이후 여러 수학자들이 발견한 새로운 수학적 대상들을 서술하고 있으며, 3부에서는 문자 기호를 넘어 더욱 높은 추상화의 단계들로 나아가는 군(group), 환(ring), 체(field) 등과 같은 현대대수에 대해 다루고 있다. 독자들은 이 책을 통해 수학에서 가장 중요한 개념이자, 고등 수학에서 미적분을 제외한 거의 모든 분야라고 할 만큼 그 범위가 넓은 대수의 역사적 발전과정을 배울 수 있다.

무한 공간의 왕 시오반 로버츠 지음 | 안재권 옮김

도널드 콕세터는 20세기 최고의 기하학자로, 반시각적 부르바키 운동에 대응하여 기하학을 지키기 위해 애써왔으며, 고전기하학과 현대기하학을 결합시킨 선구자이자 개혁자였다. 그는 콕세터 군, 콕세터 도식, 정규초다면체

등 혁신적인 이론을 만들어 내며 수학과 과학에 있어 대칭에 관한 연구를 심화시켰다. 저널리스트인 저자가 예술적이며 과학적인 콕세터의 연구를 감동적인 인생사와 결합해 낸 이 책은 매혹적이고, 마법과도 같은 기하학의 세계로 들어가는 매력적인 입구가 되어 줄 것이다.

A Book of Abstract Algebra (근간)

Charles C. Pinter 지음 | **정경훈** 옮김

이 책은 추상대수학에 포함되는 모든 주제를 상세히 다룬다. 이론적인 설명에만 그치지 않고 연습문제와 해설을 제공해 독자들이 책의 내용을 이해했는지 검토할 수 있도록 도와준다. 따라서 우수한 고등학생, 수학·물리과 대학생에게는 훌륭한 길라잡이가, 수학을 가르치는 교사에게는 좋은 지침서가 될 것이다.

■ 로저 펜로즈 ■

유행, 신조 그리고 공상

로저 펜로즈 지음 | **노태복** 옮김

세계 정상급의 수학자이자 물리학자인 로저 펜로즈는 2003년에 프린스턴 대학교 출판부의 초청을 받아 세 번의 강의를 하였다. 펜로즈가 제시하는 끈 이론에 대한 비판적 견해가 그 강의의 내용이자 이 책의 주제이다. 독자들은 이 책을 읽음으로써 양자역학에 대한 깊은 통찰을 얻을 수 있을 것이다.

실체에 이르는 길 1, 2

로저 펜로즈 지음 | **박병철** 옮김

현대 과학은 물리적 실체가 작동하는 방식을 묻는 물음에는 옳은 답을 주지만, "공간은 왜 3차원인가?"처럼 실체의 '정체'에는 답을 주지 못하고 있다. 『황제의 새 마음』으로 물리적 구조에 '정신'이 깃들 가능성을 탐구했던 수리물리학자 로저 펜로즈가, 이 무모해 보이기까지 하는 물음에 천착하여 8년이라는 세월 끝에 『실체에 이르는 길』이라는 보고서를 내놓았다. 이 책의 주제를 한마디로 정의하자면 '물리계의 양태와 수학 개념 간의 관계'이다. 설명에는 필연적으로 수많은 공식이 수반되지만, 그 대가로 이 책은 수정 같은 명징함을 얻었다. 공식들을 따라가다 보면 독자들은 물리학의 정수를 명쾌하게 얻을 수 있다.

—2011 아·태 이론물리센터 선정 '올해의 과학도서 10권'

마음의 그림자

로저 펜로즈 지음 | **노태복** 옮김

로저 펜로즈가 자신의 전작인 『황제의 새 마음』을 보충하고 발전시켜 내놓은 후속작 『마음의 그림자』는 오늘날 마음과 두뇌를 다루는 가장 흥미로운 책으로 꼽을 만하다. 의식과 현대 물리학 사이의 관계를 논하는 여러 관점들을 점검하고, 특히 저자가 의식의 바탕이라 생각하는 비컴퓨팅적 과정이 실제 생물체에서 어떻게 발현되는지 구체적으로 소개한다. 논의를 전개하며 철학과 종교 등 여러 학문을 학제적으로 아우르는 과정은 다소의 배경지식을 요구하지만, 그 보상으로 이 책은 '과학으로 기술된 의식'을 가장 높은 곳에서 조망하는 경험을 선사할 것이다.

시간의 순환

로저 펜로즈 지음 | **이종필** 옮김

빅뱅 이전에는 무엇이 있었을까? '우리 우주' 질서의 기원은 무엇일까? '어떤 우주'의 미래가 우리를 기다리고 있을까? 우주론의 핵심적인 이 세 가지 질문을 기준으로, 로저 펜로즈는 고전적인 물리 이론에서 첨단 이론까지 아우르며 우주의 기원에 대한 새로운 의견을 제시한다. 저자는 다소 '이단적인 접근'으로 보일 수 있는 주장을 펼치지만, 그는 이 가설이 기초가 아주 굳건한 기하학적, 물리학적 발상에 기반을 두고 있었음을 설명한다. 펜로즈는 무엇보다도 특히, 열역학 제2법칙과 빅뱅 바로 그 자체의 특성 밑바닥에 근본적으로 기묘함이 깔려 있다는 관점

을 가지고 우리가 아는 우주의 여러 양상들에 대한 가닥을 하나로 묶어 나가며 영원히 가속 팽창하는 우리 우주의 예상된 운명이 어떻게 실제로 새로운 빅뱅을 시작하게 될 조건으로 재해석될 수 있는지 보여 준다.

■ 브라이언 그린 ■

엘러건트 유니버스

브라이언 그린 지음 | **박병철** 옮김

아름답지만 어렵기로 소문난 초끈이론을 절묘한 비유와 사고 실험을 통해 일반 독자들이 이해할 수 있도록 풀어 쓴 이론물리학계의 베스트셀러. 브라이언 그린은 에드워드 위튼과 함께 초끈이론 분야의 선두주자였으나, 지금은 대중을 위해 현대 물리학을 쉽게 설명하는 세계적인 과학 전도사로 더 유명하다. 사람들은 그의 책을 '핵심을 피하지 않으면서도 명쾌히 설명한다'고 평가한다. 퓰리처상 최종심에 오른 그의 화려한 필력을 통해 독자들은 장엄한 우주의 비밀을 가장 가까운 곳에서 보고 느낄 수 있을 것이다.

—〈KBS TV 책을 말하다〉와 《동아일보》, 《조선일보》, 《한겨레》 선정 '2002년 올해의 책'

우주의 구조

브라이언 그린 지음 | **박병철** 옮김

『엘러건트 유니버스』로 저술가이자 강연자로 명성을 얻은 브라이언 그린이 내놓은 두 번째 책. 현대 과학이 아직 풀지 못한 수수께끼인 우주의 근본적 구조와 시간, 공간의 궁극적인 실체를 이야기한다. 시간과 공간을 절대적인 양으로 간주했던 뉴턴부터 아인슈타인의 상대적 시공간, 그리고 멀리 떨어진 입자들이 신비하게 얽혀 있는 양자적 시공간에 이르기까지, 일상적인 상식과 전혀 부합하지 않는 우주의 실체를 새로운 관점에서 새로운 방식으로 고찰한다. 최첨단의 끈이론인 M—이론이 가장 작은 입자부터 블랙홀에 이르는 우주의 모든 만물과 어떻게 부합되고 있는지 엿볼 수 있다.

—제6회 한국출판문화상(번역부문, 한국일보사), 아·태 이론물리센터 선정 '2005년 올해의 과학도서 10권'

■ 생물 ■

신중한 다윈 씨

데이비드 쾀멘 지음 | **이한음** 옮김

찰스 다윈과 그의 경이롭고 두려운 생각에 관한 이야기. 다윈이 떠올린 메커니즘인 '자연선택'은 과학사에서 가장 흥미를 자극하는 것이다! 이 책은 다윈의 과학적 업적은 물론 위대함이라는 장막 뒤쪽에 가려진 다윈의 인간적인 초상을 세밀하게 그려 낸다.

안개 속의 고릴라

다이앤 포시 지음 | **최재천, 남현영** 옮김

세 명의 여성 영장류 학자(다이앤 포시, 제인 구달, 비루테 갈디카스) 중 가장 열정적인 삶을 산 다이앤 포시. 이 책은 '산중의 제왕' 산악고릴라를 구하기 위해 투쟁하고 그 과정에서 목숨까지 버려야 했던 다이앤 포시가 우림지대에서 13년간 연구한 고릴라의 삶을 서술한 보고서이다. 영장류 야외 장기 생태 분야에서 값어치를 매길 수 없는 귀한 고전이다.